科学出版社"十三五"普通高等教育研究生规划教材
创新型现代农林院校研究生系列教材

高级设施农业环境工程学

李建明　主编

科学出版社
北京

内 容 简 介

本书系统阐述了高级设施农业环境工程学研究的主要内容、研究现状及其进一步需要研究的科学与技术问题，力求将最新的研究内容、研究进展给广大读者呈现出来，使广大读者能够较为全面深入地了解设施环境研究的新进展、新局势、新方法、新成果。本书主要涵盖了温室大棚等设施环境温度、光照、湿度、气体、土壤、能源利用及其机械化与智能化控制等方面的内容，重点介绍了设施环境的形成特点，对作物的生长发育、生理生态的影响及其与作物的互作机理和关系。

本书可作为高等农林院校设施农业科学与工程、农学、园艺与种业等硕士研究生或者本硕连读学生的适用教材，也可以作为设施农业工程、园艺学、作物学、科研管理从业人员的科学研究、技术推广的辅助参考资料。

图书在版编目（CIP）数据

高级设施农业环境工程学 / 李建明主编. —北京：科学出版社，2020.11
科学出版社"十三五"普通高等教育研究生规划教材·创新型现代农林院校研究生系列教材
ISBN 978-7-03-066617-8

Ⅰ. ①高… Ⅱ. ①李… Ⅲ. ①设施农业－环境工程学－高等学校－教材 Ⅳ. ① S62 ② X5

中国版本图书馆 CIP 数据核字（2020）第210894号

责任编辑：丛 楠 韩书云 / 责任校对：严 娜
责任印制：赵 博 / 封面设计：迷底书装

科 学 出 版 社 出版

北京东黄城根北街16号
邮政编码：100717
http://www.sciencep.com

固安县铭成印刷有限公司印刷
科学出版社发行 各地新华书店经销
*

2020年11月第 一 版 开本：787×1092 1/16
2025年1月第三次印刷 印张：15
字数：356 000

定价：69.00元
（如有印装质量问题，我社负责调换）

《高级设施农业环境工程学》编委会

主　编　李建明

副主编　齐红岩　胡晓辉　高洪波　张　毅

编写人员

西北农林科技大学	李建明　胡晓辉　张　智　孙先鹏
	孙国涛　蒋程瑶　肖金鑫
山东农业大学	魏　珉　张大龙
沈阳农业大学	齐红岩　齐明芳　刘　涛
河北农业大学	高洪波　宫彬彬　吴晓蕾
山西农业大学	张　毅
北京市农林科学院	郭文忠
江苏大学	潘铜华

前　言

　　本书是在《设施农业环境工程学》的基础上，进一步深刻阐述了设施农业环境科学的主要知识内容、研究方法、研究进展以及目前需要研究的主要内容与发展方向，以期为硕士研究生高级设施环境工程学的课程教学提供必要的指导。

　　高级设施环境工程学是设施园艺学科的核心课程，主要涉及设施环境中的光、温、水、气、肥、能源利用及综合环境调控等内容，是将农业生物科学与环境科学密切结合，探究作物生长与环境的互作关系，寻求作物生长发育最适宜的环境条件，为利用现代农业工程技术调节设施环境达到作物生长最适宜环境条件提供必要的措施、方法与途径。本门课程在全国许多高校已开设近 8 年之久，但是均没有系统完整的教学指导教材。近期，西北农林科技大学邀请沈阳农业大学、山东农业大学、河北农业大学、山西农业大学、江苏大学、北京市农林科学院等大学及科研院所教授本门课程的团队带头人及主要成员，编写了本书。通过大家一年多的辛勤劳作、无私奉献，完成了本书的编写。具体编写任务分工为：第一章由李建明编写；第二章由高洪波、宫彬彬、吴晓蕾、蒋程瑶编写；第三章由齐红岩、齐明芳、刘涛编写；第四章由李建明、张大龙编写；第五章由魏珉、潘铜华编写；第六章由胡晓辉、张毅编写；第七章由李建明、孙先鹏、孙国涛、肖金鑫编写；第八章由张智、郭文忠编写。

　　相对来讲，研究生教材编写是一个新鲜事物，主要原因是研究生的教学与科研知识更新较快，内容较庞大，知识面广，专业性也比较强，总体编写难度较大。在参考文献的引用方面，由于研究进展要引用参考文献的数量特别大，为了减少书本负担，部分参考文献在正文中提到，在参考文献中没有体现，敬请谅解。

　　在各位同仁的辛勤努力下虽然完成了本书的编写工作，但是我们仍感忐忑不安，生怕不能达到预期目标，不足之处在所难免，敬请老师、学生批评斧正，希望在再版中吸纳更正。

李建明

2020 年 5 月

目　　录

第一章 绪 论

第一节 设施农业与设施环境概述

一、我国设施农业技术的发展现状

我国是世界上应用设施园艺技术历史最悠久的国家之一，利用保护设施为皇宫栽培蔬菜的最早记载是在2000多年前，但是直至20世纪60年代，由于各种原因，我国的设施农业仍然处于规模小、水平低、推广难、发展速度慢的状态。50年代中期，我国开始从日本引进塑料薄膜，建造小拱棚对蔬菜进行早熟栽培。70年代，随着国产塑料工业的起步与迅速发展，聚氯乙烯（PVC）薄膜以其低成本的优势迅速替代玻璃成为各种设施的主要覆盖采光材料，塑料大棚和日光温室相继出现，并得到了大面积的推广。从90年代开始，随着设施面积的扩大，我国设施农业的发展方向逐步转变为规模化、集约化和科学化。近年来，在学习借鉴、吸收消化国外先进技术成果的基础上，国家启动了相关科研项目，我国的设施农业发展迅速，设施栽培面积、设施管理技术水平得以不断提高。

随着设施园艺的发展，针对我国的国情，农业设施已形成多种类型，大致可以分为以下4种类型：以地膜覆盖为代表的简易覆盖型、以中小拱棚为代表的简易设施型、以塑料大棚和日光温室为代表的一般设施型、以现代化连栋温室为代表的工厂化农业。前三种设施型农业的共同特点为技术含量较低、管理粗放、经营规模小、投入成本低，而现代化连栋温室是设施农业发展的最高级阶段，相对于前三种，现代化连栋温室具有技术含量高、管理精细和大规模经营的特点，属于高效性现代农业，同时投入的成本较大。目前，我国设施农业推广、发展迅速，栽培面积不断扩大，总的栽培面积排在世界首位，日光温室和塑料大棚的特点较符合我国目前的农村现状，因此发展最快，其中日光温室是主要的发展类型，占大型设施栽培总面积的一半以上，尤其在我国北方地区，80%以上的大型设施为日光温室，而且随着日光温室在我国北方地区的发展，经过对其建筑结构、覆盖材料和栽培管理技术等方面的不断改进，初步形成了适合我国北方地区农村推广的设施农业生产体系——节能型日光温室建筑标准和栽培管理技术。

近年来，我国设施园艺工程的总体水平有了明显提高，而且设施栽培模式总体布局比较合理，以塑料大棚和日光温室为主，逐步向大型化、多样化方向发展，而且在发展中体现了以节能为中心、低投入、高效益、高品质和高产出的特色。在现代农业的发展趋势下，各级地方政府将发展设施园艺工程作为工作出发点，各地区均建立了以现代化连栋温室为主、日光温室和塑料大棚为辅的现代化高效农业示范园区（葛志军和傅理，2008），以此来示范一些新品种和新技术，并辐射和带动周边地区设施栽培的发展。在国家的重视和支持下，设施栽培的管理技术水平随着设施园艺的发展得到了大幅度的提高，适合设施环境下栽培的作物种类及品种不断扩大和丰富，而且良好的管理技术使栽培作物的产量有了大幅度的提升，不仅提高了经济效益，而且增加了农民的收入。国家"九五"至"十三五"期间，科技部将设施园艺列为农业研究的重点，实施了以"工厂化高效农业示范工程"为代表的相关项目，在引进国外现代化温室先进的设备和配套管理技术的基础上，结合我国国情，通过自主技术创新，对选育适合温室栽培的新品种、研发适用于设施栽培的配套设备及管理技术、设施中环境因子的综合调控技术等进行了研究和攻关，加快了我国设施农业的高速发展。温室栽培管理模式、灌溉量、灌溉方式、温度调控、湿度调节等一些技术措施的研究很有成效，形成了具有我国特色的现代化设施农业栽培管理技术体系。

二、我国设施农业生产存在的问题

我国设施农业虽然有了很大的进步，但是仍然存在着一些问题，主要包括以下几点。

（一）环境调控能力差

目前，我国设施农业种植中，南方的塑料大棚种植面积较大，北方则以发展日光温室种植为主，而绝大部分的塑料大棚和日光温室只能起到一定的保温与简单的温度及气体调节（卷帘膜的开启和关闭）作用，不能对光、温、水、气等环境因子进行综合有效的调控，对低温或者高温的调控能力较差。在冬季，塑料大棚在阴雨天和夜间的保温性很差，又缺少一定的加温设备，使得栽培作物容易受到冷害的胁迫；在夏季缺乏降温设施，只能停产停业。

我国的温室环境控制技术水平较低，绝大多数温室没有可以主动调控环境因子的设施，虽然有部分温室可以对作物生长的环境进行调控，但仅仅是以经验管理和单因子定性的方法调控（陈超等，2008），如卷帘放风、加温等，而与作物生长密切相关的光、温、水、气、肥五大因素是统一的、相互联系的，不能单一调控其中某一因素，应当根据作物不同生长时期的需求，综合考虑环境控制成本、环境调控因子，确定环境控制方法、措施和参数。我国温室在冬季加温消耗的能源较多，能源的投入较大，但产出较低（杨志强等，2006），无形中增加了生产成本，减小了种植者的利润空间，打消了生产者的积极性，进而阻碍了温室栽培的推广和发展。

（二）温室和大棚建造设计不科学

我国很多温室和大棚的建筑结构不科学，施工不规范，在遇到强风、连阴雨或者暴雪天气时，不合理的设计结构与施工导致温室和大棚的抵抗能力降低，坍塌现象经常出现，造成不可挽回的损失，在一定程度上加大了经营者的种植风险。

（三）机械化水平低

与发达国家相比，我国设施种植的一些过程大多依靠手工完成，比如翻地、整地、中耕、施肥等，不仅加大了劳动强度，而且效率低、质量差，而设施农业科学技术水平的重要衡量标准之一即设施农业机械现代化（安国民等，2004）。因此，温室机械化水平高对设施技术进一步快速发展起着至关重要的作用。

（四）连作障碍严重

我国设施生产经营者盲目追求效益。一方面，温室栽培蔬菜种类单一，连作现象较为普遍，温室中病菌大量繁殖，土壤中有害微生物逐渐积累，影响植株的正常生长，导致产量降低。另一方面，在高产的驱使下，生产者使用过量的无机化肥，造成温室土壤中盐分含量过高，引起土壤板结，破坏土壤结构，最终使得植株不能正常生长；温室生产者的管理水平较低，大多数的生产者以经验型、粗放型的管理手段为主，缺乏具有专业知识的设施农业人才做技术指导（李天来，2016）。

三、设施环境调控研究的意义

设施环境调控是设施农业的核心技术，是其不同于露地生产的主要方面。设施栽培是指在露地不适于园艺作物生长的季节或地区，利用温室、大棚等特定设施，人为创造适于作物生长的环境，根据人们的需要，有计划地生产安全、优质、高产、高效的蔬菜、花卉、水果等园艺产品的一种环境调控农业，又称为设施园艺。其是与露地栽培相对应的一种生产方式，具有可以周年生产，均衡供应园艺产品，提高土地生产率、劳动生产率、产品商品率和农民收入等特点。

设施农业是一种可控农业，也叫环境调控农业，它能不同程度地减轻或防止露地生产条件下灾害性气候和不利环境条件对农业生产的危害，使人类的食物生产和供应得到安全保障。由于设施栽培不仅可调控地上部，还能调节地下部根区的生态环境，从而较露地栽培能大幅度提高作物产量，增进品质，延长生长季节和实行反季节栽培，获得更高的经济效益。调查显示，蔬菜设施栽培的效益较大田作物高出 8～10 倍，成为许多省份农业中的支柱产业和农民致富的主要途径。以设施蔬菜栽培为主体的设施园艺业在克服我国长期存在的冬夏两大淡季缺菜、实现蔬菜周年供应方面发挥了关键性的作用，尤其对那些无霜期短、光热资源不足的高纬度地区的蔬菜生产，具有特别重要的意义。

人们每天必不可少的蔬菜大多属于喜温性作物，其生长适温为 20～30℃，当温度在 10～15℃以下或 35℃以上时，则蔬菜生长受抑制，易发生落花落果等各种生长障碍。在我国海南等地，一年中最冷的 1 月平均气温仍在 17℃以上，完全可以露地越冬生产果菜类蔬菜；而在东北、西北、内蒙古等地，无霜期仅 100～200d，露地蔬菜只有在设施内育苗栽培条件下可种植春秋两茬，长达 5～6 个月的冬春季节无法进行露地栽培，所以我国北方地区淡季缺菜相当严重，不得不依赖设施栽培与露地贮藏加工和南菜北运相结合来保证蔬菜的供应。自 20 世纪 80 年代以来，我国东北地区率先研究开发的节能型日光温室（Chinese solar green house）用于蔬菜生产，在 15～20℃的高寒地区，基本实现了不加温条件下进行冬季喜温果菜类蔬菜的生产，这一技术得到了迅速推广、普及，从根本上扭转了我国北方地区冬季蔬菜长期短缺的局面。而地处北回归线附近的我国热带、亚热带暖地，夏季田间的强辐射、高温、台风、暴雨和病虫多发等灾害性气候与不利环境的胁迫，造成夏季蔬菜的生长障碍而出现的夏秋缺菜与北方的冬春缺菜同样严重，近年来由于采用遮阳网、避雨棚和防虫网覆盖栽培与开放型的大棚室，有效地缓解了南方夏秋淡季的蔬菜供应问题。所以设施园艺在克服我国长期存在的冬春和夏秋两大淡季缺菜，扭转我国蔬菜供需上长期存在的短缺局面，实现供需基本平衡方面发挥了关键性的作用。同时，应用现代节水灌溉与水肥一体化技术、无土栽培技术，以及设施棚体建造技术，开发利用了大量的非耕地，栽培面积不断扩大，广泛应用于蔬菜、花卉、瓜果、种苗等的生产，尤其随着计算机技术、自动化控制技术和新材料等在设施中的应用，加快了设施栽培的推广速度。

温室环境（如通风、光照、温度、湿度等）都会对设施作物的生长发育及产量、品质等产生影响。在温室中栽培的作物，由于处在一个相对封闭的环境中，其与露地相比光照强度弱、空气湿度高、环境温度高、空气流动性差，这种环境条件不利于作物的生长发育。栽培中对温室进行通风不仅可以促进室内外环境之间物质和能量的交换，而且可以营造适宜的气流运动速度，满足作物生长中对 CO_2 浓度、空气湿度等相关因素的需求，这种累加效应进而会直接影响作物生长发育与果实品质。适宜的气流运动速度能够调节植物叶面微环境，促进微环境与周围环境的物质转移和能量交换，降低光合气体交换阻力、提高蒸腾速率、增加叶片微环境 CO_2 浓度，同时减少叶片水分凝结、避免在高湿点产生病害，有利于作物的生长发育和提高抗逆性能。因此研究温室内作物生长发育与气流运动条件之间的相互关系，并进一步找出最佳的气流运动条件，对于改善温室作物生长环境、提高作物产量和改善产品品质具有重要的意义。

四、我国设施农业的发展趋势

（一）设施结构与栽培

目前，国内外的设施农业发展较快，总体上均朝着结构大型化、材料优化、自动化控制环境因子、机械化劳作、大规模经营的方向发展，加大高科技在设施农业中的比例，能最大限度地减轻生产者的劳动强度，提高劳动效率，达到高效率、自动化、信息化、精准化的目的，生产出安全、优质的农产品。我国的设施农业在今后的发展趋势为：①我国南北、城乡差异较大，设施农业的发展应该以各区域的特点为基础，科学决策，扩大生产的规模，提高生产者的专业程度。北方冬季温度较低，应以发展节能型日光温室为主，以解决北方冬季低温不能生产蔬菜的问题；南方的主要问题是夏季温度过高，蔬菜的生产受到抑制，应主要发展塑料大棚和夏季设施；现代化连栋温室的一次性成本投入较大，不适用于农村一般蔬菜栽培，应在城市或经济发达地区，以都市旅游观光农业、工厂化育苗设施、示范园区、高档园艺作物生产等形式发展，对一些新技术、新的栽培模式及新品种进行示范推广（闫世霞，2002）。以推广和普及节能型日光温室为主，转变目前分散经营的方式，逐步向大规模化、专业化的方向发展。②我国地区间的环境差异较大，在温室的推广和发展过程中，要依据各地区的环境特点，科学、合理地调节温室的建筑结构，最大限度地利用当地自然资源，并形成统一标准在环境条件相同地区生产和推广（陈杰等，2005）。研究适合我国不同地区气候特点的温室环境综合控制参数，提高温室计算机自动调控管理水平，实现温室环境的智能控制，将目前经验的、单一环境因子的、定性的调控管理技术方式转变为智能的、综合的、定量的精细化管理，提高设施栽培作物的产出。③设施环境多为高湿、弱光环境，一般适用于大田生产的品种在设施环境下不能正常生长，针对设施的独特环境，应选育和研发具有耐弱光、耐低温、耐高湿、抗病虫、单性结实性强、优质高产等特点，且具有自主知识产权的设施专用型品种。④改进设施栽培管理技术，解决目前设施内环境恶化的问题，实现设施栽培作物的持续生产，生产出绿色无污染的产品，以满足消费者的需求。⑤经营管理技术现代化。建立温室作物生产计算机决策支持系统,进行现代农业企业管理,以最少的投入获得最佳效益。

(二)设施农业功能不断拓展,成为现代农业发展的重要载体和支撑力量

设施农业在现代科学技术的推动下,在发挥其生产这一主要功能的前提下,不断拓展功能,其中,设施园艺功能向都市农业方向拓展的趋势越来越明显。脱贫之后的乡村振兴中,设施农业为了解决农业资源的先天不足及人口和环境带来的巨大压力,满足乡村振兴发展需求,以观光农业、生态农业等休闲农业方式有效提升了乡村振兴中经济快速增长的动力。目前我国乡村观光设施农业已初具规模,基本具备了农产品供应、社会服务、生态保护、休闲观光、文化传承等多种功能。设施农业是现代农业的主要载体和技术支撑,观光农业的建设发展需要温室、大棚等设施和现代农业栽培技术作为依托,设施园艺作物的创意性栽培又为观光农业增添了观赏性和经济效益。近年来,我国在休闲型设施园艺关键技术方面进行了积极的探索,在设施园艺作物墙式栽培(立体栽培)、空中栽培、蔬菜树栽培、植物工厂化栽培、栽培模式与景观设计等关键技术和配套设备研究方面取得了一些重要进展,满足了人们对休闲农业园艺产品新奇特和观光休闲的要求。同时,随着市场化程度日益提高,围绕设施园艺产业主体产品,标准化程度不断提升,生产过程严格按照设施栽培技术标准和规程进行。采收、分级、加工、包装、上市,以优质的产品和服务,创建了更多的特色品牌。

第二节 近期设施农业需要研究的主要内容与任务

紧紧围绕设施园艺产业的国家需求,以大幅度提高资源利用效率、单位土地产出率和设施园艺产业可持续发展为目标,跟踪发达国家的研究前沿,解决设施园艺温室大棚设计建造、结构设施材料、设施新能源利用,光、温、营养耦合互作规律与环境高效控制机理,设施园艺作物优质高产栽培技术等重大科学问题,在设施结构与模式、设施园艺环境调控、设施园艺作物高产栽培、智能植物工厂等关键领域取得突破,形成具有中国特色的智能化设施结构类型、配套工程技术体系及生产栽培体系。到2030年,使我国设施园艺生产技术总体达到国际先进水平。

一、园艺设施建造新材料研究

(1)透明材料研究:主要包括新型玻璃材料、多功能专用塑料膜、农业专业聚碳酸酯板(PC板)等材料的性能研究与新材料的开发。

(2)遮阳材料研究:主要针对不同作物生长对光质、光强的需要,开展不同遮阳率及遮阳颜色的遮阳网相关性能研究,形成专用型遮阳网材料,提高遮阳网的实用性。

(3)保温材料研究:开展设施园艺保温被材料结构、导热防雨防老化性能研究,开发研究新型保温材料,满足高寒地区、多雨地区、高光照辐射地区及温室大棚内对防水、重量轻的保温被的需求。

(4)温室建造骨架材料研究:围绕我国南北方主要类型温室结构,开展骨架材料结构与标准研究，对目前应用的温室骨架材料进行性能评价分析，优化材料结构，实现组装式温室材料的研究与设计。

（5）日光温室墙体结构材料研究：主要进行土墙、砂石、轻便保温板等的墙体材料开发研究，进一步提高墙体的保温蓄热性能，全面发挥廉价、保温、蓄热、寿命长的优势。

二、设施农业智能化测控应用基础研究

（一）光、温、营养耦合互作规律与环境高效控制机理

针对设施密闭、半封闭环境条件下，植物主要生理过程与环境因子之间及各环境因子之间的耦合关系，开展密闭、半封闭条件下环境因子变化规律及相互关系研究。开展作物与环境的交互作用机制研究，分析设施蔬菜生长特性及环境影响机理，建立作物-环境的动力学耦合模型。提出光、温、营养耦合的环境高效控制方法，充分挖掘作物的生物学潜力，成倍提高产量，研制相应的高效控制系统。

解析设施作物动态生长需求的环境控制逻辑。建立基于作物最优生长和调控成本相结合的环境控制决策。开发多环境因子耦合算法的温室卷帘、通风、降温等控制系统。实现基于物联网的温室环境智能控制模式。深入推进精确传感技术、智能控制技术在温室环境监测与调控中的应用。建立不同气候条件下作物最优生长的环境多因子控制逻辑。建立综合作物生长和调控成本的设施环境控制决策模型。研发基于模型的温室卷帘、通风智能控制系统。实现温室卷帘、通风的无线控制。

（二）设施植物表型高通量检测方法

研究高通量多生境植物表型采集方法、植物表型大数据建模与基因-环境-表型互作规律与挖掘方法，高产、高效、抗逆智能化表型组分析评价方法，研制高通量多生境植物表型采集和分析系统，为设施环境精确控制和高效栽培提供依据。

三、日光温室设施与环境调控能力提升技术研究

（一）现代装配式节能型日光温室节能结构优化

优选和研制设施结构低成本节能新型透光覆盖材料、保温材料和蓄热材料。研究设施结构低成本节能设计方法。研发设施结构低成本节能优化设计软件，研究适宜不同地区环境的设施低成本节能结构参数。优化设计和建造低成本节能连栋温室、现代日光温室、山地日光温室、荒漠盐碱地日光温室及抗台风设施，并制定设计建造标准。

（二）日光温室环境控制及轻简化高效栽培设施研究

研制低成本、高性能、适于日光温室轻简化生产的水肥一体化装备及自动控制系统、小型耕耘设备、植株调整设备、植保设备、运输设备等，开发适于设施园艺作物栽培模式的定植槽等装备。研究日光温室资源高效利用全季节高产优质土壤栽培、无土栽培及营养基质栽培关键技术，构建耕地和非耕地设施蔬菜资源高效利用全季节高产优质生产模式与技术体系，制定生产技术规程与标准。主要研制温室低成本远程物联网系统和小型温室群

环境监控系统；研制适于小型温室的低成本环境监控设备；开发温室环境物联网监控实施技术系统。

四、设施作物网络化智慧管控技术与装备研发

（一）设施作物生命信息感知技术与传感器研发

研究设施植物生命信息的内部生化电反应、外部表征及其感知方法，探索作物体内生命体征、果实成熟度和品质、作物长势变化等信息的快速无损检测技术，突破多自然因素耦合干扰下植物生命体征信息动态感知的难题。研发系列个体植物生长信息传感器，比如特征叶、果实生长速度、茎秆微变化等长势信息传感器；研发系列群体植物生境信息监测传感器，如设施环境群落光合、呼吸、蒸腾、生物量在线监测传感器。研究主要温室栽培作物逆境信息获取和逆境预报警系统。

（二）基于生长信息的温室环境智能调控技术及装备研发

建立基于生长信息的长势动态预测模型，研究以实时获取的作物生长信息作为反馈控制量，以经济效益、节能和产量等为目标的设施环境优化控制技术，开发出能够根据植物生长信息进行温室环境因子精确控制的智能装备，突破机器与植物对话、按照作物生长真实需要进行反馈控制的技术难题。

（三）基于云计算与大数据的设施物联网指挥管理技术与平台研发

针对设施农业生产管理综合信息运行与服务环境短缺、数据量大、难以提供适用服务的实际需求问题，应用工程技术、信息技术和设施农业技术，研究集成物联网和云计算基础设施，引入大数据分析技术，构建设施农业大数据应用综合服务云平台，研发适合现代农业发展水平的温室设施检测系统，研发设施农业专业智能搜索引擎工具，面向蔬菜、食用菌、花卉、瓜果典型设施作物生长管理应用需求，实现设施农业生产环境的异常预警、农事活动适宜期提醒、无土栽培营养决策、农产品市场数据的集市挖掘与聚类分析信息主动服务。

五、设施农业机械化和自动化精细生产技术及装备研发

（一）设施蔬菜生产过程机械化精细作业技术与装备研发

从整体推进我国设施和露地蔬菜生产全机械化出发，以典型大宗叶类和茄果类为对象，以典型规模化蔬菜园区为着力点，以蔬菜生产农艺和农机融合为抓手，以机械化模式研究、关键环节作业装备创新为突破口，形成蔬菜生产全程机械化技术体系并进行示范推广。

针对温室蔬菜生产过程中打叶、施药、采摘作业中劳动强度最大、作业效率低的问题，研究多行间巡回续接作业的最优路径规划、电动作业平台的多机具机-电-控快速通用挂接、手眼连续队靶的自动实时采摘技术，开发温室的路径规划电动通用平台和配套打叶、施药、采摘机具，为实现轻简、高效的温室蔬菜作业管理提供装备支撑。以减轻劳动强度、提高

作业效率和设施产能为目标，研制精细化整地、精良化播种、自动化移栽、轻简化采收作业装备，以及设施园艺从育苗到收获的薄弱环节的机械化装备；从高产量和标准化生产着眼，研究与机械化作业相适应的设施蔬菜栽培农艺技术规范、机具选型与优化配置技术，从典型区域、主要品种着眼，研究、制定统一完整的设施蔬菜机械化作业规程和作业质量规范。

（二）设施园艺物流与自动化技术及装备研发

研制温室生产中的物流输送系统，包括用于穴盘、盆花等作物产品在不同生产环节之间转移的物流系统，以及实现作物在不同生产区域的物流链；通过采收识别定位技术、柔性采摘等关键技术的突破，开发出一批温室采摘、植保、嫁接和运输的机器人，逐步使温室管理机器人应用于实际生产中；研究开发产后加工处理技术，包括采后清洗、分级、预冷、加工、包装、储藏、运输等过程的工艺技术及配套设施、装备。

六、设施农业清洁化、生产智能化技术与装备研发

（一）设施园艺水肥耦合和封闭管理智能化技术与装备研发

针对目前温室生产中，营养液回收液被直接排放或沉积在土壤中，不仅造成水肥的浪费、增加温室运营成本、引起作物连作障碍，同时还污染环境的现状，研究灌溉量和施肥量的精确控制技术，营养液浓度、配比、pH 的精确调控技术，以及营养液回收液收集、消毒、检测、混合技术，开发水肥耦合和封闭管理智能装备，突破不能实时进行营养液的配比调整，难以做到精确水肥耦合管理和闭环灌溉的瓶颈。

（二）设施园艺土壤基质消毒技术与智能化装备研发

针对设施园艺长期连作栽培导致土壤和基质土传病害加重的问题，探索利用热、电、微波等物理方法进行土壤、基质消毒的高效节能消毒方法，并针对不同土传病害下的工艺参数优化和消毒效果评价，开发适合设施园艺土壤、基质栽培的消毒智能化装备。

（三）设施园艺病虫草害综合防治和高效施药智能化技术与装备研发

针对设施园艺的密闭空间特点，进行机械喷洒生物农药活性的保持、多波峰光谱害虫的诱引、远程虫量实时监控与虫情信息发布等综合防治技术的研究，开发适应密闭条件下叶菜与果菜等不同类型作物化学农药和生物农药的高功效、低污染的病虫害智能防治装备。

（四）种植废弃物基质废料化利用技术与智能化装备研发

针对设施园艺栽培生产的大量园艺秸秆废弃物，研发高湿秸秆的收集和高效粉碎装备，利用生物工程方法进行秸秆堆置发酵，并进行工艺过程参数优化，开发适合不同作物生长的有机基质和肥料。研究设施园艺秸秆就地基质肥料化处理工艺相关技术体系和智能化成套装备，实现设施园艺秸秆的资源化利用。

七、温室能源管理与节能技术研发

（一）温室大棚能源、生产综合管理系统研发

温室大棚是利用太阳能作为热源的一种被动式蓄热保温设施，这种蓄热保温能力是设施蔬菜冬季生产的重要保证。当蓄热保温能力不够时，蔬菜生产就会受到影响。所以提高温室大棚的蓄热保温性能成为当今设施农业的重要方向。温室大棚中常见的加温方法有锅炉加温、燃油加热器加温、电热加温、太阳能加温、地面加热、地下热交换加温等方式，但是随着绿色环保要求的提高，温室大棚绿色能源利用的开发研究势在必行。尽管前人进行了大量的研究，但是有突破性研究的可应用推广的技术与设备尚不成熟，还需要进一步深化研究，熟化应用。

（1）太阳能利用开发：以低耗能循环利用为原则，研究开发温室大棚太阳能加温蓄热设施。

（2）生物能源利用开发：一是生物源燃料应急加温材料与设备的开发；二是生物能热气加热的开发利用；三是生物源发酵能源的开发利用。

（3）风能利用开发：包括风能转化为热能介质研究，风能转化为热能机械设备研究，风能在温室蓄热循环的利用研究。

（4）温室地下热能自循环设施设备与管理技术研究：调动地下较为深层的蓄热性能，应用蓄放热材料蓄放热，研究相关设施设备与材料。

（5）分析温室能源分布及耗散情况，构建能源管理线性优化模型，使测量技术、软件技术、网络技术有机结合，通过对核心能耗设备实时监测、数据分析诊断、能效评估决策，建立对温室生产能源信息完整的评估管理体系，以便更有效、更合理地利用能源，提高能源利用率和能源利用的经济效益。

（6）开发多移动平台温室生产管理与决策系统，实现不同规模温室集中或分散管理、农资管理、生产任务分配与管理、劳动力管理、能源管理、产量与成本评估、收益核算等功能，并集成数据分析专家知识为生产管理提供决策依据，解决温室生产管理粗放、手段原始、人员利用率低等问题，以达到温室生产资源的高效利用，节约成本、提高生产效率。

（二）设施园艺节能和可再生能源利用技术与装备研发

以节能为目标，研究设施种植光温环境控制的节能模式与工程手段，开发出以清洁能源为主体的设施环境调控装置与设备，开发出具有节能、节水、节药、节肥功能的设施园艺成套工程技术装备，开发出系列化基于发光二极管（LED）的温室节能补光及光环境调控装备，提出一整套设施种植节能和可再生资源利用的解决方案，突破设施种植中最突出的光温控制能耗大的难题。

八、全封闭智能型植物工厂技术与装备研发

（一）全封闭智能型植物工厂的结构和配套装备研发

全封闭智能型植物工厂结构节能设计，内部多层立体栽培架和栽培系统设计，研究开

发营养液、湿度、温度、补光和新风调控装备，杀菌与消毒装备，重点研究和攻克营养液灌溉与再利用技术及高光效补光技术。

（二）植物工厂全自动生产流程化装备研发

研发适合植物工厂的闭锁式育苗、栽植、物流运输、精确管理、收获、包装等植物工厂关键环节的自动化生产装备，开展动植物工厂生产流程的规划调度与过程控制技术研究。实现从一颗蔬菜种子直至成品上市全过程的植物工厂自动化生产，大幅度提高植物工厂的生产效率和劳动生产率。

（三）植物工厂节能技术研发

开展高度密封的植物工厂结构、高光效人工光源、移动式补光和动态补光、太阳能和地热资源能效转化利用、环境调控机组节能运行等节能关键技术与装备研发，开发适合植物工厂生产的高效节能控制系统。提出一整套的植物工厂节能解决方案，突破植物工厂最突出的光温控制能耗大的难题。

（四）全封闭智能型植物工厂集成与示范

通过节能光源、光温耦合环境控制、植物工厂结构、营养液立体栽培、环境控制、全自动生产装备、节能与配套栽培技术体系等的关键技术和装备的组装集成，研发具有我国特色的"低成本、节能、高效"智能型植物工厂装备，进行智能植物工厂关键技术与装备的示范应用。达到全年均衡供应农产品，以满足国内外市场对高端园艺产品的需求。

九、设施农业配套设备开发研究

（一）降温设备开发研究

温室属于半封闭系统，存在"温室效应"，高温高湿、通风不畅的环境易造成病虫害的流行与暴发。温室降温通常采用自然和机械降温两种方式，对现代化温室而言，运行成本低，可以获得经济效益的降温设备有天窗侧窗、风机湿帘、遮阳网、喷雾设备等。天窗受天气的局限性大，未来的研究方向应为屋顶全开型；侧窗多采用人工推拉方式，开启面积受局限，未来的研究方向应为自动卷帘式。利用太阳能在夏季温室内降温是主要的研究内容，如光电转换驱动水泵、风机，太阳能驱动水-溴化锂系统，太阳能驱动敞开型再生式氯化锂吸收式制冷系统，太阳能驱动固体吸收式空调系统，太阳能驱动固体吸附式空调系统等。

（二）加温设备开发研究

当今世界以燃煤为基础的供暖模式不能适应社会可持续发展的要求。应主要研究开发成本低、无污染的新能源加温设备系统，包括以下4类。

（1）温室地下蓄热加温。空气中的热能向蓄热层转移，地坪温度升高并贮存大量热能，夜间释放到温室中。

（2）水源热泵加温。以水为载体，冬季采集来自湖水等的低品位热能，借助热泵系统，供给室内取暖，高效节能。

（3）太阳能地热加温。能量利用率较高，完全能够满足高寒地区冬季日光温室所需的温度。

（4）空气源热泵与电加热结合加温。白天利用空气的热能制造热水，由温控系统保温水箱在夜间形成加温水循环系统，为温室加温。

（三）水肥一体化设备开发研究

水肥一体化技术具有节省水肥、提高肥料利用率、减少农残、提高产品品质等方面的优势。在国外，荷兰模式和以色列模式领先；国内有简易水肥一体化设备（压差施肥罐、文丘里管、注肥泵）、定比施肥器和自动化精准施肥设备（旁通注入管道直混型、混液桶缓存混合型）。

根据中国设施生产的需求和现状及水肥一体化设备使用中存在的问题，水肥一体化要研究流体的计算机仿真辅助设计，发展施肥一体化设备硬件的自主创新设计；研究精准算法，将植物生理参数与灌溉耦合，减少人工管理强度，提升灌溉水肥利用效率；攻关营养液循环系统中配套设备，形成成熟的营养液循环系统。

（四）设施湿度调控设备开发研究

通常日光温室内相对湿度大于露地，易促生病虫害。湿度调控设备包括除湿设备和加湿设备，除湿设备有风扇、风机、无滴膜、除湿机（轮转除湿机、静电凝结式除湿机）、空气热交换器等，加湿设备有高压微雾加湿器、超声波加湿器、离心加湿机等。除湿是为了让日光温室增产增值，除湿机是在控制日光温室内部相对湿度方面起作用，但像其他的环境参数，比如二氧化碳、氧气、温度等，需要通过自然通风对日光温室进行宏观调控，自然通风受外界气候条件的限制，有较大的局限性，关于自然通风更加科学、更加有效的使用方法还需要研究。如何将除湿机与自然通风配合使用是今后研究的重点。

（五）工厂化育苗系列设备开发研究

工厂化育苗技术与传统育苗方式相比，可不受季节限制，实现周年育苗，同时能提高幼苗的成活率和出苗整齐度，有利于保障作物品质。工厂化育苗配套设施包括播种车间、催芽室和育苗温室。播种车间的主要设备包括工厂化精量育苗播种线、基质搅拌设备、运苗车等；催芽室主要配备加温系统、加湿系统、风机、新风回风系统、补光系统及自动控制器等；育苗温室内除了配备常规温室的通风、幕帘、加温、降温设备外，还应配有苗床、补光灯。未来工厂化育苗的发展从设施到设备，整个系统集成将更集约化、机械化、自动化、信息化，生产工艺流程各环节技术体系逐步完善，向质量、效益并重的方向发展，实现全面健康发展。

（六）无土栽培设施设备开发研究

无土栽培有无基质栽培（水培、雾培）、基质栽培（无机基质栽培、有机基质栽培、复合基质栽培）、有机生态型无土栽培与无机耗能型无土栽培。其配套设备有水培床、栽培板、立柱栽培钵、栽培盒和多种配件（基质搅拌机、土壤养分测试仪、pH 分析计、盐度分析计、湿度分析计等）。无土栽培技术由于在发展的过程中需要许多条件支持才能发挥效益，而在我国许多条件还不成熟，因此发展不快。未来研究内容要以降低生产设备系统价格、基质成本、产品硝酸盐含量为主。

（七）补光灯的开发研究

运用植物补光灯，对植物进行科学合理的补光，以满足植物正常生长所需的光照条件，可促使其长势良好、早熟、增产。按发光形式可将补光灯人工补光光源分为热辐射光源、气体放电光源和电致光源三种类型。其中，热辐射光源包括白炽灯和卤钨灯等；气体放电光源主要包括荧光灯、高压钠灯和金属卤化灯等；电致光源包括 LED 灯。随着人们需求的增加，人工植物补光光源类型的选择应紧随照明科学技术的发展，对新型光源发光原理和补光特性进行分析以将其应用于植物补光；从植物内部机理入手在本质上提高补光效率，研究多因素对目标的影响尤其是协同效应则需要进一步更细致的研究，掌握多因素对光合作用的协同作用，从而通过多目标优化可实现更高效率的人工植物补光；继续深入有关间歇性补光的研究，探究植物光合需求与补光频率间的关系，研制更加节能有效的补光灯。

十、典型温室大棚结构设计研究

（一）北方地区温室大棚设施结构及节能技术研究

本研究以现有温室与大棚结构为基础，进行新型大跨度、机械化、节能保温、低成本的温室与大棚结构研究；开展新型设施结构与构件加工研究，在保障安全性和稳定性的基础上，开展加工工艺研究，进一步优化温室结构，实现设施结构的升级；研发新型温室保温系统、降温系统，开展温室配套系统性能参数测试与产品开发；开展新型保温蓄热材料设备的开发，通过性能参数及安装方式优化试验，监测与分析新型保温蓄热系统对温室环境和生产性能的影响。

（二）南方地区温室大棚优化结构研究

本研究主要针对南方设施园艺生产夏季多雨高温问题和冬季适当保温需求，开展相适应的大型温室结构设计；进行温室结构与配件材料的研究开发，实现温室生产专业化与标准化；开展温室大棚的遮阳降温、地源降温除湿系统的研究与设备开发。

十一、设施蔬菜逆境生理与温室环境控制技术研究

（1）亚低温及高温对主要设施蔬菜作物生长发育影响机制的研究：亚低温及高温是设施蔬菜生产面临的主要问题，目前已进行了大量研究，但是许多机理仍然不清楚，针对生产问题的管理技术指标不明确，需要进一步研究。

（2）设施作物光环境：光是设施作物与温室环境能源的源泉，是目前研究的热点。人工补光是设施蔬菜生产抵御雾霾等恶劣天气所致弱光寡照逆境最直接、最有效的方法。国

际研究证明，半导体照明是设施园艺补光的最佳选择，具有光强、光质和光周期智能可控，冷光源、节能、环保等优势，是实施设施应急补光的优选光源。我国日光温室半导体照明技术与装备尚属空白，基于太阳光变化的 LED 光源智能控制系统缺乏，限制了我国设施蔬菜的稳产、高产。研发设施蔬菜应急智能 LED 补光技术与装备将大幅提升我国设施蔬菜生产的环控装备水平，可保证雾霾等恶劣天气下设施蔬菜的稳产、高产，支撑设施园艺产业发展。主要研究内容包括光质构成、红蓝光比例、光脉冲、补光时间等；开展温室光分布、光构成与作物栽培模式关系的研究。同时，在应用技术方面开展雾霾条件下日光温室光环境特征及作物响应机理研究，日光温室光环境调控 LED 光源装置的创制，设施蔬菜应急补光智能控制系统的研制，设施蔬菜应急智能 LED 补光技术集成与示范。

（3）设施作物水环境：主要开展土壤、温室环境与作物生长的互作关系研究，揭示水与作物产量、品质的响应机理，形成设施蔬菜水分环境调控模型与管理技术指标，实现设施作物水分环境智能化管理。

（4）设施作物气体环境：二氧化碳对作物生长发育影响的研究已进行了很多，特别是二氧化碳浓度升高对作物的影响在气候变化生态学研究方面进行得相对较多。但是温室作物二氧化碳在不同环境条件下的管理技术指标尚不清楚，需要进一步研究。

（5）设施作物营养需求：主要就设施蔬菜在不同环境下营养供应与产量及品质关系进行系统化研究，形成主要温室作物营养管理技术标准。

（6）设施作物环境综合管理技术：以作物生长模型为基础，开展相关研究，形成智能化管理软件。

十二、工厂化育苗技术研究

（一）嫁接新技术研究

嫁接技术在我国已经发展了 2000 年，断根嫁接的应用也有十余年的时间。嫁接新技术研究包括优质砧木的开发，兼容性好、抗性多的砧木选育，断根嫁接技术优化，断根苗的生根方式研究，设立断根嫁接技术标准，确定不同蔬菜断根苗的管理方式，嫁接技术应用，如何提高嫁接苗质量，如何增加嫁接苗的抗逆性（如盐碱），嫁接技术与基因技术的结合，双嫁接技术的开发，微观嫁接生产脱毒苗等。

（二）工厂化育苗容器研究

工厂化育苗作为一种现代化的育苗方式，其对机械化、自动化的要求很高，目前只有穴盘可以作为满足需求的容器。工厂化育苗容器的研究主要包括穴盘材料研究，穴盘设计改进（如侧开孔），为不同方式工厂育苗设计与其自动播种机相配套的穴盘，针对不同蔬菜品种进行细化，分别设计适应不同蔬菜生长的穴盘（包括孔径、规格、颜色、排水口位置与大小、引水槽长度等）。

（三）嫁接机器研发

嫁接机器的发展可以解决人工嫁接存在的作业效率低、成活率低、质量差等问题。嫁接机器的研发包括新型嫁接机器设计（降低成本，提高效率、自动化程度，适用于更多种类的蔬菜）、原有嫁接机器结构改进、将嫁接机器与视觉系统进一步结合、传统的工业机器人在嫁接中的利用、将嫁接机功能拆分、对不同步骤进行分割设计、嫁接机器上传感器的研究。

（四）嫁接换根抗逆促长技术研究

嫁接换根可以有效提高植株的抗逆性，促进植株生长，提升果实品质。嫁接换根抗逆促长技术研究包括抗逆性砧木选择，其内容包括抗旱抗盐碱砧木选择、抗病害砧木选择、适宜换根砧木选择、挖掘野生砧木资源；明确嫁接提高番茄抗逆性促长机制，更好地利用嫁接来鉴定、开发和创造遗传多样性，提高蔬菜抗逆性，主要涉及砧木与接穗间养分吸收与运输、激素调控、基因与蛋白质表达等内容。

十三、无土栽培关键技术研究

（1）专业化栽培基质研究：依据我国不同地域环境，全面开发和应用大田秸秆、菇渣、家禽粪便等农业废弃物生物发酵技术，开发优质廉价栽培基质；大力研发适合多种蔬菜作物栽培的有机生态型无土栽培基质优质配方；深入研究营养基质高抗、高产、高效特性的养分调控机制；系统开展设施作物有机生态型栽培的营养生理研究；推进富营养型基质在设施作物无公害栽培技术研究中的应用。

（2）无土栽培专用营养液开发研究：开展针对不同作物、不同时期及不同无土栽培方式的营养液配方研究，形成专业化与专用的营养液。

（3）营养液闭路循环系统：开展针对不同结构类型的无土栽培设施的营养液循环系统研发，形成低成本、节能、自动化控制的营养液闭路循环系统。

（4）无土栽培设施的开发：研发专业化无土栽培容器、营养液循环系统、营养液消毒系统、营养液监测系统等。

十四、设施蔬菜生物防治技术研究

针对设施蔬菜主要病虫害盲目施药导致的用药量大、产品污染严重等问题，开展设施环境与设施蔬菜病虫害发生规律研究；开展土壤消毒、性诱剂、生物农药和高效低毒化学农药等绿色防控技术研究；开展生物农药与目前使用的高效、低毒化学农药品种混用增效技术研究，筛选出增效组合；集成设施蔬菜农药安全施用技术模式。

十五、设施蔬菜专用品种研究

针对设施蔬菜的生产特点，研究开发耐弱光、低温、高温，多抗病害及优质高产设施蔬菜专用品种，主要包括番茄、黄瓜、茄子、辣椒、西瓜、甜瓜等蔬菜瓜果。

第二章

设施光环境与作物生长发育研究

第一节 设施光环境的特点及光与作物光合作用

地球上生命赖以生存的能量来自太阳,作物通过光合作用,将太阳辐射能转变为化学能,贮藏在合成的有机物质中,除提供给自身需要外,还提供给其他异养生物,为地球上几乎一切生物提供了生长发育和繁殖的能源。同时,光又作为信号分子,调节生物膜系统的结构、透性和(或)基因的表达,改变细胞分化过程及其结构和功能,从而影响整个植株的生长代谢。

一、设施光环境的特点

设施光环境直接关系到作物的生命及其干物质的产量和品质,是一种基础环境,包括光照强度、光照分布、光质、光照时数等。任何形式的温室、塑料大棚等设施内的自然光环境与露地比较,具有三个明显特点:一是光量减少。由于覆盖材料及构造物具有一定程度的遮光功能,一般设施内光量比露地减少15%~30%,而且随着使用时间的延长,覆盖材料老化、灰尘沉积等原因会导致设施内光量进一步减少。二是光量分布不均匀。无论任何形式的设施,其内部不同位置的光量不同,地面上光量分布也不均匀。三是光质变化。不同波长的光量在设施内外也有差异,通常通过覆盖材料以后,设施内透过力较强的红、橙光等长波光谱比例会增加,而蓝、紫光等短波光谱比例会减少,尤其是近紫外光甚至会完全被覆盖材料遮挡。

设施内的总体自然光环境与露地相比是变差的。但是,从作物的光环境调控的角度来看,设施生产具有不可替代的优势。首先,各类设施利用维护结构把一定的空间与外界环境隔离开,形成一个半封闭或全封闭系统,这是进行光环境调控的先决条件。其次,在设施有限的空间中,对室内光照条件适当地限制、补充和有目的地调节与控制,通过对作物系统的物质交换和能量传递调节,进一步改善和创造有利于作物生长过程的良好光照环境,实现设施周年生产各种不同的作物,满足市场供应或休闲农业需求。一是光照强度调节。进行科学合理的设施规划与设计,如选择合适的建筑方位、合理的温室结构、适宜的透光覆盖材料、减少结构和设备的遮阳等。二是光质调节。根据作物对光质的要求,选择透射的光谱波段有益于作物生长与开花结果的材质。例如,紫色膜对紫外光、紫光的透过率高,有利于作物的着色和提高品质。三是人工补光调节。分为光合补光、光质补光和光周期补光。利用高压钠灯或荧光灯、挂聚酯反光幕等方法在作物自然光照强度不足时为作物补充光合能量;利用LED光源可以对红光、远红光、蓝光和近紫外光等各类光谱的能量比例进行精细的调节;安装荧光灯和钨丝灯是使长光性作物正常发育常用的人工延长照光时间的措施。四是遮光调节。包括光合遮光调节和光周期遮光调节。强光和高温会降低光合速率,抑制光合作用,采用有一定遮光率的遮光材料,减弱光照强度,有效降低温度,创造作物适宜生长的光环境条件。对短光性作物,用周期遮光的措施延长暗期,缩短日照时间,以利于提早开花、促进早熟，而对长光性作物，通过遮光延长暗期，则延迟开花、推迟成熟。

二、光的基本特征

（一）光的波粒二象性

自 17 世纪意大利数学家格里默德发现了光的衍射现象开始，光的波动学说逐渐成形并发展；伟大的物理学家牛顿，用微粒说阐述了光的颜色理论，也拉开了光波动说与粒子说的争论大幕。到 20 世纪早期，人们认识到光既具有波动特性，又具有粒子特性，因此称光具有"波粒二象性"，即光粒子的运动轨迹是呈周期性的波，这是物理学上的一个重要发现。波长（wavelength）通常用希腊字母 λ 表示，表示两个连续波峰间的距离（图 2-1）；频率（frequency）用希腊字母 ν 表示，即单位时间内经过的波峰数量，则波长、频率和波速之间的关系为

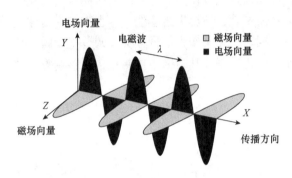

图 2-1　光是横向传播的电磁波

$$C=\lambda\nu \tag{2-1}$$

式中，C 为波速，取值为 $3.0\times10^8 \mathrm{m/s}$。光是横向传播（横向位移和纵向位移呈正弦函数）的电磁波，电场和磁场与光传播的方向相互垂直，而两个场之间也相互垂直。

光同时也是粒子，称为光子（photon），每个光子具有一定的能量，这种能量称为量子（quantum，普朗克量子）。依据普朗克定律，则有

$$E=h\nu \tag{2-2}$$

即

$$E=h（C/\lambda） \tag{2-3}$$

式中，E 为能量；h 为普朗克常量，取值为 $6.626\times10^{-34}\mathrm{J\cdot s}$。

（二）太阳光的光谱特性

太阳辐射的波长范围覆盖了从 X 射线到无线电波的整个电磁波谱，但 99.9% 的太阳辐射集中在红外区、可见光区和紫外区，其中可见光是光谱中人眼可以感知的部分，没有精确的范围，一般认为可见光光谱的波长为 380～760nm；波长大于 760nm 为红外光，波长小于 380nm 为紫外光（图 2-2）。人们将作物接受光照中对应的光谱构成情况称为光质（light quality），但是各种颜色对应的波长范围并不是截然分开的，而是随波长逐渐变化的，其中波长在 400～700nm 的光能够被作物利用，通过光合作用为作物的生长发育提供能量和物质，因而称为光合有效辐射（photosynthetically active radiation，PAR），对于波长小于 380nm 的紫外光及波长为 700～800nm 的红外光，尽管作物无法直接用其产生光合作用，但是能够作为一种环境信号对作物的生长发育进程及代谢产生影响。

如图 2-3 所示，波长 550nm（黄绿色）附近的辐射在整个太阳辐射波长范围内强度最大。大气层外太阳辐射分光强度曲线变化平滑，而地球海平面上的太阳辐射在被大气层中的水蒸气（H_2O）、臭氧（O_3）、二氧化碳（CO_2）等物质选择性吸收之后，局部波长剧烈降

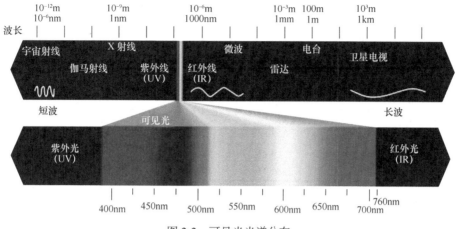

图 2-2 可见光光谱分布

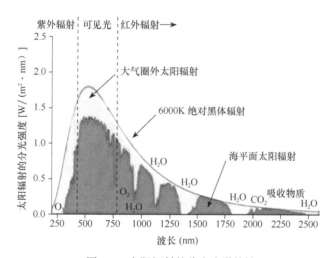

图 2-3 太阳辐射的分光光谱特性

低。波长 800nm 以上的近红外辐射（near infrared）与红外辐射（infrared）能被作物吸收转换为热能（heat energy），从而对作物有加热作用。光合有效辐射占地球海平面上太阳辐射的比例为 45%～50%。

（三）光的能量特性

作物通过光合作用所利用的光能，是指这种光化学反应中发挥作用的光子的能量。光子的能量特性参数用波长的倒数——波数（wave number）（或波率）表示，即光子具有的能量与波数（通常指 1m 长度上相应的波数）成正比。例如，波长 400nm（400×10^{-9}m）的蓝光波数为 $1/(400 \times 10^{-9}$m$) = 2.5 \times 10^{6}$m^{-1}；波长为 500nm（绿光）、600nm（红光）、700nm（远红光）的光波数分别为 2.0×10^{6}m^{-1}、1.67×10^{6}m^{-1}、1.43×10^{6}m^{-1}（表 2-1）。

光子的数量通常用摩尔数（1mol$ = 6.02 \times 10^{23}$，阿伏伽德罗常量）来表示，则 1mol 波数为 2.5×10^{6}m^{-1}（波长 400nm，蓝光）的光子所具有的能量（299kJ/mol）为波数 1.67×10^{6}m^{-1}（波长 600nm，红光）的光子所具有的能量（199kJ/mol）的 1.50 倍（表 2-1）。

表 2-1　光合有效辐射范围内的光子能量特性

颜色	波长（nm）	波数（×10⁶m⁻¹）	1mol 光子所具有的能量（kJ）	能量相对值
蓝	400	2.50	299	1.00
	450	2.22	266	0.83
绿	500	2.00	239	0.80
黄	550	1.82	217	0.73
红	600	1.67	199	0.67
	650	1.54	184	0.62
远红	700	1.43	170	0.57

光照强度是指光照至某个表面，在单位时间与单位面积之内所形成的辐射能，可以用光照强度（illumination）、光合有效光量子通量密度（photosynthetic active photon flux density, PPFD）、光合有效辐射通量密度（photosynthetic active radiation flux density, PARD）或光合有效辐射通量（photosynthetic active radiation flux，PAR）等表示。其中，光照强度是指单位面积受照平面上接受的光通量（人眼视觉特性评价的辐射能通量，单位为 lm）密度，单位为 lx，是人眼感受的明亮程度，如 1lm 的光照射到 $1m^2$ 面积上的光照强度为 1lx；光合有效光量子通量密度是指单位时间照射到单位面积的光合有效光量子通量，用光量子数量度量，单位为 $mol/(m^2 \cdot s)$［由于数据比例的影响，常用 $\mu mol/(m^2 \cdot s)$ 表示］。光合有效辐射通量密度或光合有效辐射通量，是指单位时间、单位面积上到达或通过的光合有效辐射（380～700nm）的能量，用辐射能度量，单位则为 W/m^2［$=J/(s \cdot m^2)$］。不同单位之间可以相互换算，但光照强度单位 lx 换算成 PPFD 和 PAR 的折算系数因光源种类不同而有所变化，其关系如表 2-2 所示。

表 2-2　几种光源的光照单位的转化折算系数

光源	lx→PPFD［$\mu mol/(m^2 \cdot s)$］	lx→PAR（W/m^2）
日光	0.0185	0.0177
冷性白色荧光灯	0.0135	0.0012
高压钠灯（HPS）	0.0122	0.0102
白炽灯	0.0130	0.0552
金属卤化物灯	0.0141	0.0412
发光二极管（LED）	0.0170	0.0009

（四）光周期现象

光周期也就是光照时间的周期变化，具体是指在一天之中，白天与黑夜的相对长度。昼与夜的长度因地球的纬度及季节的变化而不同，在北半球不同纬度地区，一年中白天最长、夜间最短的一天是夏至，而且纬度愈高，白天愈长夜间愈短；相反，冬至是一年中白天最短、夜间最长的一天，纬度愈高，白天愈短夜间愈长；春分与秋分的昼夜长度相等。植物的受光时间，一般在生产实践中将一天里面从日出到日落所经历的时间当成理论日照时数，植物对这种日照长短的规律性变化的反应，称为植物的光周期现象。光量积分可以表示作物生长过程中的受光量，即光强度 × 光周期，因此在光强确定的情况下，光照时间可以对作物获取光能数量产生控制影响，也决定了光合作用的光能利用情况。除此之外，作物的花芽分化、分枝、开花及部分地下根茎等也会受到光周期变化的影响。

三、作物光合作用的光响应

光合作用是作物赖以生存的基础，历经几百年的时间和多位科学家的努力，到 19 世纪末期，人们得到了光合作用的总配平化学反应式：

$$6CO_2 + 6H_2O \xrightarrow{\text{光、植物}} C_6H_{12}O_6 + 6O_2 \qquad (2\text{-}4)$$

式中，$C_6H_{12}O_6$ 代表葡萄糖等单糖。由此可知，光是作物光合反应的驱动因子，因此外界光环境的改变，会对光合作用产生显著的影响。

（一）光质与作物的光合作用

叶片中叶肉组织是高等植物中光合作用最活跃的组织，叶肉细胞内含有丰富的叶绿体，而叶绿体中所含有的色素在光合作用中起作用。图 2-4 展示了叶绿素 a（Chla）、叶绿素 b（Chlb）和类胡萝卜素的吸收光谱，虽然不同光合色素的吸收光谱略有差异，但是蓝光（430～470nm）与红光（640～660nm）为两个主要的吸收峰。因此，红光与蓝光对作物叶片具有较高的相对光合效率，而绿光则相对较低（图 2-5），大约有 30% 的绿光（500～600nm）及大约 90% 的远红光（700～800nm）可以被作物叶片直接反射。

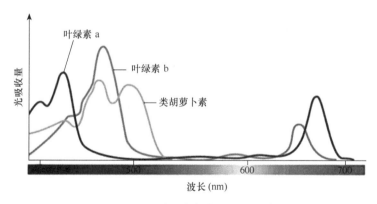

图 2-4 几种光合色素的吸收光谱

（二）光强与作物的光合作用

通过观察作物光响应曲线能够明确光强对作物光合作用产生的影响（图 2-6）。光补偿点和光饱和点分别代表光合作用对于弱光和强光的利用能力，可作为作物需光特性的两个重要指标，即光补偿点越低则积累的同化产物越多；光饱和点较低则代表着作物能够快速攀升到最高的光合速率，光饱和点较高则代表在强光环境之下所产生的光合作用不会明显被强光抑制。

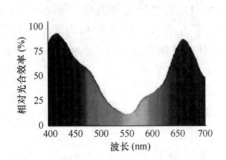

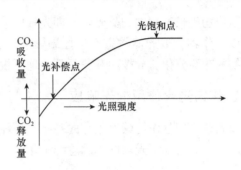

图 2-5　不同光谱下作物光合作用相对光
　　　　合效率（宋羽，2017）

图 2-6　作物光合曲线（宋羽，2017）

（三）光周期与作物的光合作用

光周期与作物光合效率的关系通常是与光强相结合，即光量（光量积分，光强度 × 光周期），单独针对光周期的研究还较少。现有研究表明，光照时间过短，如高纬度地区冬季，会大大缩短作物光合作用时间，减少光合产物的产生量。然而，过长的光照时间，如高纬度地区夏季或补光超过 18h/d 的光照时长，同样对作物光合作用存在抑制现象，并最终引起植株生理紊乱，严重抑制作物的生长和发育。

四、光受体与光信号转导

光为作物提供能量的同时，也可以作为信号因子对生长发育起到调节作用。通过对高等植物的研究发现，体内至少存在 3 种类型的光受体：红光 / 远红光（R/FR）受体，也就是光敏色素；UV-A/ 蓝光受体，包括感受光方向的向光蛋白，以及调控许多光形态响应的隐花色素；UV-B 短波紫外线受体等。这些光受体分子基本都是以色素蛋白二聚体形式存在，植物通过这些受体能在各种光环境中进行光适应性生长，在受到波段光产生的刺激时，产生的激发能小部分以光（如荧光）的形式散发，主要通过光化学变化促使磷酸化作用和电子传递等的变化，从而实现基因表达、蛋白质合成及细胞代谢。

（一）光敏色素与光信号转导

光敏色素通常被定义为 R/FR 受体，主要调控 600～800nm 区域的大多数反应。光敏色素是诸多光受体中对植物光信号调控作用最显著的一种色素，能够随着外界光信号的改变而变化，从而调控分子水平和细胞水平的基因表达，实现对植物生长发育及代谢反应的调控。光敏色素主要包括红光吸收型（Pr）及远红光吸收型（Pfr）两种类型，这两种类型能在远红光和红光光照的情况下互相逆转，如图 2-7 所示。通常认为 Pfr 是生理活化型，而 Pr 是非生理活化型。Pfr 和 Pr 能吸收光谱 380～700nm 的光，而对于在 700～800nm 的远红光，Pfr 依然可以吸收，但两者的吸光峰值并不相同（图 2-8）。

Pfr 能参与促进原叶绿素酸酯（pchide）与叶绿体前体合成过程，并促使叶绿素积累，而且光敏色素也与植物内源激素协同调节着植株的生长发育。目前认为，对于光敏色素调控的光信号转导必须要通过两条以上的途径独立进行调控：第一，细胞质途径，活化态的光敏色素利用钙调素和 G 蛋白等有关的基因进行表达。第二，细胞核途径，光敏色素经过

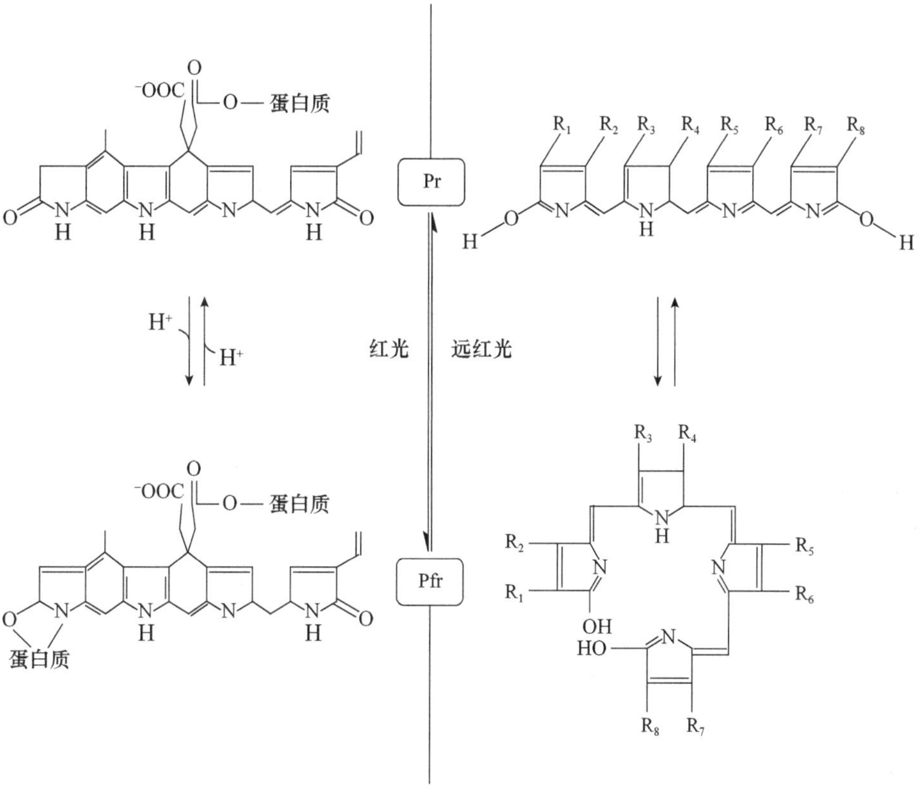

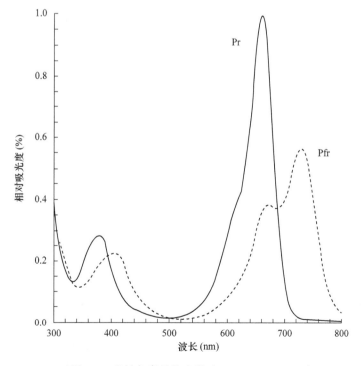

图 2-7　光敏色素转换图（Walker and Bailey，1968；Britz and Galston，1983）

图 2-8　光敏色素吸收光谱（Sager et al.，1988）

光诱导之后变为 Pfr 形式，也就是由细胞质到细胞核中，与 PIF3（结构为 bHLH）或者其他信号转录因子进行调节的彼此作用，然后把光信号直接作用在反应基因的主要启动子，对有关的基因表达进行调控（图 2-9）。

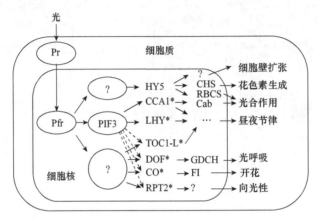

图 2-9　光敏色素信号转导调控作物生长发育（Quail，2002；周波和李玉花，2006）

虚线箭头表示含有 G-box，可能受 PIF3 的调控；* 代表启动子区含 G-box 结构域的基因；? 代表光敏色素信号转导路径中其他的未知因子。HY5. long hypocotyl 5, 下胚轴伸长蛋白 5；CCA1. circadian clock-associated protein1, 昼夜节律相关蛋白 1；LHY. late elongated hypocotyl, 下胚轴延迟伸长；CHS. chalcone synthase, 查耳酮合酶；RBCS. ribulose biphosphate carboxylase small subunit, 二磷酸核酮糖羧化酶小亚基；Cab. chlorophyll a/b-bindingprotein, 叶绿素 A/B 结合蛋白；CO. CONSTANTS 蛋白；DOF. H-protein promoter binding factor-2A, H 蛋白启动子-2A；GDCH. H-protein subunit of glycine decarboxylase, 甘氨酸脱羧酶的 H 蛋白亚基；FI. flowering locus, 开花点；RPT2. root phototropism, 根光转化子；TOC1-L. timing of CAB 1 expression-like, TOC1-L 蛋白

（二）蓝光受体与光信号转导

在植物体中，目前已知的蓝光受体包括如下两种：第一，隐花色素，参与了多重生物节律信号和发育过程；第二，向光素，对向光弯曲等诸多运动进行调节，属于类光解酶黄素蛋白，并且一般是核蛋白（图 2-10）。植物种类不同，隐花色素基因的表现形式也多种多样。例如，拟南芥中的隐花色素基因有两个：*CRY1* 和 *CRY2*。燕麦和番茄体内的基因种类都超过了三种：*CRY1a* 和 *CRY1b*，三是 *CRY2*。而藓类与蕨类植物中的隐花色素基因分别为 5 个及超过了 2 个。隐花色素通常是分子质量在 70～80kDa 的蛋白质，识别区域包括了如下两个：和已经存在的蛋白区域同源序列差异不显著的 C 端区域，以及和光解酶序列同源的 N 端 PHR。向光素 PHOT1 与 PHOT2 在 N 端位置有 LOV1 与 LOV2，其中结合区域为 12kDa，在 C 端位置包括丝氨酸 / 苏氨酸蛋白激酶区域一个。

蓝光受体在转导光信号时并非通过单通道实现的，而是通过某个信号对下游大量因子产生影响，彼此联系，共同构成一个完整的信号传递网络。

1. 隐花色素的信号转导　对隐花色素的研究表明，其原初反应属于氧化-还原反应，涉及电子的转移，并在很大程度上类似于光裂合酶反应：在受到刺激信号之后，其中黄素蛋白和体内蛋白质或者周边的信号分子间产生的电子转移，使光受体构象发生改变，对生化性质进行修饰，获取到更大量的信号。在此光信号传递过程中，隐花色素的调控效应一方面会受到光量子吸收程度的影响，另一方面也会受到其他光受体活性的影响。而隐花色素对光信号的下行传递是一个细胞内氧化-还原的过程。COP1（constitutively

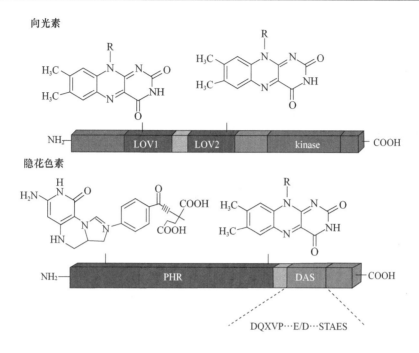

图 2-10 隐花色素和向光素的基本结构（Lin，2002）

PHR.photolyase-homologous region，光裂解酶同源区；DAS. DAS 基序（DQXVP-acidic-STAESSS），即靠近 N 端的 DQXVP 序列、酸性 AA 残基（E 或 D）区域，以及 C 端的 STAES 序列；FMN. 半胱氨酰基加合物；LOV. light oxygen voltage，光氧电压

photomorphogenic 1）在黑暗中充当光形态建成抑制因子的作用，HY5 是主要的蓝光调控转录因子。在蓝光刺激下，CRY 可引起 COP1 的快速钝化或降解，降低 COP1 蛋白在细胞核内的丰度，使得蓝光调控转录因子 HY5 在核中积累，从而增强了靶基因的转录，可解除抑制作用。

2. 向光素的信号转导 向光素可以通过离子内稳态的变化起作用。蓝光诱导瞬时增加了胞质钙，PHOT1 调节 Ca^{2+} 由非原生质体流入细胞质，可促进质膜上钙转运蛋白起到的磷酸化作用，使细胞发生其他的变化，从而对胚轴分化与生长产生影响。然而对于 *nph1/phot1* 突变体而言，削弱了它的向光性作用，但是并未削弱下胚轴的抑制作用。

（三）UV-B 受体与光信号转导

除以上提及的光受体之外，研究显示植物体内还可能有其他光受体，比如 UV-B 受体。2002 年，Kliebenstein 等发现拟南芥中存在一种新的 UV-B 敏感突变体，将其命名为 *uvr8-1*。进一步研究发现，*uvr8-1* 突变体的序列在一个与人类鸟嘌呤核苷酸交换因子 *RCC1*（*regulator of chromatin condensation 1*）相似的基因内部有 15bp 的碱基缺失，因此将这一基因命名为 *UVR8*。*UVR8* 单体的 7 个 β 螺旋结构顶端分布着带有互补电荷的氨基酸，在无 UV-B 照射时，*UVR8* 以二聚体的形式存在于细胞质和细胞核中，当接收到 UV-B（波长为 280～315nm）光信号后，细胞质中的 *UVR8* 转移到细胞核中并解聚，之后与 E3 泛素连接酶 COP1 相互作用，调节一系列重要的 UV 防御基因的表达。*UVR8* 除了作为 UV-B 特异的光受体，在细胞中也具有重要作用，协调整个植物体对 UV-B 的应答，在细胞核中发挥指导细胞对紫外光做出反应的功能。

近年来发现并鉴定了一系列参与 UV-B 光信号转导的基因和调节因子。*UVR8* 作为植物 UV-B 的光受体，对 UV-B 信号接收及转导的分子机理的研究已成为植物学研究的前沿和热点。在拟南芥中，UVR8 与 COP1 在体内通过 UV-B 介导的途径发生相互作用，推测可能存在一个未知蛋白 X 抑制 UVR8 蛋白的活性，UVR8 蛋白与 COP1 的相互作用使 COP1 不经过降解 HY5/HYH 的途径，而直接进入降解未知蛋白 X 的途径，从而启动 UVR8 介导的 UV 防御基因的转录。但是，有关 UV-B 信号转导途径中仍有很多机制尚不清楚，更多的 UVR8 介导的 UV-B 信号转导因子尚有待发现。

第二节　光对作物生长发育的影响

作物通过光合作用，将光能捕获、固定、存储、转运，维持各项生命活动，属于光的高能作用；同时，作物体内各种光受体系统又通过对光信号的转导，调控作物形态建成（morphogenesis），以及调控相关的蛋白质、基因，进而调控植株生长发育，属于低能反应。由于光照条件随着不同的地理位置和不同的时间而发生变化，作物体内也会形成相应的响应机制，以适应多变的光环境。

一、光强与作物的光合作用及生长发育

（一）光强对作物光合作用的影响

从式（2-4）可知，光是光合作用的驱动因子，对该式进行简化后，得

$$CO_2 + H_2O \xrightarrow{\text{光、植物}} (CH_2O) + O_2 \tag{2-5}$$

式中，（CH_2O）是一个葡萄糖分子的 1/6，驱动该方程式的反应，固定一分子 CO_2，需要 8 个光子。虽然在最适宜的条件下光化学反应的量子产额约为 100%，但是光能转化为化学能的效率低得多，以吸收波长 650nm 红光为例，生成 1mol 糖的可用能量为 1472kJ（＝8×184kJ 光子能量，见表 2-1），但该反应的标准自由能为＋467kJ/mol，因此在适宜光环境下，光化学能的转化效率也仅为 31.7%。由于光强直接度量光子数量，即光合能量，因此光强对光合作用的影响最为直接。目前研究认为，光强对作物光合作用的影响主要有以下几点。

1. 叶绿体超微结构的变化　光强对叶绿体光合膜上色素和色素蛋白复合体的形成、含量和分布均有直接的影响（王静和王艇，2007），叶绿素含量可以用乙醇、乙醇丙酮混合液浸提测定，也可以用 SPAD-502 叶绿素计测定。一般认为弱光下生长的作物叶片单位叶面积叶绿体数目减少，但叶绿体变大，叶绿素含量增加，且 Chlb、类胡萝卜素的含量增加得更多，Chla/Chlb 值下降，促使捕光色素复合体含量随之增加，使得叶片吸收到更多的散射光（Duan et al.，2014）。耐光作物在弱光环境下叶绿体内基粒数增多，基粒的类囊体排列紧密，从而有利于弱光环境下光能的有效利用；不耐弱光的作物在弱光处理后，其叶片组织细胞叶绿体排列紊乱，方向不规则，海绵组织的叶绿体基粒发育也不正常，基粒片层膨胀解体，叶绿体外膜受到破坏（Li et al.，2017；Lichtenthaler et al.，1981）。当作物处于强光环境时，过剩光能可引发氧化胁迫，对光合作用反应中心、光合色素和光合膜产生

巨大的伤害，成为作物发生光抑制的主要原因之一（Wang et al.，2015；史宏志和韩锦峰，1998）。当光合作用受到抑制时，作物可以通过建立跨类囊体膜的质子梯度和启动叶黄素循环来促进非光化学猝灭对过量光能的耗散，保护光合机构免受损伤。

2. 光合参数的变化　　光强是影响作物光合参数的重要因素，光合参数的变化目前可以用 Li-6400、Li-6800、CIRAS-1 等光合仪测量。在光饱和点以下，作物的光合速率随光强的增加而增加（Letts et al.，2008；Nagarajah，2010；Sun et al.，2009；Kaiser et al.，2012），但提高的幅度受温度、室内外 CO_2 浓度、气孔导度等因素的影响；相反，作物的净光合速率也会伴随光强的减少而降低，同时气孔导度和胞间 CO_2 浓度也会降低（张振贤等，2000），但是在一定强度的光照条件下，作物的净光合速率是相对稳定的，即光合速率和呼吸速率存在同步变化。通过分析不同光强环境下大豆光合生理参数后发现，在光质不变的条件下，弱光条件下净光合速率显著低于对照处理，而且叶片气孔导度、胞间二氧化碳浓度和蒸腾速率显著增加（程亚娇等，2018）；利用 LED 补光，当光照强度达到 $100 \sim 150 \mu mol/（m^2 \cdot s）$ 时，设施草莓净光合速率显著高于 $50 \mu mol/（m^2 \cdot s）$ 光照强度，但不同设施作物品种的光合特性具有较大差异。在温室弱光下，黄瓜、桃等作物的需光特性与光强密切相关，桃叶片光补偿点、光饱和点、CO_2 补偿点、CO_2 饱和点随着光强的减少均呈下降趋势（刘文海等，2006）。

3. 叶绿素荧光参数的变化　　光能被叶片内的天线色素吸收至光合反应中心之后，主要是供光化学反应之用，少部分通过荧光形式对外释放，或者通过热辐射形式逐渐散失，再就是由作物本身进行再吸收，借助对叶绿体荧光的测定能够发现光能传递与光化学反应情况，这也是动态探查作物光合作用的最佳内部探针。目前，叶绿素荧光可以利用 IMAGING-PAM、FMS-Ⅱ型等叶绿素荧光仪测定，指标主要包括：PS Ⅱ最大光化学效率（maximum quantum yield of the PS Ⅱ primary photochemistry，F_v/F_m）、光适应下 PS Ⅱ实际光化学效率（actual photochemical efficiency，$\Phi_{PS Ⅱ}$）、暗适应下初始荧光（initial fluorescence，F_o）、光化学猝灭系数（photochemical quenching coefficient，qP）、非光化学猝灭系数（non-photochemical quenching coefficient，NPQ）、PS Ⅱ非循环光合电子传递速率（electron transport rate，ETR）等，其中 F_v/F_m 是体现光抑制度的一个关键指标，其所对应的是 PS Ⅱ光反应中心所具备的光能转化效率（许莉等，2007）。对长期低温弱光环境下设施作物生长进行研究后发现，借助低温弱光处理反而提升 F_v/F_m，弱光强处理的设施桃树 $\Phi_{PS Ⅱ}$、F_v/F_m 的日变化比较平稳而且维持在一个较高的水平（刘文海等，2006），可见低温弱光并未抑制其 PS Ⅱ光化学活性，作物对弱光的适应性是以消耗更多结构物质用于扩大光能接收面积、增加光系统组分的含量、增加原初光能转化效率等方式获得的（Wang et al.，2008，2010b；Hamdani et al.，2011；Ivanov et al.，2006）。

4. 光合相关酶的活性　　光强对叶绿体的类囊体结构具有一定的影响，由于各种酶附着在类囊体膜上，也会受到光强的影响。1,5-二磷酸核酮糖羧化酶（ribulosebisphosphate carboxylic enzyme，RuBPase）在光合碳循环中具有重要作用，在 CO_2 同化过程中直接影响 CO_2 的同化速率。通过紫外分光光度法、酶联免疫吸附等方法测量酶活性或酶蛋白情况，证明 RuBPase 初始活力的下降是导致光合衰退的根本原因，因此 RuBPase 在光合作用中起着至关重要的作用（Li et al.，2017）。RuBPase 的活性和光合作用之间成正比关系，在光强不断减少的情况下，单位叶面积的可溶性蛋白质也会不断减少，减少的速率比此种蛋白质发生降解的速率要大（Smeets and Garretsen, 1986）。在不同的光强下，蛋白质含量存在着显著差别，其中所含的捕光蛋白 LHCP 含量和 D1 蛋白含量也存在差别，这是限定作物光合电子传递速率的内在因素。在弱光环境中，RuBPase 活性有所降低，中间产物酶的量也有所减少，从而降低了 CO_2 摄取量及电子的传递量。

（二）光强对作物生长发育的影响

光强作为生长发育的必要条件直接影响着作物叶片内的光合速率，进而调节作物的碳、氮代谢，从而影响作物的吸收和代谢，最终影响作物的生物量和产量、品质。

1. 光强与作物的营养生长 在合适的光环境条件下，光强主要通过影响光合作用的进行来影响作物的生长。光能促进作物的组织和器官的分化，制约着各器官的生长速率和发育比例，差异主要体现在叶绿体数目、气孔密度、叶片厚度、叶面积、干物质积累等方面（韩霜和陈发棣，2013；Moula，2009；李潮海等，2005）。在弱光下，植株叶面积增大，比表面积增加，干重和茎粗也会伴随光强的减少而出现一定程度的降低，似乎可弥补单位叶面积光合速率（战吉成等，2002）；在强光条件下生长的叶片则较小而厚。光照对于作物生长的影响还表现在对根冠比的影响上。在一定范围内的光照加强，光合产物积累增多，地下部的碳水化合物供应得到改善，因而促进根的生长，使根冠比增加。光照不足时，地上部向下输送的光合产物减少，影响根部生长，而对地上部的生长影响相对较少，因而根冠比下降。不同作物根系在形态发生方面对光的敏感性不同（何维明和钟章成，2000；易克等，2013），也表明作物对光照环境有着主动适应能力。

2. 光强与果实形成 在适宜的温度、水分条件下，光强和果实的产量存在明显的正相关关系。许多作物在夏季栽培和育苗中会遇到强光胁迫，可以通过遮阴调节作物生长的最适环境，提高产量和品质（Cockshull et al.，1992）。设施中弱光条件会对作物造成不利的影响，对碳水化合物造成一定的影响，减少了运送到籽粒的数量，或者对子房中部分生长物质产生不利影响，抑制其活性，导致胚胎无法正常发育，最后得到的只是秕、空粒（Gitz et al.，2004），显著降低果实品质、坐果率、单果重、果实可溶性固形物含量和果皮花青苷含量等（Rylski and Spigelman，2013；刘淑云等，2005；Qiu et al.，2007）。设施内夏季强光也可以造成植株光抑制，造成辣椒、番茄等花粉发育不良，通过影响授粉受精来降低产量，也可造成产品表面被光照灼伤。

3. 光强与果实品质 光强对作物次生代谢产物的生物合成和积累过程起重要作用，在适宜的光照强度下，果实中碳水化合物、可溶性糖、可溶性蛋白质、全氮等含量均会增加（Gautier et al.，2008，2009）。在弱光条件下，果实着色差，可溶性固形物含量下降比较明显，且果实成熟延迟（Massacci et al.，2000；Schettini et al.，2015），但蛋白质含量变化不明显，甚至有些作物在弱光条件下有增加的趋势（徐强等，2016；蔡瑞国，2008；姚金保和朱耕如，1990）。研究表明，油菜、大豆和小麦籽粒等作物随光强的减少，蛋白质含量均呈上升趋势，而脂肪含量均下降，蛋白质和脂肪总含量上升（胡国华等，2004；郝兴宇等，2010）。强光作用对蛋白质的影响较大，研究表明，小麦有 4 个蛋白质的表达在强光处理下受到完全的抑制；水稻叶绿体膜蛋白质组在强光处理下至少有 1 个蛋白质受强光诱导表达，4 个蛋白质的表达在一定程度上受强光的抑制，有 14 个蛋白质的表达在强光处理下受到完全的抑制。这些结果表明，品种间对光照强度变化的敏感程度不同，高蛋白质品种对光强较迟钝，而高脂肪品种对光强较敏感。

二、光质与作物的光合作用及生长发育

（一）光质对作物光合作用的影响

光质对作物光合作用的影响主要包括对光合色素的形成、气孔调节、光合碳同化、内源激素等的调节。

1. 光质对光合色素的调控　不同光质调节叶绿素含量可能因作物种类、组织器官的不同而不同。大量研究表明，复合白光、蓝光、红光（Ramalho et al.，2002；Tanaka et al.，2015；Rivkin，1989）均可以提高叶绿素含量，黄光可以提高组织内类胡萝卜素的含量。其中蓝光对于作物叶绿素合成和叶绿体形成有着重要的作用，可以提高作物的叶绿素 a 含量。因此蓝光培养的植株一般叶绿素 a/ 叶绿素 b 值较高；而红光主要提高叶绿素 b 含量，培养的植株叶绿素 a/ 叶绿素 b 值较低（Vieiral et al.，2015）。红光下虽然作物叶绿素含量较少，但光合系统Ⅱ（PSⅡ）反应中心、细胞色素活性水平高，因此红光下单位叶绿素 CO_2 同化速率较高（Leong et al.，1985）。

2. 光质对气孔的调节　光质作为一种调节气孔运动的信号，蓝光与红光均可以对气孔进行调节，但蓝光的调节能力要远高于红光。红光对作物气孔的调节属于间接调节，主要是作物保卫细胞的水分变化导致气孔随之发生变化，使得邻近细胞之间空隙大小发生变化，影响作物的生长。红光下气孔数量较少，气孔面积较大，而远红光下气孔数量较多，气孔面积较小（Kim et al.，2004b）。蓝光对作物气孔的调节属于直接调节，可以调节保卫细胞内 K^+、有机酸及碳水化合物的浓度，通过此渗透系统实现对气孔开闭的调节，蓝光在气孔运动中的作用十分重要（Doi et al.，2015）。

3. 光质对作物光合速率和光合碳代谢的调控　光合作用的光反应并不与光能量成正比，而是与光量子数成正比，同等能量的光质，红光的光量子数最多。因此大多数高等作物在橙、红光下光合速率最高，蓝紫光次之，绿光最低（陶汉之和王新长，1989；陶俊宇，1999）。红光虽然光合速率高，但由于纯红光会导致叶片内淀粉过量积累，不利于后续的光合作用，在实际生产中适当地加入蓝光可以有效地维持作物较高的光合速率。R/FR 值会影响光合碳同化关键酶 RuBPase 的活性，其活性高低直接影响光合速率的大小，低 R/FR 值具有较高的 RuBPase 活性，高 R/FR 值对 RuBPase 有钝化作用（Ernstsen et al.，1999）。同时也有研究发现光质可以改变作物固定 CO_2 的途径（Grams and Thiel，2002）。

4. 光质对作物内源激素的影响　作物内源激素同样受不同光质的影响，作物的光受体信号可以通过其内源激素水平的变化传递给下游靶基因，进而调控作物自身的生长发育，作物体内的内源激素含量及分布受不同光质调控。研究表明，在不同的 R/FR 下向日葵内源激素吲哚-3-乙酸（IAA）和赤霉素（GA）（GA1、GA8、GA20）含量是不同的，R/FR 值降低和增加均促进 IAA 活性增加，GA 含量则随着 R/FR 值的增加而降低（Kurepin et al.，2012）。对云杉内源激素玉米素核苷（ZR）、IAA、GA 和脱落酸（ABA）含量的研

究发现，ZR 和 ABA 的含量在红光和蓝光处理下变化不明显，而 IAA 活性在蓝光处理下明显要高于红光，相反 GA 的含量在蓝光下明显低于红光，而在烟草根系中则相反，红光下 IAA 含量最大，蓝光下则最小，说明了同一种光质在作物不同部位中的影响并不相同，可能是与光对作物不同部位 IAA 氧化酶活性的影响不同有关（Meng et al.，2015）。调节 R/FR 值，ABA 含量变化明显，并且可以提高作物的抗旱性，可能是由于光敏色素可以通过影响作物对 ABA 的敏感性而增强其抗旱性，并且通过脱落酸途径等影响作物叶片的形态、气孔和根系的发育从而调节作物的抗旱性（Gonzlez et al.，2012）。

（二）光质对作物形态建成的影响

1. 光质对种子萌发的影响 光质对种子萌发的影响主要是通过光敏色素的参与完成的，需光种子的萌发受 PHYA 和 PHYB 共同调节。通常来说，质量较小的种子对于光质的敏感性较强，通过短时间闪光就可以诱导萌发，而对于质量较大的种子可能还需要一定的光强和光照时间。对光谱进行量化研究后发现，640～670nm 的红光能有效地促进莴苣种子的萌发，720～750nm 的远红光则产生抑制萌发现象（Borthwick，1952）。红光对种子萌发的促进作用主要由 PHYB 调控，PHYB 的主要功能是感受 R/FR 值的变化。种子能否充分发芽生长主要取决于随后所接受的光的 R/FR 值，较低的 R/FR 值会抑制种子的发芽。

2. 光质对幼苗光形态建成的影响 不同的光质对幼苗的生长形态有着不同的影响，在实际应用中，通常采用红蓝光合理组合的方式育苗效果最佳。高强度的蓝光对茎伸长的抑制作用最大，而与其同强度的红光则促进伸长。与红光相比，蓝光在 PHOT 和 Cry 介导下，对下胚轴伸长的抑制效果较为明显；同时还与子叶扩展、叶片扩展等伸展控制相联系。研究表明，在'宝粉'番茄苗期照射红蓝光不仅有利于幼苗植株的生长，同时也有利于培育壮苗（蒲高斌等，2005）；彩色甜椒幼苗在红光处理时植株较高，蓝光处理时植株较矮（杜洪涛，2005）。相比白色荧光灯的处理，经蓝光 LED 处理后，生菜幼苗干重及根重分别增长了 29% 和 83%（Johkan et al.，2010）；黄瓜苗期增加 UV-A 和红光的照射，同时减少 UV-B 和蓝光的照射，能够促进植株的生长（王绍辉等，2006）。

3. 光质对作物根及茎生长的影响 在一定光强下，光合作用除为作物根茎的生长提供足够的能量以外，不同光质可以通过作物细胞内的各类感光受体，诱导细胞内一系列的复杂信号转导来调节作物根、茎、叶的发育及相关基因的表达等。许多研究表明，红光调控下的光敏色素调控较为显著，对根系发育的影响最为显著，但综合效果较好的为红蓝光（Iacona and Muleo，2010；Chen et al.，2014a），这与红光促进作物生长的结论也一致。

4. 光质对叶片生长的调控 叶片是作物进行光合作用的主要器官，叶片的生长也受作物光合作用重要影响因素光质的调控，不同光质对作物叶片形成的影响效果不同。研究发现，作物叶片叶面积比在红外和远红外光处理下具有显著差异，且随着 R/FR 值的增大而减少（Agyeman et al.，2010）。用红光、蓝光和红-蓝组合光处理黄瓜后发现，叶面积在红光处理下最大，蓝光次之，红蓝组合光最小（Ieperen and Savvides，2012）。也有文献证明复合光更有利于叶片的生长发育，如莴苣在红、蓝、绿三种组合光下的叶片面积最大（Kim et al.，2004a）。

5. 光质对作物营养品质的影响 不同光质对作物叶片中碳水化合物代谢和蛋白质

生成有明显的调控作用，蓝光可明显促进线粒体的暗呼吸，而在呼吸过程中产生的有机酸可作为合成氨基酸的碳架，从而有利于蛋白质合成，对作物生长及其果实等产物的可溶性蛋白质和糖类的生物合成也有显著的影响。红光抑制了光合产物从叶片输出，增加了叶片的淀粉积累，而淀粉粒的过量积累不利于作物叶片光合作用的进行。与红光相比，红蓝光下淀粉粒体积明显缩小，说明红光中增加适量蓝光有利于同化产物输出（Keiko et al.，2007）。因此，单纯的红光虽然光合效率较高，但适当地加入蓝光后可明显提高作物的营养品质。红蓝组合光（90% 红光 ＋10% 蓝光）条件下作物的碳水化合物和维生素 C 的积累较多，硝酸盐浓度较低，提升了蔬菜的营养品质（Shen et al.，2014）。

（三）光质对组培苗的影响

1. 光质对愈伤组织诱导与增殖的影响　光质对作物愈伤组织的诱导与增殖具有重要作用，但是在不同作物表现并不一致，总的来说，红光、蓝光、白光的作用较为明显。研究表明，100% 的红光对兰花愈伤组织的诱导率最高，在红蓝光比例为 3∶1 时愈伤组织的生长效果最佳（Le Van and Tanaka，2004）。黄光能有效促进葡萄愈伤组织的生长（张真等，2008）；蓝光和黄光对白桦愈伤组织的增殖生长具有明显的促进作用（范桂枝等，2009）；蓝光可促进马蹄纹天竺葵愈伤组织的生长（Ward and Vance，1968）。

2. 光质对愈伤组织分化的影响　光质对作物愈伤组织分化的影响因作物种类的不同而异，可能与作物基因的差异导致感受各种光质的光受体及光信号转导的差异有关，造成不同光质条件下不同作物的生长、分化和代谢过程存在差异。研究证明，红光对甘蔗愈伤组织分化出苗有明显的促进作用（梁钾贤和陈彪，2006）；蓝光在怀山药愈伤组织分化过程中的促进作用最强（郭君丽等，2003）；但玛咖愈伤组织在蓝光下出芽率几乎为零（王亚丽等，2007）。虽然作物体内激素水平可能也会受到光质的影响，但光质效应并不能代替激素对作物生长的作用，而是一种与激素交互作用的补偿／消减效应（王为，2008）。因此，光质对愈伤组织分化的影响不仅与作物种类有关，而且与培养基中的激素密切相关。

3. 光质对原球茎和体细胞胚发生的影响　光敏色素受体和 UV-A/ 蓝光受体可能影响原球茎的诱导和增殖，大部分作物的蓝光受体起促进作用（高荣孚和张鸿明，2002），而光敏色素受体起相反的作用。但是不同的作物品种之间也存在差异，蓝光下兰花、蝴蝶兰原球茎的发生率最高（Le Van and Tanaka，2004；Tanaka et al.，2001），而红光有利于文心兰原球茎的诱导，并促使原球茎产生最高的增殖系数（徐志刚等，2009）。光也可以通过光敏色素调控细胞中内源 ABA 的水平，最终影响体细胞胚的发生（Weatherwax et al.，1996）。低强度蓝光下胡萝卜体细胞胚的诱导率比黑暗条件下高，红光对胡萝卜心形胚的发育有促进作用（Michler and Lineberger，1987）。

（四）光质对作物抗性诱导的影响

光敏色素缺失会导致作物对病原菌、害虫等生物胁迫及低温、高温、干旱、盐等非生物胁迫的抗性发生改变；改变光质（如调节 R/FR 值）可提高作物对上述逆境胁迫的抗性，并且通过水杨酸、茉莉酸和脱落酸等激素信号途径诱导作物的抗性。

1. 光质调控减轻病虫害危害　当用 R/FR 值一定的光量子照射作物时，通过光敏色素激活作物的抗性途径调控作物的抗病性，大部分作物减轻病虫害的侵染主要是因为水杨酸和茉莉酸信号途径增强。研究证明，提高红光的比例可以有效提高水杨酸和茉莉酸的信号途径，进而对设施内黄瓜、甜椒、南瓜和番茄的灰霉病、白粉病、褐斑病有明显的抑制作用（Wang et al.，2010a；Schuerger et al.，1997；Islam et al.，2002；Rahman et al.，2010；de Wit et al.，2013）。在设施园艺虫害防控方面，提高 R/FR 值同样可以调控作物对虫害的抗性（McGuire and Agrawal，2005；Izaguirre et al.，2006；Islam et al.，2008），通过覆盖紫外光不透过型薄膜可以防止设施作物患灰霉病、蓟马、蚜虫等病虫害。

2．光质调控提高对非生物胁迫的抗性　　光质可调控作物叶片的形态、气孔和根部的发育进而调节作物的抗旱性，从而影响作物的抗旱性。研究表明，在棉花进入黑夜前照射 30min 远红光后，植株的气孔阻力变大，蒸腾速率变小，其抗旱性增强（Ouedraogo and Hubac，1982）。不同的 R/FR 值可通过调控作物产生不同的生理变化来影响作物的抗盐性、抗低温能力（McElwain et al.，1992；Slocombe et al.，1993）等，降低 R/FR 值可以有效提高低温下作物的抗性，主要表现为作物生长停滞、茎硬化并快速产生冷驯化效应（McKenzie et al.，1974），而且作物可以通过光敏色素对脱落酸信号途径的影响产生应对非生物胁迫的抗性。

三、光周期与作物的光合作用及生长发育

（一）光周期对作物光合作用的影响

光周期影响作物的生长发育主要体现在两个方面：首先，在作物生长过程中，许多信号途径的发生需要光的激活；其次，较长的光周期可以给作物提供更多的能量。光周期与作物的光合作用有一定的相关关系，增加光照时间，作物光合作用的时间增加导致更多光合产物的生成，促进了作物碳水化合物的积累，进而促进作物的生长和发育。短的光周期不仅可以缩短作物成花开始到种子形成阶段之间的时间，而且有助于调整作物的干物质分配，增加作物的叶绿素含量、净光合速率和蒸腾速率。相关研究表明，在小麦成花期前，光周期的影响更多体现在小麦穗的分化调节上，此时光周期对光合作用的影响被减弱了很多；在小麦抽穗后，光周期对光合作用的影响占了主导位置，较长的光周期促进了小麦种子的生长和发育（Shen et al.，2014）。

（二）光周期对作物生长发育的影响

1．光周期对种子萌发和幼苗发育的影响　　光环境的周期变化对作物的萌发也具有一定的调控作用，对于很多作物的种子来说，光环境的时间变化会激发种子内部的激素合成，进而调控种子萌发。对某些一年生草本的种子单次瞬时照射即可诱导其萌发（Milberg et al.，1996），然而对于其他一些作物的种子，诱导其萌发可能需要连续光照及重复的红光闪射（Grubisic and Konjevic，1990）。有研究表明，在其他环境条件都适宜的情况下，用16h 光照和 8h 黑暗的光周期处理孜然芹种子，种子的萌发率、苗高、根长都高于连续光照和连续黑暗处理（王进等，2006）。长日性种子花旗杉在 14℃条件下需要 16h 的光照才能加速未经层积种子的萌发；而加拿大铁杉种子对光周期的反应特别明显，8h 光照的周期有

利于萌发,全黑或者 16h 光照的周期均不利于萌发(赵笃乐,1995)。

光周期同样可以影响作物幼苗的生长,对一些作物适当增加光照时间可以有助于株高生长和叶的发育,对于幼苗生长的速率也有一定的促进作用(Adams and Langton,2005),同时对根系生长也有促进作用(毕力格图,2003;刘世旺等,2007;刘志民等,2000;贾东坡等,2007)。例如,黄栌在 16h 光照下,其根系的生长和分蘖能力减弱,而在 8h 光照条件下,其根系的生长和分蘖能力均明显增加(Cameron et al.,2005)。

2. 光周期对作物成花的影响　光周期途径是一种比较保守的成花信号途径,绝大多数作物均有自己的生物节律钟,可以感应外界光环境的变化,所以光照时间的长短可以显著影响作物的开花。在设施作物生产中,可以通过人为改变光照时间的长短来达到提前或推迟作物开花的目的。例如,长日照作物在长日环境下可以促进开花(Andrs and Coupland,2012),因此芍药在冬季温室栽培实际生产中,可以使用 LED 灯进行补光调控,也可以将光照时间延长至 14h/d 以促进芍药提前开花(韩婧等,2015)。短日照作物可以在光照时间长的季节进行适当的遮光处理,花明显提前开放,因此在实际生产中可以通过覆盖遮阳网、保温被等遮光措施缩短光照来促进提前开花,也可以通过夜间增加光照时间延迟开花(Sumitomo et al.,2007)。进一步研究发现,在特定的时间,开花作物叶片内会产生一种名为 flowering locus T(FT)的蛋白,有研究证明 FT 蛋白是作物成花素的一个主要组分(Corbesier et al.,2007;Pin and Nilsson,2012)。FT 在傍晚时开始表达并严格受生物节律钟的调节,当白天光照时间较长时,FT 蛋白可以利用傍晚时的光线激活作物的开花机制;当白天光照时间较短时,到傍晚时已经没有太阳光,FT 蛋白不能被激活表达,因此作物的生物钟可以感应特定的时间调节作物开花,从而使作物"知道"何时开始开花。所以,可以通过基因工程手段调节 FT 蛋白的表达,从而调控作物的开花。

3. 光周期对作物内源激素的影响　光敏色素和内源激素在调控作物休眠性上可能有一定的互作联系,光周期对休眠型作物的影响与叶片中 PhyB 含量有关。在 8h 光照下,苜蓿叶片中 PhyB 的含量明显高于 12h 和 16h 光照处理,同时短光周期处理下作物 ABA 含量也明显增加(Wang et al.,2007a),有的研究则发现短的光照时间下植物内源激素 GA1、GA3 和 ABA 的含量有所降低(杨迪等,2016),可能是由于植物内源激素含量的变化受多种环境因子同时调控,光周期对内源激素的改变只是多种环境因子中的一个(Dong et al.,2016a)。不同光周期下的作物茎部和叶片中内源激素含量的变化也是不同的。例如,叶片在长日照或中日照条件下细胞分裂素(CTK)含量的区别不明显,但均显著高于短日照条件,而作物茎部在长日照条件下 CTK 含量显著高于中日照,短日照条件下 CTK 含量仍最低(Xu et al.,2008)。

4. 光周期对作物营养品质的影响　光周期通过刺激作物细胞内的光敏色素,进而影响作物营养品质的形成。例如,光周期可以通过诱导硝酸还原酶,从而增强硝酸还原酶活性,有助于作物体内硝酸盐的同化,同时作物光合作用产生的碳水化合物可以为作物硝酸还原过程提供所必需的能源及物质,并且随着光照时间的延长,作物对硝酸盐的同化速率会提升。许多研究证明,光照时间的延长也有利于生菜叶片中维生素 C 含量的积累(Zhou et al.,2013),还可以增加作物体内可溶性糖含量(Scaife and Schloemer,1994)和花青苷的含量(Lu et al.,2015)。作物体内酚类物质的合成和积累受到光周期的影响。适当的光周期环境有助于增加作物体内总酚含量的积累，进而帮助作物清除细胞内过多的氧自由基（Younis et al., 2010）。此外，作物细胞内的抗氧化酶活性受光周期的影响显著（Becker et al., 2006），苜蓿体内 SOD 和 POD 活性则随光周期增加呈下降趋势（Wang et al., 2007b）。

第三节　设施光环境研究面临的主要问题与需要研究的主要内容

一、设施光环境研究面临的主要问题

光是作物生长发育中最重要的环境因子之一。它不仅为作物光合作用提供辐射能，还为作物提供信号调节其发育过程，在此过程中，作物体内具有一整套精细的光接收系统和光信号转导系统，来应对光强、光质、光照方向和光照时间、光周期等环境光条件的变化做出适应性反应，不同环境条件下的光信号通过各种作物光受体的转导并与内生发育程序整合，从而控制作物的生长发育模式。

近些年，国内外学者针对光对作物的影响进行了广泛研究，并取得了一些新的进展：①光强对作物光合作用、生理代谢的影响很大，研究者已掌握了其基本变化规律，许多研究成果已被应用到生产实践中；②光质对作物的影响比较复杂，对于不同的作物，其研究结果不尽相同，但也有一些研究结果比较类似，如红光有利于作物淀粉含量的增加，蓝光有利于蛋白质含量的增加，红光、蓝光等有些光质有利于作物生长等。然而，目前在设施作物光环境控制方面的研究依然存在诸多问题。

（一）光控制机制研究依然薄弱

1. 光受体的作用机制研究　　目前 5 种光受体中研究得较为深入的有 3 种：光敏色素、隐花色素和向光素。但是也有研究表明，它们之间并不是完全孤立的，而是存在各种复杂联系，而且每种光受体又往往是由多个基因组成的基因家族，基因家族中的每个基因又有着各自不同的分工与特点。光敏色素在不同的作物中种类不同，同一作物又有好几种光敏色素，究竟哪一种是真正控制 Pr-Pfr 可逆反应的，或者它们是如何协调控制作物的光形态建成的，还是一个亟待解决的问题。

2. 光质的作用机制研究　　关于光质对作物光合作用调控的研究已经涉及蛋白质及基因表达，并开始探寻光质调节作物光合作用的机理。尽管人们对光质与光合作用的关系已有不少认识，但也仅限于藻类、蕨类等低等作物，对设施作物不同光质条件下起作用的关键基因、特异蛋白质的研究还不够深入。

3. 光周期的作用机制研究　　作物对光周期信号的接收和信号转导依靠光受体，因此可以从光周期反应的角度研究诱导作物生长发育的机理，如作物的开花调控信号和受体等。通过强光受体之间的交互作用及其影响因素等的综合研究，才能真正探明作物是如何接收光周期信号和转导信号，如何调控自身的各种生理变化，从而明确特定的性状分析。目前对光周期的研究多集中于对模式植物拟南芥和水稻的研究，其他经济作物和观赏植物的研究还很少。虽然研究证明光周期基因具有相当的保守性，但这些基因在一定程度上仍具有种属特异性。

（二）光控制环境研究条件不够规范

迄今为止，学者虽然在作物光调控方面的研究取得了很好的成果，但在研究过程中还有一些问题需要进一步的精确化和精细化。应针对每一种作物的生长过程，通过试验较为精确地确定在什么生长状态下，用什么波长、什么强度的光照射多长时间能给出最佳的结果，并对结果给出适当的理论解释。

1. 试验条件不规范　现有文献中绝大多数对所用光源的描述不够准确，许多发表论文并未给出准确的光谱界定，只是笼统将它描述为红光或者绿光等。许多有关绿光效应的早期研究中，所谓的绿光（500~600nm）实际上包括黄光（580~600nm）在内，那些所谓绿光对生长的抑制作用很可能只是其中黄光的作用，而不是绿光（500~580nm）的作用。同时，在照明或过滤源的光谱输出方面所给的信息并不完整。例如，绿光对作物生长的抑制作用已经被一些试验所证明，但是其作用机制还不清楚。

此外，部分学者所使用的光照单位度量方式并不能真实反映所使用照明源的光合有效量子辐射，研究光源的参数也不统一，因此究竟是给了多少量的光，作物才得以增长或抑制尚未有一个统一的认识。对于作物而言应该是有个饱和状态的，未达到饱和点有可能促进生长，超过饱和点则会产生抑制现象，但大多数作者仍没有给出 LED 补光的准确通量值及照射时间的长短。但是，在实际生产中，补光强度和补光时间对作物的生长发育与功能性化学物质的积累是至关重要的，而且在有些试验中光通量值增加一倍时，照射时间可以减半，但在另一些试验中它们又不遵守这一规律。因此，目前给出的 LED 的通量值和照射的时间长度只是在特定条件、特定地点的结论，后人很难重复他们的试验。

2. 试验数据分析的欠缺　对试验后的材料进行检测和分析的方法也值得深究。部分研究人员通过作物长势主观判断光对植株的促进或者抑制作用，但有时候这也许仅仅是因为某些光质可能促成植株轻微的"徒长"，究竟光质对作物起促进还是抑制作用，应该结合其生理层面来进行综合判断。因此对于试验的设计和试验结果的分析也还有待改进。

3. 试验周期过短　目前的大多数试验以短期为主，栽培条件下的实验与自然条件下的观测结果并不一致，缺乏自然状况下长期的观测和研究，导致目前的研究结果在生产实践中的应用受到一定限制。现有对光的处理的研究，多数是某一个生长阶段，或者是一个生长过程，而阶段与阶段之间的比较很少，利用某一个生长阶段或整个生长过程的研究结果难以全面揭示光强和光质对作物生长发育的影响机制。例如，光质和光强对作物的影响在不同生长季节有所不同，同一种处理在一个时期促进作物生长，而在另一个时期则可能抑制作物生长或者没有影响。

（三）专用人工光源及光控覆盖材料欠缺

在许多光环境的研究中采用的并不是 LED 这种单一光谱光源，而是采用彩色塑料膜、滤光膜或有色荧光灯等多光谱调控，这类研究中调控光谱不明确，发射光谱不能很好地满足作物光合作用的吸收光谱，光质不纯，补光效率低等，不仅影响试验结果的可靠性，也给不同作者报道的相同光质试验结果的相互比较带来很大的困难。

1. 作物专用人工光源　尽管 LED 光源在光谱调控中具有较大的优势，但由于其价格昂贵，目前在生产中还是难以推广，其他人工光源的光谱特性并不适合作物生长。近些年，我国作物专用人工光源研究有了较大的进展，但是这种多光谱人工光源的调控多采用荧光粉，目前主要的合成方法都以稀土元素为激化剂实现发红光的目的，导致作物专用人工光源以光谱较窄的红光调控为主，综合性白光荧光粉的开发依然较少，而且价格较为便宜的作物专用人工光源在生产中应用仍以示范为主，实际应用面积较小。

2. 光控覆盖材料 转光膜能在保留普通农膜基本性能的基础上，按照作物生长的需要将太阳光中对作物光合作用有害或无用的紫外光、绿光转化为光合作用所需的红光或蓝光。大量的农田试验表明，农用转光膜能够有效地改善塑料大棚、温室透过的光质，提高光能综合利用率，使其有利于作物的生长，促进作物的早熟和增产。

目前研究报道的蒽酮类有机荧光颜料分散性好，能充分利用大量的绿黄光，但其产品价格昂贵，发光强度较弱，有机染料在长时间光照下易发生氧化分解，使用寿命较短。另外，转光强度较低、成本高及自身的颜色等缺陷也都限制了该类转光剂的应用。除这些化学因素之外，由于荧光染料多数具有苯环或稠环，在使用后的降解过程中存在潜在的危害。因此，目前实际应用中多采取与其他转光剂共用的方式，单纯使用有机染料转光膜的产量和使用量呈下降趋势限制了其应用。

硫化物等无机型转光剂虽然光谱匹配性较好，但光稳定性差，转光衰减快，以及随时间的延长透光率降低等，而且由于普通无机盐在高分子薄膜中的分散性不好，形成的薄膜均匀性较差，不仅影响产品的外观光洁度，更会导致稀土团聚引起荧光猝灭，降低薄膜的转光效率。

二、设施光环境目前需要研究的主要内容

（一）作物光调控基础研究

1. 作物光质生物学研究 作物光质生物学是光生物学的重要分支，其研究与应用对于生物学、生命科学及农学都有很重要的理论意义和实践意义，是一门新兴学科。光质生物学与作物种类和品种有直接关系，甚至取决于作物种类和品种，具有自身的复杂性。

基于作物光质生物学规律，采用 LED 特定光谱具有提高作物光合作用、提高设施作物生产效率的潜力，最大幅度提高产量和品质。LED 光质对园艺作物生长发育、产量和品质形成影响的内在机制已经纳入了当今 LED 光质生物学的研究范畴。通过系统深入的研究，为植物工厂灯具设计和光环境精准调控提供依据，建立植物工厂生产的作物精细调控方法，不仅涉及光质、光强、光周期，也涉及昼夜节律、连续光照、脉冲光、间歇光照、交替光照等多种 LED 光照下特有的调控途径。LED 人工光照优势情景模拟及作物生物学响应机理是今后研究的重点，比如连续光照（超过 24h 的光照）、交替光照（不同光质及其强度的交替光照）、单色光照、超强或超弱光照、脉冲光照、UV 辐射、远红光辐射等。因此，拓展作物种类，挖掘作物光质生物学的深层次规律是推进作物光环境生产应用的当务之急。

2. PS Ⅰ 和 PS Ⅱ 光抑制机理研究 作物光合机构中 PS Ⅰ 和 PS Ⅱ 的光抑制机理的研究已然取得了重大突破，但是仍有许多光破坏和光保护的机理尚未阐明。PS Ⅰ 反应中心 P700 和 PS Ⅱ 反应中心 P680 受光破坏的微观机理非常复杂，这两个反应中心复合物各分子受损的前后顺序及相互关系如何；两个受损反应中心分别与两个具有活性的反应中心间的

作用机制；特定胁迫条件下 PS Ⅱ 光破坏位点，以及其光破坏作用与植株体内光抑制作用，尤其是 D1 蛋白周转和 PS Ⅱ 修复循环是否一致；PS Ⅰ 和 PS Ⅱ 相应的抑制和防御基因的定位及其表达；ROS 代谢及其如何调控 PS Ⅱ 周转等，均有待系统而深入地研究。随着活体成像、叶绿素荧光分析、蛋白质组学、基因组学及细胞信号转导技术研究的应用及深入，相信在研究作物两个光系统的光抑制方面具有广阔的前景。此外，关于光抑制机理的基础性研究对今后抗性品种的选育、推广提供理论支持，其意义远大。

3. 光信号转导机制研究　　过去的几十年里，借助于模式植物拟南芥，作物生长发育的光信号转导机制研究取得了一系列进展，极大地推进了人们对该领域的认识，但深入的机制研究还十分缺乏，主要研究方面包括：①光受体生化作用的研究；②光信号调控转录复合体的形成及对下游基因的转录机理研究；③作物区分光强变化在光受体和下游光信号转导两个层面的研究；④在光信号转导过程中表观遗传调控、组蛋白修饰和染色质重塑等的精细调控作用，以及关键组分参与其中的分子机制有待深入研究；⑤光信号与内源激素信号［ABA、GA、油菜素内酯（BR）和独脚金内酯（SL）］和其他外源信号（温度和重力等）在发育过程中多个水平上的互作研究；⑥光信号转导在其他被子作物中关键调控因子的功能鉴定及其分子调控机制亟待研究。

4. 光周期调控基因研究　　光周期调控成花是一个非常复杂的过程，更加深入地认识光周期诱导开花途径需要更新的方法和手段。根据目前的研究进展，进一步创制突变体库、构建近等基因系和进行同源克隆将有助于人们更好地揭示光周期诱导作物开花的分子机制。控制同源异型基因在花发育过程中的表达，可以用来改变作物花期，使花期明显提前。因此，寻找控制不同作物成花的相关基因并对其功能和调控机理进行解析是未来生命科学的一项重要任务。

（二）作物绿色高效栽培光环境调控研究

1. 长期的光环境响应研究　　由于作物在自然环境下对光环境的适应是一个长期的过程，而目前的光处理试验更多的是短期研究，需进行长期大量的野外观测和试验。另外，对光合速率的测定既要研究某一时刻的瞬时值，同时也要考虑一天、几天或更长时间的积累值，以揭示作物对光环境变化的响应机制。

2. 在不同生长时期和不同层面上展开综合研究　　作物在不同时期（如幼苗生长期、生长旺盛期、开花期及结果期等）对光环境的响应不同，应加强不同生长时期作物对光环境变化的响应研究，在结合作物生理生化研究的基础上全面揭示其影响机制。

3. 探索新的试验方法，研究光环境因子变化与作物生长发育的关系　　通常是对室外自然光处理或利用室内人工光源进行光环境的控制试验，室外试验在改变光环境的同时也可能改变了其他环境要素（如温度），而室内试验与自然环境又存在很大差异，对试验结果都将造成较大的影响，需在试验方法上有所改进，使其研究结果更符合自然状况（如两种试验同时开展，进行比较研究），以便为农业生产提供更切合实际的科学依据。

4. 作物光环境决策系统的研究　　深入开展光强、光质、光周期、温度、湿度等环境因子的综合作用基础研究，通过作物光合模型、设施光环境模型等手段形成以光环境控制为主的决策系统。研究和应用环境监测和调控系统，对光因子进行实时监测和直接、精准调控，满足作物在不同生长发育阶段对光环境的需求，提高资源利用效率和工作效率，降低生产成本。

（三）作物逆境光环境调控研究

1. 光环境调控作物抗逆的机制研究 近年来有关光敏色素参与调控作物应对生物胁迫和非生物胁迫抗性的研究取得了明显进展，但对园艺作物抗性影响的研究相对缺乏，在生产中的实际应用还不成熟。同时，由于作物处于复杂的外界生态环境中，作物同时应对多种生物胁迫和非生物胁迫，未来应该对光敏色素调控作物应对不同逆境胁迫的机制进行深入研究，如光敏色素调控激素的合成及其互作从而应对多因素逆境胁迫机制的研究。此外，光敏色素和光质还参与诱导作物根部的系统获得性抗性，但其机制尚不明确，有待深入研究。

2. 园艺作物光环境相关抗逆性基因工程的研究 目前光敏色素和光信号途径调控作物对生物胁迫和非生物胁迫的研究主要集中在模式植物拟南芥和水稻中，而对于园艺作物的研究相对较少。未来可根据拟南芥等模式作物的相关基因在园艺作物中找到同源基因，利用反向遗传学手段，如RNA干扰（RNAi）、病毒诱导的基因沉默技术和超量表达来研究这些同源基因在园艺作物中的功能，同时利用修饰光敏色素信号途径进行作物改良，提高作物对外界逆境胁迫的抗性，这不仅有利于提高园艺作物的抗性、产量及品质，同时可降低农药使用量，促进安全、低碳、环保型农业的发展，这对于设施园艺产业具有极大的应用价值。

3. 抗逆专用光源的开发 由于不同光质能参与调控园艺作物对逆境胁迫的抗性，可利用LED发出单色光谱的优势，加强合理有效利用不同光强和光质组合提高园艺作物对非生物胁迫的抗性研究，在提高作物的产量和品质的同时，筛选提高园艺作物对外界多种生物胁迫或（和）非生物胁迫抗性的最佳光质及组合，开发抗逆专用光源，为农业生产中作物遭遇逆境胁迫时提供一种新的环境友好型解决策略。

（四）作物专用人工光源及光控覆盖材料的研发

1. 专用LED光源开发 目前LED厂家生产的产品一般只有能量单位，缺少量子单位，且一般厂家的LED光源规格单一，很难在应用中进行不同配比的调整。今后在LED光源的开发中，加大组合式LED光源单元组件的开发，可以有助于用户根据需要组合。同时，也可以根据作物光吸收特性及调控需求，加大专用型LED光源的开发，如抗逆专用、组培专用，使产品的开发具有针对性，且厂家应该提供明确的产品参数。

2. 光控覆盖材料转光剂的研究 研究开发以碱土金属硫化物为基质、金属元素为激活剂的农用薄膜转光剂，其具有发光效率高、光热稳定性强、可转光源丰富、发射谱带宽、发射光谱与作物光合作用（光谱红光区部分）相吻合等优点，其发射峰值分别为430nm、609nm和630nm，人工模拟了作物生长的最佳光照环境，对发展高科技农业具有重要的意义。

目前所用有机稀土配合物的农膜转光剂具有强发光性能和有机配体的高相容性特点，克服了单纯使用有机或无机转光剂的缺点，最具有发展前途，可以方便地改变配体结构以实现性能调控，易于以嵌段共聚方式达到分子水平的均匀混合，不改变高分子材料本身的物化性能等。第二配体的存在虽能提高稀土离子的发光性能，但由于第二配体在配合过程中较难控制，存在加工烦琐及配位不充分的现象，因此具有与稀土较高聚合性的配体将具有广阔的发展潜力和应用空间。

第一节　设施温度环境的特点及其与作物生长发育的关系

一、设施温度环境的特点

（一）气温季节变化规律

日光温室、大棚等设施内部气温直接受外界气候条件的影响，但设施内部整年气温均高于露地。在北方高纬度地区，日光温室内部存在四季变化，但变化幅度较小，且日光温室内冬季天数比露地缩短 3~5 个月，夏季天数比露地延长 2~3 个月，春秋季天数比露地分别延长 20~30d。在 42°N 以南地区，保温性能好的日光温室几乎不存在冬季，可实现蔬菜的周年生产（李天来，2014）。

（二）气温日变化规律

设施内气温的日变化规律与外界基本相同，即白天气温高，夜间气温低。设施内部温度变化最显著的特点是晴天设施内的温差明显高于外界，可达 20℃。寒冷季节日光温室晴天最低气温出现在外保温覆盖材料揭开后的 0.5h 左右。随后，气温开始以 5~6℃/h 的速度升温，到 12：30 左右，温度达到峰值。随即开始下降，从 12：30 到覆盖外保温材料（约 16：00），以 4~5℃/h 的速度降温。从 16：00 到次日 8：00 降温 5~8℃。阴天昼夜温差较小，一般仅为 3~5℃。日光温室内部气温存在明显的水平差异和垂直差异，这种差异与外界气温和季节相关（李天来，2014）。

（1）气温水平分布的差异：日光温室内晴天与阴天南北方气温变化无明显差异，均为春季昼温南部＞北部＞中部；夏季白天中部＞北部＞南部；秋季白天北部＞中部＞南部；冬季白天北部＞南部＞中部。所有季节夜温均为北部＞中部＞南部。

（2）气温垂直分布的差异：晴天，一年四季日光温室内昼温均随高度的增加而升高，表现为上部＞中部＞下部；夜间则相反。阴天全天气温表现为下部＞中部＞上部。

二、作物对温度的基本要求

温度是限制植物分布、生长发育及产量的主要环境因子之一。一般而言，起源于热带或亚热带等温暖地区的作物具有较高的耐热性，为喜温植物，可在温度较高的季节和地区栽培，如香蕉、荔枝、菠萝、芒果等热带水果，以及番茄、辣椒、黄瓜、丝瓜等果菜。起源于温带或寒带地区的作物具有较强的耐冷性，为喜凉植物，可在温度较低的季节或地区生产，如菊花、水仙、蜡梅、山茶花等耐寒性观赏植物，以及芹菜、菠菜、芫荽、葱、蒜等耐寒蔬菜。

在农业生产中影响作物生产的温度包括气温和地温两方面。二者共同作用影响植物地上部和根系的生理活动、物质能量代谢、生长发育及开花结果等。通常情况下，二者相互调节，以设施栽培最具代表性。设施内部，气温变化剧烈，地温较为稳定。晴天白天设施内部通过太阳辐射吸收热量，气温上升迅速，地温上升较慢；夜晚气温下降，地温高于气温，地面释放热量提高气温。对于植物生长发育，气温占主导地位，地温处于从属地位。

（一）三基点温度

无论喜温还是喜凉植物，其生长发育和维持生命活动都要求有一定的温度范围，包括最适、最低和最高温度，即三基点温度（表3-1）。在最适温度范围内，植物生长发育良好，产量和品质均可得到保证；在亚适温条件下，植物可通过一系列的基因和生理调控等进行调节，以维持正常的生长发育；当突破最低、最高的极限温度时，植物自身难以调控，将导致植物生长发育停滞，甚至死亡。

表 3-1　几种园艺作物的三基点温度——气温和土温

作物种类	气温（℃）			土温（℃）		
	最高温度	最适温度（昼/夜）	最低温度	最高温度	最适温度	最低温度
番茄	35	20～25/8～13	5	25	15～18	13
黄瓜	35	23～28/10～15	8	25	18～20	13
西瓜	35	23～28/13～18	10	25	18～20	13
茄子	35	23～28/13～18	10	25	18～20	13
青椒	35	25～30/15～20	12	25	18～20	13
甜瓜	35	25～30/18～23	15	25	18～20	13
草莓	30	18～23/10～15	3	25	15～18	13

三基点温度在农业生产中的应用如下。

（1）确定农业界限温度。例如，0℃是土壤封冻与解冻的界限温度，春季0℃至秋季0℃为农业耕作期；5℃为喜凉植物开始萌发生长的温度；10℃为喜温植物生长的起始温度；15℃为热带植物组织分化的界限温度（齐尚红等，2007）。

（2）确定温度的有效性，计算积温。

（3）确定植物种植季节与分布区域，作为引种、轮作模式调整、茬口安排的重要参考依据。

（4）计算生长发育速度、光合生产潜力和产量潜力等，确定收获日期和预估产量。

（5）掌握不同植物的三基点温度，作为设施栽培温度调控的依据。

（二）积温

温度是影响植物生长发育进程的重要因子，在非胁迫范围内，温度与植物的生长发育速度呈正相关。因此，为便于掌握温度对生物有机体生长发育的影响，提出了积温的概念。积温是指某一生育时期内，在某一温度范围内的温度总和，包括温度强度和作用时间两个方面。积温值反映出作物整个生育期或特定生育阶段所需的热量，通常满足前一生育阶段的积温需求后，才能转入下一阶段的生长。作物不同，完成整个生育期所需积温的差异较大，即使同一作物，品种间对积温的要求也不相同。一般而言，早熟型品种所需积温较少，晚熟型品种所需积温较多，中熟型品种介于二者之间。

积温可用于确定园艺作物的播种期，根据栽培季节的温度预测生育期，合理安排茬口及作物轮作的合理搭配等。

（三）昼夜温差

新疆的果蔬以"甜"而著称，这与其"早穿皮袄午穿纱"的大昼夜温差密切相关。植物在白天以光合作用为主，进行有机物的合成，相对较高的温度有利于光合产物的形成；夜间光合作用停止，以呼吸作用为主，适当降低温度可以减少物质的消耗，有利于干物质的积累。即昼夜温差通过调节同化物的生产与分配来调节器官之间的"源-库"关系。

一般绿叶菜类适宜的昼夜温差为5～8℃，果菜类为5～10℃，结球叶菜、根菜和葱蒜类蔬菜为8～15℃。

研究认为番茄在适宜条件下，6℃的昼夜温差最有利于其生长发育，可促使幼苗株高增加，出叶和展叶速度加快（李莉等，2015）；有利于光合色素的积累，促进光合作用，提高光合能力；当昼夜温差达12℃时，光合速率和碳同化速率均显著降低（朱凯，2014）。农业生产中存在"顺境出产量，逆境促品质"的现象，当昼夜温差达到8℃或10℃时，番茄可溶性糖和番茄红素的积累量高于6℃，且10℃温差下栽培番茄单果重增加，但是结果数量和总产量显著下降（李莉等，2015）。因此，6℃左右的昼夜温差是番茄物质积累、花芽分化和产量形成的平衡点，有利于番茄的营养生长和产量形成（毛丽萍等，2012）。温差对番茄产量和品质的影响受日均温的调控，日均气温18℃条件下，在0～12℃，果实品质随温差的增大而变好；日均气温25℃时，以6℃温差下果实内在品质最佳（杨再强等，2014）。

（四）蔬菜的春化作用

蔬菜的春化作用是指蔬菜作物经过一定时间的低温作用后开花结实的现象。一般为二年生蔬菜，如白菜类、根菜类、葱蒜类和多数绿叶类蔬菜。

根据春化作用发生的阶段不同，可将蔬菜分为种子春化型和绿体春化型两类。种子春化型是指在种子萌发阶段经过一定时间的低温处理可以完成春化作用，春化温度为0～10℃，持续时间为10～30d，如白菜、芥菜、萝卜、菠菜等。绿体春化型是指植株长到一定大小时接受一定时间的低温可通过春化作用，转入开花结实阶段，春化温度一般为0～10℃，时间为20～30d，如甘蓝、芹菜、洋葱、大蒜等（李天来，2011）。

育种时可以利用人工模拟低温加速春化进程，缩短育种周期；对采收种子的蔬菜作物和以花器官或种子为产品器官的蔬菜，需要通过春化作用才能获得优质良种和高品质蔬菜；以叶菜、根菜等为产品器官的蔬菜在栽培中需要抑制春化作用才能保证优质高产。

（五）果树的需冷量

对落叶果树而言，解除自然休眠需要一定时数的低温，即需冷量，又称需冷积温。不同果树的需冷量不同，同一树种不同品种的差异也较大（表3-2）。一般认为多数果树经历200～1500h、0～7.2℃低温，积温值达到200～2600℃时，便可解除休眠。

表 3-2　几种落叶果树解除休眠的低温需求量（张占军和赵晓玲，2009）

树种	需冷量（℃）	树种	需冷量（℃）	树种	需冷量（℃）
杏	700～1000	中国李	700～1000	早露蟠桃	700
西洋梨	800～1000	甜樱桃	1100～1300	雨花露	800
柿子	800～1000	板栗	1400～1500	春蕾	850
核桃	800～1200	红树莓	1600	仓方早生	900
苹果	1400～1600	葡萄	1800～2000	五月鲜	1150

三、温度与作物生长发育的关系

（一）温度胁迫对作物生长发育的影响

（1）抑制种子萌发。一般喜温蔬菜种子的发芽适温为25～30℃，低温和高温将导致种子不发芽或发芽不良。例如，西瓜、甜瓜的萌发适温为28℃左右，种子在15℃以下基本丧失发芽能力。喜凉蔬菜如莴苣发芽适温约为20℃，25℃即抑制其萌发能力。

（2）生长迟缓或早衰。喜温蔬菜在低温条件下生长缓慢；高温加速植物生长，易造成幼苗徒长，植株茎秆细弱，叶片黄化、萎蔫，甚至焦枯，导致植株整体长势变弱、早衰。

（3）破坏光合机构，降低光合速率。高温或低温均可造成叶绿体形态趋于球化，膜结构遭到破坏，基粒片层膨胀松散，排列紊乱，内部充斥大量淀粉粒或巨型脂肪粒。同时还可导致气孔关闭，通过气孔因素限制光合速率。

（4）蔬菜未熟抽薹。低温会造成结球白菜、甘蓝、洋葱等未形成叶球或球茎时便抽薹开花；而高温促使莴苣、菠菜等发生未熟抽薹，造成产量下降。

（5）落花落果，降低产量。一般高温和低温均会导致花芽分化失调，花期提前或延后，花粉活力降低，子房发育不良，自然授粉失败，造成落花落果，产量降低。

（6）产品器官品质下降。在坐果初期遭遇剧烈变温将导致果实僵化、开裂，果实色素、糖分、香气物质、功能性物质等合成代谢及矿质养分运输受阻，造成产品品质下降。

（7）诱发或加重病害。在低温或高温条件下，作物生长不良，抗性降低，容易引发病害，如低温可诱发喜温果菜苗期"猝倒病"。或与高湿、弱光等协同作用加重病害，如葡萄霜霉病、辣椒疫病、瓜类白粉病、番茄早疫病、茄子绵疫病等。

（8）植株死亡。长期极端高温易造成旱灾，极端低温易造成寒害和冻害，导致植物整株死亡，严重减产。

（二）作物对低温的应答和适应

植物细胞能够通过膜的硬化效应感知低温胁迫。一方面，可通过胞质内 Ca^{2+} 的水平上调，并被钙离子受体所感知，钙离子受体将激活下游的 ICE-CBF-COR 转录调控路径，进而调控抗氧化系统及渗透调节物质的代谢，提高植物的耐冷性。另一方面，冷信号也可通过活性氧（ROS）、植物激素等信号分子经 CBF 非依赖途径调控下游的代谢途径相关基因表达（Eremina et al.，2016）；除此以外，植物感知冷信号后还可通过调节 DNA 甲基化和组蛋白修饰、转录后微 RNA（miRNA）调节等，调控 COLD REDPONSIVE（COR）基因表达，提高植物耐冷性（图 3-1；Megha et al.，2018）。

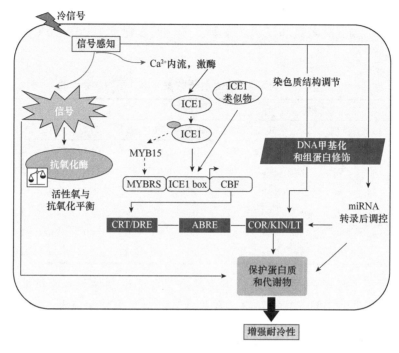

图 3-1　植物低温逆境响应调控网络（Megha et al.，2018）

实线箭头代表正调控，虚线箭头代表抑制作用

通过上述多级信号转导和冷相关代谢通路基因调控，促使植物发生一系列生理生化反应，包括细胞膜系统组分的变化、活性氧（ROS）清除系统的启动、内源激素 / 信号物质的调动、渗透调节物质的大量积累等以保证新陈代谢的正常进行。

膜系统组分中不饱和脂肪酸含量的增多可增强作物对温度逆境的适应性，温度胁迫下抗氧化酶系统（超氧化物歧化酶、过氧化物酶等）和抗坏血酸-谷胱甘肽循环（AsA-GSH）启动，加速对植物体内 ROS（O_2^{2-}、H_2O_2、$\cdot OH$、$^1O_2$）的清除速度，减少氧化伤害。同时，内源激素 / 信号物质，如脱落酸（ABA）、水杨酸（SA）、多胺（PA）、过氧化氢（H_2O_2）、一氧化氮（NO）等迅速响应，调动其他生理活动以减少胁迫伤害。温度胁迫诱导渗透调节物质，包括无机离子 Ca^{2+}、K^+、Cl^- 和 Mg^{2+} 等和有机小分子物质可溶性糖（soluble sugar，SS）、可溶性蛋白质（soluble protein，SP）、游离脯氨酸（proline，PRO）和甜菜碱（glycine betaine，GB）等大量积累，以保证温度变化时细胞进行正常的代谢活动。

第二节　温度对园艺作物生长发育的影响与研究进展

一、温度对园艺作物萌发阶段的影响

（一）温度对种子发芽力的影响

发芽力是种子在适宜条件下的萌发能力，而不同作物种子适宜的萌发温度差异较大。种子的萌发也存在三基点温度：大多数蔬菜种子萌发的适宜温度为 25～35℃，最低温度为0~12℃，最高温为35~40℃（表3-3）。一般耐寒性蔬菜发芽的三基点温度较低，如芹菜、菠菜、葱类的最适萌发温度在20℃左右，最低可在0~3℃萌发；喜温蔬菜的发芽温度较高，如豆类蔬菜和瓜类蔬菜等，最适萌发温度为25~30℃，最低温为12℃左右。

表3-3　不同温度下蔬菜种子的发芽率、平均发芽天数

种类	发芽率（%）							平均发芽天数						
	10℃	15℃	20℃	25℃	30℃	35℃	40℃	10℃	15℃	20℃	25℃	30℃	35℃	40℃
番茄	0	98	97	95	91	62	10	0	8.3	4.3	3.1	3.5	5.0	4.0
黄瓜	0	80	83	90	91	89	14	0	7.7	4.6	2.7	2.2	2.3	3.3
辣椒	0	48	56	84	58	28	0	0	9.9	6.4	5.3	4.1	4.7	0
南瓜	0	39	72	94	90	67	0	0	8.2	6.3	3.2	3.1	3.9	0
甜瓜	0	42	97	100	98	100	99	0	7.5	4.0	2.0	2.0	2.0	2.0
西瓜	0	0	10	79	74	71	64	0	0	8.2	4.7	4.0	4.3	4.8

适宜温度下，种子萌发速度快，出苗整齐。在低温条件下，如黄瓜（15℃）、辣椒（14~18℃）、苦瓜（20℃）的发芽率、发芽指数降低，发芽势减弱，发芽时间延长（王红飞等，2016；朱晨曦等，2015；陈小凤等，2017a）。高于最适温度易导致种子死亡，发芽率显著降低，如甜瓜发芽的上限温度为42℃，高于42℃，2d后种子即死亡。辣椒种子在35℃、40℃两个温度处理下，发芽率、发芽势、发芽指数、生长速率均下降（贾志银，2010）；莴苣发芽的最适温为21℃，在28℃时发芽率在43%以下，当升到35℃时，大部分种子失活，发芽率仅为1%（魏仕伟等，2017）。

（二）温度影响种子萌发的机制

种子在萌发过程中涉及的生理生化反应包括呼吸作用、贮藏物质代谢和激素物质代谢等过程（图3-2）。生理活动和生化反应需要多种酶的参与，而酶在0~40℃存在催化活性，所以当温度低于0℃时，种子内部不起生化反应；当温度超过40℃时，即产生烧芽、霉烂现象（李荣堂，1982）。

（1）呼吸作用。呼吸作用是种子萌发过程中贮藏物质分解代谢不可或缺的途径和能量供给的主要来源。通过呼吸代谢，原来贮藏在种子中的养分才能完成转化过程而被动员，用于构建新的细胞、组织和器官（刘双平和周青，2009）。种子的呼吸作用主要由呼吸酶和线粒体完成。成熟的干燥种子含有内膜分化不完全的线粒体及呼吸作用必需的功能酶，如参与三羧酸循环的酶和末端氧化酶（徐恒恒等，2014）。在适温下，干种子在吸水之后，呼吸酶活化，线粒体正常修复或重新合成，启动供能，呼吸作用开始。低温或高温均会抑制呼吸酶活化，破坏线粒体结构，贮藏物质分解减少，呼吸底物不足，最终导致种子失活。

（2）贮藏物质代谢。成熟种子的贮藏物质主要为淀粉、蛋白质和脂肪等大分子物质。富含淀粉的种子在萌发过程中，淀粉被活化的淀粉酶水解，转化为还原糖转移到生长部位，作为结构物质或通过呼吸作用供能。低温降低了番茄种子α-淀粉酶活性，电解质渗

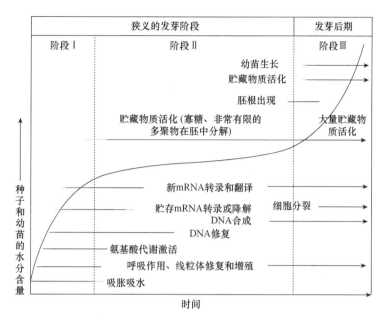

图3-2　水分吸收的时间进程以及一些重要的与萌发和早期幼苗生长有关的变化（徐恒恒等，2014）

透率增加，导致番茄种子贮藏物质的分解减缓，造成番茄种子萌发初期的物质与能量代谢不足，最终抑制番茄种子萌发（杜尧东等，2010）。据《中国西瓜甜瓜》记载，西瓜种子的脂肪含量为42.6%，蛋白质为37.9%，糖分仅为5%。脂肪和蛋白质分别在脂肪酶和蛋白酶的作用下水解为脂肪酸、甘油和可溶性氨基酸。黄瓜中脂肪含量为32.0%～37.3%，蛋白质含量为33.1%～38.1%，其脂肪酶和蛋白酶活性的高低与酶活性高峰出现的早晚和其低温下的萌发能力相关，水解酶活性的高低起主导作用，其中脂肪酶活性对低温较为敏感（Li et al.，1998，逯明辉等，2005）。在低温条件下，抑制豇豆种子发芽程序启动，高温引起呼吸速率和α-淀粉酶活性高峰提早，子叶贮藏蛋白质降解加速，早期发芽较快，但随着胁迫时间的延长，种芽会坏死。如果此时湿度过大，将加速种芽的坏死（陈禅友等，2008）。

（3）激素物质代谢。脱落酸（ABA）和赤霉素（GA）是控制种子萌发的一对关键激素物质，ABA/GA的阈值范围调控种子的休眠与萌发，ABA几乎在种子萌发的整个过程中都发挥作用，而GA主要在胚根突出时发挥作用，二者调控种子萌发可能是通过调控α-淀粉酶基因的转录实现的（李振华和王建华，2015）。种子的萌发过程必然伴随着ABA的降解和GA的合成。9-顺式-环氧类胡萝卜素二加氧酶（NCED）是ABA生物合成的关键酶，8′-羟基化酶（CYP707A）是ABA降解的关键酶。GA_{20}氧化酶（GA_{20OX}）和GA_3氧化酶（GA_{3OX}）是GA生物合成的关键酶，GA_2氧化酶（GA_{2OX}）催化GA的降解。高温可抑制莴苣和芹菜等喜冷凉性蔬菜种子的萌发，通过H_2O_2、聚乙二醇（PEG）和GA_3引发处理后，ABA的水平下降，GA、生长素、玉米素等水平上升，ABA/GA的值显著降低，促进种子萌发（盛伟等，2016；孙梦遥等，2017）。转录因子FUSCA3（FUS3）作为ABA和GA信号转导途径的枢纽节点，高温下种子ABA/GA值的升高可维持较高的FUS3蛋白水平，增强ABA的响应以抑制萌发（周峰，2017）。

二、温度对园艺作物营养生长的影响

（一）温度对园艺作物形态的影响

温度是推动植物进化的重要因素之一，植物在长期的进化过程中，通过各组织形态、解剖结构及超微结构的变化形成了最佳的构型以适应环境温度的变化，而短期剧烈变温也可对植物外部形态产生显著的影响。

1. 温度对园艺作物外部形态的影响　高温一般能加速植物生长，易造成幼苗徒长，植株茎秆细弱，叶片黄化、萎蔫，甚至焦枯，导致植株整体长势变弱，特别是喜冷凉的蔬菜，严重时可导致生长停滞，生理活动衰弱。黄瓜苗期生长适温为 25℃/15℃（昼/夜），高温可促进幼苗徒长，而 40℃以上高温会引起植株萎蔫，短期内 50℃高温即可导致幼苗枯死（田婧和郭世荣，2012）。同时，高温胁迫可改变植株的根系形态，高温促使黄瓜主根变长、变细，一级侧根数量、二级侧根数量增多，根系趋于须根化，而耐热品种的须根化程度较低（吴攀建等，2015）。35℃以上高温促使辣椒幼苗株高增加，茎粗减小，根系生长受阻，幼苗的根冠比和干鲜比显著降低（贾志银，2010）。对于叶菜类蔬菜，高温迫使小白菜叶片长度短缩，叶宽和叶柄宽度变窄，引起小白菜单株干重、鲜重和单位面积产量下降，同时高温促使小白菜粗纤维含量升高，口感变差（薛思嘉等，2017）。

长期的进化过程中，耐冷型植物具有独特的形态特征。例如，抗寒性强的白菜型冬油菜，其幼苗匍匐贴地生长、生长点凹陷低于地表、叶色深绿、真叶刺毛多（刘海卿等，2015）。耐寒性强的乌塌菜叶色深、叶片面积小、株型小和紧实；反之叶色浅、叶片面积大、株型大和松散的品种则耐寒性弱（邵璐等，2014）。甜瓜苗期的生长适温约为 28℃/18℃（昼/夜），低温可导致其株高降低、叶片数减少、叶面积缩小，同时各组织鲜重显著降低（周亚峰等，2017）。热带花卉红掌的生长适温在 14℃以上，短期低温（6℃）即可导致幼叶变红或萎蔫，叶柄弯曲下垂，老叶失水干枯；48h 后，抗寒性较弱的品种难以恢复生长（田丹青等，2011）。不同季节的温度差异对植物生长有不同影响，春季主要是高温+长日照，会通过提高植株体内 GA/ABA 值，促进植株生长，但植株的耐冷性降低；秋季则反之（图 3-3；Wang et al.，2019）。

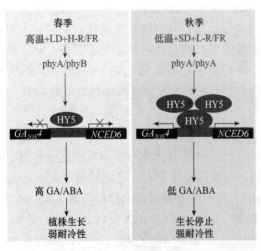

图 3-3　不同季节温度、光照下番茄生长和耐冷性调控模型（Wang et al.，2019）

LD+H-R/FR. 长日照+高比例红光/远红光；SD+L-R/FR. 短日照+低比例红光/远红光；phyA. 光敏色素 A；phyB. 光敏色素 B；HY5. 下胚轴伸长蛋白 5；GA. 赤霉素；ABA. 脱落酸；$GA_{2OX}4$. GA₂-氧化酶基因 4；NCED6. 9-顺式-环氧类胡萝卜素双加氧酶基因 6

2. 温度对植物组织解剖结构和超微结构的影响　高温下，番茄叶片气孔数目明显增多，气孔开放程度变大（张洁和李天来，2005）；番茄和黄瓜的叶绿体形态趋于球化，膜结构遭到破坏,基粒片层膨胀松散,排列紊乱,内部充斥大量的淀粉粒或巨型脂肪粒(张洁和李天来,2005;田婧,2012)。短期 40℃高温可引起芍药叶片大量气孔关闭,启动休眠,而光合机构发生不可逆损伤。长时间高温则会导致叶片保卫细胞损伤,迫使气孔不能自由关闭;类囊体受损,叶绿体解体;线粒体减少甚至消失,光合机构和呼吸机构遭到毁灭性破坏(郝召君等,2017)。

低温诱发植物叶片细胞膜解体,叶绿体类囊体结构严重损伤,并产生一系列的附带反应和损伤(图 3-4;Liu et al.,2018a),淀粉粒和嗜锇颗粒变大,细胞空洞化程度加剧,部分细胞甚至成为空细胞,如枇杷(郑国华等,2009)、番茄(张静和朱为民,2012)和杜鹃(明萌等,2017)等。西葫芦(安福全等,2011)受低温弱光影响,叶片表皮细胞和气孔的直径、密度缩小,叶片厚度和栅栏组织/海绵组织(栅海比)变小,栅栏组织疏松,海绵组织胞间隙增大,呈无序状态。冷胁迫使西瓜叶片的上表皮和下表皮厚度减小,栅海比不断减小(吴鹏和郭茜茜,2017)。

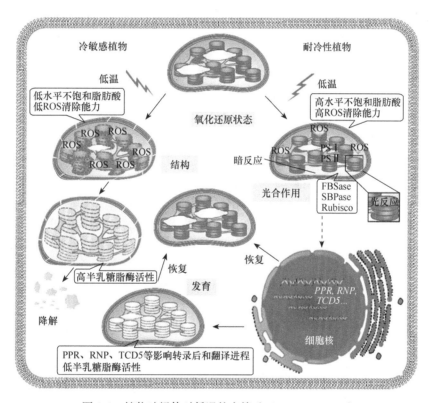

图 3-4　植物叶绿体对低温的应答(Liu et al.,2018a)

FBSase. 果糖-1,6-二磷酸;SBPase. 景天庚酮糖-1,7-二磷酸酶;PPR. 三角形五肽重复蛋白;RNP. 核糖核蛋白;TCD5. 单加氧酶5(调控叶绿体发育)

(二)温度对园艺作物生理的影响

1. 温度对园艺作物光合特性的影响　　光合作用是植物最重要的生理活动之一,植物95% 的干物质来源于光合作用(张振贤和程智慧,2008)。温度是影响植物光合作用的关键环境因素之一,关于温度对光合作用的影响是植物科学最为活跃的研究领域。

　　植物的光合特性包括光合参数和叶绿素荧光参数，其中光合参数包括净光合速率（Pn）、气孔导度（Gs）、蒸腾速率（Tr）、水分利用效率（WUE）、胞间 CO_2 浓度（Ci）、光呼吸速率（Pr）、暗呼吸速率（Dr）等；叶绿素荧光主要来源于光系统Ⅱ（PSⅡ）的叶绿素 a，因此叶绿素荧光参数主要包括 PSⅡ初始荧光（F_o）、最大荧光（F_m）、最大光化学效率（F_v/F_m）、光适应下实际光化学效率（$\Phi_{PSⅡ}$）、光化学猝灭系数（qP）、非光化学猝灭系数（qN 或 NPQ）、电子传递速率（ETR）等众多指标。

　　喜温蔬菜越夏生产易遭受高温胁迫，研究表明，高温条件下黄瓜和番茄光合速率受到显著抑制，F_v/F_m、qP 均呈现下降趋势，且高温时间越长，光合速率下降越快，当温度达到38℃以上时，两种作物的光合作用趋于停止，最大光合速率降至负值（朱静等，2012）。高温可导致芍药叶绿素降解，叶色变浅，Pn、Gs、Tr 及 WUE 明显下降，Ci 略降低；同时 PSⅡ反应中心受损，电子传递受阻，ETR、F_v/F_m、$\Phi_{PSⅡ}$ 同步下降；高温导致光能过剩，PSⅡ光保护机制启动，Y（NO）和 Y（NPQ）显著上升，分别代表被动耗散为热量、发出荧光的能量和通过调节性的光保护机制耗散为热量的能量增加。但是高温持续胁迫，光保护调控难以维持最终导致光损伤（郝召君等，2017）。低温胁迫存在类似的变化，遭遇低温后，甜瓜幼苗叶绿素含量下降，Pn、Gs、Tr、WUE 明显下降，且 PSⅡ反应中心遭破坏，光合电子传递过程受抑制，光合电子传递速率下降，导致 F_m、F_v/F_m、$\Phi_{PSⅡ}$、qP 下降，F_o 和 qN 升高（吕星光等，2016）。低夜温下番茄叶片叶绿素荧光参数具有类似的变化，低温敏感番茄叶片 PSⅡ反应中心和电子传递显著受到抑制，PSⅡ活性显著降低，而对耐低温野生番茄 PSⅡ活性的影响较小（齐红岩等，2011）。

　　无论高温还是低温均可通过气孔因素和非气孔因素的限制导致植物 Pn 下降：当温度胁迫初期植物体内 ABA 含量升高时，气孔关闭，Gs 和 Ci 同时下降，表现为气孔限制；当胁迫加重或延长时导致光合机构破坏，光合作用相关酶活性（如 RuBPase、Rubisco 活化酶、景天庚酮糖-1,7-二磷酸酶和果糖-1,6-二磷酸醛缩酶等）受到不同程度的抑制，CO_2 利用受阻，Gs 下降，Ci 不变或上升，表现为非气孔限制（姜籽竹等，2015）。黄瓜幼苗遭遇低温（10℃/5℃，昼/夜）5d 后，Gs 显著降低，但 Ci 略有上升，表明非气孔限制是导致黄瓜幼苗 Pn 降低的主要原因（徐晓昀等，2016）。在高温（42℃/32℃，昼/夜）和亚高温（35℃/25℃，昼/夜）条件下，黄瓜幼苗光合速率下降同样以非气孔限制为主（孙胜楠等，2017）。蓝莓受高温胁迫前期气孔随胁迫时间的延长逐步关闭，使净光合速率下降，表现为气孔限制；胁迫后期，光合速率与气孔导度一致下降，Ci 呈上升趋势，光合速率的下降由气孔限制转化为非气孔限制，但不同品种蓝莓由气孔限制向非气孔限制转化的时间不同（吴思政等，2017）。甜瓜嫁接苗和自根苗遭遇低温（15℃/5℃，昼/夜）后 Pn、Tr 均显著下降时，多数嫁接苗和自根苗的 Gs 和 Ci 呈下降趋势，说明甜瓜嫁接苗和自根苗光合作用的下降主要由气孔因素引起，但也存在 Gs 略有上升或 Ci 无显著变化的特殊材料，表明部分甜瓜幼苗光合作用的下降也可由气孔因素引起（吕星光等，2016）。

　　在设施内部，低温常伴随弱光发生。低温弱光可导致作物光合作用受阻（胡文海和喻景权，2001；张志刚和尚庆茂，2010），叶绿素荧光参数发生显著变化。例如，辣椒遭遇低温弱光时，叶片叶绿素含量、Pn、Tr、F_o、F_m、F_v/F_m 和 qP 均降低（聂书明等，2016）。高温经常伴随着高湿发生，研究表明高温是影响设施番茄叶片净光合速率的主要胁迫因素

（$P < 0.05$），高湿为次要胁迫因素，高温高湿交互作用对 Pn 具有极显著的影响（$P < 0.01$）。高温高湿条件下番茄叶片 Pn、Gs、Tr、WUE、F_v/F_m、qP、ETR 均有不同程度的降低（杨世琼等，2018）。两种截然不同的环境下，交互胁迫均比单一胁迫对光合作用的影响更大。

综合上述研究，低温和高温均可改变植物的形态，但表现为两种截然相反的响应。高温和低温均可破坏光合机构，降低叶绿素含量，导致光合速率下降，对植物的光合参数和叶绿素荧光参数均产生显著影响，且随胁迫程度和时间的增加，抑制程度逐渐加强。

2. 温度对膜系统的影响 膜系统中不饱和脂肪酸的含量、磷脂双分子层的流动性和膜结构的稳定性是植物抵御温度胁迫的"门户"。通常情况下，高温导致膜脂转化为液相，而低温下转化为凝胶相（张振贤和程智慧，2008）。细胞膜中甘油酯凝胶相和晶体固态相的相互转变与脂肪酸的不饱和程度密切相关，而含不饱和脂肪酸甘油酯的相变温度远低于含饱和脂肪酸的甘油酯（赵金梅等，2009）。例如，棕榈酸（16：0）固化温度为 63.1℃，硬脂酸（18：0）为 69.6℃，油酸（18：1）为 13.4℃，亚油酸（18：2）为 −5℃，亚麻酸（18：2）为 −11℃（张振贤和程智慧，2008）。研究表明，厚皮甜瓜果实的脂肪酸主要由 3 种饱和脂肪酸（棕榈酸、棕榈烯酸及硬脂酸）和 4 种不饱和脂肪酸（油酸、反式亚油酸、亚油酸及亚麻酸）组成，占脂肪酸总量的 95% 以上，其中亚油酸和亚麻酸的相对含量越高，甜瓜果实的耐低温性越强（张婷等，2015）。膜质脂肪酸不饱和度主要由脂肪酸去饱和酶（FAD）和酰基转移酶决定。番茄叶绿体 ω-3 脂肪酸去饱和酶基因（*SlFAD7*）受低温胁迫诱导表达，受高温胁迫抑制。通过抑制该基因表达可提高番茄植株的耐热性，而过表达该基因则增强番茄植株的耐冷性（刘训言，2006）。FAD 可将不饱和双键引入饱和脂肪酸，而酰基转移酶可催化 3-磷酸甘油酯 C-1 位的酰化作用，实现膜质不饱和度的升高，提高低温下植物膜系统的稳定性（Gupta et al.，2013）。黄瓜中共有 23 个 *CsFAD* 基因，其中多数成员在叶片中受低温胁迫诱导后上调（Dong et al.，2016b）；低温可抑制黄瓜根系 *FAD* 基因 *CsFAB2.1*、*CsFAB2.2* 和 *CsFAD5* 的表达，通过外施水杨酸（SA）可以解除低温对 FAD 活性的抑制，促进 *FAD* 基因的表达，从而提高黄瓜的耐低温性（董春娟等，2017）。

在逆境条件下，植物细胞膜系统首先遭到破坏，膜透性增大，膜内离子外渗，电解质渗透率（ELR）增大；同时，细胞内产生大量自由基，导致膜质过氧化加重，终产物丙二醛（MDA）含量上升。因此，在逆境生理中，通常以 ELR 和 MDA 的含量来衡量植物的抗性。一般认为，温度胁迫下，ELR 和 MDA 越低，即温度胁迫下离子外渗量越少，膜质过氧化程度越低，表明膜结构受损越轻，对低温或高温的抗性越高；反之亦然。鉴于二者对温度变化的高敏感性，常将其作为园艺作物耐冷性／耐热性评价的首选指标（邓仁菊等，2014；Liu et al.，2018b；申惠翡和赵冰，2018）。

3. 温度对抗氧化系统的影响 常温下，植物体内 ROS（$\cdot O_2^-$、H_2O_2、$\cdot OH$、$^1O_2$）的产生和清除处于动态平衡状态。ROS 的清除主要通过抗氧化系统中的酶和非酶途径协同完成。其基本过程是超氧化物歧化酶（SOD）将 $\cdot O_2^-$ 歧化生成 O_2 和 H_2O_2，通过过氧化氢酶（CAT）和 AsA-GSH 循环中抗坏血酸过氧化物酶（APX）利用 AsA 将 H_2O_2 还原成 H_2O（罗娅等，2007）。剧烈温度变化造成植物体内 ROS 过度积累，ROS 清除系统启动防御，调动 SOD、过氧化物酶（POD）、CAT 等抗氧化酶发挥作用，同时升高 AsA-GSH 循环中 APX、谷胱甘肽过氧化物酶（GPX）和谷胱甘肽还原酶（GR）等多种酶活性，促进多种形态 AsA、GSH 相互转换，加快 ROS 清除速度，减少体内自由基对植物细胞的损伤。

一般情况下，短期温度胁迫会导致多种抗氧化酶活性升高。例如，高温胁迫下百合植株和低温胁迫下番茄叶片可通过提高 SOD、POD、CAT 活性来抵御短暂或较低程度的温度胁迫（杨再强等，2012a）。但随着胁迫程度的加大和时间的延长，抗氧化酶活性将受到抑制，因此，多数情况下抗氧化酶活性呈现先升高后降低的趋势，如高温胁迫下的红掌（王宏辉等，2016）和番茄（徐佳宁等，2016）及低温胁迫下的甘蓝（秦文斌等，2018）等。一些植物体内，在抗氧化酶活性升高的同时，抗氧化剂含量也会有一定程度的提升，二者联合共同抵御温度变化造成的 ROS 危害。早熟花椰菜在高温胁迫下通过提升 SOD、APX、GPX、CAT 的活性及抗坏血酸和谷胱甘肽的含量，以防御高温伤害（汪炳良等，2004）；低温胁迫下草莓（罗娅等，2007）和番茄（刘玉凤等，2011）也有类似的响应。

植物中存在多种抗氧化酶，但其自我调节和自我保护功能各异，不同植物中发挥作用的抗氧化酶种类有所不同，酶活性变化千差万别。高温胁迫下，乌菜 SOD 和 POD 活性先升高后降低，而 CAT 活性逐渐降低（邹明倩，2016）。在低温胁迫前期，甜瓜 POD、SOD、APX 活性上升，CAT 下降；24h 后，除 POD 活性仍持续上升外，其他酶活性基本呈下降趋势（赵春梅等，2014）。低温胁迫 24h 时，番茄叶片中 SOD、APX 活性升高，而 CAT 活性则降低（Liu et al.，2018b）。低温和弱光可使西瓜幼苗叶片中·O_2^- 和 H_2O_2 的产生速率增加，二者交叉胁迫可导致 APX、GR 和 POD 活性显著升高，SOD 活性下降（韩兰兰，2016）。苦瓜和冬瓜 *SOD* 基因的不同表达模式与冷胁迫响应直接相关，且与苦瓜相比，SOD 活性的升高对冬瓜适应冷胁迫的作用较大（Do et al.，2018）。

在生产中，外施一定浓度的 AsA 可显著提升植物的抗性。高温胁迫初期，外源喷施 10mmol/L 和 15mmol/L AsA 可稳定黄瓜叶片细胞膜结构，降低膜脂过氧化的程度，提高叶片内 SP、AsA 和 GSH 含量以增强耐高温能力（徐伟君，2007）。低温下，叶面喷施 50mg/L AsA 可显著提高西瓜幼苗叶片中 SOD、POD、CAT、APX、脱氢抗坏血酸还原酶（DHAR）、单脱氢抗坏血酸还原酶（MDHAR）、GR 的活性及 AsA 和 GSH 的含量，使·O_2^- 的产生速率、H_2O_2 含量和 MDA 的积累量明显减少，从而显著降低或避免低温逆境对植物造成的伤害（刘晓辉，2014）。

4. 温度对内源激素／信号物质的影响　　温度胁迫对激素或信号类物质影响较大的有脱落酸（ABA）、水杨酸（SA）、多胺（PA）、过氧化氢（H_2O_2）和一氧化氮（NO）。

（1）脱落酸作为"胁迫激素"，是植物应答非生物胁迫的关键调控因子，会引发植物一系列的生理响应。植物体内存在一个由 ABA 受体（PYR/PYL/RCAR）、2C 类蛋白磷酸酶（PP2C）、SNF1 相关的蛋白激酶 2（SnRK2）和转录因子 AREB/ABF 组成的双重负调控系统，调控 ABA 的逆境应答反应（刘次桃等，2018）。白菜型冬油菜在越冬生产中随着气温的降低，内源 ABA 含量逐渐升高，但不同抗寒性品种的增加幅度不同，其中根系 ABA 含量的提升可能有助于增加白菜型冬油菜的越冬率（武军艳等，2017）。高温可诱导番茄内源 ABA、GA_3 含量极显著增加，且 ABA 在 35℃/25℃ 条件下的相对含量与其耐高温胁迫能力呈显著正相关；低温胁迫下番茄内源 ABA 含量极显著增加，GA_3 含量极显著降低，但番茄内源 ABA、GA_3 含量与其耐低温胁迫能力无显著相关性（乔志霞，2004）。

外源喷施 ABA 预处理，可促进番茄冷胁迫相关基因的上调表达，如 *SlCMYB1*、

LENLP4；同时促进冷胁迫下番茄幼苗渗透调节物质的提升，维持叶绿体结构完整和较高的抗氧化酶活性，从而提升番茄幼苗的抗冷性，适宜浓度为200μL/L（尹松松等，2016）。外源ABA也可缓解高温胁迫对菠菜光合机构与功能的影响，提高菠菜叶片的光合能力，增强菠菜的耐热性，适宜浓度为5mg/L（隆春艳等，2017）。外源ABA可通过上调内源GA$_4$和SA来提升甜瓜的耐低温能力，适宜浓度为3μmol/L或20mg/L（Kim et al.，2016），对无籽西瓜和黄瓜的适宜浓度分别为1.5mmol/L（孔新宇等，2015）和0.1mmol/L（杨楠等，2012）。

（2）水杨酸作为一种广泛存在于高等植物体内的信号分子，主要由通过苯丙氨酸解氨酶（PAL）-苯甲酸羟化酶（BA2H）和异分支酸合酶（ICS）两条途径催化的反应合成。低温下西瓜内源SA主要通过PAL途径大量积累，并通过氧化还原信号（Redox）——CBF（C repeat binding factor）途径调控西瓜对低温的响应（高敏，2016）。SA可通过调节质外体蛋白和抗氧化酶活性提高植物的耐低温性（李亮等，2013；Dong et al.，2016c），也可诱导瓜类蔬菜幼苗叶片和根系*FAD*基因表达，提高脂肪酸不饱和度，从而提高幼苗的耐低温性（董春娟等，2017）。高温条件下，外源SA可以促进高温胁迫下葡萄叶片内AsA和GSH的积累量，维持较高的APX、DHAR、MDHAR、GR活性，促进高温胁迫下葡萄AsA-GSH循环快速而有效的运转，降低高温胁迫对葡萄植株的氧化伤害，从而缓解高温胁迫对葡萄幼苗的伤害作用（孙军利等，2015）。冷害可导致葡萄内源SA水平下降，但是通过高温锻炼或低温锻炼均可迅速诱导内源自由态SA迅速达到峰值，从而发挥信号功能，启动防御反应，使葡萄幼苗获得对温度胁迫交叉适应的能力，以减少温度变化造成的氧化伤害（张俊环和黄卫东，2007）。SA也可通过保护光合机构提高植物对温度胁迫的抗性。低温下，黄瓜内源SA迅速积累以维持黄瓜叶片中较高的光系统活性和碳同化能力，从而保护光合系统，减少低温胁迫对植物的损伤（李亮等，2013）。高温下，SA能平衡柑橘叶片内的活性氧代谢，维持PS Ⅱ反应中心活性，从而对光合机构有保护作用（邱翠花等，2011）。在番茄中，SA和腐胺（Put）能够相互调节，并共同调控番茄的耐冷性（王川泰，2016）。

外施SA可通过调控氧化还原信号和CBF途径提高冷胁迫下西瓜的光合作用和促进生长（图3-5；Cheng et al.，2016）。外源喷施0.5mmol/L SA可通过提高抗氧化酶活性而提高百合的耐热性（陈秋明等，2008），100mmol/L SA预处理可缓解高温对青梗菜的伤害（水德聚，2012），150μmol/L SA可显著提升葡萄幼苗的耐热性（孙军利等，2014）。外源喷施250mg/L和350mg/L的SA可分别有效缓解5℃和15℃低温胁迫对西葫芦幼苗的伤害（徐伟

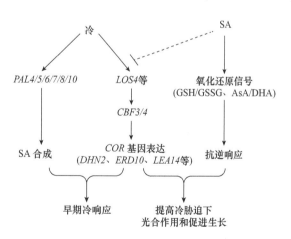

图3-5　SA与CBF途径协同调控西瓜植株的耐冷性
（Cheng et al.，2016）

PAL. 苯丙氨酸氨裂解酶基因；*LOS*. 低表达渗透响应基因；GSH/GSSG. 还原态谷胱甘肽/氧化态谷胱甘肽；AsA/DHA. 抗坏血酸/脱氢抗坏血酸；*CBF*. C-重复结合因子基因；*COR*. 冷响应基因；*DHN2*. 脱水素蛋白2基因；*ERD10*. 脱水诱导早期应答蛋白10基因；*LEA14*. 胚胎发育晚期丰富蛋白14基因；黑色实线箭头代表正调控，虚线 ⊥ 代表负调控

慧等，2013），而 1～3mmol/L SA 能够提高甜瓜的耐低温性（苗永美等，2013），对黄瓜的有效浓度为 1mmol/L（杨楠等，2012），西瓜为 10μmol/L（高敏，2016）。

（3）多胺广泛存在于生物细胞中，是生物代谢过程中产生的一类具有生物活性的低分子质量脂肪族含氮碱，主要包括腐胺（Put）、尸胺（Cad）、亚精胺（Spd）、精胺（Spm）和高亚精胺（Hspd）、高精胺（Hspm）、降亚精胺（Nspd）和降精胺（Nspm）等稀有多胺。植物中的 PA 主要以 3 种形式存在，分别为游离态、共价结合态及非共价结合态，其中共价结合态又可分为可溶性共价结合态和不溶性共价结合态两种（宋永骏等，2012；Khoshbakht et al.，2017）。PA 通过离子键、氢键、疏水基和其他非共价键与核酸、蛋白质和带电磷脂结合，防止生物膜脂质过氧化和蛋白质水解；在稳定和构建类囊体膜中起重要作用，从而调节植物的生理活动和功能，控制新陈代谢，最终改善植物的抗性（Pottosin and Shabala，2014）。研究表明，耐冷型甜瓜果实中 PA 含量（尤其是 Put 和 Spm）和膜稳定性显著高于冷敏感品种（Zhang et al.，2017）。

在番茄低温驯化（23℃/13℃、20℃/10℃、18℃/8℃、15℃/6℃，昼/夜，各 2d）过程中，耐低温品种 'Mawa' 和冷敏感品种 'Moneymaker' 叶片中的 Put 含量均有明显累积，但在 'Mawa' 中的累积量大于 'Moneymaker'。两个品种番茄叶片中 Spd 含量提升不明显。Spm 在 'Mawa' 叶片中无明显变化规律，在 'Moneymaker' 中呈下降趋势。在低温驯化过程中，编码精氨酸脱羧酶（ADC）和鸟氨酸脱羧酶（ODC）的基因 *SlADC* 和 *SlODC* 的相对表达量在两个品种番茄中均有一定程度的上调，同时两个品种的 ADC 活性升高，而 ODC 活性并无明显变化。耐低温品种 'Mawa' 叶片中的二胺氧化酶（DAO）活性、多胺氧化酶（PAO）活性、可溶性糖及可溶性蛋白质的含量在低温驯化过程中均高于低温敏感型品种 'Moneymaker'。番茄叶片中 PA 在低温驯化过程中的代谢变化能够影响到 PRO 的含量。除了在 Put 累积量下降的一些处理时间点上，两个品种叶片 MDA 含量在低温驯化中并没有明显的增加。综上可知，在 3 种多胺中，Put 可能作为一种保护性物质与番茄耐低温性的关系最为密切，其含量的变化主要取决于合成代谢中的 ADC 与分解代谢中的 DAO。而 Put 能够通过增加 F_v/F_m，提高番茄抗氧化系统的效率，减少 ROS 的产生，降低膜过氧化程度，提高低温胁迫下番茄幼苗内源游离态与结合态 PA 含量来缓解低温胁迫对番茄幼苗所造成的伤害（宋永骏，2014）。同时，Spd 和 Spm 在低温胁迫下依赖 H_2O_2 信号，通过亚硝酸还原酶（NR）和一氧化氮合酶（NOS）途径增加了番茄幼苗一氧化氮（NO）的产生量，从而提高了番茄幼苗的耐低温能力（Diao et al.，2017）。

外源 Spd 可提高甜瓜幼苗细胞膜结构的稳定性，增强应对温度胁迫的能力。高温胁迫下，外源 1mmol/L Spd 通过维持光合器官的完整性和稳定性，促进幼苗光合作用，以提升番茄幼苗（苏晓琼，2014）和黄瓜幼苗（周珩，2016）的耐热性。甜瓜幼苗的适用浓度为 0.25mg/L 或 1mmol/L（张永平等，2017）。此外，外源尸胺可通过提高黄瓜叶片可溶性物质和保护酶活性以增强黄瓜幼苗的耐低温性（曹玉杰，2014）。

（4）活性氧不仅是一种有毒害的物质，还可以作为一种信号分子调控许多基因的表达，包括编码抗氧化酶的基因（Xia et al.，2018），调控植物生长（图 3-6；Foyer and Noctor，2016）。由呼吸爆发氧化酶同系物 1（*RBOH*）编码的 NADPH 氧化酶催化产生的质外体 H_2O_2 参与了植物对逆境的响应，包括低温响应（Zhou et al.，2014）。增加 ROS 或 NO 的

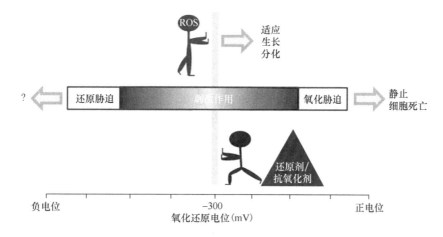

图3-6　ROS 在调控植物生长和胁迫应答信号路径中的作用（Foyer and Noctor，2016）

产生量时常伴随着 MPKs 的激活（Lv et al.，2018），沉默 *MPK1* 和 *MPK2* 基因降低了冷驯化引起的番茄植株耐冷性及抗氧化酶活性（Lv et al.，2017）。沉默番茄体内 *RBOH1* 基因增加了植株对冷的敏感性，降低了冷驯化植株的耐冷性（Zhou et al.，2012）。低温胁迫下，亚精胺和精胺诱导番茄植株中 H_2O_2 的产生，通过 NR 和 NOS 途径，激发了 NO 的产生（Diao et al.，2017）；5-氨基乙酰丙酸（ALA）预处理诱导的 H_2O_2 在番茄感知低温信号中起重要作用，其能提高 GSH 和 AsA 的比例，而 GSH 和 AsA 与 H_2O_2 信号协同作用，从而提高了低温胁迫下番茄幼苗的抗氧化能力（Liu et al.，2018b）。

外施 5mmol/L H_2O_2 处理番茄叶片可显著提高 SOD、CAT、APX 和 GR 活性，减少低温引起的膜脂过氧化伤害（刘涛，2019）。用 0.1mmol/L H_2O_2 处理西瓜幼苗，可提高脯氨酸水平和 SOD、CAT 活性，缓解低温引起的膜损伤（郁继华等，2004）。用 1mmol/L H_2O_2 处理柑橘秋梢，能显著提高 SOD 和 CAT 活性，减少 ROS 过度积累产生的细胞膜伤害（蒋景龙等，2016）。

（5）一氧化氮是植物体内一类重要的信号分子，NO 在调控冷响应转录因子及相关基因表达方面发挥重要作用（图3-7）。番茄 CBF 转录因子家族响应 NO 信号（Zhao et al.，2011），过表达 *CsNOA1* 基因，黄瓜植株中 NO 水平、可溶性糖和淀粉含量升高，*CBF3* 基因表达量上调，冷伤害指标降低；而抑制该基因后，植株中 NO 含量降低，耐寒性降低（Liu et al.，2016）。依赖于 NR 产生的 NO 参与了番茄植株的冷驯化过程（Lv et al.，2018）。NO 位于 H_2O_2 的下游，上调抗氧化酶基因的表达量，增强酶活性，缓解番茄幼苗所受的低温伤害（Liu et al.，2019）。

外源施用适宜浓度的 NO 供体 SNP 能通过提高植物的抗氧化作用（樊怀福等，2011；肖春燕等，2014），提高幼苗的持水能力、增加渗透调节物质含量（杜卓涛等，2016；牟雪姣等，2015）等代谢途径以增强植株的耐冷性。

5. 温度对渗透调节物质的影响　　渗透调节物质包括无机离子和有机物质两大类。无机离子包括 Ca^{2+}、K^+、Cl^- 和 Mg^{2+} 等；有机物质包括可溶性糖（SS）、可溶性蛋白质（SP）、游离脯氨酸（PRO）和甜菜碱（GB）等小分子物质。

（1）钙离子：研究较多的无机离子为 Ca^{2+}。Ca^{2+} 作为主要的第二信使，参与植物

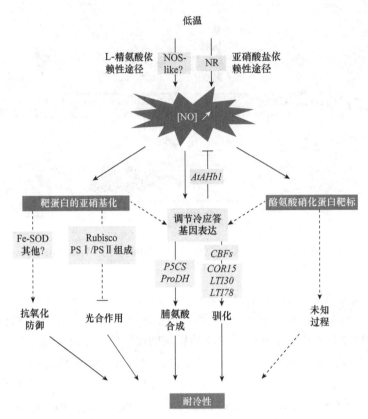

图 3-7　植物响应低温的 NO 信号调控路径（Puyaubert and Baudouin，2014）

NOS. 一氧化氮合酶；NR. 亚硝酸还原酶；箭头代表正调控，⊥代表负调控；实线代表已确定的调控路径，虚线代表推测路径

逆境信号转导过程，其提高植物的抗性与 ROS 代谢有关；同时 Ca^{2+} 作为生物膜的稳定剂，具有稳定膜结构和维持膜完整性、防止或延缓膜损伤和渗漏的作用（张振贤和程智慧，2008）。液泡和细胞间隙是植物细胞的主要钙库，如番茄、核桃、菊花、甜椒等。适温下，番茄 Ca^{2+} 储存于钙库中，细胞质中含量较少，且耐冷性不同的品种之间无明显差异。经 5℃ 低温处理 1d 后，耐冷品种液泡释放 Ca^{2+} 进入细胞基质，细胞间隙中仍有大量的 Ca^{2+} 存在；而冷敏感品种无明显变化。当处理 2d 后，耐冷品种细胞 Ca^{2+} 分布趋向于恢复到处理前的状态，而冷敏感品种 Ca^{2+} 则集聚成团形成较大的钙沉淀颗粒，其中胞内 Ca^{2+} 多分布于叶绿体被膜与质膜内侧（雷江丽等，2000）。在低温处理的核桃幼叶中也发现叶绿体被膜上普遍出现 Ca^{2+} 沉淀，推测此时叶绿体可能起着临时贮存 Ca^{2+} 的作用，以促进细胞质中 Ca^{2+} 浓度回落到静息态水平（田景花等，2013）。高温强光胁迫下 Ca^{2+} 提高了菊花叶片中 SOD、POD、CAT 等抗氧化酶活性，有效地降低了 ROS 积累所引起的伤害，对 PS Ⅱ 反应中心起到保护作用（孙宪芝等，2008）；同时外施 Ca^{2+} 可促进内源渗透调节物质的增加，在一定程度上降低细胞渗透势和水势，对生物膜系统也起到了较好的保护作用，增强植物自身适应逆境的能力，如甜椒（孙克香等，2015）。

在幼苗期以 10～15mmol/L $Ca(NO_3)_2$ 根部浇施或 10mmol/L 叶面喷施均可提高甜瓜的耐低温性（郑福等，2010）；在果实膨大期叶面喷施 0.5% $Ca(NO_3)_2$，可有效提高薄皮甜瓜植株的抗寒性（李天来等，2011）。$CaCl_2$ 具有相同作用，甜瓜叶面喷施的有效浓度为 5mmol/L 或 10mmol/L（苗永美等，2013），黄瓜为 10mmol/L（杨楠等，2012）。但是瓜类蔬菜多为喜氮忌氯作物，在钙盐的选择上以 $Ca(NO_3)_2$ 为佳。草酸（OA）在植物体内以 CaC_2O_4 的形式存在，而 CaC_2O_4 的合成和分解调节着植物细胞中 Ca^{2+} 的平衡，因此外源 OA 可间接调控 Ca^{2+} 以提高植物的耐低温性。研究表明，外源喷施 10mmol/L 或 15mmol/L OA 可提高厚皮甜瓜的抗寒性（武雁军，2007）。

（2）有机物质：低温下，植物细胞内蔗糖、果糖、葡萄糖及半乳糖等小分子可溶性糖含量增多，从而提高细胞液浓度，维持细胞渗透势和降低细胞液冰点以增强植物的耐低温性（Theocharis et al.，2012）。SP 的亲水性较强，能增强细胞的持水能力，可防止细胞结冰而发生冻害。PRO 和 GB 可在温度胁迫下维持细胞结构，维持膜结构的稳定性及酶的功能来减少温度变化对植物的伤害（韩冬芳等，2010；Fedotova and Dmitrieva，2016）。低温可诱导黄瓜肌醇半乳糖苷合成酶（GolS）基因 *GolS Ⅱ* 和 *GolS Ⅲ*、水苏糖合成酶（STS）基因 *CsSTS* 上调表达，调动 GolS、STS 活性升高，黄瓜叶肉细胞内蔗糖、肌醇半乳糖苷、棉子糖、水苏糖含量上升以响应低温胁迫（吕建国，2017）。GB 可通过渗透调节作用影响气孔开放以应对低温胁迫，同时减少电子传递链末端 ROS 的产生及加速 ROS 的清除来减轻 ROS 对光合机构的破坏，从而保护番茄叶片的光合机构以抵抗低温胁迫（卫丹丹等，2016）。

植物中的渗透调节物质并不是单独发挥功能的，多数植物可通过提高多种渗透调节物质的协同作用来适应温度胁迫。例如，低温可诱导不结球白菜的叶片 SP、SS 及 PRO 等渗透调节物质含量明显上升。金露梅幼苗能通过提高 SS、PRO 含量来增强对高温逆境的适应性（郭盈添等，2014）。同一物种的基因型不同，逆境胁迫下对渗透调节物质的调动能力不同，如耐低温性弱的甜瓜幼苗中 SS、SP 和 PRO 含量均低于耐低温性强的种质（徐小军等，2015）。

鉴于渗透调节物质与温度胁迫的密切相关性，在进行抗冷性或耐热性评价中常将其作为重要的鉴定参数。在甜瓜幼苗中，4℃处理48h，叶片 SS、SP 和 PRO 含量在各种质间的变异系数高，且与甜瓜的耐冷性呈极显著相关，可作为甜瓜苗期耐冷性评价的首选指标。38℃/30℃（昼/夜）高温胁迫6d，杜鹃叶片 SP、PRO 含量可作为鉴定不同品种杜鹃耐热性的重要依据（申惠翡和赵冰，2018）。其他植物如火龙果（邓仁菊等，2014）、油橄榄（令凡等，2016）和苦瓜（陈小凤等，2017b）等也有相似的结果。虽然渗透调节物质含量是鉴别植物抗性的重要指标，但 SS、SP、PRO 在不同植物中的变化规律不同。例如，油橄榄幼苗渗透调节物质与抗冷性的关联性为 SP＞PRO＞SS（令凡等，2016）；火龙果幼苗中 SS 和 PRO 含量对温度胁迫反应较为敏感，对火龙果的抗寒性具有重要的调节作用。目前关于 PRO 作为衡量植物抗寒性的生理指标尚存异议。在一项关于 12 份辣椒材料的研究中，有 10 个品种在低温弱光下 PRO 的累积表现为保护作用；但在耐低温弱光性较强和较弱的 2 个品种中，PRO 含量与耐性呈负相关，PRO 的累积表现为伤害性反应（颉建明等，2009）。在高温胁迫下，茄子叶片脯氨酸随胁迫时间的延长，其变化没有规律，因此不能作为鉴定不同茄子幼苗耐热性的指标（李植良等，2009）。

外源可溶性糖预处理提高了低温条件下黄瓜叶片中抗氧化酶的活性，加速 ROS 的清除，减轻了膜脂过氧化程度和低温对光合机构的破坏，从而缓解了低温对黄瓜幼苗造成的伤害，如外源喷施50mg/L壳聚糖（薛国希等，2004）或50mmol/L蔗糖溶液（曹燕燕，2014）。外源PRO通过提高高温条件下黄瓜幼苗叶片抗氧化酶活性和渗透调节物质含量来降低体内ROS水平和提高植株的渗透调节能力，从而缓解高温胁迫对黄瓜叶片的膜脂过氧化伤害。同时外源PRO预处理可显著提高高温胁迫下黄瓜幼苗叶片AsA-GSH循环中清除H_2O_2的能力和叶片光合能力，有效缓解高温胁迫对黄瓜叶片抗氧化系统和光合系统的伤害，从而增强植株的耐热性（刘书仁等，2010a，2010b）。外源甜菜碱可以在一定程度上提高黄瓜幼苗的抗冷性，根施以40mmol/L为最佳，叶施以10mmol/L为最佳，综合来看根施效果优于叶施（李阳，2015）。

综上所述，植物自身通过一系列生理生化调控，以抵御剧烈温度变化造成的伤害，包括细胞膜系统组分的变化、ROS清除系统的启动、内源激素/信号物质的调动、渗透调节物质的大量积累等。在生产实践中可通过低（高）温锻炼和施用适宜浓度的外源激素、渗透调节物质和抗氧化物质等进行预防或缓解极端温度造成的伤害。

（三）调控园艺作物响应温度胁迫的主要基因和蛋白质

在植物长期进化过程中，为了适应温度变化，形成了复杂的调控网络和精细的蛋白质表达模式以抵御温度胁迫。刘辉等（2014）对植物应答低温胁迫的转录因子进行了全面综述（图3-8），在转录调控网络中CBF处于植物低温转录调控网络的枢纽位置，是植物响应低温的核心转录因子。蛋白质是基因的产物，行使基因的功能，但蛋白质翻译过程中存在RNA的可变剪切与蛋白质翻译后修饰等过程，细胞中基因的表达水平并不能完全反映蛋白

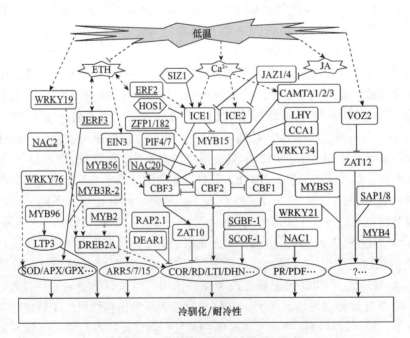

图3-8　植物低温应答转录调控网络（刘辉等，2014）
箭头代表正调控，⊥代表负调控；实线代表直接作用，虚线代表途径中可能还有其他基因存在；下划线的
转录因子表示源自作物的基因，其他均为拟南芥基因；？代表未知基因

质的表达水平，因此研究蛋白质表达的变化对于揭示植物温度胁迫应答分子机制非常必要（刘军铭等，2015）。

温度胁迫诱导蛋白主要包括抗冻蛋白（AFP）、脱水蛋白（DHN）、冷激蛋白（CSP）、冷调控蛋白（COR）、热激蛋白（HSP）等。这些蛋白质的作用为：增强细胞抗冻、抗脱水能力，维持低水势条件下代谢酶的活性；作为 RNA 的伴侣蛋白稳定 RNA 结构；高度亲水，防止低温诱导的磷脂膜相变，维持质膜的稳定性等（付晨熙等，2016）。

1）CBF 依赖途径　　CBF 属于 AP2/ERF 家族 DREB 蛋白（dehydration responsive element binding protein）亚家族中 A1 亚组，也称 AREB1/CBF。CBF 受 ICE（inducer of CBF expression）诱导表达。ICE 是一类 MYC-bHLH 型的转录因子，常温下处于钝化状态，低温下被激活，特异性结合到 CBF 启动子的顺式作用元件（CANNTG）上，诱导 CBF 基因的表达，而表达的 CBF 通过结合下游低温应答基因 COR（cold regulated）、LTI（low temperature）、DHN（dehydrin）、RD（responsive to dehydration）等启动子区域的 DRE/CRT 顺式作用元件激活其表达，从而提高植物的抗冷性，即 ICE-CBF-COR 途径（Wang et al.，2017）。

拟南芥中存在两个 ICE 基因，ICE1 与 CBF3 启动子中 MYC 特异性识别序列结合（Chinnusamy et al.，2003）；ICE2 直接与 CBF1 结合（Fursova et al.，2009）。近两年的研究表明，ICE 受气孔开放蛋白激酶（OST1）和丝裂原活化蛋白激酶（MAPK）级联信号通路的调控。OST1 可将 ICE1 磷酸化以增强其稳定性，同时抑制 HOS1 介导的 ICE1 降解，诱导下游 CBF 表达，进而提高拟南芥的抗冷性（Ding et al.，2015）。MPK3/6 将 ICE1 磷酸化，促进 ICE1 降解，降低 CBF 基因的表达量（Li et al.，2017），MPKK4/5-MPK3/6 级联负调控拟南芥的抗冷性；而 MEKK1-MKK2-MPK4 串联抑制 MPK3 和 MPK6 的活性，减少 ICE1 的磷酸化，增强拟南芥的抗冷性（Zhao et al.，2017）。目前，已从黄瓜（Liu et al.，2010）、菊花（陈琳，2011）、山葡萄（王宁，2011）、生菜（向殿军等，2011a）、大白菜（向殿军等，2011b）、嘎啦苹果（Feng et al.，2012）、番茄（冯海龙，2013）、茶树（尹盈等，2013）、油菜（常燕，2014）、胡萝卜（黄莹等，2015）、草莓（魏灵芝等，2016）和红肉苹果（王意程等，2018）等多种园艺作物中克隆得到 ICE 基因，初步对其进行了低温胁迫下的表达分析或转基因功能验证，证实了 ICE 对植物低温响应的正调控作用，但对 CBF 精细的调控模式尚不清楚。

拟南芥中存在 6 个 CBF 转录因子，仅有 3 个受低温诱导（AtCBF1、AtCBF2、AtCBF3），影响着全转录组 10%～20% 冷调控（COR）基因的表达（Wang et al.，2017；Shi et al.，2018）。番茄存在 3 个 CBF 基因，但仅有 SlCBF1 受低温诱导（Zhang et al.，2004）。花椰菜中 BoCBF/DREB1 仅受低温诱导表达，可能通过上调 COR15a，促进脯氨酸含量提升以抵御低温（Hadi et al.，2011）。葡萄中存在 4 个 CBF 基因，均可受低温诱导（Maryam et al.，2015）。通过全基因组分析，西瓜中存在 4 个 CBF 转录因子，均受低温诱导，同时内源 SA 参与了 CBF 依赖途径响应低温胁迫的过程，但 SA 信号与 CBF 依赖信号通路可能存在拮抗作用（高敏，2016）。在苹果中，MdHY5 转录因子可通过与 MdCBF1 启动子上 G-Box 结合正调控苹果的抗冷性（An et al.，2017）。MdMYB88 和 MdMYB124 可通过 circadian clock associated 1（MdCCA1）调控 MdCBF 基因上调表达，正调控苹果的耐冷性（Xie et al.，

2018）。苹果 MdMYB308L 和 MdbHLH33 互作，提高 MdbHLH33 与 *MdCBF2* 和 *MdDFR* 启动子的结合能力，从而促进耐冷性和花青素积累（An et al.，2019）。甜瓜和黄瓜中分别鉴定出两个 CBF 转录因子（CmCBF1、CmCBF3 和 CsCBF1、CsCBF3）响应低温（曹辰兴，2009；宁宇，2013；Zhang et al.，2017）。甜瓜果实冷害指数与 *CmCBF1*、*CmCBF3* 表达量密切相关（Zhang et al.，2017）。在黄瓜中，*CsCBF3* 基因受低温诱导快速表达（宁宇，2013），而过表达 *CsCBF1* 基因可提高冷敏感品种的耐低温性（曹辰兴，2009）。上述研究表明，不同园艺作物中 CBF 数量和响应低温的 CBF 数量与拟南芥有着巨大的差异，说明 CBF 在不同作物抗冷性中发挥的作用不同。

2）其他响应温度胁迫的基因和转录因子　　植物应答低温的机制复杂、烦琐，虽然 CBF 途径是植物响应低温的重要途径，但不是唯一途径。在园艺作物中，响应温度胁迫的其他基因和转录因子的研究也较多，如 *SlWRKY33* 调控番茄自噬对高温胁迫的响应（王健，2013），*SlHY5* 可能通过调控一系列冷诱导相关基因的表达来增强番茄的耐寒性（张田田，2016），而 *SlMPK1* 负调控番茄的耐热性（朱晓红，2014）。*CaWRKY13* 参与调控辣椒响应高温和低温的应答（魏小春等，2016）。赖氨酸脱羧酶基因（*CsLDC*）和 WRKY 家族中的 *CsWRKY21*、*CsWRKY23* 和 *CsWRKY46* 均为黄瓜低温应答反应的正调控因子（张颖，2012；张颖等，2017；苗永美，2013；Zhang et al.，2016b）。西瓜叶和根中存在 16 个 MYB 转录因子和 8 个 bHLH 转录因子响应低温胁迫（赵爽，2014；何洁等，2016）；西瓜交替氧化酶（AOX）的基因（$ClAOX^K$ 和 $ClAOX^N$）可能依赖于 ROS 信号途径响应低温（丁长庆，2016）。苦瓜 I 型过氧化物酶基因（*McAPX2*）和 III 型过氧化物酶基因（*McPrx*）通过启动抗氧化酶系统抵御低温冷害（高山等，2016，2017）；多聚泛素基因（*LcUBQ*）可能通过调节丝瓜体内泛素化水平参与低温、弱光胁迫应答过程（陈敏氢等，2018）；*AgDREB1* 和 *AgDREB2* 能通过调控下游靶基因提高芹菜的耐冷性（Li et al.，2019）。番茄 WHY1 蛋白通过调控 PS II 修复和叶绿体中淀粉降解转化为可溶性糖进行胞质内渗透调节，提高番茄植株的抗冷性（图 3-9；Zhuang et al.，2019）。

3）热激蛋白和抗冻蛋白　　热激蛋白又称热休克蛋白或应激蛋白，是细胞在应激原刺激下所生成的一组糖蛋白，植物热激蛋白包括 6 个主要家族：Hsp100、Hsp90、Hsp70、Hsp60、Hsp40 和 Hsp20（Wang et al.，2004）。大部分 HSP 被鉴定为分子伴侣，均可被低温、高温诱导产生，参与植物逆境代谢调控过程（马斌等，2010）。在番茄中发现 166 个热激蛋白和 24 个热激转录因子，高温可以诱导番茄体内的热激蛋白基因，如 *HSP701*、*HSP907*、*HSP101*、*SLMBF*、*HSP703* 等上调表达，以响应高温胁迫（丁丽雪，2016）。芹菜中至少含有 20 个热激转录因子（HSF）的基因，这些基因在高温下迅速被诱导大量表达，表达的 *HSF* 基因调节下游 HSP 蛋白的表达。HSP 表达后通过与芹菜体内代谢、信号转导、防御反应相关的蛋白质互作，维持芹菜正常的生长发育，缓解高温给芹菜造成的损伤（李岩，2015）。

抗冻蛋白（AFP）是一类可直接和冰晶形成相互作用的蛋白质，植物 AFP 主要有类甜蛋白、β-1,3-葡聚糖酶、几丁质酶和多聚半乳糖醛酸酶抑制蛋白 4 种（Todde et al.，2015）。植物 AFP 可能通过降低原生质溶液的冰点，避免植物体内形成冰晶，抑制冰晶的重结晶，修饰胞外冰晶的形态，调节原生质体的过冷却状态和保护细胞膜结构等调节植物的抗冻性

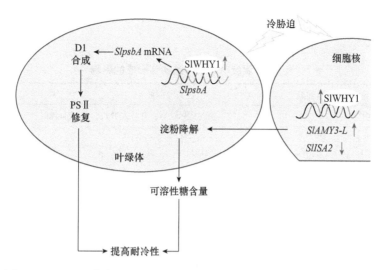

图 3-9　番茄 SlWHY1 通过修复 PS Ⅱ 和增加淀粉降解提高植株的抗冷性（zhuang et al., 2019）
SlWHY. 一种 DNA 结合蛋白；SlAMY. 定位于叶绿体的 α-淀粉酶；SlpsbA. 番茄光系统Ⅱ；D1. 蛋白 D1；SlISA2.
番茄异淀粉酶 2 基因

（林善枝等，2004）。低温胁迫下白菜型冬油菜叶片和根质外体中可以合成并分泌抗冻蛋白，已发现存在一种低活性 AFP-β-1,3-葡聚糖酶（杨刚等，2016），但是高活性抗冻 AFP 在白菜型冬油菜抗寒中发挥重要作用，可能为类甜蛋白（刘自刚等，2016）。

　　4）其他响应温度胁迫的蛋白质　　通过基质辅助激光解吸电离飞行时间质谱（MALDI-TOF-TOF/MS）技术，在黄瓜中鉴定出 1,5-二磷酸核酮糖羧化酶可能与黄瓜和白菜型冬油菜的耐低温有关（刘自刚等，2016）；在苦瓜中，低温下的差异表达蛋白质涉及细胞防御、自由基清除、光合作用、基础代谢、蛋白质降解等多个生理活动（黄玉辉等，2017）。通过重同位素标记（IBT）定量蛋白质组学技术，在哈密瓜果实中鉴别出低温下明显差异表达的蛋白质有 LRR 类受体丝氨酸 / 苏氨酸蛋白激酶 FLS2、ATP 依赖的锌金属蛋白酶 FtsH、Ⅱ型过氧化物酶、热激蛋白、60S 核糖体蛋白 L34、β-葡糖苷酶 12 等，涉及碳水化合物结合、结构分子活性、细胞大分子复合物组装、光合作用、非生物刺激反应等功能（安瑞丽，2017）。

　　虽然关于园艺作物响应温度胁迫分子水平和蛋白质水平的研究较多，但多数研究尚不深入，即使是 CBF 途径，也仅限于功能基因的克隆和鉴定，整体水平滞后于粮食作物，深层次调控机制的研究还有待加强。

三、温度对园艺作物生殖生长的影响

（一）温度对园艺植物生殖生长的表观影响

　　植物开花坐果期对温度尤为敏感，温度胁迫对花卉、果树、蔬菜生产的影响尤为严重，尤其是以果实为食用器官的蔬菜，如茄果类蔬菜和瓜类蔬菜。一般高温和低温均会导致花芽分化失调，花期提前或延后，花粉活力降低，子房发育不良，自然授粉失败，造成落花落果，导致产量降低。在坐果初期遭遇剧烈变温将导致果实僵化、开裂，营养物质合成运输受阻，造成品质下降。极端高温或冻害将导致果期整株死亡，严重减产，损失极大（表3-4）。

表3-4　温度对蔬菜产品器官形成的影响

产品器官	代表蔬菜	适宜温度（℃）	高温危害	低温危害
叶球	结球白菜	10~20	夜高温时延迟结球，叶片发育快，早衰	夜低温时叶形指数变小，利于结球
肉质根	胡萝卜	18/13*	肉质根变长，重量下降	肉质根短缩，不利于膨大
块茎	马铃薯	15.6~18.3	高于21℃抑制块茎形成，高温下块茎形状不整齐，表皮粗糙，颜色加重，高于29℃块茎停止生长	低于2℃块茎停止生长
鳞茎	洋葱	21~27	高于27℃，叶部生长过早或早衰，提前进入休眠期，鳞茎膨大受阻	低于21℃，鳞茎膨大缓慢，成熟期延迟，低于15.5℃鳞茎不能膨大
瓠果	甜瓜	25~30/18~20*	高温强光易导致日灼病	低温导致光合系统紊乱，光合产物减少，果实发育异常及化瓜；苗期长时间低温花芽发育异常，子房弯曲，形成畸形果
	西瓜	25~30/16~18*		
	黄瓜	25~30/13~15*		
浆果	番茄	25~28/15~17*	日温高于35℃，大量落花	夜温低于15℃，大量落花
	茄子	20~25/15~19*	高于30℃，花粉萌发率明显下降，超过35℃，基本不萌发	低于15℃，花粉基本不萌发
	辣椒	25~30/15~20*	夜温高于22℃或日温高于38℃，大量落花	夜温低于10℃或日温低于16℃，大量落花
荚果	菜豆	25~28/15~18*	30~35℃花芽分化停止或花粉母细胞形成不完全，开花数减少，甚至脱落，此时花粉萌发率也降低；25℃以上高夜温蕾期分化不完全，不能正常开放	低温下花芽不能正常分化，低于9℃停止生长；10℃以下，花粉萌发受阻，导致受精失败，落花落荚
	长豇豆	25~30/15~18*	35℃以上高温导致开花不正常，花药裂药率下降，花粉活力下降，造成落花和豆荚发育不良	低于18℃，花粉萌发和花粉管伸长受阻，温度越低不孕花率越高

注：本表依据张振贤和程智慧（2008）整理。表中加 * 代表所示温度为昼/夜适温，未标注 * 代表未明确昼/夜适温

（二）温度影响园艺作物生殖生长的机理探讨——以番茄和草莓为例

1. 温度对番茄生殖生长的影响　番茄是目前产量和栽培面积最大的设施蔬菜之一，其花芽分化初期对低夜温最敏感，低夜温5℃处理9d以上，花芽分化数目增多，随处理时间的延长，萼片分化数目开始增多，而后延续至花瓣、雄蕊分化数目增多，最终导致异常花芽的出现（张宝莹，1997）。昼温低于13℃，尤其夜温低于15℃时易造成落蕾落花或产生畸形果。昼夜温差对花芽分化和产量也有一定的影响。研究表明，苗期平均温度在20℃时，6℃左右的昼夜温差是番茄植株物质积累、花芽分化和产量形成的平衡点，有利于番茄的营养生长和产量形成（毛丽萍等，2012）。而花果期适当增大昼夜温差可提高产量和果实品质，但温差过大（≥10℃）易造成生长不良和减产（李莉等，2015）。

王孝宣等（1996）详细研究了不同温度处理下番茄花粉萌发率与人工授粉后的坐果率（表3-5）。结果表明，各品种的花粉萌发率都随处理温度的下降而降低，且开始萌发的时间延长，后期坐果率逐渐下降。在品质方面，亚低温处理导致番茄果实心室的整齐度下降，心室数量增加，畸形果率增加（李军等，2017）。夜间亚低温导致番茄果实中果糖、葡萄糖和蔗糖含量下降，主要因素为转化酶活性受到抑制（王丽娟和李天来，2011）；低温下番茄红素合成相关酶基因（*PSY1*、*PSY2*）表达受抑制，导致番茄红素合成的前体物质八氢番茄红素含量降低，而番茄红素合成相关酶基因（*ZDS*、*PDS*）的表达也受到抑制，导致番茄红素合成和积累水平降低，造成番茄难以转色（刘雪静等，2015）。短期夜间低温条件下耐低温番茄通过提高果实中碳水化合物总量来适应低温胁迫，而低温敏感的番茄则是降低果实中碳水化合物含量来响应低温（齐红岩等，2012）。

表 3-5　不同温度处理下番茄花粉萌发率与人工授粉后的坐果率（王孝宣等，1996）

品种	花粉萌发率				坐果率			
	25℃	15℃	12℃	8℃	25℃	15℃	12℃	8℃
UC82B	0.65b	0.51c	0.43a	0.08a	90.9	88.6	82.3	60.6
Koateai	0.71a	0.65a	0.42a	0.03b	94.2	91.7	84.3	84.4
Sintiam	0.59c	0.52c	0.41a	0.05b	85.3	81.3	58.8	44.7
Upright	0.61c	0.55bc	0.08c	0.002c	92.8	70.7	26.2	12.2
78-198	0.58c	0.57b	0.20b	0.005c	89.3	89.7	46.1	29.7
中杂七号	0.67ab	0.59b	0.18b	0.002c	90.5	89.1	45.3	22.7

注：邓肯氏新复极差测验，不同的小写字母代表差异达显著水平（$P<0.05$）

张洁等（2007）研究了亚高温对日光温室番茄开花坐果及果实产量、品质的影响。在植株第1花序开花时，昼间亚高温处理5d（35℃/15℃，昼/夜）即可危害植株的生长发育：第1花序和第2花序果实的坐果率极显著降低，成熟时单果重明显减小，空洞果比率极显著增加，最终造成产量和品质（糖酸比）的下降。亚高温处理时间越长，番茄果实的产量越低、品质越差。在番茄植株开花第10天时，进行10d的35℃亚高温处理，果实的产量最低、品质变差，此时为番茄日光温室栽培生长发育阶段对短期亚高温最敏感的时期（张洁和李天来，2008）。高温胁迫下番茄产生落花、子房和幼果败育现象，可能是光合同化产物向花芽和幼果的运输受到阻碍或者库器官的蔗糖利用能力下降造成的。在蔗糖利用方面，细胞壁蔗糖转化酶（CWIN）和液泡蔗糖转化酶（VIN）在番茄果实的耐热性中发挥了重要作用，研究表明编码CWIN的基因*Lin7*和编码VIN的基因*Lin9*是与番茄幼果耐热性相关的重要基因（Li et al.，2012；俞锞，2014）。

2. 温度对草莓生殖生长的影响　　草莓是重要的设施果树之一。草莓花芽分化适宜温度为5~25℃，低于5℃或高于25℃均不能进行花芽分化。在花期，草莓花药开裂最低温度为11.7℃，适宜温度为13.8~20.6℃。花粉粒萌发最适宜温度为20~25℃，在20℃以下时发芽不良。果实膨大前期适宜温度为25~28℃/8~10℃（昼/夜），后期为22~25℃/5~8℃（昼/夜）（李贺等，2016）。在花芽分化期遭遇连续低温，花序减数分裂遇到障碍，形成雌雄不稔花，影响授粉，受精不良的草莓就会产生各种畸形果（沙春艳，2012）。

钟秀丽等（2005）详细研究了草莓开花期发生霜害的温度。研究表明，草莓花托开始结冰的温度明显低于叶片，依靠保持过冷却状态以避免冰晶形成来抗御霜害，属于回避结冰类型，一旦胞间冰晶形成，花托细胞将在短时间内受到致命的伤害。研究证明，盛开花阶段是花托对霜害最为敏感的时期。花托的霜害温度是一个范围，在此范围内，随温度的降低，花托累积霜害率呈 S 形曲线增大。

绿果期对草莓进行不同温度处理，结果表明 25℃/12℃（昼 / 夜）是该阶段整个植株最适的生长温度。随着白天温度的降低（18℃/12℃），叶色更加鲜艳、更绿、更大，该温度下果实中果糖、葡萄糖和总碳水化合物含量最高，此时果实中也含有较多的柠檬酸和鞣花酸，而苹果酸含量较低，随着昼夜温度的升高，25℃/12℃（昼 / 夜）条件下果实蔗糖含量达到最高，果实表面和果肉颜色变深，色素浓度变大，但果实中果糖、葡萄糖和总碳水化合物含量下降，苹果酸含量增加，柠檬酸和鞣花酸含量降低。整体上，果实品质下降，包括可溶性固形物（SSC）、可滴定酸（TA）、SSC/TA 值和维生素 C 含量。30℃/22℃（昼 / 夜）抑制了植株和果实的生长，果实品质显著下降（Wang and Camp，2000）。

高温可以加速草莓果实发育和成熟进程，低温则作用相反，暗示草莓温度胁迫应答途径与果实发育和成熟调控途径中存在重叠。研究发现，草莓蔗糖非酵解蛋白激酶 II 家族中 *FaSnRK2.6* 的时空表达既受 ABA 的调控，也受温度的调控。*FaSnRK2.6* 是草莓果实发育和成熟的负调控因子，而高温抑制 *FaSnRK2.6* 的表达，加速成熟；低温下 *FaSnRK2.6* 持续表达，延缓成熟，证明 *FaSnRK2.6* 是温度调控的果实发育和成熟过程中一个重要的信号分子，且通过介导温度胁迫诱导的果实发育及成熟实现草莓对逆境胁迫的适应（韩瑜，2015）。乙酰化修饰作为一种重要的表观调控机制参与了植物逆境胁迫的响应过程。研究表明，组蛋白去乙酰化酶基因（*HDAC*）参与了森林草莓中高温胁迫的响应，而对低温的响应较弱（林莹等，2017）。

园艺作物开花坐果、产量和品质与经济效益直接相关，关于温度胁迫的研究较多，但不深入，今后在温度胁迫下落花落果的分子机制，果实发育阶段温度对细胞膨大、营养物质、功能物质及色素合成或代谢的影响，以及温度调控果实成熟或早衰的分子机制等领域均需进一步加强。

第三节　温度与作物生长关系目前需要研究的问题

一、温度影响种子萌发的机制

温度是影响种子萌发的主要因素之一。关于种子萌发的生理变化和生理机制已有较为深入的研究，但是分子机制的研究滞后。尤其是园艺作物上的研究较少，且不深入。研究温度对园艺作物种子萌发的影响，有利于掌握作物萌发的适宜温度，用于指导工厂化育苗，培育长势一致的壮苗，避免热害或冷害伤苗。借鉴粮食作物，相关研究局限于两方面：一是通过种子发芽情况鉴定植物的耐热性或耐冷性；二是低温或高温下种子萌发的引发处理。

需加强园艺作物种子萌发阶段温度逆境下的抗性生理和分子机制的研究，主要包括两方面：一是在激素调控方面，除脱落酸和赤霉素已经被广泛研究之外，近来发现生长素（AUX）参与调控种子胚根突出和子叶展开。温度逆境下不同园艺作物中 ABA、GA、AUX 如何变化、如何分工协调种子萌发可作为今后的一个研究方向。二是代谢方面，研究表明甲硫氨酸（Met）代谢是种子萌发过程中的代谢核心，温度是否通过限制 Met 代谢影响种子萌发，种子芽期耐热性或耐冷性的差异是否与 Met 代谢的差异有关，其中的机制有待从生理和分子角度深入解析。

二、温度对作物生长发育过程中形态变化的影响

温度是影响作物生长发育进程的关键因素，关于温度对作物生长发育过程中形态变化的影响早有研究，包括株型、叶形、根系形态、侧枝发育、性型分化、果形及颜色等。这些形态的变化是多种生理活动综合作用的结果，前期研究由于技术限制，多流于表型观测，对其中的生理变化虽有较为深入的研究，但是随着研究技术的发展，今后可开展多过程、多阶段的全面性研究，同时引进分子生物学技术，从遗传的角度解析温度对作物形态变化的影响，可为不同温区、季节、温室类型等作物生产中的株型管理、花果期控制、温度调控与利用等提供科学依据。

三、温度逆境下的生理基础和分子机制

为抵御剧烈温度变化造成的伤害，植物自身会发生一系列生理生化反应。关于园艺作物逆境生理的研究一直是热点，涵盖细胞膜系统组分的变化、ROS 清除系统的启动、内源激素/信号物质的调动、渗透调节物质的大量积累等，重复性研究较多，创新性研究较少。若要在生理方面创新，需要深入、精细且全面的研究。例如，探究低温对光合作用的影响，不能局限于低温对光合参数和 PS Ⅱ 叶绿素荧光参数的影响。可从解剖结构和超微结构方面入手，探究低温下光合机构叶绿体超微结构的破坏程度，叶绿素含量的变化。除了 PS Ⅱ 的荧光参数外，PS Ⅰ 的参数变化同样重要，在此基础上可深入探讨低温下电子传递链的变化。光合作用是一个复杂的过程，涉及多种酶协同作用，如 RuBPase、Rubisco 活化酶、景天庚酮糖-1,7-二磷酸酶和果糖-1,6-二磷酸醛缩酶等，因此可探讨低温下光合作用相关酶活性的变化。在前面已经明确的基础上，可深入解析低温造成上述影响的分子机制，如 ROS 信号、ABA 信号等。应当注意，温度对作物的影响是整体的影响，在研究单一过程（如光合作用）的同时，也应考虑对其他过程或因素的影响，如光合产物运输、根系活性等。

在植物长期进化过程中，形成了复杂而精细的分子调控网络以抵御温度变化胁迫。在研究作物响应温度逆境分子机制时，首先应抓住应答温度变化的主要途径，重点研究，如响应低温的 CBF 依赖途径和 ABA 依赖途径。同时也不能忽视对其他途径的研究，多种途径调控共同决定植物的抗性。随着分子生物学技术在园艺作物上的应用，研究较为深入的是番茄。针对其他园艺作物的研究可以参照番茄上的研究，注意应用当前最先进的技术，如以转录组测序、蛋白质组测序、代谢组测序等大数据为依托，进行深入的挖掘。

四、提高抗冷性或耐热性的调控手段

在生产实践中可通过低温/高温锻炼、嫁接及施用适宜浓度的外源激素、渗透调节物

质和抗氧化物质等进行预防与缓解极端温度造成的伤害。但是提高作物抗性最根本的手段是采用杂交育种或基因工程技术选育抗性强的新品种。因此，育种工作者应在保持传统育种目标的同时，顺应产业发展的需要，通过挖掘抗性基因和种质资源、创新育种途径等培育出耐低（高）温的新品种。同时，加强对耐冷（热）性砧木的筛选、改进嫁接技术和加强相关机理研究。目前，外源物质提高作物抗性属于研究热点，但是在园艺作物上仅停留在初级试验阶段，深入的机制研究和全生育期内及多种外源物质复配使用的研究较少。加快成果转化，研发专用型抗寒、耐热制剂或缓解剂成品，是当前需要解决的问题。

第一节 设施湿度环境的特征及调控

空气湿度和土壤湿度共同构成设施内的湿度环境。设施内湿度过大，容易造成作物茎叶徒长，影响作物的正常生长发育。同时，高湿（90%以上）或结露常常是一些病害多发的原因。对于多数蔬菜作物来讲，光合作用的适宜空气湿度为60%～85%。

一、设施湿度环境的特征

由于园艺设施是一种封闭或半封闭的系统，空间相对较小，气流相对稳定，内部的空气湿度和土壤湿度有着与露地不同的特性。

空气湿度通常用绝对湿度或相对湿度表示。绝对湿度是指单位体积空气内水汽的含量，以每立方米空气中含有水汽的克数（g/m^3）表示。水蒸气含量多，则空气的绝对湿度高。空气中的含水量有一定限度，达到最大容量时，称为饱和水蒸气含量。当空气的温度升高时，空气的饱和水蒸气含量相应增加；温度降低时，饱和水蒸气含量也相应降低。相对湿度是指在一定温度条件下，空气中水汽压与该温度下的饱和水汽压之比，用百分比表示。干燥空气为0%，饱和水汽下为100%。空气的相对湿度取决于空气含水量和气温，在含水量不变的情况下，随着温度增加，空气的相对湿度降低；温度降低时，相对湿度增加。在设施内，夜间蒸发、蒸腾量下降，但空气湿度反而增加，主要是温度降低导致的。

在一定温度下，空气中水汽压与该温度下的饱和水汽压之差称为饱和差，单位以kPa表示。饱和差越大，表明空气越干燥。当空气中气压不变时，水汽达到饱和状态时的温度为露点温度。此时的相对湿度为100%，饱和差为0。常用露点湿度表和干湿球温度表测量空气湿度，或者使用湿敏元件，如半导体湿敏元件（硅湿敏元件）、湿敏电阻等。干湿球温度表也可用来测量设施内的空气温度。

设施内的空气湿度是在设施密闭条件下，由土壤水分的蒸发和植物体内水分的蒸腾形成的（图4-1）。室内湿度条件与作物蒸腾、土壤表面和室内壁面的蒸发强度有密切关系。设施内作物生长势强，叶面积指数高，蒸腾作用释放出大量水汽，在密闭情况下很快会达到饱和，因而空气相对湿度比露地栽培要高得多。白天通风换气时，水分移动的主要途径是土壤→作物→室内空气→外界空气。如果作物蒸腾速度比吸水速度快，作物体内缺水，气孔开度缩小，蒸腾速度下降。不进行通风换气时，设施内蓄积大量的水汽，空气饱和差下降，作物则不容易缺水。早晨或傍晚设施密闭时，外界气温低，室内空气骤冷会形成"雾"。

二、设施湿度环境的调控

设施的湿度调控包括空气湿度调控和土壤湿度（含水量）调控。

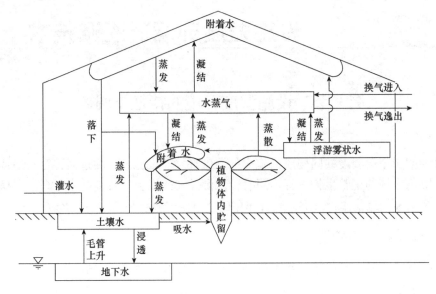

图 4-1　温室内水分运移模式图（李式军和郭世荣，2011）

（一）设施内空气湿度的调控

设施内空气湿度的调控涉及除湿和增湿两个方面。一般情况下，设施内的空气湿度经常过高，因此，降低空气湿度即除湿成为设施湿度调控的主要内容。

1. 除湿的目的　　从环境调控的观点，除湿主要是为了防止作物沾湿和调控空气湿度。设施环境除湿的目的见表 4-1。

表 4-1　设施内除湿的目的

| 大分类 | 序号 | 直接目的 | 发生时间 | 最终目的 |
		小分类		
防止作物沾湿	1	防止作物结露	早晨、夜间	防止病害
	2	防止屋面、保温幕上水滴下降	全天	防止病害
	3	防止发生水雾	早晨、傍晚	防止病害
	4	防止溢液残留	夜间	防止病害
调控空气湿度	1	调控饱和差（叶温或空气饱和差）	全天	促进蒸发蒸腾、控制徒长、增加着花率、防止裂果、促进养分吸收、防止生理障碍
	2	调控相对湿度	全天	促进蒸发蒸腾、防止徒长、改善植株生长势、防止病害
	3	调控露点温度、绝对湿度	全天	防止结露
	4	调控湿球温度、焓（潜热与显热之和）	白天	调控叶温

2. 除湿方法　　空气除湿方法可分为两类，即被动除湿和主动除湿，其划分标准是看除湿过程是否使用了动力（如电力能源）。如果使用动力，则为主动除湿，否则为被动除湿。被动除湿主要包括自然通风，覆盖地膜，科学灌溉（滴灌、渗灌、地中灌溉，特别是

膜下滴灌，可有效降低空气湿度。减少土壤灌水量，限制土壤水分过分蒸发，也可降低空气湿度），采用吸湿材料、农艺技术；主动除湿包括依靠加热升温和通风换气来降低室内湿度，包括强制通风换气、热交换型通风除湿、除湿机除湿、热泵除湿等。其中热交换型通风除湿是通过通风换气的方法降低湿度，当通风机运转时，室内得到高温低湿的空气，同时排出低温高湿的空气，还可以从室外空气中补充 CO_2。

3. 增加空气湿度的方法　作物正常生长发育需要一定的水分，当设施内湿度过低时，应及时补充水分，以保持适宜的湿度。园艺设施周年生产时，高温季节经常遇到高温、干燥、空气湿度不足的问题。另外，栽培空气湿度要求较高的作物，也需提高空气湿度。常见的加湿方法有喷雾加湿（常与日中降温结合）、湿帘加湿、喷灌等。

（二）设施内土壤含水量的调控

设施内土壤含水量的调控主要依靠灌溉。目前，我国的设施栽培已开始普及推广以管道灌溉为基础的多种灌溉方式，包括直接利用管道进行的输水灌溉，以及滴灌、微喷灌、渗灌等节水灌溉方式。

采用灌溉设备对设施作物进行灌溉就是将灌溉用水从水源提取，经适当加压、净化、过滤等处理后，由输水管道送入田间灌溉设备，最后由田间灌溉设备对作物进行灌溉。一套完整的灌溉系统通常包括水源、首部枢纽、供水管网、田间灌溉系统、自动控制设备等5部分，如图4-2所示。当然，简单的灌溉系统可以由其中的某些部分组成。

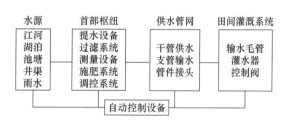

图 4-2　温室灌溉系统的组成

第二节　设施园艺作物节水灌溉理论和技术体系

节水灌溉（water saving irrigation，WSI）是随着灌溉科学的发展和水资源紧缺而形成的一门新兴科学。节水灌溉是根据作物需水规律及当地供水条件，为了有效地利用降水和灌溉水，获取农业的最佳经济效益、社会效益、生态效益而采取的多种措施的总称。节水灌溉的内涵包括水资源的合理开发利用、输配水系统的节水、田间灌溉过程的节水、用水管理的节水及农艺节水增产技术措施等方面。灌溉通过给农田补充水分来满足作物对水的需求，创造作物生长的良好环境，以获得较高的产量，从水源到形成作物产量要经过以下4个环节：通过渠道或管道将水从水源输送到田间；将引至田间的灌溉水，尽可能均匀地分配到所指定的面积上转化为土壤水；作物吸收、利用土壤水，以维持作物的生理活动；通过作物复杂的生理活动，形成经济产量。

一、设施节水灌溉理论

一般情况下，节水应是减少灌溉水的无益消耗，不减少作物正常的需水量，不使作物减产；在有些情况下，为了解决供需矛盾，也采用低于作物正常需水量标准进行供水，即非充分灌溉，这时不再追求单位面积产量最高，而是以有限的水资源量，使整个区域获得最高总产量或经济效益为目标。发展节水农业是我国农业可持续发展和缓解水资源供需矛盾的根本措施，其中如何提高作物水分利用效率与田间水分利用效率是我国旱区农业可持续发展中迫切需要解决的关键问题。近年来，国内外提出了许多新的概念与方法，如非充分灌溉（no-full irrigation）、局部灌溉（localized irrigation）、控制性作物根系分区交替灌溉（controlled roots divided alternative irrigation，CRDI）与调亏灌溉（regulated deficit irrigation）等。这些概念的提出及其方法的实施，对由传统的丰水高产型灌溉转向节水优产型灌溉，提高水的利用效率，起到了积极的作用并产生了显著的效益。因此一种和"丰水高产型"的充分灌溉理论及技术模式相对应的农业节水灌溉理论及技术模式在具体实践中发展很快，并取得了丰富的成果。目前主要有如下四大节水灌溉理论。

（一）非充分灌溉理论

非充分灌溉又称限水灌溉（limited irrigation）或亏缺灌溉，其研究始于20世纪60年代末美国中部和南部干旱大平原，其研究的主要内容包括两个方面：①寻求作物需水的关键时期，即作物对水分的敏感期，把有限的水量灌到最关键期才能使产量最高；②根据作物需水的关键时期制订优化灌溉制度，解决作物全生育期的供水总量在全生育期内如何分配的问题，即有限的水量应多大才能使总产量达到相应最大，通过这种灌溉的优化分配，虽然减少了灌水量，但产量减少并不多，节约的水可用来扩大灌溉面积，从而达到节水增产的目的。非充分灌溉是以按作物的灌溉制度和需水关键期进行灌溉为技术特征，非充分灌溉在我国的研究始于20世纪80年代初。Jensen模型在国内应用使非充分灌溉研究从定性阶段提高到定量阶段，鉴于Jensen模型中敏感指数在空间的不稳定性，当前正抓紧该模型在各地的研究，确定每一地区的各种作物的敏感指数。非充分灌溉目前发展比较完善，技术体系也比较成熟，得到了大面积推广。

（二）调亏灌溉理论

调亏灌溉又称调控亏水灌溉，是澳大利亚持续农业研究中心于20世纪70年代中期提出的，其基本思想就是基于作物的生理生化作用受到遗传特性或生长激素的影响，在作物生长发育的某些阶段主动地施加一定的水分胁迫（人为地让作物经受适度的缺水锻炼），从而影响其光合产物向不同组织器官的分配，实现提高其经济产量而舍弃营养器官的生长量及有机合成物的总量，同时因营养生长减少还可以提高作物种植密度，提高总产量，减少棉花、果树等作物的剪枝工作量，改善产品品质。研究调亏灌溉对作物生长发育和生理机制的影响，有助于从理论上认识作物不同阶段水分胁迫对水分散失、光合作用及其产物分配与向经济产量转化效率影响的动态过程，确定调亏灌溉条件下作物群体光合产物的最优分配策略；探索不同阶段经历不同程度的亏水后重新复水对生长和产量的补偿效应；在认识作物节水生理机制的基础上，最充分地利用作物自身的生理生化特性，以便在作物生长的某个阶段有意识地对其进行亏水处理，使其经受适度的水分胁迫，利用作物自身的调节和补偿功能最终达到节水增产的目的。

调亏灌溉研究的主要目的是解决如下几个关键技术问题。

（1）研究主要农作物不同生育期对不同程度水分胁迫的反应，这是作物调亏灌溉的理论基础。作物在水分胁迫后是否存在补偿或超补偿效应，目前国际植物生理学界尚未达成共识。但一般都认为植物在胁迫后快速生长，具备形态可塑性，称为植物对水分的适应性对策。同时，也有人观察到光合速率有同样的反应。

（2）调亏灌溉指标的确定。调亏灌溉涉及如何有效地对作物生长发育规律进行研究，作物是否缺水、缺水到什么程度？缺水对作物生长发育乃至产量的影响到底如何？对某一特定地区、特定作物，何时调亏、何种调亏水平对作物生长发育比较有利？这些都是调亏灌溉研究与应用中首先应该解决的问题。因此，研究并提出冬小麦、玉米、棉花等主要农作物适宜调亏时期和调亏水平，包括不同农作物的最佳调亏阶段、最佳调亏程度及调亏灌溉条件下的灌水时间和灌水定额是本研究的主要任务之一。

（3）调亏灌溉综合实施技术的研究。包括与调亏灌溉相配套的灌水技术与管理技术的研究，研究和优选与调亏灌溉相适应的灌水技术及相应的农业技术措施。利用和消耗水分的过程作为节水农业研究的一项重要内容被人们所重视，其主要目标在于减少棵间蒸发量及植株奢侈蒸腾量。

调亏灌溉是节水灌溉技术之一，它有别于非充分灌溉。非充分灌溉的主要目标是解决有限水量在作物全生育期的最佳分配问题，把有限水量用在作物对水分最敏感的阶段，它可通过减少单位面积用水来增加非充分灌溉面积，它着眼于一个地区总的经济效益最大，而不是单产最高。调亏灌溉与非充分灌溉的相同之处在于：它们的目标一致，即节水高效；方法类似，即在作物需水不敏感时控水。它们的最大区别在于调亏灌溉属于主动节水，完全从作物生理出发，通过产生的适度缺水而舍弃部分干物质生产，但可获得最大的经济产量或提高产品的品质。调亏灌溉是在作物缺水条件下实施的一种节水灌溉技术，必须依赖于先进的灌水技术和管理技术，否则适度缺水可能演变成严重缺水而对作物生长和产量造成较大影响。与此同时，调亏灌溉也应与一些农业节水技术措施如改良土壤以提高其保水性能、利用覆盖技术等相结合，所以调亏技术的最终推广必然依赖于研究和选择适宜的灌水方法、农业耕作措施等多项技术的组装配套。调亏灌溉以按作物一定时期一定程度的亏水灌溉为技术特征，目前发展还不完善，不同作物的调亏灌溉指标和与调亏灌溉技术相配套的作物栽培技术体系还有待进一步研究。

（三）控制性作物根系分区交替灌溉理论

控制性作物根系分区交替灌溉以作物根系交替灌溉为技术特征，是在研究作物节水型灌溉制度和灌水关键时期的基础上，着重研究作物根系土层的交替湿润和干燥效应，这样可以使不同区域部位的根系交替经受一定程度的干旱锻炼，从而减少无效蒸腾和总的灌溉用水量。CRDI强调在土壤垂直剖面或水平面的某个区域保持干燥，而仅让一部分区域灌水湿润，交替控制部分根系区域干燥、部分根系区域湿润，以利于通过交替使不同区域的根系经受一定程度的水分胁迫锻炼，刺激根系吸收补偿功能，以及作物部分根系处于水分胁迫时产生的根源信号脱落酸（ABA）传输至地上部叶片，以调节气孔保持最适开度，达到以不牺牲作物光合产物的积累而大量减少其奢侈的蒸腾耗水而节水的目的。同时还可减少再次灌水间隙期棵间土壤湿润面积，减少棵间蒸发损失及因湿润区向干燥区的侧向水分运动而减少深层渗漏。控制性作物根系分区交替灌溉在田间可通过水平和垂直方向交替给局部根区供水来实现，主要适于果树和宽行作物及蔬菜等。

控制性作物根系分区交替灌溉主要包括如下几种形式。

（1）田间控制性分区交替隔沟灌溉系统，即在相邻两沟、两次灌水之间实行干湿交替，本次灌水的沟下次灌水时干燥，而本次未灌水（干燥）的沟下次灌水时湿润（供水），始终保持一部分根系生长在较干燥的土壤区域中。

（2）田间控制性分区交替滴灌系统，即在果树或其他作物的滴灌系统中，采用移动式滴灌系统在果树或其他宽行距作物两侧轮流灌水；或采用双管式固定滴灌系统，交替使用双管，始终使一部分根系保持在干燥的土层中生长，使树干或茎秆两侧的土壤交替湿润。

（3）田间控制性水平分区交替隔管地下滴（渗）灌系统，类似于控制性分区交替沟灌系统，适用于宽行作物和果树。在各次灌水之间，地下滴灌或渗水管道实行轮流供水，始终保持有部分根系经受一定程度的水分胁迫锻炼，以达到最优调节气孔开度和刺激根系吸收补偿功能的目的。

（4）田间控制性分区交替隔畦灌溉系统，主要适用于果树灌溉，果树种植在宽垄（作为畦埂）上，可采用管道供水。

（5）田间控制性垂向分区交替灌水系统，可采用地下滴（渗）灌和地表灌溉相交替的方式来实现。

（四）局部灌溉理论

局部灌溉（localized irrigation）是 20 世纪 60 年代以色列农业科技工作者发明的滴灌技术，以滴灌方式通过计算机监控调配用水量，按时按量把水直接输向植物根部，以湿润植物根部土壤为主要目标。局部灌溉或局部根区干燥（partial root zone drying，PDR）技术以作物根系局部湿润为技术特征，始终维持同一区域的土壤湿润，另外区域的土壤则在生长季节内始终保持较干燥（不供水）。局部灌溉是当前世界节水灌溉理论及技术模式的先进典型，其技术模式是采用滴灌和渗灌等微灌技术进行灌溉。

二、设施农业节水灌溉技术体系

设施农业节水灌溉技术体系包括生物节水、农艺节水和旱作农业节水等，它以水为核心，研究如何高效利用农业水资源，保障农业可持续发展。农业节水的最终目标是建设节水高效农业。灌溉用水从水源到田间，再到被作物吸收、形成产量，主要包括水资源调配、输配水、田间灌水和作物吸收等 4 个环节。在各个环节采取相应的节水措施，组成一个完整的节水灌溉技术体系，包括灌溉水资源优化调配技术、节水灌溉工程技术、农艺及生物节水技术和节水灌溉管理技术。其中节水灌溉工程技术是该技术体系的核心，已相对成熟并得到普及，其他技术相对薄弱，急需加强研究、开发和推广应用。

（一）灌溉水资源优化调配技术

灌溉水资源优化调配技术主要包括地表水与地下水联合调度技术、灌溉回归水利用技术、多水源综合利用技术和雨洪利用技术等。

（二）节水灌溉工程技术

节水灌溉工程技术主要包括渠道防渗技术、低压管道输水技术、喷灌技术、微灌技术、改进地面灌溉技术等，直接目的是减少输配水过程的跑漏损失和田间灌水过程的深层渗漏损失，提高灌溉效率。

（1）渠道防渗技术：采用混凝土护面、浆砌石衬砌、塑料薄膜等多种方法进行防渗处理，与土渠相比，渠道防渗可减少渗漏损失60%～90%，并加快了输水速度，是我国应用得最广泛的节水工程技术。

（2）低压管道输水技术：用塑料或混凝土等管道输水代替土渠输水，全部输配水任务都由低压管道来完成，可大大减少输水过程中的渗漏和蒸发损失，输配水的利用率可达到95%。另外还能有效提高输水速度，减少渠道占地。低压管道输水技术在我国北方井灌区已经普及，但大型自流灌区尚处于试点阶段。

（3）喷灌技术：是将水从微喷头或微喷带中喷洒成微小的水滴进行灌溉的一种机械化高效节水灌溉技术，诞生于19世纪末，我国自1956年引进，到2000年已发展喷灌面积246万hm²，但只占我国总灌溉面积的4.14%。喷灌具有适应性强的特点，比地面灌溉系统减少了大量输水损失，避免地面水径流和深层渗漏，节水30%～50%，增产20%～30%，能扩大种植面积10%～30%，同时喷灌还具有增产、省工、保土、保肥、适应性强、便于机械化和自动化控制等优点。但喷灌有一定的蒸发和漂移损失，损失水量为灌水量的10%～20%，喷灌可能会造成植物叶片盐害和鲜菜污染加重，同时也会由于增大空气湿度而诱发病害。

（4）微灌技术：是以少量的水湿润作物根区附近部分土壤的一种局部灌溉技术，其特点是灌水流量小，一次灌溉延续时间较长，灌水周期短，能够准确地控制水量，能把水分和养分直接输送到作物根部附近的土壤中。微灌特别是在经济作物如果树、花卉、食用菌、温室蔬菜等作物的生产中，应用效益十分突出，具有省工、省力、高效、省水、节能、增产等优点。微灌包括滴灌、微喷灌、渗灌、小管出流灌等多种方式。滴灌是20世纪40年代首创于以色列，是目前设施农业最主要的节水灌溉方式。滴灌的水是通过出水口很小的滴头或滴灌管带上的小孔，将水一滴一滴均匀慢慢地滴出来，滴在根系附近的土壤中。其在温室中的应用具有较大的优越性，滴灌湿润作物根部土壤既减少了棵间蒸发，又使作物的耗水量显著减少。在日光温室采用滴灌，不仅能提高土壤、水、肥、气、热等条件的利用水平，而且能有效降低日光温室内空气湿度，利于蔬菜作物的生长。滴灌使作物在最佳的条件下生长，极大地提高了作物的产量和品质，与畦灌比一般增产幅度达30%～80%，品质幅度提高30%～50%，一般可提早成熟7～10d。露地农田滴灌比沟灌节水60%左右，比喷灌节水4%左右，不会产生畦灌那样的地面流失和深层渗漏，蔬菜和果品产量比沟灌增产70%～155%。滴灌虽有优点，但由于滴灌区水肥主要集中在耕作层，不利于作物根系深扎以充分利用土体中的养分，另外滴头易堵塞，造价高，推广范围受到限制。小管出流灌是通过安装在管道上的直径为4mm左右小管作为灌水器直接灌水的一种微灌方式。这种微灌由于出流孔径较滴灌出流孔径大得多，基本避免了堵塞问题，由于出流量较大，一般要修建田间渗水沟配合使用。这种方法投资较低、操作方便，适合我国国情，可在各种果树栽培上推广使用。渗灌技术于 20 世纪 80 年代初期首先出现于美国，它是将滴头和安装滴头的末极管道埋在地表下 20~30cm 的土壤中进行灌溉的一种方法。这样做的好处是，灌水时地面水分蒸发损失小，节水效果好，设备埋在地下不易损坏，使用寿命长。渗灌管一般是采用塑料或塑胶混合制成，水流通过管道上的毛细管渗出，就像人出汗一样。用渗灌方法灌水后表层土壤保持疏松，可以减少地面蒸发，节约灌溉水量，灌水效益高，也有利于机械作业和农事操作。

（5）改进地面灌溉技术：在今后相当长的时期内，地面灌溉仍将是我国主要的灌溉方式。地面灌溉并非"大水漫灌"，只要在土地平整的基础上，采用合理的灌溉技术并加强管理，其田间水利用率可以达到 70% 以上。其包括小畦灌溉、长畦短灌、细流灌溉、膜上灌溉等田间节水灌溉技术，节水增产效果显著。小畦灌溉的特点是水流流程短，灌水均匀，只要管理好，可显著减少深层渗漏，提高灌水均匀度和田间水利用率，减少灌水定额，达到节水和增产的目的。小畦灌溉适用于井灌区和条件适合的渠灌区，特别应在低压管道输水工程的地区推广普及。长畦短灌又称长畦分段灌溉，是将长畦划分为许多段不打横向畦埂的小段，用软管和输水沟将水送入各段灌溉，采用软管输水时水通常由远及近，采用输水沟输水时灌水是由近及远。长畦短灌可以得到小畦灌溉同样的节水增产效果。细流沟灌的灌水沟规格与一般沟灌相同，只是用小管控制入沟的流量，一般流量不大于 0.3L/s，水深不超过沟深的一半。细流沟灌灌水均匀，节水保肥，不破坏土壤的团粒结构。膜上灌溉又称膜孔灌，它是在地膜栽培的基础上，利用膜上行水（原来是侧向行水），通过放苗孔和专用灌水孔向作物根系直接供水的一项田间节水增产灌溉技术。

（三）农艺及生物节水技术

农艺及生物节水技术包括耕作保墒技术、覆盖保墒技术、优选抗旱品种、土壤保水剂及作物蒸腾调控技术。目前，农艺节水技术已基本普及，但生物节水技术尚待进一步开发。例如，采用保水剂拌种包衣，能使土壤在降水或灌溉后吸收相当于自身重量数百倍至上千倍的水分，在土壤水分缺乏时将所含的水分慢慢释放出，供作物吸收利用，遇降水或灌水时还可再吸水膨胀，重复发挥作用。此外，喷施黄腐酸（抗旱剂 1 号），可以抑制作物叶片气孔的开张度，使作物蒸腾作用减弱。

（四）节水灌溉管理技术

节水灌溉管理技术包括灌溉用水管理自动信息系统、输配水自动测量及监控技术、土壤墒情自动监测技术、节水灌溉制度等。其中，输配水自动测量及监控技术采用高标准的测量设备，及时准确地掌握灌区水情如水库、河流、渠道的水位、流量，以及抽水水泵运行情况等技术参数，通过数据采集、传输和计算机处理，实现科学配水，减少弃水。土壤墒情自动监测技术采用张力计、中子仪、时域反射仪（time domain reflectometry，TDR）等先进的土壤墒情监测仪器监测土壤墒情，以科学制订灌溉计划、实施适时适量的精细灌溉措施。

节水农业的本质是依靠科学技术最大限度地提高农业生产过程中单方水的产出，达到节水致富的目标。农业高效用水包括蓄水、输水、灌水、保水、高效用水等多个环节，必须探索农业高效用水理论体系，以实现水的利用率和水的生产效率的协同改善。目前，节水农业理论研究表现出以下几个趋势：农业灌溉用水由"丰水高产型灌溉"转向"节水优产型"的非充分灌溉，相应的灌溉基本理论的研究也由常态试验转向劣态试验；由单纯的水量在时间上的分配转向根区空间调节的研究，建立适当的"湿润边界""控制边界""湿润方式"，达到既节水又增产的目的；农业高效用水由静态用水转向动态用水的新理论；从单一的水量管理转向水量水质联合管理的新理论；由微观的农田区域水循环与水平衡转向大区域、流域尺度水平衡与水资源可持续利用的理论；由单纯的灌溉学科研究转向充分利用以土壤物理学、植物生理学、农业气象学、农田生态学的交叉渗透，形成综合性和交叉性的新领域，同时充分利用系统工程学、预测学、仿真技术，实现学科从实践性质向定量科学的转化，建立其相关学科的本质联系，开辟高层次、综合、交叉性的研究领域。

第三节　设施蔬菜节水灌溉研究进展

一、蔬菜灌溉的研究指标

（一）土壤指标

（1）土壤含水量：研究方法是将土壤含水量分为若干水平，达到预定值时灌水至田间持水量，比较不同水分处理对蔬菜生长发育和生理功能的影响，找出最适灌水时期的土壤含水量指标。

（2）土壤水分张力：利用土壤水分张力计进行测定，控制滴灌系统进行灌水的最优化试验，当土壤水分降低到预定值时开始灌水。

（3）土壤水势：用热电偶干湿球湿度计测土壤水势，当土壤水势下降至试验设计的水平时灌水。

（4）皿蒸发量：利用气象站监测环境中水分蒸发量的方法求得皿蒸发量，研究时按灌水量/皿蒸发量（IW/CPE）的值分为若干水平，根据试验结果找出适宜的比值作为灌水量指标。

（5）土壤蒸发值：将渗漏计（lysimeter）插入土壤中，当水分蒸发值（mm）达到试验设计的不同水平时灌水。

（二）蔬菜作物生理指标

作物体内水分状况在蔬菜方面研究较多的是细胞汁液浓度、叶片水势、叶片相对含水量、叶片自由水与束缚水含量、叶片蒸腾强度、叶片扩散阻力、叶片气孔开张度及植株伤流等。最近有人提出用叶片传导力和茎水势作为水分状况的指标，但尚缺乏充足的依据。另外，还可用冠层温度、叶片卷曲指数作为反映作物水分状况的指标，但冠层温度对风速和辐射较为敏感。

二、设施蔬菜节水灌溉指标研究

节水型灌溉制度是以产量、水分利用效率和经济效益三者高水平的有效统一为目标，根据作物需水过程确定节水灌溉制度是高效用水灌溉一项重要的非工程技术措施。具体来说，灌溉制度主要包括灌水时期（灌水始点）、灌水终点、灌溉次数和灌水定额等。

1. 灌水始点的研究　　灌水始点是指当土壤供给植物的可利用水分降低到某一临界值时，就会对作物的生长发育及产量造成明显的影响，使作物受到干旱胁迫，而此时进行灌溉补水就可以消除干旱胁迫，使作物正常健康生长，此临界土壤水分或作物的某一生理指标称为作物在这一时期的灌水始点。它因作物和作物生育时期不同而有一定的差别。用于表示灌水始点的指标主要有土壤含水量、土壤水分张力值（PF 值）和土壤水势等。同时还可用植物体内水分含量指标如叶水势、细胞汁液浓度等来表示。

我国从 20 世纪 60 年代开始利用土壤水分张力研究灌水始点，到 80 年代逐渐应用于蔬菜生产上，但由于土壤水分张力是土壤、植物和大气三因子的函数，适宜的土壤水分张力随着土壤、作物及环境条件的不同而有一定差异。90 年代初期，基本研究确定出主要蔬菜作物的灌水始点，但由于环境条件不同，灌水始点略有差异。关于黄瓜育苗时的适宜土壤湿度，在排水良好的砂质土中，改变水分张力来育苗，其结果是在 PF 为 1.4 时根生长最好，从 PF 为 2.0 起随着水分减少，生育变劣；红黏土以 PF 为 1.0～2.5 较好，最适水分的幅度宽，适宜的湿度状态要根据土壤的孔隙度来调节，并认为黄瓜的灌水始点以 PF 为 1.7～2.0 较好。有资料表明，大棚春黄瓜在土壤水势达 330mmHg[①]或 450mmHg 时灌水，黄瓜产量较高，其中以 330mmHg 时产量最高，这时土壤实际含水量为 22.0%，相当于田间持水量的 80.3%。当然灌溉方式不同，灌水始点的研究也有所不同。在滴灌试验中认为，黄瓜幼苗灌水始点为 75% 时，生长较快。温室番茄滴灌灌水制度试验研究表明，苗期、开花坐果期、结果期的下限分别为 50%、60%、70% 时增产效果较好。

关于灌水始点的研究，还有人认为采用既简单又不需任何仪器设备的目测指标更为有利。例如，豌豆植株开始缺水时，叶片颜色由绿变蓝，叶水势明显下降，因此可用叶色的变化作为开始缺水的指标来安排灌溉；用茄子茎粗的变化表示水分供应状况，对于人工控制条件下的温室栽培是一个有用的灌溉指标。我国农民把对作物水分管理的经验总结为"看天，看地，看庄稼"。所谓"看庄稼"就是用感官进行水分管理，往往不易掌握蔬菜的生理需水期，所以最好与上述其他指标配合使用。

2. 灌水终点的研究　　关于蔬菜灌水点的研究，国内主要集中在灌水始点的研究上，对灌水终点的研究起步较晚，国内外报道也较少。在传统的蔬菜栽培和试验研究中，土壤水分上限是指适宜于作物生长的最高水分限量，一般取田间饱和持水量为灌水终点。随着节水灌溉理论的研究和发展，关于作物灌水上限是否都必须灌至田间饱和持水量已引起了人们的注意，并进行了一定的试验研究。上限 100% 饱和点并不是最理想的丰产、节水灌溉指标，而应低于此指标。农作物适宜灌溉土壤最大含水量为田间饱和持水量的 85% 或 90% 时，既可使计划湿润层内的土壤水分达到比较适宜作物生长的程度，有利于作物高产，又避免了水分浪费。李建明等（2010）的研究表明，在早春温室番茄栽培中，苗期土壤水分上限为 90%、开花坐果期灌溉上限为 85% 时有利于提高植株的光合速率和根系活力，能达到节水增产、提高水分利用效率的目的。在早春温室辣椒栽培中，土壤水分上限值为苗期 90% 田间饱和持水量、开花坐果期 90% 田间饱和持水量、结果期 90% 或 95%

---

① 1mmHg＝0.133kPa

田间饱和持水量时，有利于节水、增产。贺忠群等（2003）经过研究认为，秋延后温室黄瓜栽培在灌溉下限为 75% 的条件下，最适灌溉上限为 90%。冯嘉玥等（2005）的研究表明，育苗时先保持土壤水分上限为 90%，可以培育壮苗，定植后土壤水分上限控制在 90% 左右，可以保证优质、高产。李清明等（2005）的研究结果表明，在温室黄瓜生产管理过程中，土壤水分苗期保持在田间饱和持水量的 60%～90%，初花期保持在田间饱和持水量的 60%～90%，结果期保持在田间饱和持水量的 75%～90%，可以达到高产、优质、高效、节水的目的。这些都证明灌溉上限为田间饱和持水量并不合理。国外就蔬菜节水灌溉制度的研究较国内领先，涉及范围较广泛，但就灌溉土壤水分上限的研究还进行得较少，对于个别作物有研究，但还不成熟，还未应用于实际生产中。

3. 蔬菜作物需水量的研究　过去研究作物需水量计算方法时以充分供水、高产水平条件下的较多，主要研究的是气象因素对需水量的影响。例如，20 世纪 50 年代采用考斯加佐夫的理论，认为作物的产量越高，其需水量越大，但后来证明这个理论在作物低产阶段是适用的，但达到高产以后，就不是产量越高，需水量越大了。近 20 年来，需水量计算主要采用以热量平衡和乱流扩散原理为基础的彭曼公式和以水面蒸发量为指标的需水系数法。但由于各地地域条件的不同，需水系数变化较大，需水量也有所不同。研究日光温室冬春黄瓜产量与灌水量的关系时发现，黄瓜产量随灌水量的增加而增加，水分利用效率则随之减少，黄瓜品质有下降的趋势，但由于处理不够，灌水极限尚未得出。日光温室黄瓜节水灌溉研究中，黄瓜全生育期滴灌处理中黄瓜灌水量为 3010m³/hm²。关于农作物需水量的研究已趋于成熟，在蔬菜上特别是节水灌溉条件下各生育期的需水量还需进一步研究。

4. 灌溉计划湿润层深度的研究　灌溉计划湿润层深度是确定灌溉制度的一项重要指标，它应等于作物主要耗水层深度，也就是灌溉计划湿润层深度应取决于根系密集层深度，并与土壤剖面水分的消失深度有关，它随着生育期的改变和根系发育而异。通过测定滴灌条件下的作物根系密集层深度和不同蔬菜计划湿润层深度，认为黄瓜苗期为 20cm、结果期为 40cm，番茄苗期为 20cm、结果期为 40cm，辣椒、豆角苗期为 20cm、结果期为 40cm。还有研究认为一种作物全生育期应采用同一个计划层，但具体灌溉计划湿润层深度在应用中各不相同。王宝英等（1996）的研究资料表明，农田灌溉计划湿润层深度应控制在 60cm 以内，较以往灌溉计划湿润层深度 80～100cm 有显著节水效应，而对产量的影响不大。随着节水灌溉的发展，为了缓解水资源的供需矛盾，往往在用水不紧张时多灌一点到田间，以便在用水紧张时少灌或不灌。也有研究认为在冬季日光温室蔬菜栽培中，为了避免灌水引起土壤温度下降偏多，而且较长时间难以提高的问题，在入冬前，对温室实行一次大灌溉，使温室土壤深层储存较多水分，在冬季温度较低时少灌或不灌。Tan 认为灌水越深，根系分布越深。但是最大湿润层深度超过潜水蒸发的极限深度，作物就难以利用，会造成水源的浪费。

5. 灌溉次数的研究　灌溉次数（或频率）对作物的生长有明显的影响。灌溉次数不同，引起水分在土壤中的层次分布不同，土壤中气体含量不同，根系分布也有差异，从而造成对作物生长发育的影响。由于作物种类不同，生长发育时期不同，根系分布及吸收水分能力不同，所以对灌水频率的反应不同。前人在土壤上的试验结果表明，灌溉间隔为 2 周时，底土深耕可增加马铃薯产量，但是灌溉间隔为 1 周时，底土深耕的增产效果不明显。20 世纪 60 年代，日本学者认为黄瓜以每天灌水 1 次，每次水量为 2.5mm 的试区效果最好。以色列学者以番茄为材料的研究证明，在内格尔高地（Nege highlands）上试验，每天灌水 1 次和 2 次的处理间没有明显的不同，而每 2 天灌 1 次和每 3 天灌 1 次水时，前者的产量较后者低。毛学森等（2000）在日光温室黄瓜滴灌研究中，全生育期灌溉 18 次；许贵民等（1990）在塑料大棚黄瓜滴灌研究中，全生育期灌溉 11 次；贺忠群等（2003）的研究结果认为，秋延后温室黄瓜灌水次数以 10 次效果较好。这说明在不同栽培条件下，同种作物的灌溉次数也有较大的差异。

三、设施蔬菜水分生理研究

（一）水分对植株生长发育的影响

土壤水分是作物生长发育重要的环境条件之一，不同作物及同一作物的不同发育阶段对土壤水分的需求不同。叶片膨压高低、形状、大小可作为判断植株水分状况的依据。苗期的轻度干旱能提高植株的抗旱能力。植株蒸腾蒸发量受温度、湿度、光照和通风情况等环境因素的影响。补充不同蒸腾蒸发量的水分对番茄幼苗生长的影响也不同，补充 100%蒸腾蒸发量的水分时，番茄幼苗的株高和茎粗最大（郭永清等，2010），叶片生长指数、植株干物质量、壮苗指数最大，番茄幼苗的生长状况最好。土壤含水量为 65%～85% 时，番茄幼苗的茎粗、叶面积较大。李清明等（2005）认为初花期黄瓜株高和茎粗分别在灌溉上限为田间持水量的 100% 和 90% 时最大。黄瓜生长受土壤水分状况的影响显著，随土壤含水量的增加，黄瓜株高和叶面积增加，土壤含水量为田间持水量的 90%，幼苗茎较粗，长势健壮（冯嘉玥等，2005）。土壤含水量为田间持水量的 86%～90% 时，茄子生长旺盛，茎秆粗壮，植株高大，各处理茎粗的增长量随生长时间的增加而增加，但并非随土壤含水量的增加而增加。另外，叶片在水分胁迫条件下会引起植物的形态尤其是叶片和根系在生长过程中对水分的敏感度很高，从现有的研究结果可以看出，叶片和根系的形态变化及空间分布与土壤的水分供给息息相关。植物叶片对水分的适应性变化在形态上主要表现为叶片总面积的减少，尤其是新生叶的生长速率减缓、叶片的扩展生长提前停止。有试验结果表明，长期的水分胁迫会导致基部叶片叶缘的干枯、脱落，叶面积减少可以减少叶片的萎蔫，通过改变叶片的方位来减少太阳的直接辐射，以此来减少蒸腾失水。这些形态变化都是暂时的，一旦干旱胁迫解除，叶片又能恢复到常态，但是如果干旱胁迫程度严重或者持续时间较长，也会对叶片产生不可逆的破坏。根系从土壤中吸收水分满足自身对水分的需求，同时将水分通过木质部运输到叶片满足叶片的生长需要，叶片通过光合作用和蒸腾作用进行物质转换。在干旱条件下，植物同样通过调节根系形态或者分布来提高对土壤的吸水能力。有研究表明，当植物受到水分胁迫时，根系感知并发出信号，通过木质部传输到叶片，如气孔关闭、叶片水势下降等（朱维琴等，2002）。

研究表明，土壤水分亏缺对植物生长的影响较为明显，即使是轻度干旱胁迫，如果持续时间较长，也会对植物的生长产生明显的影响。这种影响在形态上表现为抑制植株株高、新分枝数、叶片数量及单叶叶面积等（Guo et al., 2007；Masinde and Agong, 2006）。有研究表明，在一定范围内，植物叶面积的大小与水分供给呈正相关关系。李清明等（2005）的土壤灌溉上限试验的结果表明，初花期的黄瓜叶面积随灌溉上限的增加而增加，在田间持水量 90% 灌溉上限时达到最大值。郭永清等（2010）进行了补充灌溉处理试验

（图 4-3），研究番茄幼苗生长变化与不同水分处理的关系，指出以 80% 和 120% 的蒸腾蒸发量补充灌水都没有 100% 补充对番茄的效果好，100% 补充时番茄植株的各形态指标达到最大值。其他研究也得出了相似的结果，对番茄的形态指标进行试验发现，随着土壤含水量的减小，植株的株高和叶片大小也随之减小（陈年来等，2009；韦莉莉等，2005）。冯嘉玥等（2005）的研究表明，当土壤含水量为田间持水量的 90% 时，黄瓜的叶面积随着土壤含水量的增加而增加，随着干旱处理程度的增加，黄瓜幼苗的株高低于正常灌水处理，黄瓜总叶面积和叶片数随着处理时间的延长先降后升。郝树荣等（2005）指出在中度干旱条件下，水稻的生长缓慢，单株叶片数和最大叶面积相对减少。陈亚飞等（2009）对干旱胁迫下普陀樟幼苗进行形态观察后发现，其叶片萎蔫、失去绿色发黄、缺水变枯。

图 4-3　亚低温下水分对番茄生长发育与形态的影响（李建明等，2010）

CK、D、C、CD 分别代表常温＋正常水分处理、常温＋土壤干旱处理、亚低温＋正常水分处理、亚低温＋土壤干旱处理

　　根系的生长发育受到土壤水分和温度的重要影响，根系发育的好坏尤其是细根发育的强弱直接影响到矿质营养运输到地上部叶片的进程，最终影响到植株的整个生长发育。自从 Weaver（1919）首次公布根系和生态关系的研究成果以来，学者对植物的根系展开了广泛的研究。不同的水分条件下植物根会呈现出不同方向的生长，既有水平方向又有垂直方向的生长，如根长、表面积、活跃面积、具有强烈吸收能力的细根数量的变化等。王秋菊（2009）对水稻进行干旱胁迫研究的结果表明，适当的轻度水分胁迫对根系的生长是有利的，能够增加根系的长度，加大与土壤接触的深度，便于根系在垂直方向上吸收更多的水分。

　　马旭凤等（2010）对玉米进行干旱胁迫研究的结果表明，随着水分亏缺变得严重，玉米根系总长度减少、根系平均直径减小。徐洪伟和周晓馥（2009）的研究结果指出，在水分胁迫条件下不同发育时期的玉米根系根长、表面积、体积等都会出现明显的下降。苗期水分胁迫可以使植物单株根条数随着亏水程度的加重而不断减少，但是促进了平均根长的上升趋势，有利于促进后期果实籽粒的形成。当土壤中缺水时，植株会通过增加根系的长度尤其是细根的数量来应对水分亏缺。杨恩琼等（2009）以高油玉米 '115' 为试材进行的研究指出，干旱胁迫抑制了根系的生长，其中对根长的影响大过对生物量的影响。不同方式的干旱胁迫对植物的影响是不一样的，李博等（2008）发现，渐进干旱时，田间持水量为 35%±5% 时根系生长最差，田间持水量为 55%±5% 时根系生长最好；若采用直接干旱方式，田间持水量在 75%±5% 时的根系生长优于田间持水量为 55%±5% 时，田间持水量为 35%±5% 时的根系生长仍为最差。还发现干旱时细根（直径 0.05～0.25mm）保持着明显的生长优势，中等根（直径 0.25～0.45mm）和粗根（直径＞0.45mm）的绝对优势丧失，根系直径越小，在干旱条件下受到的胁迫程度越大。同样，根系直径较大时，自身的生长发育已经建成，能够在一定程度上缓解干旱胁迫对其的不利影响，原因是干旱使细根的相应比例下降，而其他的相应比例上升。

（二）水分对植物解剖结构的影响

叶片作为同化产物的重要器官，在长期干旱适应过程中也进化出了一些旱生结构特征，目前国内外关于植物叶片解剖结构的变化主要表现在叶片变厚、栅栏组织发达、表皮细胞外壁厚度增加、表皮角质层发达、具有表皮毛等一系列减少蒸腾作用和增加储水能力、机械强度的外部特征。佟健美（2009）的研究指出，叶片厚度、栅栏组织厚度等可以作为抗旱评价的高灵敏度指标；栅海比、叶上下表皮角质层厚度等可作为较高的灵敏度指标。植物叶片对干旱胁迫的积极响应，在细胞学上表现为干旱条件下的植物叶片的栅栏组织厚度增加、有些植物的栅栏组织由几层细胞组成、海绵组织厚度相对减少，这些解剖结构的变化是植物对环境的一种适应，可以有助于 CO_2 等气体顺利地通过叶片表面的气孔进入栅栏组织等光合作用场所，提高 CO_2 的传导率，实现植物应对干旱的自我调节（Chartzoulakis et al.，2002）。彭伟秀等（2003）通过对甘草解剖结构的观察得出，在干旱胁迫条件下叶肉细胞内含有黏液物质的异细胞使得叶片渗透势减少。不同阶段的植物应对干旱胁迫的调节机制是不一样的，幼叶由于其组织形态未建成，可随着土壤水分亏缺而改变其建成方向，提高抗性，而成龄叶因其形态已建造完成，很难再通过改变其组织结构来适应抗旱性，所以其抗旱机制是被动适应的，依靠消耗自身的营养物质来应对胁迫。

叶片的叶肉结构也有迥异，有些植物叶片的海绵组织间隙大，这样其叶片的主要贮水结构就是下表皮细胞和维管束鞘细胞，另外叶片叶肉细胞越小，表面积越大，其水分利用效率就相对越高。干旱胁迫减少了梨树的叶片厚度、栅栏组织和海绵组织厚度及上下表皮厚度，使得叶片的气孔密度变大。于海秋等（2008）经研究发现，玉米幼叶维管束"花环型"结构在干旱条件下损伤明显，维管束鞘细胞排列混乱。

根系在干旱条件下的变化也是很敏感的。其耐旱性的表现与其本身的结构是密不可分的。对抗旱玉米品种进行解剖学观察后发现，水分胁迫时抗旱的玉米侧根发生能力减弱。王丹等（2005）对地被石竹根系进行解剖观察后发现，中柱内导管数目较之其他植物增多，说明水分通过中柱运输时的速度加快。通过观察苎麻的中柱鞘发现，干旱胁迫条件下加速了中柱鞘细胞的破裂解体，并且这种破坏程度随胁迫加剧而更加严重，这说明干旱胁迫不仅影响了植物的形态特征，还对细胞内部的结构造成了一定的伤害，抑制了根系细胞的分生能力。马旭凤等（2010）的研究表明，水分胁迫时根变细的主要原因是中柱面积减小、导管直径缩小。这可能是因为在正常环境条件下，植物根系从土壤中能够得到足够的水分以满足自身的生长需要，此时的导管直径较大，便于水分运输，但是当土壤出现水分亏缺时，根系的导管就会萎缩，直径变小，这样可以保持高速的水分流通，有利于根系从土壤中吸收更少量的水分（王周锋等，2005）。这些说明了干旱胁迫影响了根系导管的直径大小，从而适应逆境环境。

（三）水分对光合相关特性的影响

叶绿素是参与光合作用光能吸收、传递和转化的重要色素，然而叶片中叶绿素的含量与净光合速率并不成正比，不是叶色越深绿光合速率越高，如阴生叶片的叶色深绿，但其光饱和的光合速率比叶色浅的阳生叶片低。目前，关于水分对叶绿素含量的影响主要有两种观点：一种观点认为，适宜水分条件下，叶绿素含量较高，水分胁迫下叶绿素含量降低；另一种观点认为，水分胁迫使叶绿素含量增加，以不同浓度的聚乙二醇 6000（PEG6000）进行水分胁迫，叶绿素含量增加。毛炜光等（2007）认为较低的基质含水量使甜瓜苗期叶片叶绿素含量较高。水分胁迫后黄瓜幼苗叶片除叶绿素 a/叶绿素 b 外，叶绿素 a、叶绿素 b、叶绿素 a+叶绿素 b 和类胡萝卜素含量均极显著增加（肖文静等，2010）。

光合作用可以将无机物变成有机物，将光能转变为化学能，保护环境和维持生态平衡，植物的干物质有 90%～95% 直接来自光合作用。水是光合作用的原料之一，但进行光合作用所需的水只占植物所吸收水分的 1% 以下，植物吸收的水分大部分被蒸腾作用散失了，通过蒸腾作用散失水分来降低叶温，产生被动吸水的原动力，促进矿质元素的吸收，缺乏水分对光合速率的影响并不是原料不足，而是对光合作用的间接影响造成的，是通过气孔因素或非气孔因素的限制引起的。轻度和中度水分亏缺时，即水分亏缺前期主要是气孔关闭对光合速率造成影响（Stewart et al.，1995），这种影响是可逆的，是由气孔限制因素引起的；严重水分亏缺时，光合机构受损即受到非气孔限制因素的影响，而致使光合能力不可恢复。当前，对于判断叶片光合速率降低的原因是气孔限制因素还是非气孔限制因素的可靠依据为气孔限制理论（Farquhar and Sharkey，1982）：当光合作用降低时，气孔导度降低，气孔限制值升高，则表明是气孔限制因素引起的；气孔导度升高，气孔限制值降低，可以判定是非气孔限制因素引起的（许大全，2002）。

水分还影响了植物叶片光合日变化和光响应曲线的形状。土壤含水量为 90%、80%、70% 时处理黄瓜，其叶片光合日变化为双峰曲线，60%、50% 处理为单峰曲线。王克勤和王斌瑞（2002）对'金矮生'苹果的报道认为，水分胁迫时，光合日变化表现出明显的"午休"现象；水分供应充足时，光合速率在 10∶00 达到最大值后直线下降，一天中不再回升。充足供水条件下叶片光响应曲线为直角双曲线，水分胁迫严重时光响应曲线为二次抛物线。70%～80% 土壤含水量处理的番茄叶片光合日变化为单峰曲线，土壤水分胁迫和高水分处理的为双峰曲线，且随土壤水分胁迫的增加，光合速率降低。土壤相对含水量 50% 处理的光合速率和蒸腾速率均最低，土壤相对含水量 65% 和 80% 处理的光合速率和蒸腾速率升高，冬季和春季番茄水分利用效率分别为 50% 和 60% 处理的光合速率和蒸腾速率最高（高方胜等，2007）。

水分胁迫后的番茄叶片，光合速率降低，叶绿素荧光参数如 PS II 光化学量子效率、光化学猝灭系数及光合电子传递速率均降低，非光化学猝灭系数和水分利用效率升高。有研究发现，植物长期受水分胁迫使得净光合速率、气孔导度和胞间 CO_2 浓度显著降低，而水分胁迫复水后新生叶较正常植株同龄叶片具有更高的净光合速率和气孔导度。安玉艳等（2010）在杠柳幼苗上的研究也表明，干旱使叶片光合速率降低，叶绿素含量升高，而复水后光合速率较对照升高，表现出补偿效应。

最大光合速率反映了强光照下叶片潜在的光合利用能力；表观量子效率反映了植物光合作用在弱光下吸收、转换和利用光能的能力，该值高，说明植物叶片光能转化效率高。暗呼吸速率反映了植物在无光照条件下的呼吸速率，光补偿点和光饱和点是反映植物需光特性的两个主要指标，光补偿点为植物表观光合速率为零时的光照强度，反映叶片对弱光的利用程度；光饱和点是反映植物利用强光能力大小的指标，光补偿点较低、光饱和点较高的植物对光环境的适应性较强，反之适应性较弱。

水分亏缺和水分过多都会导致植物光合量子效率的降低。土壤水分胁迫的加剧使黄瓜叶片的光合速率、蒸腾速率和光量子效率明显降低，而光补偿点升高。肖文静等（2010）经研究发现，弱光和适度水分胁迫有利于提高黄瓜的光合特性，而在正常光照和适度水分胁迫下，最大光合速率、表观量子效率和光补偿点降低，光饱和点升高。韩刚和赵忠（2010）研究了4种沙生灌木幼苗在适宜水分、中度和重度干旱下的光合-光响应特性，结果表明干旱造成净光合速率、最大光合速率、表观量子效率、暗呼吸速率、光补偿点和光饱和点均降低。董梅等（2010）的研究认为，轻度水分胁迫下（土壤含水量14.35%~21.50%），银水牛果叶片的净光合速率和水分利用效率较高，随着土壤含水量的增加，光饱和点先升高后降低，光补偿点先下降后上升，表观量子效率先上升后下降。朱艳艳等（2007）进行了土壤含水量为5.34%~21.76%时白榆的光响应特性研究，认为净光合速率随土壤含水量的增加而增加，土壤含水量为17.68%时净光合速率达到最高，21.76%时降低，表观量子效率、光饱和点和净光合速率的变化一致；土壤含水量为21.76%时蒸腾速率最高，光补偿点最低。土壤含水量为14.86%时，水分利用效率最高，土壤含水量过高或过低，水分利用效率均降低。但韦莉莉等（2005）对杉木苗木进行研究后认为，干旱胁迫处理条件下，苗木在1500μmol/(m²·s)光强以下时净光合速率和光响应参数没有显著降低。

在水分亏缺等环境逆境条件下，有些植物的叶片气孔出现不均匀关闭现象，目前对于气孔不均匀关闭现象的形成机理还不清楚，但只有在确定是否发生了气孔的不均匀关闭现象的前提下，才能判断光合速率降低的主要原因是不是非气孔因素。

灌溉水分利用效率是指植物消耗单位水分生产的同化物质的量，反映了产量或干物质生产与植物耗水之间的关系，轻度水分亏缺可以使水分利用效率提高。在对苹果的研究中，土壤相对含水量为52.0%，水分利用效率最高；土壤相对含水量从77.2%降至52.0%时，水分利用效率升高；土壤相对含水量从52.0%降至20.1%，水分利用效率降低；淹水3d后随渍水期延长，羧化效率下降，水分利用效率逐渐降低。马福生等（2006）采用调亏灌溉对梨枣树水分利用效率的研究结果表明，开花坐果期的轻度亏缺和果实成熟期的重度亏缺提高了叶片的水分利用效率，果实成熟期的中度水分亏缺降低了水分利用效率，认为这与叶片正反两面均存在蜡质层有关。皇冠梨树盘1/2区交替灌溉，用水量减少，而水分利用效率比常规灌溉高，且表现出显著差异（赵志军等，2007）。宋文等（2010）采用渗灌技术控制灌水，认为黄瓜生育后期灌水量减少，水分利用效率提高，但导致黄瓜产量下降，商品率降低。夏江宝等（2007）对美国凌霄水分利用效率的研究也表明，适度的水分胁迫，叶水分利用效率升高，维持叶片水分利用效率较高的适宜土壤相对含水量为39.2%~84.6%，随水分胁迫的加重，水分利用效率降低。

（四）水分对植物渗透调节物质和抗氧化特性的影响

在长期的不利环境的作用下，植物常常通过加强抗氧化系统的清除能力、增加渗透调节物质等方式来减轻不利环境对其的伤害程度。植物受到不利条件的胁迫时，体内会激发活性氧过多积累，此时为了体内活性氧系统的平衡，植物就会通过提高 SOD、POD、CAT 抗氧化酶活性来清除毒害。SOD 主要清除超氧化物自由基，CAT 可以清除植物体内产生的 H_2O_2，POD 是清除 H_2O_2 与其他物质的酶。SOD 是植物体内清除活性氧离子首当其冲的保护酶，一般研究表明，水分胁迫促进了 SOD 活性的增加，使得 SOD 活性与植物清除活性氧的能力呈正相关。轻度水分胁迫时植物叶片 SOD 活性升高，严重水分胁迫时降低，抗旱性强的品种叶片 SOD 活性强于较弱的品种。孙涌栋等（2008）经研究指出，黄瓜幼苗在水分胁迫条件下，叶片 SOD 活性随胁迫的加剧呈明显上升趋势。当植物处于水分胁迫时，能够诱导 POD 活性的升高，保护细胞膜。但是 POD 活性的变化与不同的植物、不同程度的水分胁迫有着重要的关系。李建明等（2010）的研究表明，无论是 120% 蒸腾蒸发量还是 80% 蒸腾蒸发量，番茄苗期叶片的 POD 活性均降低。葛体达等（2005）对夏玉米进行水分胁迫的试验结果表明，根系与叶片 SOD、POD、CAT 在干旱胁迫下表现出来的响应策略是不同的，各抗氧化酶活性均呈现 "M" 形变化，叶片的敏感性大于根系。对马铃薯试管苗进行水分胁迫处理的试验结果表明，试管苗叶片 SOD、POD 和 CAT 活性上升，随着水分胁迫时间的延长，SOD、POD 和 CAT 活性均呈现出先升高后下降的变化趋势。

当植物进行水分胁迫时，细胞膜的半透性功能遭到破坏，导致丙二醛（MDA）含量增加。MDA 具有很强的细胞毒性，会破坏生物膜的结构与功能，其含量的多少在一定程度上可以反映细胞的受损情况。齐健等（2006）通过干旱试验研究表明，干旱导致玉米根和叶中 MDA 含量增加，这在甜椒上也同样得到了证实。孙涌栋等（2008）的研究表明，干旱胁迫条件下黄瓜叶片的膜透性增强，促进了 MDA 含量的升高。

渗透调节物质作为调节平衡的重要物质，在植物遭遇逆境胁迫时，植物通过调节其含量的多少来维持光合作用等过程的正常进行。水分胁迫时，植物通过积累一定量的渗透调节物质，来维持植物体内的水分平衡。王传印等（2008）以草莓进行水分胁迫的研究表明，胁迫加剧，可溶性蛋白质含量减少，说明蛋白质的合成或分解与水分息息相关，植物体内水分含量的多少直接影响了蛋白质的正常生理功能。王蕊等（2010）采用帝王蕉和粉蕉两种抗旱性不同的幼苗进行试验，结果表明两种幼苗叶片可溶性蛋白质含量均呈现增加趋势，根系可溶性蛋白质含量与叶片有一定的差异变化，其中严重水分胁迫时可溶性蛋白质含量虽然有所增加，但是增加幅度低于中度胁迫。

（五）水分对养分吸收与分配的影响

番茄 N 吸收随供水下限的降低而减少，90%～75% 供水下限处理范围内变化较小；P 对根系介质水分变化敏感，其含量均随供水下限的降低而下降，这与干物质积累的变化趋势基本一致；一定供水范围内，N、P 在植株内的空间分布基本保持相对平衡；番茄叶片、茎的 K 含量随供水的减少迅速积累，这与大田作物水分处理有些异议。另外，一定程度的水分亏缺条件下，番茄幼苗表现出积极的渗透调节，积累 K^+ 以增强逆境下的吸水能力，维持正常的膨压与代谢。基质供水状况影响番茄穴盘苗 N、P、K 营养的吸收与分布，根、茎、叶中 N、P、K 含量改变，而且运输与分配受到影响。甘蓝 N、P、K 养分含量，在同一水势范围内，施 N 量增加，叶、根养分含量增加，P、K 含量减少；甘蓝 N、P、K 吸收量，在不同水势条件下以不施肥和过量施肥 N、P、K 吸收量较少，适量施肥吸收量最多（杨金楼等，2001）。

四、植物水分传输研究进展

（一）植物水分传输及其调控

植物水分传输是指水分由根毛被根系吸收并进入根系内部，经皮层进入木质部导管，向上传输至叶片后自气孔进入大气的传输过程。植物水分传输速率由驱动力和植物对水分传输过程的调控效应决定。

1. 植物水分传输的驱动力　受根压、导管或管胞的毛管力、蒸腾拉力和重力的综合作用，植物水分由根系传输至叶片。其中，蒸腾拉力驱动根系的被动吸水，是植物水分传输的主要驱动力，其机制可以用内聚力-张力学说解释：叶片气孔蒸腾作用导致叶水势降低，形成吸力促使水分运动，并通过导管及其他器官的非原生质体将张力传递至根系，进而使根尖从土壤中吸收水分。另外，水分子间氢键的存在可以保证亚稳态下水流的连续性，水分子与导管壁间存在内聚力和附着力，避免了水柱与管壁分离而出现空隙。在蒸腾较弱的条件下，植物主要受根压作用进行主动吸水，表现为吐水和伤流现象。另外，植物水分传输还受水和离子间相互作用的影响。

2. 植物对水分传输过程的调控　水分在植物体内的持续传输利用是维持正常生理活动的必要条件，植物主要通过调节根系吸水、木质部水分传导及气孔控制响应环境的快速变化，维持水分平衡。植物体调控水分传输的具体途径可分为气孔调节、气穴和栓塞调节、水孔蛋白调节、渗透调节与水容调节 5 个方面（杨启良等，2011）。气孔调节主要控制水分传输过程中的汽态失水，其他 4 个方面均是植物体对液态水分供应的调节。其中，气穴和栓塞调节、水孔蛋白调节直接作用于水分传导，渗透调节和水容调节对水分传导起间接调控作用。

1）气孔调节　气孔在调节植物水分散失的过程中起主导作用。植物响应土壤及大气环境因子的变化，调节气孔控制叶片水分消耗和 CO_2 同化的平衡，其调节可分为根源化学信号（脱落酸）和根源水力信号。一方面，随水分胁迫的加重，根系合成的 ABA 增多，高浓度的 ABA 随导管液流传输至叶片，导致气孔开度减小，蒸腾减弱，维持叶片水分平衡。另一方面，若气孔对根源水力信号不敏感，将缺乏对水分胁迫的及时响应，会导致植物导水率的不断下降，不利于植物生存。植物体水分状态由气孔和植物的水分传导共同调控。植物气孔响应木质部液流中 ABA 浓度的差异可分为等水行为和非等水行为。随土壤水分的逐渐减少，等水行为植物受 ABA 影响，气孔开度减小，表现为日最小叶水势基本保持不变，而非等水行为植物对根源化学信号和水力信号不敏感，表现为日最小叶水势随土壤水分的减少而降低。Tuzet 采用有关模型模拟了植物等水行为和非等水行为对干旱不断发展的响应，表明等水行为植物单位叶面积导水率较低，气孔开度对叶水势敏感，而非等水植物与此相反。

2）气穴和栓塞调节　随植物体水分亏缺的加重，植物木质部的水柱张力增大，空气易由导管壁进入水流形成气穴，随着气穴程度的加重，形成栓塞，减弱植物体导水的能力。气穴对水流和气孔阻抗的影响主要由气穴的发生部位和水流阻抗在不同组织的分配比例决定。多数研究表明，根水流阻抗约占总阻抗的 50%，而茎和叶水流阻抗所占比例变动较大，一般认为叶水流阻抗所占比例大于茎，因此在根和叶内形成的气穴对水分传导和气孔调节的影响大于茎。气穴产生后，也会通过植物的一系列生理活动被逆转，恢复导水能力。一般认为，当木质部负压恢复到发生气穴前的临界值时，气穴才得以消除，负压在气穴逆转过程中起到至关重要的作用。也有研究表明，气穴逆转和形成之间没有滞后，称为"新奇的逆转"，目前其机理尚不清楚，可能的机制是渗透调节使水分从活细胞中进入有气穴的导管，从而恢复木质部负压（Sperry，2003）。

　　3）水孔蛋白调节　　水孔蛋白的主要功能是促进水分的跨膜运输和水分传导，从而调节细胞的渗透势（Katie，2001）。由于水分在水势梯度的驱动下进行被动运输，因此与很多离子通道相比具有耗能少、效率高的优点，保证了细胞水分传导的快速调节以应对环境改变。水孔蛋白广泛存在于植物水分传输途径，研究表明，根中有 70%～90% 的水由细胞膜上的水孔蛋白传输。水孔蛋白主要有两种调节机制：一方面是水孔蛋白的活性调节，如磷酸化等途径；另一方面是细胞调整水孔蛋白的合成速率以改变膜上水孔蛋白的含量，从而影响跨膜水分流动。

　　4）渗透调节　　植物细胞通过渗透调节保证正常的水分传输，维持水分平衡，减小干旱等逆境伤害。植物渗透调节物质包括无机和有机两类（杨启良等，2011）。无机渗透调节物质主要指 Ca^{2+}、Na^+、K^+ 等，但这些离子浓度过高时对细胞具有毒性作用，抑制其他代谢活动。有机渗透调节物质包括蛋白类保护剂和小分子有机化合物，如甜菜碱、脯氨酸、有机酸、可溶性碳水化合物等。无机和有机渗透调节物质在细胞内的积累均有助于提高植物的吸水能力，但有机渗透调节物质对细胞无毒害作用，对代谢也无抑制作用。另外，细胞内甜菜碱的积累有助于维持细胞内大分子蛋白质与生物膜的稳定性，保证代谢活动的正常进行。脯氨酸具有保护蛋白质分子及提高其水合度、维持光合活性和清除活性氧等功能。在盐生植物体内，有机酸可以平衡植物体内的过量阳离子，减少阳离子毒害作用。

　　5）水容调节　　植物组织的水容（C，kg/MPa）表示植物组织含水量（W）在单位水势梯度下的变化率：

$$C=\mathrm{d}W/\mathrm{d}\varPhi=W_{\max}\mathrm{d}Q/\mathrm{d}\varPhi \tag{4-1}$$

式中，$\mathrm{d}\varPhi$ 为组织水势差；$\mathrm{d}W$ 为植物组织含水量的变化量；Q 为相对含水量；$W_{\max}$ 为最大含水量。

　　通常，水容随周围环境条件的变化而动态改变，实时地调控植物体内水分的储存和释放。如当土壤或大气水分状态快速变化时，通过各组织水容调节缓冲水势的变化，维持木质部水分传导能力。水容大小体现了系统自身调节水分的能力，具有明显的时空异质性。植物水容的日变化一般为先降低后升高，季节变化为夏季大于秋季，与水势呈二次函数关系；水容在空间上一般表现为上部低于下部，东南部大于西北部（奚如春等，2007）。

　　（二）环境因子对植物水分传输的影响

1. 环境因子对蒸腾作用的影响　　长期以来，环境因子对植物蒸腾作用的影响规律是植物生理学、生态学、作物栽培学、农田水利学的重要研究内容。尽管 Penman-Monteith 公式较细致地描述了冠层生理生态过程，一般可以较好地模拟蒸腾作用，但仅限于一定的假设条件下和固定的时空尺度范围，其关键参数冠层阻力依然受环境的影响很大，冠层阻力的确定具有很大的经验性。植物蒸腾作用是高度复杂的生物物理过程，具有很强的时空异质性，目前很难直接通过数学公式来准确反映。现阶段通过实测资料利用理论分析和统计分析研究环境因子对植物蒸腾作用的影响规律依然有重要的现实意义，尤其是研究温室环境因子对不同时空尺度蒸腾作用的驱动和调控效应可以为温室环境管理提供理论依据。前人针对环境因子对蒸腾作用的驱动和调控效应做了大量研究，涉及细胞、叶片、单株、农田、区域及全球的空间尺度和从瞬时到年际的时间尺度，研究表明各因子之间存在着错综复杂的相关性，具体表现为因子之间的互补性、适度性、复合性、协同性（Clausnitzer et al.，2011），不同时空尺度的研究有助于理解植物水分利用机制和提高水分生产率。

　　瞬时尺度的叶片蒸腾速率和单株蒸腾速率（茎流速率）的影响因素一般基于其日变化过程进行分析。在叶片尺度，研究晴天和阴天温室环境因子对黄瓜叶片蒸腾速率的影响，结果表明不同天气情况下环境因子对蒸腾速率影响的大小顺序不同，晴天时依次为光照、温度、相对湿度，阴天时依次为光照、相对湿度、温度，而且晴天时环境因子影响蒸腾速率的显著性高于阴天。土壤水分条件主要通过气孔调节影响叶片蒸腾速率，随土壤含水量的降低对叶片蒸腾速率的影响逐渐增大。在单株尺度，汪小旵等（2002）研究了环境因子对夏季温室黄瓜单株蒸腾速率的影响规律，结果表明蒸腾速率随辐射强度和空气饱和水汽压差（VPD）的增加呈线性增大，蒸腾速率日最大值出现时间与 VPD 较为一致，而较净辐射滞后。刘浩等（2010）关于温室番茄的研究也表明，水分充足条件下辐射强度和 VPD 是植株蒸腾速率的主要影响因子，蒸腾速率随辐射强度的增加呈线性增大，而与 VPD 表现为对数关系；土壤水分状况对番茄植株的蒸腾速率有显著影响，随水分亏缺加重，蒸腾速率骤减。赵英等（2005）通过对农林复合系统中南酸枣蒸腾特征的研究发现，南酸枣蒸腾主要受深层土壤水分的影响，与 100cm 土壤深处的水势呈极显著正相关，气象因子中光辐射强度、气温、地温是影响蒸腾作用的主要因子，而 VPD 和风速次之。

　　关于日尺度的单株日蒸腾量，姚勇哲等（2012）采用 Pearson 相关分析和通径分析方法较为全面地研究了温室番茄日蒸腾量与土壤、植物、气象因子的相关关系，结果表明番茄日蒸腾量与土壤相对含水量、单株总叶面积、相对湿度、空气温度和太阳辐射等因子呈显著的线性关系，土壤水分状况是番茄蒸腾量的主要决策因子，日最低相对湿度是主要限制因子。张大龙等（2014）对温室甜瓜的研究表明，甜瓜单株日蒸腾量与叶面积指数、日平均相对湿度、日光辐射累积、日平均空气温度、土壤含水量显著相关，其中叶面积指数对蒸腾量的综合作用最大，是决策变量，土壤含水量是限制变量，主要通过影响其他因子间接作用于蒸腾作用。

　　随着时间尺度的提升，气象因子对蒸腾的影响逐渐减弱，作物自身生长状况和土壤水分状况对蒸腾作用的影响逐渐增强。魏新光等（2014）以山地枣林为研究对象，系统研究了旬、月、日、时不同时间尺度效应对蒸腾规律的影响，表明逐月和全年蒸腾的主要影响因子均存在明显的时间变异性和时间尺度效应。逐月蒸腾在生育期内时、日和旬尺度上的主要影响因子分别是光合有效辐射、风速、相对湿度、叶面积和叶面积指数。全年蒸腾在短时间尺度（时和日尺度）上和除风速外的其他气象因子均呈极显著相关，在较长时间尺度（月和旬尺度）上还与土壤水分及作物生长参数（叶面积、叶面积指数）呈极显著相关。

2. 环境因子对气孔行为的影响　　气孔是植物进行气体交换的主要门户，其开闭可直接调控蒸腾速率和水分传导，同时还会影响到光合、呼吸等生理过程，因此研究环境因子对气孔行为的影响对于了解植物水分利用机制具有重要意义。气孔开闭受多种因素影响，其运动的具体机制目前尚不完全清楚，主要的假说有淀粉-糖转化学说、无机离子泵学说、苹果酸代谢学说和化学渗透学说，总体上看凡是影响光合作用和叶片水分状况的环境因素均会影响气孔运动（于贵瑞和王秋凤，2010）。近几十年来，研究者对短期条件下气孔运动对光照、温度、湿度、CO_2 浓度和土壤水分的响应进行了大量研究（高春娟等，2012），一般认为，水分充足时气孔主要响应光强变化运动，另外光质也会影响气孔开度。当大气湿度低、空气水汽压饱和差大、植物的水分传输不足以供应叶片水分消耗时，植物被动关闭气孔，称为被动脱水关闭；当植物处在缺水状态时，植物通过自身代谢活动关闭气孔，称为主动脱水关闭。和许多代谢活动一样，温度对气孔开闭的影响也可根据温度下限、最适温度、温度上限分为3段；较低的 CO_2 浓度促使气孔张开，而较高的 CO_2 浓度会诱导气孔关闭。以上定性描述仅限于气孔运动对单一环境因子的响应，而自然条件下气孔运动对综合环境的响应十分复杂，如植物发生水分亏缺时气孔对其他环境因子更加敏感。气孔的开闭情况通常采用气孔导度或气孔阻力（气孔导度的倒数）表示，主要由气孔形状、大小、频度及其空间分布格局所决定，是土壤-植物-大气连续体（SPAC）系统水分传输和光合作用模拟的重要参数。气孔导度对综合环境的响应可以采用 Jarvis 模型描述，即首先建立气孔导度对单一环境因子响应函数，然后将各响应函数通过乘积组合得到基于多变量环境因子响应的气孔导度模型。

环境因子对气孔行为的长期影响表现为气孔特征的改变，并导致气孔功能形状的变化，是植物生态适应性的结果，过去许多研究者针对非适宜条件下气孔特性的改变开展研究。多数情况下，高光照强度条件较遮阴处理下生长的植物气孔密度和气孔数量均较高。气孔导度增强，促进了蒸腾作用和光合作用，但也有随着光强减弱，气孔密度增加的报道。另外，不同光质也会导致气孔特征的改变。杨再强等（2012b）以温室切花菊为研究材料，研究了不同红光与远红光比值（R∶FR）对叶片气孔特征的影响，表明 R∶FR＝2.5 下气孔密度最高，气孔直径最小。

在干旱胁迫环境中生长的植物气孔特性的具体变化随物种和干旱程度而表现不同的特点，多数表现为气孔密度增大，气孔开度减小。另外，干旱胁迫下气孔在叶片的分布格局也会发生改变。在水肥条件好的情况下叶片尖端的气孔密度大，而在干旱条件下叶片基部和中部的气孔密度大，这一现象可能与植物对环境的适应性有关。目前有关增温对叶片气孔特征的影响尚无定论，增温导致植物叶片气孔密度和气孔指数增加、减少及无影响均有报道。部分研究表明，增温会改变单个气孔的形态。张立荣等（2010）对青藏高原4种亚高山草甸物种的研究表明，增温会导致叶片气孔长度减小。此外，增温还可能会影响细胞分裂和分化，从而使气孔在叶片上的空间分布格局发生变化。CO_2 浓度也会影响植物叶片气孔分布及生理特性，多数研究表明，高浓度 CO_2 条件下气孔密度明显降低，分布趋向均匀（杨惠敏和王根轩，2001），但也有研究表明气孔发生对 CO_2 不敏感（Luomala et al.，2005）。

3. 环境因子对植物水分传导的影响　　植物的水分传导表示植物对体内液态水流的传导能力，又称导水率或水力导度，是水流阻力的倒数。随着研究技术的进步，尤其是采用高压流速仪（HPFM）可以快捷、方便地测定根系、茎段、叶片的导水率，有助于深入研究环境因子对植物水分传导的影响规律。目前的研究主要集中在环境因子对叶片导水率和根系导水率的影响。

叶片导水率即单位水势梯度下通过叶片的水流通量，是水流通过叶片时产生的水力阻力的倒数。在植物水分传输过程中，叶片是一个重要的水力瓶颈。有研究表明，受植物生理活动和外部环境因素的影响，其导水阻力处在不断的动态变化中。温度是影响木质部长距离水分传输的重要因素，在短时间尺度上，叶片导水率可以对温度的改变做出快速响应（张志亮等，2008）。Aasamaa 等（2005）的研究表明，在长期较高温度下，山杨树叶片导水率增高（测量时温度保持恒定），可能的原因是较高温度下叶脉密度增大，提高了叶片水分供应能力。目前关于光照对叶片导水率的影响主要针对其短期效应，多数情况下，叶片导水率随光照强度的增强而升高。根据 Scoffoni 等（2008）关于 6 种常绿树种的研究，光照强度由低到高，3 个树种叶片导水率快速提高了 60%～100%，其可能是水通道蛋白活性的快速升高所致。随水分亏缺加剧，短期情况下，叶片内形成气栓或木质部导管萎缩，导致叶片导水率下降。在长期干旱下，对向日葵的研究表明，木质部导管变窄造成叶片导水率降低。养分供应主要通过影响植物叶片生长导致叶片导水率的差异。Clarkson（2000）关于棉花的研究表明，氮和磷的亏缺会限制叶片生长，导致叶片导水率降低，蒸腾减弱，而叶水势基本不受影响。在养分有效性较高时，叶面积的增加也会提高冠层导水率。植物叶片水分传输是一个比较复杂的过程，自然环境条件下植物叶片导水率受各种环境因子的共同影响和调控，虽然有规可循，但多数情况下由于因子间交互作用而表现偏离，需要找出关键因子并综合分析其他因子的影响，从而准确地估算叶片导水率。

根系所处的土壤环境一般较为稳定，一般较短时间尺度内根系导水率受土壤水分和温度的影响，长期条件下土壤质地、水分、温度、养分、盐分等影响根系生长的因素均会改变根系导水率，其中土壤水分是影响根系导水率最重要的因素，也是主要调控途径。土壤含水量过高时，土壤通透性较差，根系呼吸作用减弱，CO_2 浓度增大，导致根系导水率降低，主要表现为根的径向导水阻力增大（杨启良等，2011）。当植物遭受干旱胁迫时，随土壤含水量的降低，作物土-根界面的水势差减小，与此同时土壤水分传导率降低，不利于根系吸水。长期的干旱胁迫会改变根系结构，加重根系外表皮层的栓质化程度，导致根系导水能力下降（杨启良等，2011）。温度过高或过低均会减弱根系水分传导，其机制可能是温度通过影响根系水流通道的结构与性质及经过根系流体的能态所体现的。多数研究表明，改善养分供应会提高根系导水率，当植物生长遭受氮、磷和硫养分亏缺时，会导致根系导水率降低。盐分胁迫通过破坏植物水分、离子平衡等途径影响植物生长，降低植物水分的传导能力（Franklin，2004）。

以往研究多针对单一环境因子的效应，或孤立地分析对气孔导度或导水率的影响，不能反映环境因子对二者影响的差异及其调控蒸腾效应。在自然环境条件下的研究中环境因子具有特定的组合形式，研究结果具有较大的地区局限性。多因子的联合作用也会对结果产生重要影响，需要通过分析其交互作用，了解环境因子间的相互关系。另外，由于影响因子之间并不完全独立，为避免自然条件下环境因子相互影响，需要对因子进行正交化处理。通过对因子的交互作用和主成分分析，能够进一步揭示环境因子对水分传输的影响机理（张大龙等，2014）。

（三）植物蒸腾模型研究进展

蒸腾作用是植物生理生态的关键过程，作物蒸腾量的准确估测有助于节约水资源和降低能耗成本，对于农业水分管理具有重要意义（Lecina et al.，2003）。作物蒸腾量可以通过微气象法、水量平衡法、热扩散法等方法测定，这些测定方法都有特定的时空尺度限制，如表 4-2 所示（张宝忠等，2015）。由于这些测定方法需要特定设备，操作复杂且成本较高，主要应用于科学研究，难以在农业生产中广泛推广。

表 4-2　作物蒸腾量测定方法

尺度范围	测定方法	测定类型	测定结果
叶片（≤102cm^2）	光合作用仪法	直接测定	蒸腾
单株（101～104m^2）	热量法	直接测定	蒸腾
田块（1～102m^2）和 农田（几百 m^2～几 km^2）	蒸渗仪法	直接测定	蒸腾＋蒸发
	涡度协方差法	直接测定	蒸腾＋蒸发
	波文比-能量平衡法	间接测定	蒸腾＋蒸发
	水量平衡法	间接测定	蒸腾＋蒸发
区域（灌区） （101～104km^2）	水量平衡法	间接测定	蒸腾＋蒸发
	大孔径激光闪烁仪法	间接测定	蒸腾＋蒸发
	遥感法	间接测定	蒸腾＋蒸发

由于作物蒸腾量的测定具有较大难度，自 20 世纪 50 年代起，许多研究者开始致力于作物蒸腾量估算模型的研究。随着研究的不断深入，最初简单的经验回归模型逐渐被基于植物与大气间生物物理过程的模型取代，模型的估算精度不断提高。其中，具有代表性的是 Monteith 在 Penman 公式和在 Covery 工作的基础上引入冠层阻力的概念，形成了著名的 Penman-Monteith 公式，使蒸腾作用的研究从以前仅关注物理规律转向关注植物生理调控的关键作用。Penman-Monteith 公式将植被冠层概化为一层均质的"大叶"，植被冠层需要通过冠层阻力和空气动力学阻力与大气进行物质和能量的交换，冠层导度和空气动力学导度即冠层阻力和空气动力学阻力的倒数。冠层导度是叶片气孔导度在冠层尺度的累积表现，受植被类型、冠层结构、气象条件、土壤水分和质地的影响。以最初的 Penman-Monteith 公式为基础，作物蒸腾量的估算方法可以分为直接方法和间接方法两类。直接方法即通过估测冠层导度及其他参数直接计算蒸腾量。间接方法为以修正的 Penman-Monteith 公式估算的充分灌溉条件下草地蒸腾蒸发量作为参考作物蒸腾蒸发量（ET_0），乘以作物系数（K_c）获得作物实际蒸腾蒸发量。

1. 直接方法　采用直接方法估算作物蒸腾蒸发量的关键是准确估测冠层导度和对冠层结构的处理。冠层导度理论上可以通过气孔计、光合仪等测定冠层中每一片叶子的气孔导度后累加得到，但在实际测定时成本高且容易产生误差，目前主要通过统计分析及模型计算方法求得。冠层导度的估测主要通过两种途径实现，一种途径称为"由下到上法"，即以叶片尺度气孔导度的估测为基础，然后通过空间尺度转换方法扩展至冠层。在实测不同叶位气孔导度的基础上，可根据整体平均法、权重法、顶层阳叶分层采样法等统计分析方法得出冠层导度（于贵瑞，2006）。尽管这些方法在一定程度上减少了工作量，但依然存在测定成本高、空间变异性大、易产生测量误差等缺点。一些研究者致力于在叶片尺度气孔导度模型的基础上通过非线性方法提升至冠层导度。由于气孔开闭生理机制非常复杂，目前还没有准确量化气孔导度的机理模型，主要通过一些经验模型或半经验半机理模型实现。由叶片尺度气孔导度模型提升至冠层导度模型需要充分考虑冠层的空间异质性，尚未形成统一的理论与方法。张宝忠等（2011）以夏玉米为研究对象，首先以光合有效辐射和VPD为因子，建立Jarvis模型形式的叶片气孔导度模型，然后以光合有效辐射作为尺度转换因子，将叶片尺度气孔导度模型提升至冠层导度。另一种途径称为"由上到下法"，即根据实测冠层蒸腾蒸发量利用Penman-Monteith公式或梯度原理反推冠层导度，在此基础上利用Jarvis模型等直接估算冠层导度（黄辉等，2007）。这种方法便于全面考虑环境因子的变化，一般预测精度较高，但需依据冠层尺度蒸腾蒸发量的实测值获取模型参数，并未实现真正意义上的空间尺度提升。

根据对冠层结构的处理方式不同，冠层尺度蒸腾模型可分为大叶模型、多层模型和二叶模型三种模式。大叶模型基于Penman-Monteith公式的最初假设，将冠层看作一个拓展的叶片，将单叶上的各种生理生态过程拓展到整个冠层。目前大叶模型在大田作物和林木蒸腾蒸发量的估算中得到广泛应用。贺康宁等（2003）基于大叶模型模拟了刺槐日蒸腾过程，并应用于不同密度刺槐林分全年连续日蒸腾模拟估算。考虑到植被冠层内部物质和能量传输的空间差异，Goudriaan和Wageningen（1977）构建了将植被冠层蒸腾速率分层计算的多层模型。该模型逐层计算通量后累加得到冠层总量，并引入了冠层氮含量及指数衰减廓线量化不同生化参数的空间分布，采用冠层五点Gaussian积分法简便而有效地计算冠层通量。多层模型最大限度地反映了植被冠层的生理生态学过程，可较为成功地模拟冠层蒸腾蒸发量。由于多层模型采用梯度扩散方法近似计算物质传输和廓线，不能解释物质逆梯度传输现象。此外，无法采用实测资料检验每一层的预测效果，因此不能识别和避免不同层间的误差抵消。另外，由于所需参数较多，计算复杂，限制了多层模型在农作物上的运用。在多层模型的基础上，Wang和Leuning（1998）建立了二叶模型。二叶模型将冠层分为受光照的叶片和被遮阴的叶片，并对多层模型进行了叶角分布、辐射与热量交换理论方面的改进，扩展了二叶模型应用范围，而且提高了在计算机中的模拟速度，使其更适合嵌套入地面过程模型（SCAM）及区域和全球气候模型中。

2. 间接方法 在准确模拟冠层导度及细致描述冠层生理生态过程的基础上，采用直接方法一般可以较好地模拟不同地区、气候类型的植物蒸腾蒸发量。但由于这类模型较为复杂，参数较多，不同作物及同一作物的不同品种都有较大差异，需要做大量的参数校正工作。在不同土壤水分、养分条件下也需要研究各参数的修正方法，会加大计算的难度并可能降低精度，目前这些缺点依然是直接方法在农业生产中推广应用的主要限制因素（Rana and Katerji，2009）。为了解决这一问题，自20世纪70年代起联合国粮食及农业组织（FAO）开始研究采用参考作物蒸腾蒸发量间接计算水分充足条件下的作物蒸腾蒸发量，并在FAO-56中提出了较为完整的作物蒸腾蒸发量间接计算方法，即作物系数法，根据是

否区分作物蒸腾蒸发量和土壤蒸发量分为单作物系数法和双作物系数法，单作物系数法的形式为

$$ET_c = K_c \cdot ET_0 \qquad (4-2)$$

式中，ET_c 为作物的实际蒸腾蒸发量，mm/d；ET_0 为参考作物蒸腾蒸发量，mm/d；K_c 为作物系数。

ET_0 通过采用固定的作物高度、反射率和冠层导度对 Penman-Monteith 公式进行修正得到，相当于水分充足条件下完全覆盖地面的草地蒸腾蒸发量：

$$ET_0(\text{FAO-56}) = \frac{0.408\Delta(R_n - G) + \gamma\dfrac{900}{T+273}u_2(e_a - e_d)}{\Delta + \gamma(1 + 0.34u_2)} \qquad (4-3)$$

式中，R_n 为冠层净辐射，MJ/（m² · d）；e_a、e_d 分别为饱和水汽压和实际水汽压，kPa；G 为土壤热通量，MJ/（m² · d）；γ 为湿度计常数，kPa/℃；T 为空气温度，℃；u_2 为距地面 2m 高处风速，m/s；Δ 为饱和水汽压随温度变化的曲线的斜率，kPa/℃。

K_c 反映特定作物和环境下 ET_c 与 ET_0 的比值，随作物生长而变化。采用单一的作物系数 K_c 只能估算蒸腾蒸发总量，在此基础上 FAO-56 提出了双作物系数法，这种方法将 K_c 划分为基础作物系数（K_{cb}）和土壤蒸发系数（K_e），分别计算水分充足条件下作物蒸腾蒸发量（T_P）[式（4-4）] 和土壤蒸发量（E）[式（4-5）]：

$$T_P = K_{cb} \cdot ET_0 \qquad (4-4)$$
$$E = K_e \cdot ET_0 \qquad (4-5)$$

一般对于特定的地区和作物品种，作物系数的年际变化具有较好的稳定性，并且易于测定和校正，因此作物系数法在作物水分管理中得到广泛应用。除此之外，FAO-56 还包含了水分胁迫、稀疏植被、地表覆盖等非标准条件下作物蒸腾蒸发量的计算方法。

采用作物系数法计算 ET_c 的关键问题是作物系数的确定，FAO-56 中给出了主要作物的 K_c 和 K_{cb} 的参考值，但据相关研究报道，部分地区作物系数的实际测定值与参考值之间可能相差 40%，其中生长期中段的误差最大（Katerji and Rana，2006），产生这种误差是由于作物系数实际上受多个生物物理因素的影响，由于这种复杂性，不同地区、不同作物品种的作物系数需要进行实地校正。在温室栽培情况下，环境复杂多样，作物系数的变异性更大，需要深入研究作物系数的变化规律和估算方法以降低误差。在栽培方式一定的条件下，作物生长过程中作物系数的模拟主要以作物冠层参数或气象因子为输入参数。采用冠层参数估算作物系数具有较高的预测精度，但其测量通常较为复杂，或使用数码摄像监测及图像分析系统，仪器较为昂贵，而使该类模型的推广应用受到限制。另有一部分研究集中于根据作物系数与简单气象因子的关系建立模型，应用较为广泛的指标是有效积温，这类模型简单实用，具有较大的推广潜力。张大龙等（2013）采用叶面积指数模拟了温室甜瓜作物系数的变化，同时发现作物系数与有效积温呈指数函数关系。刘浩等（2011）的研究表明，滴灌番茄的作物系数与积温呈抛物线关系，基于积温建立的作物系数模型具有较好的预测精度。

为了确定对于某一地区、某种作物适宜的蒸腾蒸发量估算方法，许多研究者比较了不同方法的估算精度。关于温室切花百合的研究表明，当叶面积指数小于 1 时，大叶模型

和二叶模型差异不大；当叶面积大于 1 时，适宜采用多层模型。以往直接方法和间接方法多建立在水分、养分充足的假设条件下，即用于作物潜在蒸腾蒸发量的估算，水分亏缺条件下作物蒸腾蒸发量主要通过修正作物潜在蒸腾蒸发量模型的参数进行估算。一种思路为基于直接方法，通过模拟水分亏缺条件下的冠层导度计算作物冠层蒸腾蒸发量。丁日升等（2014）改进了基于生物物理过程的多层模型 ACASA，将玉米冠层分为 10 层，耦合了光合作用模型、气孔导度模型和蒸腾模型，用于模拟水分亏缺条件下的玉米蒸腾速率。这类方法一般参数较多，而且很多生理参数对水分亏缺敏感，其确定具有较大的经验性，因此不一定能有效提高模拟精度，并且其计算较为复杂，不利于推广应用。另一种思路为在作物系数法的基础上添加水分胁迫系数进行修正，需要根据作物与水分关系确定水分胁迫系数的形式。除采用固定形式的土壤水分胁迫系数外，张振华等（2005）在作物系数法估算作物潜在蒸腾蒸发量的基础上，通过引入基于冠层温度的缺水指标 CWSI 建立了水分胁迫条件下作物蒸腾蒸发量计算模式，这种方法具有一定的理论基础且模拟效果较好，但是测定 CWSI 需要使用红外测温仪，限制了该方法的推广应用。

五、国内外水肥耦合的研究进展

（一）水肥耦合的概念

水肥耦合是实现水分、肥料调控高效化的一项集成综合技术，即将灌溉与施肥集成为一体，来满足作物对水分、养分的需求。水肥耦合的核心是在土壤系统中，水分和肥料二者之间相互作用来影响作物生长和水肥利用效率，对作物的影响会产生协同、拮抗和叠加三种不同的效果。其中，协同又叫正效应，拮抗又叫负效应，叠加又叫因素间无耦合作用。深入研究并利用水肥耦合效应，可以得到增加肥料利用效率和提高水分利用效率的科学依据，进而为实现灌水、施肥的高效化调控提供科学的指导，为精准农业的发展提供理论支撑（图 4-4）。

图 4-4　水肥耦合对番茄生长发育的影响

（二）水肥耦合互作的机制

关于水肥的关系，很早就有这方面的说法，如"产不产在于水，产多少在于肥"，可见水肥关系之微妙。水分对于肥料来说，一方面，水分可以作为溶剂，溶解可溶性肥料，同时加速有机质的转化，进而利于作物对养分的吸收；另一方面，水分过多会导致水土流失，稀释肥料浓度并且导致营养的流失浪费。植物根系吸收水、营养是两个独立的过程，但是水分的作用影响土壤物理化学、土壤微生物活动、作物生理等，这便是水肥互作的机理依据。肥料只有溶于水中，通过质流作用、扩散作用汇集于作物根系，离子态养分的扩散快慢受土壤含水量的影响，表现为水多则快、水少则慢。肥料对于水分，合理的水肥管理可以增加土壤保墒蓄水能力，减少蒸散量，提高水肥利用效率。一般情况下，土壤营养状况直接或间接影响作物的叶面蒸腾，表现为土壤肥沃蒸腾少，反之则多。原因可能是，肥沃的土壤促进作物生长发育，枝叶健硕，产量高，所以水肥利用效率高。干旱条件下的水肥耦合机理也很复杂，包含水分对作物营养的转化机理、营养吸收代谢机理、营养与水分利用互作机理、生态学的效应机理、生物学的效应机理等。干旱条件下，合理施肥能够提高作物的适应能力，同时提高水分利用效率。另外，干旱时，适量地供应氮肥，可以提高叶片叶绿素浓度，进而提高叶面肥自由水含量，增强了作物的抗旱性。因此，水肥耦合的机理是复杂的、非单一的。

（三）水肥耦合对植物生长发育的效应

水分是植物的主要构成成分之一，活体植物含水量在80%以上，水分以自由水和结合水两种状态存在。水分不但是植物生长发育的必要条件，又是养分吸收、运输、转化等过程的参与者和介质。水分溶解养分并加速有机质矿化，有利于微生物活动，进而促进作物对养分的吸收；当然水分过多会导致水土流失，养分稀释，不利于水肥利用效率的提高。反过来，土壤肥沃会增强作物的抗旱性，肥沃的土壤保水保墒能力提高，同时减少作物叶面蒸腾蒸发量，从而提高水分利用效率。研究显示，水分不同程度的亏缺会导致作物不同的生理反应，轻度亏缺可引起叶片萎蔫，及时灌溉后，作物会恢复到正常的生长状态；重度亏缺时，引起的形态变化可能无法通过灌水来恢复，甚至导致植物死亡。其中，作物根系对干旱极为敏感，适当干旱，可促进根系的生长，然而过度干旱则导致须根的死亡，并且根系的再生能力降低。研究说明，土壤水分亏缺时，根系向下生长能力旺盛，但是侧向生长能力降低。随着水分亏缺程度的加大，根系表面积、体积、吸收面积、根系长度等趋于减小，同时水势降低、呼吸增强，对肥料吸收能力显著降低。收多少在于肥，说明养分决定作物的收成。研究显示，土壤不同营养元素对作物的生长分别起着不可替代的作用。例如，氮素是作物营养生长的必要元素，促进根、茎、叶等的生长。氮素亏缺时，植物长势弱、根茎细弱、叶片薄小、叶片失绿等。氮素过量导致作物徒长，营养生长比例过大，抑制生殖生长，出现抗性降低、晚熟、易染病等现象。水肥耦合对作物生长发育的效应更为复杂，因此此类研究层出不穷。水肥耦合研究的目的和意义在于根据作物需求合理调控土壤水肥，进而促进作物的生长发育，逐步实现高产、优质、高效的生产管理。关于水肥耦合对作物生长发育的影响，前人对小麦、玉米、果树、大豆等作物做了很多探索。小麦、玉米在不同水肥耦合作用下的生理状态如下，土壤含水量为60%~65%时，利于根系向下生长；土壤含水量为30%~35%时，小麦、玉米的根系总量显著降低，而且根系质膜通透性增大，根系活力显著下降。水分亏缺时，灌溉对葡萄生长发育的促进作用显著大于增施肥料，水肥互作不显著。水分充足时，增施钾肥可以显著促进大豆生长，株高显著增大，干旱地区含水量低的条件下，会导致氮肥以氨态散失，氮肥显著影响小麦生育前期的株高，然而水分对此期的影响不显著。盆栽大豆试验表明，水分、钾肥对大豆根冠比和干物质积累影响的大小顺序为水分大于钾肥；大豆对水分较为敏感的时期为开花期、结荚期，其敏感的强烈度顺序为结荚期＞开花期＞营养生长期。冬小麦在不同水肥处理下，叶面积和株高因土壤含水量的升高而增加，特别是在水肥亏缺时，增施氮肥能显著降低作物根冠比。灌溉与施肥的多少都会导致辣椒叶片叶绿素含量的降低，水分、氮肥、磷肥对其影响的大小顺序为氮＞水＞磷。干旱时，磷肥能够改良作物需水状态，提高作物抗旱性；还能够延缓组织衰老，气孔减小，从而降低蒸腾速率。其主要原因在于氮肥与磷肥具有促进作物根系生长发育的作用，干旱时磷肥的调控效果十分显著，所以干旱胁迫下，增施磷肥能显著提高作物的抗旱性。对玉米的水肥耦合试验表明，灌水量与施氮量的耦合作用和玉米株高呈负相关，但是与茎的基宽呈正相关，并且施氮量和灌水量对茎基宽的影响大小顺序为施氮量＞灌水量。

（四）水肥耦合对作物光合作用的效应

植物为自养生物，光合作用是其生长发育、呼吸、繁衍等过程的唯一能量来源。研究水肥耦合对作物光合作用的效应，摸清水肥耦合对光合效应的作用机理，对水肥管理与提高作物光合速率从而实现高产、优质提供理论依据和技术指导。从光合作用的方程式可以看出，水分是植物光合作用的原料之一，同时作为光合作用发生的物质传导介质。研究表明，不同水分处理，施肥会增大叶片气孔导度、二氧化碳同化能力，还能使光合作用的有关酶活性提高，进而增强光合作用。春小麦在不同水肥处理下，其灌浆期的光合速率不一样，并且增施有机肥对光合速率的提高效果十分显著，在水分充足的条件下，无机肥与有机肥结合使用可使春小麦高产、优质。土壤水肥状态直接影响作物的光合速率，原因是水分亏缺导致叶片气孔关闭，光合原料二氧化碳无法大量供应，所以导致光合强度的降低；钾素对光合产物的转化和运输有不可替代的作用，钾肥对大豆的光合速率有显著提高作用，前提是土壤含水量必须合适，钾肥的效果才能发挥。另外，还有研究表明，不同水肥耦合下，作物的光合速率、胞间二氧化碳浓度及气孔导度都不同，并且三者之间的效果是平行的。土壤深层施肥可使小麦生长后期得到高的光合速率，而气孔导度略下降，进而减少了水分的叶面耗散量，提高了水分利用效率。土壤水分亏缺时，增施磷肥能够增加小麦叶片叶绿素含量，同时降低二氧化碳补偿点，提高功能叶的光合速率。

综上可知，水肥耦合对作物光合作用的耦合效应机理已基本明朗，但是尚有一些更深入的耦合机制不太明确，仍然需要专家、学者的进一步探索。

（五）水肥耦合对作物产量的效应

种植作物最重要的目的之一就是追求产量，水肥耦合调控管理水肥的措施更是为了获得高产而进行的。有关水肥耦合效应对作物产量的影响，此类研究近几年非常多，取得了可观的成果，也给农户带了效益保障。其中研究较多的有水氮耦合效应、水磷耦合效应、水肥（多种肥料共同耦合）耦合效应三类，水钾耦合效应研究得较少，只在大豆和香蕉上略有研究，在其他作物上的研究尚未发现。以探究水肥管理措施为目的的研究，多采用多元回归的方式进行试验设计，通过回归水肥对应产量的数学模型，根据模型来分析各因素对产量的影响，以及各元素之间的互作效应，从而计算出获得最佳产量的水肥耦合方案，从而用于实际生产。而以研究水肥耦合机理为目的的试验多以对照试验的方式进行设计，通过对比来反映各水肥耦合方案对产量的影响。构建对产量通用型的水肥耦合模型是未来需要重点研究的内容。收不收在于水，收多少在于肥，水肥耦合的优劣决定了作物产量的大小。水分对氮素较敏感，当土壤含水量高时，就应适当增施氮肥，如此才能获得高产。然而在水分亏缺时，氮肥少时恰比氮肥丰富对产量的效果好。另外，在干旱时，若土壤含磷量低，增施氮肥，或者水分充足而氮磷含量低，都会导致作物产量的降低。研究表示，磷肥在水分亏缺时对产量的影响较为显著，能显著提高作物的产量。在水肥亏缺条件下，水肥供应会显著提高作物产量，其中增施肥料对产量的增加作用要强于灌水；在土壤原水肥水平低的情况下，增施肥料对增产的效果会随着水分的作用而越发明显，而且水肥互作对产量存在耦合作用；如果灌溉量较少，水肥耦合交互作用会随施肥量的增大而更为显著，灌水量大时，则出现相反的趋势。水肥耦合互作存在阈值效应，小于阈值时，增大灌水量和施肥量对产量的促进效果显著，高于此阈值时，增产效果不显著。氮肥效果与土壤含水量的关系密切，相同含水量下，不同施氮量对产量的影响不同。对于大豆的水氮耦合效应，不同生育期最敏感的时期为大豆结荚期，此时期一定要注意调控水氮管理才能保证高产。盆栽小麦的水肥耦合试验表明，水氮耦合对冬小麦产量的影响存在显著的耦合效应，并且只有在水肥条件充足的条件下，小麦才能获得高产。芹菜试验表明，水肥耦合对芹菜产量存在阈值，其值如下：氮素 253kg/hm^2、磷 121kg/hm^2、水 5223m^3/hm^2，大于对应值时，产量降低，其中氮肥表现极为显著，当其超过极值时再增大，产量会急剧下滑。设施农业种植面积逐年增大，其水肥管理模式不同于陆地，对水肥管理模式的要求更为苛刻、精准。所以设施种植在走精准农业发展趋势之路，在这个大趋势下，以设施栽培的水肥耦合研究，多采用可回归模型的试验设计，以便通过建立数学模型来研究水肥耦合对产量的影响，进而计算出在当地当前土壤营养条件下的最佳水肥耦合方案，用于指导当地的设施种植。

在氮、磷、钾不同水平下，番茄可溶性固形物含量随着灌水量的增加呈现线性降低的趋势，随着氮、钾及有机肥的增多，可溶性固形物含量增加，但是磷的变化未引起可溶性固形物含量的显著性变化；氮与有机肥、灌水量与磷、钾与有机肥呈正交互作用，氮与磷呈现负交互作用，然而三者中钾与磷的交互效应最显著。采用二次通用旋转组合设计的方法研究了水氮耦合对红枣品质的效应，研究证明，土壤含水量过高与施氮量过大都会导致红枣果实还原糖、维生素 C 含量显著降低，而施氮量增大有助于蛋白质含量的增大；另外，增大土壤水分及施氮量能够显著提高红枣矿物质如铁、锌、铜、钙及镁的含量，却导致锰含量下降。闫春娟等（2009）采用盆栽的方法研究了水钾耦合对大豆品质的影响效应，研究表明，大豆营养生长期，涝害能增加蛋白质含量，开花期及结荚期干旱或涝害都会导致果实蛋白质和脂肪含量降低；钾肥能够提高蛋白质含量，同时又能降低脂肪含量，但是只有在水分条件适宜的前提下，钾肥的作用才更显著。有关水分对大豆脂肪与蛋白质含量的影响，不同的研究结论不尽相同，降水量与大豆种子蛋白质含量表现为正相关，与种子脂肪含量表现为负相关。在苹果方面也有类似研究，孙霞等（2010）研究了水氮耦合对'红富士'苹果品质的影响，结果表明，在水分条件相同时，苹果果实可溶性固形物含量随着施氮量的增大而减小，说明过量氮肥不利于果实可溶性固形物的积累；高水分处理的可溶性固形物含量要比中低水分处理高；同时在水分一定时，过多氮肥导致果实滴定酸含量显著提高，果实品质降低；另外，降低氮肥使用量可以显著提高苹果果形指数；水分一定时，高氮量增加果实硬度，耐贮运；氮肥一定时，中度水分处理的果实硬度要优于高、低水分的处理；提倡灌水量为 5250m^3/hm^2，施氮量为 600kg/hm^2，有利于'红富士'苹果的产量和品质。在玉米方面，邵国庆等（2008）利用大型防雨棚栽培，研究了水氮耦合对玉米品质的影响，试验设定了三个氮水平和两个灌水量水平，结果说明，花前控施氮素、花后氮素处理，此条件下玉米籽粒的生物量有所增大；合适的灌水量及氮肥量能显著提高玉米产量，同时增加蛋白质的含量。增施氮肥，同时增加灌水量，氮的效率提高，但是玉米粒蛋白质含量降低，原因可能是水分亏缺产生水分胁迫使籽粒的防御胁迫蛋白含量升高，增强抗旱性；水分过量时，种子淀粉含量增大，而蛋白质含量显著降低，花期结束后灌溉可以增加种子淀粉的积累量。小麦方面，王晓英等（2007）在肥力高的条件下研究了水氮耦合对小麦品质的影响，不论施氮肥与否，灌水量增大可显著提高小麦产量，同时减少小麦籽粒单体蛋白、粗蛋白和面筋蛋白等的含量；水氮耦合对小麦淀粉含量的影响存在显著的交互作用，在氮肥匮乏的条件下，支链淀粉、总淀粉均随灌水频率的增加而增大；氮肥适宜时，灌水处理的小麦淀粉含量高于干旱处理，但是不同灌水处理之间差异性不明显。

（六）水肥耦合对作物品质的效应

高产、优质、高效一直都是农业生产的追求目标。不同水肥管理模式下，作物的果实品质相差甚远。不适当的水肥调控，不仅不利于水肥利用效率的提高，反而会严重影响作物的品质。虞娜等（2006）以番茄为试验材料的研究证明，灌水下限与施肥量的不同对番茄品质的影响极为显著，并且二因素的交互作用也达到了显著水平（$P=0.1$）；不同水肥耦合方案对番茄部分品质影响的结果显示，不同方案对不同品质的影响程度不同，单从水肥互作方面可以减少果实硝酸盐的含量，但是对维生素 C 的影响大小顺序为水分大于施肥，没有交互作用；另外，它们的耦合效应对果实糖含量和糖酸之比的影响不显著。袁丽萍等（2008）以番茄为研究材料，采用两个不同灌水量水平、三个不同施氮量水平，研究了水氮耦合对番茄品质的影响。结果显示，追施氮肥可显著提高番茄产量，减少灌水量并使产量显著降低；过量施氮肥或无氮肥，番茄维生素 C 含量降低，对可溶性糖的影响不显著；增加氮肥和减少灌水量使果实硝酸盐含量显著提高；通过耦合试验，对各处理的产量及品质进行评价得知，灌水量 2270m^3/hm^2、氮 373kg/hm^2，可使番茄高产、优质。不合理的施肥会对土壤、地下水、大气及作物品质产生不良影响，特别是长期过量使用化肥会导致农田上层土有机质含量降低、土地盐渍化、土壤板结、活性下降、微生物环境被破坏等。若氮肥过量使用，在透气性较好的干旱地区，多余的氮肥借助消化作用转化为硝态氮而进入作物器官，造成作物品质严重降低。在降水充沛的地区，多余的肥料经雨水冲洗进入地下水或河流中而污染水资源。因此，加强对不同作物在不同地区种植适宜的水肥耦合方案的研究势在必行。通过对各项内容的探究，从而揭示水肥耦合对各项指标影响的机制，以便在实际生产中选择合理的水肥耦合方案。目前,旱地农业水肥耦合研究多采用模拟、田间试验等进行,设施种植试验多采用塑料薄膜隔离小区滴灌模式进行研究。田间试验的环境与大气环境一致,所得结论可以很好地为陆地生产服务。盆栽、桶栽试验容易控制,准确度高,主要用于机理研究,难以用于实际生产,可根据不同的研究目的采用不同的试验方法。然而,试验结果表明,两套方法所得结论存在较大差异。根据研究目的,应该慎重选择合理的试验设计,以便更好地揭示水肥耦合的机理。

第四节　设施节水灌溉技术研究的方向

从20世纪50年代初到80年代初,美国新增灌溉面积2亿亩[①],其中喷灌面积占50%;在此期间,苏联新增灌溉面积的70%采用喷灌。以色列在推广喷、微灌技术的过程中,研制出多种灌溉兼施肥设备,使肥料与灌溉水混合使用,实现了节水、增产和优质的统一。目前国内外喷、微灌技术正朝着低压、节能、多目标利用、产品标准化、系列化及运行管理自动化方向发展。

一、地下滴灌技术

地下滴灌技术就是在灌溉过程中,水通过地埋毛管上的灌水器缓慢渗入附近土壤,再借助毛细管作用或重力扩散到整个作物根层的灌溉技术。由于在灌溉过程中几乎没有水分蒸发损失,而且对土壤结构的破坏轻,在各项节水灌溉技术中,该项技术的节水增产效果最为明显,而且便于农田作业和管理,特别适合于我国西北地区干旱、高温、风大的自然条件。该系统的设计与地表滴灌系统相同,但为了防止系统堵塞,需要选用更好的过滤装置。此外,为防止灌溉断水时产生负压造成滴头堵塞,要在灌溉系统的高点安装进排气阀,在地形起伏较大的山区和丘陵地区,可考虑使用具有抗负压堵塞功能的滴头。“九五”期间,国家重点科技攻关项目就是与此相关的研究,但尚未形成成熟的配套技术和产品。

二、灌溉渠系管道化

日本早在20世纪60年代初,就在旱地灌溉系统中用管道取代明渠;70年代末又开始用大口径管道取代输水干渠;到80年代中期,日本新建的大部分灌溉渠系都采用管道。美国约有一半的大型灌区实现了管道化输水。我国已基本普及了井灌区低压管道输水技术,今后的发展方向是大型渠灌区渠系管道化,并加快相应大口径塑料管材的开发生产。

三、现代精细地面灌溉技术

土地平整是改进地面灌溉的基础和关键,由于我国地面灌溉量大、面广,急需采用并推广激光控制平地技术、水平畦田灌溉技术、田间闸管灌溉系统及土壤墒情自动监测技术等一切改进地面灌溉的措施,逐步实现田间灌溉水的有效控制和适时适量的精细灌溉。

---

① 1亩≈666.7m^2

四、非充分灌溉技术

由于农业干旱缺水和水资源短缺，我国北方一些地区已经实行了减少灌溉次数等非充分灌溉方式，一些科研单位和灌溉试验站也开始了一些非充分灌溉的试验研究。非充分灌溉理论脱胎于传统的充分灌溉理论，但不是简单的延伸，它将与生物技术、信息技术及大气水、土壤水、地表水及地下水"四水"转化理论等高新节水技术和理论相结合，创建新的灌溉理论及技术体系，它将对现有灌溉工程的规划设计及灌溉管理模式等产生巨大的冲击和影响。

五、设施农业精确灌溉技术

农业精确灌溉技术兴起于 20 世纪 80 年代后期，目前对精确灌溉技术还没有统一的定义，但一般认为精确灌溉是以大田耕作为基础，按照作物生长过程的要求，通过现代化监测手段，对作物的每一个生长发育状态过程及环境要素的现状实现数字化、网络化、智能化监控，同时运用遥感（RS）、地理信息系统（GIS）和全球定位系统（GPS）3S 技术及计算机等先进技术实现对农作物、土壤墒情、气候等从宏观到微观的监测预报。根据监控结果，采用最精确的灌溉设施对农作物进行严格有效的施肥灌水，以确保满足作物在生长过程中的需要，从而实现高产、优质、高效和节水灌溉。

农业精确灌溉技术是借助于 3S 技术体系，对农业生产的资源、生产状况、气候和生物性灾害、土壤墒情等进行有效的监测预报，指导人们根据各种变异情况适时、适地地采取相应的灌溉方法及操作手段。变过去凭经验进行农事操作为实现智能化的科学管理，以提高农业生产的稳定性和可控程度。

（一）设施农业精确灌溉系统模式

1. 基于自动化、智能化基础上的精确灌溉技术　　目前可以实现农业精确灌溉的设施主要按灌水出流方式的不同，一般分为滴灌、渗灌、微喷灌、脉冲灌溉 4 种形式。其主要特点都是在植物的株行距之间安装灌水器的聚乙烯（PE）软管及相应的管道系统组成的网络，通过灌水器以缓慢而精确的流量，向植物的根部直接供水及养料。其应用范围涉及蔬菜、水果、瓜类、谷物、花卉、棉花、甘蔗、葡萄和许多其他作物。新的农业精确灌溉技术应在此基础上，按照技术集成和机械化程度，增加涉及土壤墒情、肥力、病虫害、作物苗情等的检测和监控，利用 GIS 进行查询和辅助决策，用精确的灌溉设施及技术实现全自动化控制。实践证明，一个设计完善、安装正确和管理科学的精确灌溉系统，将会带来可观的经济效益。

2. 基于 GIS 的田间精确灌溉技术　　这种方法是利用 GIS 的数据存储、分析、处理和表达地理空间属性数据功能，通过对田间土壤成分、土层厚度、土壤中氮磷钾及有机质含量，当地历年来的气温、降雨、雷雨、大风及作物苗情、病虫害信息的监测和预报，建立作物灌溉管理的辅助决策支持系统及投入产出分析模拟模型和智能化专家系统，指导水肥调控，以充分挖掘田间水肥空间变异所隐含的增产潜力。

3. 基于 GPS 的精确灌溉技术　　GPS 与智能化的灌溉机械设备，可应用于农田土壤墒情、苗情、病虫害的信息采集，通过电子传感器和安装在田间及移动式灌溉机械上的GPS，指导水肥调控，以充分挖掘田间水肥空间变异所隐含的增产潜力。

4. 基于遥感和遥测的精确灌溉技术　　遥感技术在数字农业中将发挥信息采集与动态监测的优势。例如，气象卫星可提供每天的天气状况信息，测雨雷达可进行降雨预报，高分辨率的陆地遥感卫星可提供及时的信息与预报。遥测技术主要是利用田间信息实时采集装置，涉及土壤水分、肥力、病虫害、作物苗情等的传感器开发，技术发展的方向将集中于适用化的时域反射（TDR）土壤水分测量技术、作物苗情的多光谱识别技术、视觉图像处理技术与射流测量土壤氮量等。通过完善遥感和遥测技术，结合田间土壤墒情的监测，进行实时灌溉预报，并确定是否需要加强灌溉及灌溉的强度，进一步提高水分利用效率。

（二）设施农业精确灌溉技术的应用

精确灌溉技术实际上是一种以信息为基础的农业水管理系统，它利用传感及监测技术可方便、准确、及时、完整地获取当时当地的必要数据，再根据各因素在控制作物生长过程中的作用规律或其相关关系，迅速做出恰当的用水管理决策，进而控制对作物的灌溉水投入或调整程序操作。在精确灌溉系统中，需要在较精细的空间尺度上获取与农作物生长有关的空间分布信息，采用适当的方法对数据进行处理，转变为易理解、可利用、可视化空间分布图信息等。

1. 获取农田作物产量分布信息　　获取作物小区产量信息，建立小区产量空间分布图是实施精确灌溉的起点，这是环境因素和农田水分管理措施对作物生长相互影响的结果，是实现作物生产过程中科学调控投入和制订用水管理措施的基础。其处理方法是在收获机械上安装差分全球定位系统（DGPS）接收机和流量传感器，收获机以秒确定田间作业的DGPS天线所在地理位置的经纬度动态坐标数据，流量传感器在设定时间间隔内自动计量、累计产量，从而获得对应小区的空间地理位置数据和小区产量数据。

2. 获取农田环境生物系统信息　　农业措施的正确决策，来自对农田环境生物系统的功能、结构和环境的了解，即信息的采集、分析和利用。农田环境生物系统信息主要包括作物生理功能信息、作物种植结构信息，以及作物病、虫、杂草等生物信息。

作物生理功能信息：作物群体与个体的生理功能直接决定作物的生物产量与经济产量。作物地上部分的生理功能主要包括光合速率、光能利用率、呼吸强度和叶片的蒸腾作用，它们的时空分布特征是决定农艺措施的重要依据。

作物种植结构信息：作物的生理功能主要取决于其结构，其中生物组织的宏观结构分成不同层次，与产量有直接关系的主要是作物群体与个体结构。

作物病、虫、杂草等生物信息：主要包括作物病虫害发生与流行的状况、危害程度及发生病虫害的原因，杂草对作物生产的胁迫作用，这些信息能为农田植保工作提供有力的数据依据。

3. 获取农田土壤信息　　农田土壤信息的采集，是从影响作物生长的土壤水分环境条件与营养水平角度获取，以分析产量图显示的产量空间分布差异性，制订有关灌溉、施肥、改土、耕作和种植等分布式定位处方决策。这类信息因其时空变异性可分为两大类：一类为相对稳定、时空变异性较小的土壤信息，如地形坡度、土壤类型结构、磷、钾、pH及耕层深度等；另一类为时空变异性较大的农田土壤信息，如土壤含水量和含氮量等。它们除在施肥、播种或灌溉作业前需进行基本数据的测量和空间分布图制作外，还需要根据生长期进行必要的抽样测量，以便适时调控投入。其中，土壤含水量快速采集传感技术在20世纪末期发展较快，目前基于微波测量技术的时域反射法土壤水分快速测量仪，在节水农业实验研究中已被大量应用。

（三）设施农业精确灌溉技术的未来发展

精确农业是现代农业发展的必然结果。近年来，作为精确农业的重要组成部分，精确灌溉技术已成为超前的灌溉新技术，是农业水管理信息化技术的重要内容，它以其合理的农业水土资源提高作物产量、降低生产成本、改善生态环境等优点，成为对国际学术界最富有吸引力的前沿性研究领域之一。

目前全世界不到2%的水浇地开始使用这项技术。我国对精准灌溉技术的开发研制工作起步较晚，目前只有少数科研院所进行这方面的研究开发工作，研究还处于起步阶段，实际应用效果也不理想。因此，加速开发具有自主知识产权、符合我国国情的精确灌溉系统及相关措施势在必行。结合我国国情，研究发展适用的精确灌溉技术系统对促进我国农业可持续发展具有重要意义。

（四）设施环境VPD调控研究

VPD调控对温室蔬菜环境调控具有重要的作用与意义。以土壤-植物-大气连续体系统为主线，系统解析了VPD调控对蔬菜水分吸收、运输与蒸腾的动力关系，观察并分析水分运输途径器官解剖结构变化；阐述VPD变化对蔬菜光合作用、CO_2耦合效应、营养元素吸收、土壤水分胁迫、蔬菜水分利用效率及产量的影响机理。同时，运用物理动力学方法和数学方法分别分析了水分运输动力与环境条件变化的关系和器官解剖结构变化与环境变化的关系；综合研究分析了土壤和大气环境与植物茎流、光合速率、养分吸收、干物质积累变化的关系，明确水分运输阻力产生的主要因素及其对光合和主要营养元素吸收运输的机理。研究揭示调控大气VPD提高蔬菜水分吸收与运输的生物学动力机制，为温室环境蔬菜水分的科学管理提供理论依据。

第五章 　设施气体环境的研究进展

　　设施气体环境是指温室中各种气体的浓度及时空变化情况。气体环境是设施内重要的环境要素之一，尽管它不如光照和温度那样更直观地影响植物的生长发育，但随着设施光温条件的改善，气体组成及其对植物的影响越来越受人们关注。CO_2 是植物光合作用的底物来源，对其生长发育具有重要影响。相比其他气体，有关 CO_2 对植物生长发育影响的研究最为广泛，CO_2 施肥有利于缓解各种逆境胁迫对植物造成的不利影响，促进植物正常生长发育。本章首先介绍各种设施气体的来源及对植物的影响，然后综述设施 CO_2 施肥对作物生长发育影响的研究进展，最后对目前 CO_2 施肥研究存在的问题及今后研究方向进行探讨。

第一节　设施气体概述

　　温室的气体组成比较复杂，根据其对作物生长发育的影响，可粗略地划分为有益气体和有害气体两大类，前者包括 O_2 和 CO_2，后者包括 NH_3、NO_X、CO 和 SO_2 等。由于温室中 O_2 一般不会成为植物生长限制因子，因此本章有益气体只介绍 CO_2。深入了解设施内气体的来源及其对作物生长发育的影响，对于改善温室气体环境和促进作物健康生长具有重要意义。本节首先介绍温室有害气体的来源及其对植物的危害；然后综述 CO_2 来源及其对植物的影响，包括 CO_2 的来源、设施 CO_2 变化特点、CO_2 施肥方法与注意事项、CO_2 施肥对植物的促进作用等。

一、设施有害气体的来源及对植物的危害

（一）NH_3 的来源及对植物的危害

　　1. NH_3 的来源　　温室中 NH_3 主要来自施肥不当，如施用未充分腐熟的有机肥、撒施尿素或碳铵与碳酸氢铵，施肥过程中遇到高温使过量的化肥在土壤表层挥发，此外不合理的沤肥与温室通风等也能引起温室内 NH_3 的积累，造成植物中毒。温室中 NH_3 的变化受堆肥过程中 NH_3 排放量的影响。堆肥过程中增加翻堆频率提高了氧气含量，促进微生物的氨化作用，提高堆体内部的水汽和气体挥发速度，从而增加了 NH_3 排放。有研究表明，全世界施入土壤中的氮肥有 1%～47% 以 NH_3 的形式进入大气中。NH_3 排放还受堆体 C/N 值、pH、堆体温度等的共同影响。因此，在堆肥过程中，应选择合适的翻堆频率、温度、pH、C/N 值等以减少 NH_3 排放，提高氮利用效率，避免过多 NH_3 积累对作物的不利影响。

　　2. NH_3 对植物的危害　　当 NH_3 超过一定浓度时，常常会对作物产生危害，如一些敏感蔬菜，包括黄瓜、番茄等作物，它们的叶片会受到伤害。当 NH_3 浓度超过 $40\mu mol/mol$ 约 1h 后，几乎所有作物叶片都会产生明显毒害。氨的浓度达到 4% 时，蔬菜秧苗经 24h 即会死亡。NH_3 进入细胞气孔会危害叶绿体，产生碱性伤害，从而使光合器官受损，光合作用受抑制。受伤害的叶片呈水浸状，叶片颜色变淡，逐步变为白色或褐色，继而枯死。研

究指出，使用新型缓释肥料、降低有机肥发酵翻堆频率和堆肥过程中添加适量的过磷酸钙等方法均有利于减少 NH_3 排放。此外，施肥应采取少量多次、开沟深施的原则，以降低肥料的流失及 NH_3 挥发对作物产生的气害。

（二）NO_X 的来源及对植物的危害

1. NO_X 的来源　　NO_X 主要包括 NO_2、NO 和 N_2O，通常来源于氮肥的不适当使用，如不适当的堆肥方法或加温过程释放的热量催化 N_2 和 O_2 发生的反应等。施入土壤中的铵态肥在亚硝化细菌和硝化细菌的作用下，经历铵态氮→亚硝态氮→硝态氮的转化，最终以 NO_3^- 的形式被植物吸收利用。在酸化土壤条件下，亚硝化细菌活动受抑，使亚硝态氮不能转化为硝态氮而积累散发出 NO_2。研究发现，利用丙烷、煤油燃烧法提供 CO_2，当温室内 CO_2 浓度达到 $1000\mu mol/mol$ 时，NO_X 含量达到 $0.5\mu mol/mol$。夜间为提高室温，有机物燃烧使 NO_X 含量增加到 $1\sim2.5\mu mol/mol$，严寒季节持续加温时甚至高达 $5\mu mol/mol$。山楠等（2018）比较了不同的堆肥方法对土壤释放 NH_3 和 N_2O 的影响，结果表明，相比工业化堆肥与单施化肥，传统堆肥方式有利于减少土壤 NH_3 挥发与 N_2O 排放。N_2O 作为三大温室气体之一，一直受到研究者的关注。报道指出，全球约 70% 的 N_2O 来源于土壤微生物的硝化与反硝化过程（Gödde and Conrad，2000）。温室里 N_2O 排放受蔬菜施肥、灌溉、翻耕频率及蔬菜种类多样性、种植时间长短等多种因素的综合影响。N_2O 排放在时间和空间上存在很大的差异，需经过多方位、多角度的研究，确定合适的耕作制度，减少土壤 N_2O 的排放量。

2. NO_X 对植物的危害　　设施内 NO_2 浓度达到 $2\sim3\mu mol/mol$ 时作物即可出现受害症状，最初叶片像被开水烫过一样，干燥后变成褐色。通常叶片产生的危害症状主要表现为叶面出现白斑，然后褪绿，浓度高时叶片叶脉也变白枯死。NO_X 主要危害植物的叶片，其症状类似 NH_3 毒害，特别是对叶肉细胞危害较大，多出现白斑点，并不断扩展，最后叶片干枯而死。不同种类蔬菜对 NO_X 的反应有差异，黄瓜、番茄、莴苣三种蔬菜中以番茄更敏感。此外，作物对 NO_X 的敏感程度还受光照、温度、CO_2 浓度等环境因素的影响。

（三）SO_X 的来源及对植物的危害

1. SO_X 的来源　　设施内 SO_X 主要包括 SO_2 与 SO_3。它们通常来自温室内煤炭供暖或施用未经腐熟有机肥，或是因大量施用硫酸铵、硫酸钾等而产生。此外，利用硫黄熏蒸也会引起温室中 SO_2 浓度升高。温室中 SO_2 变化受温室内温湿度、种植年限、天气等的综合影响。

2. SO_X 对植物的危害　　SO_2 是大气中最常见的污染物，含量过高对各种植物都会造成不同程度的损伤。SO_2 对蔬菜的危害主要表现在 SO_2 遇水汽时可生成弱酸 H_2SO_3，从而直接破坏作物的叶绿体，且生理活动旺盛的叶片先受害。当空气中 SO_2 浓度达到 $0.2\mu mol/mol$ 后，几天内植株就会受害；而浓度达到 $1\mu mol/mol$ 左右时经过 $4\sim5h$，蔬菜作物即表现出明显受害症状。当 SO_2 浓度达到 $0.2\sim1\mu mol/mol$ 或 SO_3 浓度达到 $5\mu mol/mol$ 时，极易对植物叶片产生毒害。受害叶片先呈现斑点，进而失绿褪色，尤其对嫩叶危害较重。不同作物的敏感程度和受害症状存在差异。轻者组织失绿白化，重者组织被灼伤，脱水、萎蔫枯死。

弱酸中毒的叶片气孔附近的细胞坏死后，呈圆形或菱形白色斑，逐渐枯萎脱落。弱酸不但破坏蔬菜叶片中的叶绿素，而且使土壤酸化，降低土壤肥力。

（四）乙烯和氯气的来源及对植物的危害

1. 乙烯和氯气的来源　日光温室内氯气（Cl_2）和乙烯主要由塑料薄膜中的增塑剂或稳定剂经阳光暴晒和高温反应产生。以聚乙烯、聚氯乙烯、邻苯二甲酸二异丁酯等作为增塑剂的塑料薄膜或其他塑料产品，在高温条件下容易分解挥发并将对作物产生毒害。此外，作物种植过程中使用乙烯利等生长调节剂，也容易造成乙烯累积。

2. 乙烯和氯气对植物的危害　设施内部乙烯浓度达到 0.05μmol/mol 约 6h，黄瓜、番茄等多种作物开始受害。乙烯浓度达到 0.1μmol/mol 后 2d，番茄叶片弯曲下垂，褪绿黄化，最后发白枯死。Cl_2 的毒性高于 SO_2，高浓度 Cl_2 使作物叶绿素分解，叶片黄化褪色，最后枯萎脱落。

（五）其他有害气体的来源及防治措施

温室内由于劣质保温覆盖材料等的使用，可能产生邻苯二甲酸二异丁酯和氟化氢等有害气体。CO 主要来源于燃料的不完全燃烧，当浓度达到 2～3μmol/mol 时，作物出现中毒症状。加强有害气体控制可以减少其对蔬菜的危害，促进蔬菜健康生产。在设施栽培及温室管理过程中，为降低温室中有害气体浓度，首先，要做好通风换气工作，促进空气循环。通风换气是设施气体环境调控最简便有效的手段。即使雨雪天气，也应在中午进行短时通风换气，以减少有害气体积累。其次，应使用性能稳定且安全无毒的农用塑料制品和低毒低残留农药，减少有害气体挥发。再次，温室建造应尽量避开污染地区，远离污染源。另外，需合理施肥。设施施肥应以基肥为主，追肥为辅。追肥应少施、勤施、穴施和深施，禁止地面撒施。适当增施磷、钾肥，尽量少施氮肥，避免施用碳酸氢铵和含氯化肥，施肥后立即覆土和浇水。施用完全腐熟的有机肥，并且用量要适当。最后，采用煤火加温时，选用低硫含量的优质燃料并保证充分燃烧，炉体和烟道设计要合理，密封性要好。

二、设施 CO_2 的来源及对植物的影响

（一）设施 CO_2 的来源

温室中 CO_2 主要来源于通风过程中与外界环境的气体交换、作物呼吸、土壤微生物活动、煤炭等有机物燃烧等。大气中 CO_2 含量约占所有大气体积的 0.03%，这个浓度并不能满足园艺作物进行光合作用的需要。因此，在生产中，人们常常采取不同的方法生产 CO_2 并施用于作物，俗称"CO_2 施肥"。CO_2 施肥自最初发展以来已将近一个世纪，目前在世界各地得到了不同程度的应用。1920 年，德国最先提出"碳酸气施肥"理论，随后荷兰、丹麦等国家开始研究，但直到 20 世纪 60 年代以后才进入技术研究阶段。70 年代开始发达国家的温室栽培 CO_2 施肥已逐渐普遍。目前，CO_2 施肥在整个欧洲、中美、北美及某些亚洲国家应用的规模很大。

（二）设施 CO_2 变化的特点

1. CO_2 浓度日变化　　温室是一个相对封闭的系统，其内部环境与外界环境存在很大差异。温室内植物进行光合作用需要消耗大量的 CO_2 气体，以塑料薄膜、玻璃等为覆盖材料的保护设施处于相对封闭的状态，内部设施空间有限且与外界气体交换相对很少，CO_2 难以得到及时补充，导致温室植物常常处于 CO_2 亏缺状态，且温室内部 CO_2 浓度变化幅度远远高于外界。夜间作物只进行呼吸作用，CO_2 不断积累，日出前 CO_2 浓度持续上升，直到 CO_2 浓度达到一天中的最高值（邹志荣，2002）。日出后，伴随光温等条件的改善，作物光合作用不断增强，CO_2 消耗量逐渐大于 CO_2 产生量，短时间内设施 CO_2 浓度即低于外界大气水平，于中午通风前降至一日中最低值。通风后，CO_2 浓度有所回升，但通风只能缓解而不能避免亏缺。温室中 CO_2 浓度晴天低于阴天，白天低于夜晚。研究发现，在夏季晴天通风口全部开放的情况下，温室黄瓜群体内 CO_2 浓度仍比外界低 10% 以上；若此时通风口完全关闭，CO_2 浓度会降至 $50\sim100\mu mol/mol$，黄瓜光合作用停止。傍晚，随光强和温度的下降，光合作用逐渐减弱，室内 CO_2 浓度开始回升。若在晴天下午通风口过早关闭，由于作物仍具有较强的光合作用，室内 CO_2 浓度会再度降低，出现一日中第二个低谷。

2. CO_2 浓度空间分布　　园艺作物冠层内的 CO_2 浓度变化规律明显不同，一般园艺作物冠层上部 CO_2 浓度最高，下部次之，而中部分布的主要是功能叶，光合作用最旺盛，因此该层 CO_2 浓度最低。设施内不同部位的 CO_2 分布并不均匀。研究指出，在甜瓜栽培温室内，当天窗、侧窗和入口全部开放时，夜间由于植物和土壤的呼吸作用，近地层 CO_2 浓度较高，生育层内部 CO_2 浓度也较高，但上层浓度较低；日出后，室内 CO_2 浓度开始下降，中午 $50\sim180cm$ 高度的平均 CO_2 浓度仅为 $200\mu mol/mol$，即使在通风条件下，群体内最低浓度也只有 $135\mu mol/mol$；对于全天不换气、几乎处于完全封闭状态的砾培番茄温室，正午前后生育层 CO_2 浓度低至 $75\mu mol/mol$，近地面 CO_2 浓度也较低。

（三）CO_2 浓度的影响因素

温室中 CO_2 浓度主要受以下 5 方面因素的影响：①温室类型、结构、面积与空间大小等；②温室通风类型、面积和通风时间等；③温室内温度、光强等环境变化；④温室种植作物类型、生育阶段和种植方式等；⑤栽培用有机质含量的多少。CO_2 不足限制了作物光合作用，浪费了光热资源，成为设施栽培产量提高的关键制约因素。据测算，对于叶面积指数（LAI）$\geqslant3$ 的黄瓜群体，早春 CO_2 亏缺使净同化量损失 15%，长期亏缺造成减产 11%。对于无土栽培温室，土壤释放 CO_2 少，特别是在通风少的严寒冬季，CO_2 匮缺更为严重。

（四）CO_2 施肥的方法与注意事项

1. CO_2 施肥的方法　　近年来，随着我国设施农业的迅猛发展，CO_2 施肥技术在我国的不少省份如甘肃、宁夏等都得以推广应用，并取得了良好效果。设施栽培中最早采用的 CO_2 施肥方法是煤油燃烧法，即采用直燃式蒸发燃烧器，在给温室补充热量的同时将尾气扩散于温室中以实现CO_2施肥。由于其施肥量与施肥时间难以精确控制，随着设施农业科学技术的不断发展，这种方法逐渐被取代，并不断产生了多种CO_2施肥方法。目前，应用比较多的主要有硫酸-碳酸氢铵反应法、燃烧法、液态CO_2法、颗粒有机生物气肥法和有机物发酵法等。

1）硫酸-碳酸氢铵反应法　硫酸-碳酸氢铵反应法是指采用稀硫酸和碳酸氢铵在简易的气肥发生装置内发生化学反应产生CO_2，通过管道将CO_2施放于密闭的设施内的方法。$667m^2$标准大棚约需使用2.5kg碳酸氢铵可使CO_2浓度达到$900\mu mol/mol$左右。该方法的优点是成本较低，CO_2浓度容易控制，取材容易，成本低，操作简单，反应后的生成物还可以直接用作肥料使用，具有较好的经济和生态效益，所以应用比较广。其缺点是所需仪器庞大，必须固定在棚中央，机动性不好；同时，将浓硫酸稀释成稀硫酸是一个危险的过程，产气速度过快，供气时间短，每日需要多次施肥，劳动强度大，操作必须注意安全。

2）燃烧法　燃烧法是指通过CO_2发生器燃烧液化石油气、丙烷气、天然气、白煤油、沼气等产生CO_2的方法。当前欧美国家设施栽培以燃烧天然气增施CO_2较普遍，而日本较多地采用燃烧白煤油增施CO_2，一般1kg白煤油完全燃烧可产生2.5kg CO_2。采用燃烧法的优点是容易控制CO_2施用浓度及时间，且能增加棚温，因此使用较广泛。其缺点是该法投资大、成本高，对燃料要求严格，烟气成分复杂，易产生有毒气体，存在安全隐患，与国家节能减排战略不符，无法满足当前设施农业标准化、大规模生产的发展需求；为避免产生有害气体，还需要额外设置空气过滤、尾气净化装置，会增加投资成本。

3）液态CO_2法　液态CO_2法是指将酿造工业乙醇的副产品CO_2经压缩后以液体装在钢瓶内，使用时只需打开阀门通过塑料软管传输到温室中的方法。该法比较安全，气源较纯净，施用方便，效果快，易于控制用量及施用时间。其缺点是成本高，需要专人精心操作，且冬季使用因CO_2气化时吸收热量易降低温室内的温度，特别是钢瓶很笨重，不便搬运且来源有限。荷兰、日本等国家20世纪已普遍使用，而在我国生产实践中应用比较少。

4）颗粒有机生物气肥法　颗粒有机生物气肥法是指将颗粒有机生物气肥按一定间距均匀施入植株行间，施入深度为3cm，保持穴位土壤有一定水分，使其相对湿度在80%左右，利用土壤微生物发酵产生CO_2的方法。具体施肥方法是在作物生长旺盛期到来之前，在行间开沟撒施，片剂每隔30cm放一片，而后覆土2～3cm，使土壤保持疏松状态，有利于CO_2气体释放。一般每亩施30～40kg，可使棚内CO_2浓度达到800～$900\mu mol/mol$，有效期长达60～80d，高效期在一个月左右，施肥后通风时以中上部放风为宜。该方法的优点是无须CO_2发生装置，使用较为简便，具有物理性状好、化学性质稳定、使用方法安全、肥效长等特点。其缺点是气体产生速度过慢，浓度难以控制，不能保证植物始终在其适宜CO_2浓度下进行光合作用，而且气体释放率低。

5）有机物发酵法　有机物发酵法是指在土壤中大量施入人畜粪便、作物秸秆、杂草茎叶等有机肥促进土壤微生物分解释放产生CO_2气体的方法。大量施用有机肥可以持续不断地为温室作物提供CO_2，且能改善土壤结构，提高地温和补充养分，提高作物的产量与品质。该方法的优点是简单易行，成本低，多效，原料来源广且易获得，使用方便。其缺点是CO_2释放量不易调节控制，难以达到应有的浓度要求。

以上是目前设施蔬菜生产或科学研究中使用较多的CO_2施肥方法。这些方法各有其优缺点，应遵循植物生长发育规律适时适量予以供应，同时还要根据当地资源条件及成本效益进行综合考虑，挑选最适宜的 CO_2 施肥方法，以促进幼苗生长与果实膨大，提高作物的产量与品质。除此以外，将作物和食用菌间套作，利用菌料发酵、食用菌呼吸释放 CO_2，或者在大棚、温室内发展种养一体化，利用畜禽新陈代谢产生 CO_2，这些方法均属于被动施肥，易交叉污染，难以控制 CO_2 的释放量。

2. CO_2 施肥的注意事项 CO_2 施肥是设施蔬菜生产中的一项关键技术。为实现设施蔬菜的高产、高效，首先需要根据肥料来源、成本及目的等考虑施肥的方法，其次在 CO_2 施肥过程中需要掌握供气量与供气时间，此外需要调节好温室内光强、温度等环境条件，充分发挥 CO_2 的施肥效应。

1）施肥方法的选择 选择适宜的 CO_2 气源，这直接关系到施肥的质量与成本。目前，国内生产中普遍用到的是硫酸-碳酸氢铵反应法，此法简单易行，产生的硫酸铵还能当作肥料使用，效果较好。我国一些地方也使用沼气替代白煤油燃烧制 CO_2，并研制出了多种 CO_2 发生器。而在科研试验中，为保证 CO_2 释放的可控性、浓度与质量，通常使用液态压缩 CO_2。具体使用哪种气源，需要根据当地气源的易得性、使用目的及成本效益等进行综合考虑。

2）施肥浓度 确定合理的 CO_2 施肥浓度。温室通风等会造成 CO_2 释放外泄及部分 CO_2 施肥方法的浓度不易控制，常常造成资源的浪费。因此，需要根据温室的体积、单位 CO_2 气源的气体发生量等准确计算每次 CO_2 施用量。从光合作用的角度，接近饱和点的 CO_2 浓度为最适施肥浓度。但是，CO_2 饱和点受作物、环境等多因素的制约，在实际操作中难以把握；而且，采用饱和点浓度的 CO_2 施肥也未必经济。作物在不同的生育时期对 CO_2 浓度的需求不同，且在不同的气候环境下对 CO_2 的需求也不同。例如，植物在开花坐果期的生长发育活动要强于幼苗期，其对光强的需求就较高，因而进行光合作用对光合底物 CO_2 的要求也较高，因此可以适当提高 CO_2 的施肥水平。同时，若环境温度适当提高，则 CO_2 施肥浓度也可适当提高，以匹配作物对不同环境下 CO_2 的需求。通常，将 $700 \sim 1500\mu mol/mol$ 作为多数作物的推荐 CO_2 施肥浓度，具体因作物种类、生育时期、光照和温度条件而异。譬如瓜类蔬菜施肥浓度宜高，草莓等作物宜低。晴天和春秋季节光照较强时施肥浓度宜高，春秋季光照强时以 $1000 \sim 1500\mu mol/mol$ 为宜。阴天和冬季低温弱光季节施肥浓度宜低，以 $800 \sim 1000\mu mol/mol$ 为宜。叶菜类蔬菜以 $600 \sim 1000\mu mol/mol$ 为宜，果菜结果期以前 CO_2 浓度以 $1000\mu mol/mol$ 左右为宜，旺盛生长期以 $1200 \sim 1500\mu mol/mol$ 为宜。研究指出，由于施肥浓度超过 $900\mu mol/mol$ 后再进一步增加，收益很少，而且浓度过高易对作物造成损伤和增加渗漏损失，尤其以碳氢化合物燃烧作为 CO_2 施肥肥源时，高浓度 CO_2 的产生往往伴随高浓度有害气体的积累，因此北欧国家提倡温室蔬菜 CO_2 施肥浓度为 $700 \sim 900\mu mol/mol$。从有效性和经济性考虑，要想使某种作物的 CO_2 施肥获得最大经济效益，必定存在一个最适的 CO_2 利用效率。因此，需依据温室内气象条件和作物生育状况，以作物生育模型和温室物理模型为基础，通过计算机动态模拟优化，将投入与产出相比较来确定瞬时最佳 CO_2 施肥浓度。

3）施肥时间 确定合理的 CO_2 施肥时间。需要根据作物品种、生长需求和环境条件等，合理安排 CO_2 施肥时间。一天中 CO_2 施肥时间应根据设施内 CO_2 变化规律和作物光合特点确定。在日本和我国，CO_2 施肥多习惯于从日出或日出后半小时开始，通风换气之前结束，持续时间 0.5～3h，白天不通风时可延迟到中午。北欧、英国、荷兰等国家和地区则全天候进行，当中午通风窗开至一定大小时自动关停。上午日出后通风前，光照强度迅速增强，温室温度升高，植物光合作用迅速消耗温室内的 CO_2，导致温室 CO_2 浓度迅速降低，不能满足作物对 CO_2 的需求，此时应及时进行 CO_2 施肥。中午放风前半小时停止施肥，午后光合作用较弱，可以不施 CO_2。植物苗期叶面积小，可不进行 CO_2 施肥，开发坐果期与果实膨大期之后，应及时进行 CO_2 施肥。此外，光照很弱及温度很低时，光合速率降低，对 CO_2 的需求降低，也可不施肥。叶菜类在发棵期开始进行 CO_2 施肥，茄果类蔬菜在开花坐果至果实膨大期为 CO_2 施肥的最佳时期。设施施用 CO_2 时间一般在春、秋、冬三季，叶菜类整个生长期均可施用，果菜类在结果期施用。从理论上讲，CO_2 施肥应在作物一生中光合作用最旺盛的时期和一日中光照条件最好的时间进行。苗期 CO_2 施肥利于缩短苗龄，培育壮苗，提早花芽分化，并显著提高早期产量，因此施肥应尽早进行。定植后的 CO_2 施肥时间取决于作物种类、栽培季节、设施状况和肥源类型。以蔬菜为例，果菜类定植后到开花前一般不施肥，待开花坐果后开始施肥，主要是防止营养生长过旺和植株徒长；叶菜类则在定植后立即施肥。在日本，黄瓜越冬栽培 CO_2 施肥始于近收获期，促成栽培则从定植后开始。在荷兰，采用中央锅炉供暖，CO_2 施肥通常贯穿作物的全生育期。

4）操作安全与生产效益　CO_2 施肥是否得当关系到整个植株生长发育良好与否及后期的经济效益。在 CO_2 施肥过程中，需要注意以下一些问题。首先，CO_2 施肥具有一定的危险性，需要注意人身与财产安全。在操作过程中，如使用燃烧法，应注意燃烧充分、及时通风，防止有害气体 SO_2、CO 等的产生与聚集，且要避开可燃物防止火灾发生。如采用浓硫酸稀释成稀硫酸制备 CO_2，应注意防止浓硫酸接触皮肤或衣服。如采用液态 CO_2 法，则要注意搬运与泄压等过程的安全操作。同时，CO_2 浓度过高也会对人体健康与植物产生伤害，应定期监测与控制 CO_2 施肥浓度。其次，应该注意协调好 CO_2 施肥与通风的矛盾，处理好施肥开始时间与结束时间，避免 CO_2 浪费，提高生产效益。最后，应注意调控好 CO_2 施肥过程中的水、肥、温、光等环境条件，以充分发挥 CO_2 施肥对植物生长的促进作用。

5）CO_2 施肥过程的环境调控　CO_2 浓度对光合作用的影响与光强有关。CO_2 施肥可提高作物光能利用率，弥补弱光损失，增加光合速率。尤其在人工补光条件下，CO_2 施肥可充分发挥补光的潜力，降低生产成本。研究表明，温室作物在正常大气 CO_2 浓度下光能转换效率为 5～8μg CO_2/J，光能利用率为 6%～10%；在 1200μmol/mol CO_2 浓度下光能转换效率为 7～10μg CO_2/J，光能利用率为 12%～13%。强光下增加 CO_2 浓度时作物光合速率的增加幅度大于弱光，因此，CO_2 施肥的同时务必改善群体受光条件。

从光合作用的角度分析，当光强为非限制性因子时，增加 CO_2 浓度提高光合作用的程度与温度有关。蔬菜 CO_2 施肥的效果与生长期平均气温相关，在较高气温下施肥才能增产。由此可以认为，CO_2 施肥的同时提高管理温度是必要的，但实践中尚需通过研究确定合理的调控指标。有人主张将 CO_2 施肥条件下的温室通风温度提高 2～4℃，同时将夜温降低 1～2℃，以加大昼夜温差，保证植株健壮生长，防止徒长。但提高通风温度往往带来设施内高湿环境，对作物的生长不利，容易诱发病害，应当特别注意。在低营养供给水平下，维持过高的空气湿度会大幅度降低作物的蒸腾速率，由此造成养分缺乏，生长不良。减少设施内的相对湿度，一方面，可采取地面覆盖等措施，减少水分蒸散；另一方面，尽量选用内张幕、透湿和抑雾型材料。尽管提高 CO_2 浓度能够增强作物对干旱胁迫的抗性，但施肥过程中仍以保持较高的空气和土壤湿度为宜。CO_2 施肥促进作物的生长发育，增加矿质营养吸收。通常 CO_2 施肥植株体内矿质元素含量下降，但矿质元素的吸收总量仍然增加，说明 CO_2 施肥增加了作物对水分和矿质营养的需求。提高 CO_2 浓度和增施氮肥均有利于改善植物的光合作用，并且增施氮肥可以提高 CO_2 施肥对光合功能的改善作用，这是因为氮是光合碳循环酶系和电子传递体的组分。CO_2 施肥有利于促进植物根系对养分的吸收，因此 CO_2 施肥时应增加营养液浓度，避免营养缺乏。

（五）CO_2 施肥对植物的促进作用

CO_2 浓度的高低直接影响着光合速率，进而影响植物光合产物的形成及干物质的积累。CO_2 施肥被广泛应用于设施蔬菜生产中，取得了良好效果。CO_2 施肥有利于促进叶绿素含量的提高、叶片增厚浓绿和茎粗的增加。同时，它有利于促进光合产物向作物根系运输，使根系发达，进而提高作物根系吸水吸肥的能力。在果实或产品器官快速生长期进行 CO_2 施肥有利于促进果实膨大，提高产量与果实中可溶性糖及抗氧化物质等的含量。此外，CO_2 施肥还能增强植株对各种生物或非生物胁迫的抵抗能力。

1. CO_2 施肥促进作物生长　　CO_2 施肥在设施植物应用上起着广泛且良好的促进作用。大量研究结果表明，CO_2 施肥条件下，蔬菜株高、茎粗、叶片数、叶面积、分枝数、开花数、坐果率增加，生长发育速度加快。研究表明，CO_2 施肥能够促进设施黄瓜的生长发育，提高黄瓜的株高、茎粗、叶面积和根系表面积与体积等。此外，它有利于加速花卉生长，消除顶端优势，增加开花数量等。CO_2 施肥促进侧枝发育可能与对顶端优势的抑制有关，而对开花数的影响一方面是由于施肥对花芽诱导和分化、发育和败育的直接效应，另一方面是由分枝数的增加和茎部的伸长引起的。CO_2 施肥促进生长和花芽分化的原因，除了光合速率增加为细胞生长提供更丰富的糖源外，施肥还可诱导细胞生长，即 CO_2 溶于水提高细胞壁环境 H^+ 浓度，激活软化细胞壁的酶类，解除细胞壁中多聚物联结，使之软化松弛，膨压下降，从而促进细胞吸水膨大，同时 CO_2 施肥促进花芽分化符合 C/N 理论。此外，CO_2 施肥使蔬菜的比叶重与叶片厚度提高，只是叶片厚度提高的具体表现因作物而不同。

2. CO_2 施肥提高作物产量与品质　　CO_2 施肥作为一种生产栽培技术，被广泛应用到生产实践中，发挥了良好的提质增产效应。研究发现，CO_2 施肥能够显著提高黄瓜的早期产量与总产量及品质等。CO_2 施肥能够促进菜薹对养分的利用，提高菜薹产量，改善菜薹品质，提高净收益。CO_2 施肥有明显的增产效果，增加幅度在 21%～80%。李靖等（2018）的研究表明，不同浓度 CO_2 施肥显著提高番茄果实品质，其中以 800μmol/mol CO_2 施肥的果实品质最佳。刘洋等（2018）的研究表明，不同浓度 CO_2 施肥均能有效促进黄瓜植株生长与产量的提高，但是以 800μmol/mol CO_2 施肥时黄瓜产量与效益最佳。此外，CO_2 施肥还能有效促进设施果树及设施花卉等产品产量与品质的提高。

3. CO_2 施肥增强设施作物抗逆性　　CO_2 施肥在设施逆境条件下（如冷害、弱光、高温、病害等）也能有效促进作物的生长发育。研究指出，CO_2 施肥有利于提高黄瓜幼苗的抗寒能力，进而提高结果产量（魏珉等，2001）。同时，它能够提高黄瓜叶片的弱光利用率和抗光氧化能力，并通过增加单果重和单株结果数增加其产量（张泽锦等，2018）。CO_2施肥有利于减缓高温对植株叶片叶绿素的伤害，提高高温环境下的光合水平（王红彬等，2007）。此外，它还能够有效降低黄瓜叶片的霜霉病发病率与病情指数。Tripp 等（1992）的研究指出，生长于 1000μmol/mol CO_2 浓度下的温室番茄白粉虱发生数量明显减少，且数量多少与叶片 C/N 和 C 含量呈负相关，与叶片 N 含量呈正相关，他们据此推测，CO_2 施肥改变了植株 C/N，减少了白粉虱的发生率。有研究表明，CO_2 施肥降低了黄瓜霜霉病的发病率，原因可能与植株长势增强提高了抗性及气孔部分关闭阻止了病原菌的侵染有关。可见，CO_2 施肥对各种逆境均具有一定的减缓作用，从而降低作物遭受各种生物或非生物胁迫的伤害。

然而，过高浓度 CO_2 容易引起作物生长异常，表现为叶片失绿黄化、卷曲畸形、坏死等症状。关于高浓度 CO_2 造成伤害的可能原因有多种解释：①气孔关闭，蒸腾速率降低，叶温过高，加速了叶绿素分解破坏；②强光下光合作用旺盛，淀粉含量增加，淀粉大量积累造成叶绿体损伤；③蒸腾速率降低影响矿质营养的吸收，造成缺素；等等。

第二节　CO_2 施肥对温室作物影响的研究

自工业革命以来，由于大量使用化石燃料及伐木毁林加剧，大气 CO_2 浓度在不断增加。到 21 世纪初，CO_2 浓度上升到约 375μmol/mol，并以前所未有的速度持续增加。预计到 21 世纪末，CO_2 浓度将上升到目前浓度的两倍。其浓度增加会导致气候变暖，温室效应日益增强，水分平衡受到影响，并造成季节性降雨格局发生变化。然而，在日光温室中，由于需要闭棚保温，在秋、冬及早春的上午未通风前，温室中的 CO_2 会降低到一个很低的水平，不能满足植株光合作用对 CO_2 的需要，从而显著降低作物产量。研究 CO_2 施肥对设施作物生长发育的影响，对于掌握其影响机理及预测未来 CO_2 浓度提高下的作物生长生态响应具有重要意义。国内外对 CO_2 施肥效应的研究主要集中在两个方面：一是围绕大气 CO_2 浓度升高问题，研究 CO_2 加富对作物及其生态系统的影响；二是针对设施 CO_2 亏缺现象研究 CO_2 施肥的增产效应与机理。本节重点综述 CO_2 施肥对设施作物的逆境调控机制。

一、单独 CO_2 施肥对作物的影响

CO_2 是作物进行光合作用的底物，CO_2 施肥对植物的生长发育产生深远影响，进而影响植物有机物积累及形态建成。以往大量研究表明，CO_2 施肥有利于促进植物的生长与地上部干物质产量。然而，这种促进效果通常因作物种类或品种、生长季节、试验条件等不同而有所差异。

（一）C_3 植物光合固碳过程

绿色植物利用光合器官吸收太阳能，在内囊体膜上将光能转化为化学能，然后在叶绿体基质中通过一系列酶学反应，固定大气中的 CO_2 合成有机物并释放氧气，称为光合作用，如式（5-1）所示。植物光合作用是植物叶绿体内由光、CO_2 及一系列物质与酶等

$$6CO_2 + 6H_2O \xrightarrow{\text{光，植物}} C_6H_{12}O_6 + 6O_2 \qquad (5\text{-}1)$$

参与的综合复杂过程。C_3 高等植物的叶绿体捕光蛋白复合体捕捉光能，用于驱动电子传递，进而还原 $NADP^+$-NADPH；电子传递驱动质子（H^+）由细胞质基质向腔内转移，产生质子电化学势梯度与 ATP（Qin et al., 2015）。光合作用电子传递链的蛋白复合体包括 PS Ⅱ、细胞色素 b_6f 复合体和 PS Ⅰ，在 PS Ⅱ 与细胞色素复合体 b_6f 之间通过质醌传递电子，而在 b_6f 与 PS Ⅰ 间通过质蓝素（plastocyanin, PC）传递电子（图 5-1）（武维华，2018）。最后，在 Rubisco 的催化下，合成的 ATP 与 NADPH 在内囊体膜上经过卡尔文循环固定还原 CO_2，合成有机物并释放 O_2，同时也参与叶绿体中的其他代谢活动。由于具有浓度梯度，CO_2 从空气中通过气孔扩散，然后通过细胞间空隙进入细胞，最终进入叶绿体，通过一系列化学反应在那里被固定并转化为碳水化合物（Yamori and Shikanai, 2016）。

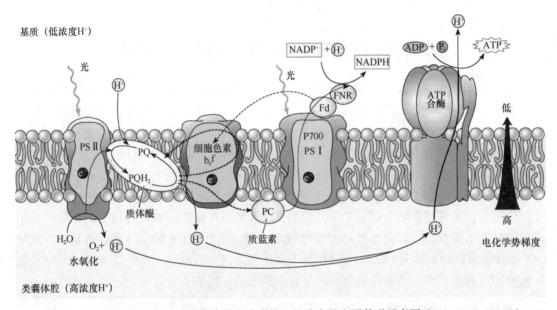

图 5-1　光合作用光反应的蛋白复合体在类囊体上的分布及电子传递示意图（Taiz et al., 2015）

C_3 植物光合作用的强弱受 CO_2 浓度的影响，光合 CO_2 响应曲线是描述植物光合速率随胞间 CO_2 浓度变化的响应曲线。Farquhar 等（1980）提出了 C_3 植物的光合作用生化模型。该模型指出，当胞间 CO_2 浓度低于一定浓度时，光合速率主要受 Rubisco 的活性或含量限制；当 CO_2 浓度继续增加时，净光合速率受到 1,5-二磷酸核酮糖的再生限制；当光合速率随 CO_2 浓度的升高而不再升高甚至降低时，净光合速率主要受到磷酸丙糖的限制。以上结果表明，光合作用随胞间 CO_2 浓度的不同而受到植物体内底物和（或）酶等的生化限制可能不同。不同植物光合作用对 CO_2 浓度增加的响应不同，研究适宜于植物生长的最佳 CO_2 浓度，对于提高其光合速率和产量具有重要意义。

（二）CO_2 施肥对作物生长发育的影响

1. CO_2 施肥对作物生长的影响 CO_2 施肥促进作物生长主要表现在促进植株株高生长、叶面积增加、茎秆变粗、比叶重增加等方面，前人对此进行了大量研究。Nilsen 等（1983）研究了 CO_2 施肥对温室番茄光合作用、生长和产量的影响，结果表明，CO_2 施肥可显著提高番茄叶片的净光合速率，从而提高番茄植株的干鲜重。Yelle 等（1990）的研究指出，CO_2 施肥能显著提高早期番茄的相对生长速率、净同化速率与比叶重。Li 等（2007）研究不同浓度营养液与 CO_2 施肥对番茄幼苗生长及养分的吸收后发现，CO_2 施肥促进了番茄幼苗株高、茎粗、各器官的干鲜重、生长值及壮苗指数的提高，同时这种提高幅度随营养液浓度的提高而提高。Mamatha 等（2014）的研究表明，相比自然 CO_2 浓度，CO_2 施肥能够显著提高分枝数、叶片数、叶面积与比叶重，而株高会显著降低。Higashide 等（2015）研究 CO_2 施肥与喷雾对设施番茄生长、产量与干物质积累和分配的影响后发现，CO_2 施肥显著提高了番茄叶面积、叶面积指数与植株的叶、茎干重及总的干重，从而促进植株生长。

2. CO_2 施肥对作物干物质积累与分配的影响 糖类等有机物在植物各器官中如何积累与分配，特别是在地上部与地下部之间的转移与分配，一直是广大研究者关注的热点。大多数研究结果表明，CO_2 施肥会提高根茎干物质比，然而这也取决于植物种类、生长环境与生长阶段等。在幼苗期，根系作为库积累了最多的糖类。随着植株的生长，茎叶和果实的库强更高，有利于吸收储存更多的有机物，因此后期糖类等有机物逐渐由根向叶、茎和果实转移，实现源库平衡（Marcelis et al.，2004）。王月（2008）研究了不同供磷条件下 CO_2 施肥对番茄植株生长的影响，结果表明，无论缺磷与否，CO_2 施肥均能显著地促进番茄幼苗地上部与地下部的干物质积累，并提高其根冠比。研究 CO_2 施肥对牧草生长及干物质分配的结果表明，CO_2 施肥显著促进了其株高与叶片数的增长，但是显著降低了地上部与地下部干重的比值（Ksiksi and Youssef，2010）。Bencze 等（2011）的研究表明，CO_2 施肥显著促进了番茄与辣椒幼苗各器官的干物质积累，且一定范围内，CO_2 浓度越高，促进的幅度越高；1500μmol/mol CO_2 浓度相比自然 CO_2 浓度水平使番茄及辣椒植株的总干重分别提高了 27% 和 90%。Mamatha 等（2014）的研究表明，CO_2 施肥能够显著促进盛花期番茄植株的根、茎、叶及总株的干重。上述研究结果表明，CO_2 施肥有利于促进植物干物质积累及各器官间有机物向生长中心转移从而促进植物生长，且这种影响因植株生育阶段、外界环境等因素的不同而存在差异。

3. CO_2 施肥对作物根系生长及根际环境的影响 根系是植物从土壤（介质）中进行水分与养分吸收最重要的器官，CO_2 施肥对设施作物根系生长具有显著的促进作用。CO_2 施肥能够促进根毛发生与伸长，这可能与 CO_2 施肥促进了植株体内生长素含量与乙烯含量的提高有关。在 CO_2 施肥情况下，黄瓜幼苗的根系干物质增加最多且分配量最大，根中的氮含量最高（Dong et al.，2016d）。土壤微生物组织能够促进土壤有机物的分解及植物对养分的利用，因此土壤微生物在生态系统及全球气候变化上都起着重要作用。CO_2 施肥对土壤微生物环境的影响与植物类型、土壤中营养可利用性、土壤类型等多种因素有关，CO_2 施肥对土壤细菌多样性的影响存在提高（Liu et al.，2014；Lee et al.，2015）、降低（He et al.，2012；Chen et al.，2014b）与不变（Austin et al.，2009；Ge et al.，2010）等多种结果，这些结果的多样性可能是因为试验材料或试验方法等的不同，或者是土壤结构的不同。此外，CO_2 施肥通过促进根系生长与根际沉积速率，从而影响土壤微生物组织。

（三）CO_2 施肥对作物光合特性的影响

1. CO_2 施肥对作物光合色素含量的影响 光合色素是绿色植物吸收光能将 CO_2 与水合成有机物的场所，其含量的高低对光合速率的高低有决定性作用，叶绿素含量与叶面积大小在一定程度上代表着叶片的光合能力。大量研究表明，大气 CO_2 浓度对光合色素具有重要影响，且其影响程度受试验条件、栽培品种等的不同而存在差异。Mamatha 等（2014）指出，$700\mu mol/mol\ CO_2$ 浓度下番茄叶片的叶绿素含量相比自然 CO_2 浓度显著降低，而 Chla/Chlb 无显著差异。Urban 等（2014）研究了不同天气条件下 CO_2 施肥对欧洲山毛榉的叶片光合作用的影响，结果表明，CO_2 施肥降低了单位叶面积的总叶绿素含量及类胡萝卜素含量，而增加了 Chla/Chlb。Zhang 等（2013）经研究发现，CO_2 施肥显著降低了小麦叶片中叶绿素含量及氮含量，提高了叶片的氮素利用率与水分利用效率。

2. CO_2 施肥对作物光合参数的影响 光合作用受一系列光合酶活性的综合调控，是一个复杂的酶学生理过程。CO_2 施肥上调了与光合作用相关的多种酶的活性，从而提高光合速率，促进植物生长（Santos and Balbuena, 2017）。CO_2 是植物进行光合作用合成有机物的重要底物，因而 CO_2 施肥对作物的光合特性的影响最直接且最显著。CO_2 施肥对植物光合作用的影响分为短期影响与长期影响。短期影响提高空气中 CO_2 浓度，作物光合速率明显上升。这是由于，一方面，CO_2 是光合反应的底物，空气中 CO_2 浓度升高引起叶肉细胞间隙 CO_2 浓度升高，提高了 CO_2 与 O_2 比值，导致 1,5-二磷酸核酮糖羧化酶/加氧酶（Rubisco）羧化活性增加，加氧活性减弱，光呼吸受到抑制，加速了碳同化过程；另一方面，随着 CO_2 浓度的升高，作物的光补偿点下降，光合量子产额增加，对弱光的利用能力增强，这在一定程度上可以补偿弱光造成的光合损失。此外，CO_2 浓度升高还可提高叶绿体 PSⅡ活性。CO_2 倍增条件下的黄瓜叶片，PSⅡ捕光叶绿体 a/b 蛋白质复合物聚合态份额增加，单体态份额减少，这种变化既是光合机构对长期高 CO_2 浓度的一种适应，同时也提高了对光能的吸收、传递和转换效率，以保证高效光合同化过程对 ATP 和 NADPH 的需求。CO_2 浓度升高对作物暗呼吸的影响尚无定论。研究指出，CO_2 富集主要通过以下三种方式促进光合速率的增加：①作为 1,5-二磷酸核酮糖羧化酶的底物，促进羧化位点对底物的吸收利用；②通过抑制光呼吸减少 CO_2 释放，从而提高胞间 CO_2 浓度；③通过促进光合作用的光能捕获（Sharkey et al., 2007），促进对 CO_2 的吸收。此外，CO_2 施肥可通过影响叶片激素水平和酸碱度及诱导气孔关闭来降低气孔导度和蒸腾速率（于贵瑞和王秋凤，2010）。

然而，长期的 CO_2 施肥可能造成光合适应现象，使净光合速率与大气 CO_2 浓度下的光合速率无显著差异，甚至低于大气 CO_2 浓度下的光合水平。长期生长于高 CO_2 浓度环境中的植株光合速率低于低 CO_2 浓度环境下长成的植株，称为光合驯化或光合适应现象。将 CO_2 浓度提高 3 倍，短时间内番茄光合速率增加 40%～50%，但长时间的相对生长率只增加 15%，即与光合驯化有关。关于光合驯化机理，一直是植物生理学家研究的热点。光合驯化的原因可能在于长期的 CO_2 施肥促进了叶片中糖类如淀粉的大量积累，反馈抑制了光合产物的合成，或者是光合有关酶活性降低等。综合相关研究结果，植物对高 CO_2 浓度的光合适应机理比较复杂，可能原因包括：①碳水化合物积累及光合电子传递链中氧化还原信号对光合作用发生反馈抑制；② 1,5-二磷酸核酮糖羧化酶活性下降，表现为酶蛋白数量减少或者活化百分率降低；③气孔状态及叶绿体超微结构的变化；④糖信号、C/N 值及生长调节物质对光合基因表达水平的调控；等等。然而，也有研究认为，在寒冷季节长期补充 CO_2 可能不会发生光合适应现象，可能的原因是植物生长在无土栽培加热环境下，不受库强、矿质营养、水分等条件的限制，从而能够长期发挥 CO_2 施肥的促进作用。

　　CO_2 施肥能够显著提高净光合速率，降低植株叶片的蒸腾速率与气孔导度。在一定时期内，不论在弱光（Bencze et al., 2011）、波动光强（Kaiser et al., 2017）还是充足光强下，CO_2 施肥均能显著提高植株的光合水平。Zhang 等（2013）经研究指出，在高氮及 CO_2 施肥条件下，植物的光合速率显著提高，主要原因是：CO_2 施肥条件下，高氮处理提高了叶片中氮含量及叶绿素含量、光系统 II 反应中心的实际光化学效率、总的电子传递速率及开放态 II 反应中心的比率，同时降低了光化学电子传递过程中卡尔文循环有关酶的抑制。然而，长时间超高浓度 CO_2 对植物的生长与光合作用也可能产生抑制作用。赵旭等（2015）的研究表明，当对番茄幼苗根部施以 $2500\mu mol/mol$ CO_2 时，番茄叶片叶绿素含量与叶面积会显著降低或减小，同时净光合速率、气孔导度与胞间 CO_2 浓度等会显著降低，而根系中果胶酯酶（PEPC）活性会显著增强，表明根系超高 CO_2 处理会显著降低番茄幼苗的光合特性，从而抑制植株生长。

　　3. CO_2 施肥对作物蒸腾作用的影响　　CO_2 浓度升高，气孔阻力增大，单位叶面积蒸腾速率降低，水分利用效率（光合／蒸腾）提高。前人经研究认为，提高 CO_2 浓度可降低作物蒸腾 20%～40%，提高水分利用效率 30%。但与此同时，CO_2 施肥下作物的光合作用增强，叶面积增加，可补偿由气孔导度降低产生的节水效应，从而导致以单株或单位土地面积计算时的耗水量没有显著差异。研究发现，不同作物气孔对 CO_2 浓度升高的反应存在差异，$300\sim1200\mu mol/mol$ 时，CO_2 浓度每增加 $100\mu mol/mol$，黄瓜、番茄叶片导度分别减少 4% 和 3%，甜椒减少 3%，茄子则减少 10.2%，即便如此，蒸腾速率的降幅却很小，甚至可忽略，说明气孔导度的变化并未成为影响水分运动的主导因素。此外，CO_2 浓度变化引起的气孔和蒸腾反应还受光照、水分等环境条件的影响。

　　4. CO_2 施肥对作物叶绿素荧光的影响　　叶绿素荧光作为研究植物光合作用的探针，反映了光能吸收、传递与光化学反应等光合作用的原初反应过程，普遍用于逆境生理研究过程中。研究表明，CO_2 施肥显著促进了初始光化学光量子产量与叶绿素荧光动力学参数指标的提高（Sekhar et al., 2015）。然而，在阴天时，CO_2 施肥略微降低了光系统 II 反应中心的电子传递速率，而升高了非光化学猝灭系数，这可能是 CO_2 施肥促进紫黄质向玉米黄质的去环氧化所致（Urban et al., 2014）。Ge 等（2010）研究了不同灌溉制度下提高温度及 CO_2 浓度对北方草地叶片光合作用、叶绿素及叶绿素荧光参数的影响，结果表明，CO_2 施肥促进了净光合速率的提高，但降低了叶片中氮含量及叶绿素含量，同时降低了光化学效率与电子传递速率，提高了叶片的非光化学效率。有关 CO_2 施肥对荧光特性影响的研究主要集中于木质植物类和豆类植物，而对设施瓜果类蔬菜的研究尚少，仍有待今后的进一步研究。

（四）CO_2 施肥对作物产量与品质的影响

1. CO_2 施肥对作物产量的影响　　CO_2 施肥有利于促进作物产量的提高。其原因在于，CO_2 施肥能促进光合作用，增加光合产物积累；同时，CO_2 施肥能够降低光补偿点，弥补弱光带来的损失；此外，它还能抑制呼吸作用，降低呼吸消耗。高 CO_2 环境下生长的番茄具有较高的碳同化和运转效率，大量光合产物运往果实部位促进了坐果和果实发育，对克服低温弱光下的花序败育具有积极作用。已有研究结果表明，CO_2 施肥对设施作物果实产量具有显著的影响。综合多数试验结果，CO_2 施肥可提高蔬菜产量 20%～30%，部分蔬菜甚至高达 40%～50%，尤其对提高前期产量的效果明显。苗期 CO_2 施肥对定植后的前期产量和总产量具有积极作用。叶菜类以叶片为产品器官，CO_2 施肥促进光合作用直接形成产量，叶片数增加，单叶重上升，增产幅度更大。试验表明，长期 $1000\mu mol/mol$ CO_2 施肥使莴苣达到收获标准的时间缩短 10～12d，使球重增加 25%～40%。CO_2 施肥促进果菜类蔬菜的花芽分化，降低雌花节位，提高雌花数目和坐果率，并加快果实的生长发育速度，可提早上市 5～10d，其中对果菜类单株结果数的影响大于单果重。Yelle 等（1990）指出，CO_2 施肥能够显著促进番茄早期产量与总产量的提高。Ito 等（1999）认为，CO_2 施肥对产量的影响主要发生在坐果期与果实生长期，CO_2 施肥有利于加速其膨大，促进果实尺寸及鲜重的提高，从而促进产量的提高。Mamatha 等（2014）认为，CO_2 浓度提高到 $700\mu mol/mol$ 可以显著增加番茄开花数、坐果数和坐果率，从而促进产量的提高。而 Pazzagli 等（2016）经研究指出，CO_2 施肥显著提高了番茄植株的开花数，但是对番茄的坐果数没有显著影响，从而显著降低了果实的坐果率。此外，CO_2 施肥对作物产量的影响还受外界环境如光强、温度与饱和蒸汽压亏缺等的调节，合理调控外部环境以充分发挥 CO_2 施肥的促进效应，有待于今后的进一步研究。

2. CO_2 施肥对作物品质的影响　　CO_2 施肥对设施作物果实的品质有显著影响。CO_2 施肥显著促进了设施番茄果实的增大及果色的加深，提高了果实中果糖、葡萄糖和蔗糖合成酶的活性，降低了果实中柠檬酸、苹果酸和草酸等浓度。CO_2 施肥有利于改善蔬菜品质，提高维生素 C、可溶性糖和可溶性固形物含量，延迟果实后熟，延长货架期。CO_2 施肥可显著促进番茄果实营养品质与感官品质的提高。番茄是番茄红素的重要来源，CO_2 施肥显著降低了番茄果实中番茄红素的含量（Helyes et al., 2015）。也有研究表明，CO_2 施肥可能会降低番茄果实品质如抗氧化物质与酚类的含量，这可能是由于 CO_2 施肥条件下，植物相比对照遭受胁迫程度更低，因此抗氧化物质含量更低（Mamatha et al., 2014），而正常胁迫条件会增加果实中酚类含量（Petridis et al., 2012）。CO_2 施肥对果实品质的影响主要作用于果实成熟期，此期果实膨大放缓，果实中糖分积累活化。CO_2 施肥有利于促进果实中糖的积累，从而促进果实品质的提高。CO_2 施肥一般使花卉作物花数增加 10%～30%，开花期提前 1～10d，并可增加侧枝数和茎粗，提高切花质量。此外，CO_2 施肥能够促进葡萄、梨等新梢伸长和树干肥大，维持生长势，促进果实成熟，增加果数、单果重和果实糖度，增产约 10%。

（五）CO_2 施肥对作物水分与养分利用的影响

1. CO_2 施肥对作物水分利用的影响　　CO_2 施肥能显著促进光合速率而降低蒸腾速率

与气孔导度，从而显著提高叶片的水分利用效率。此外，CO_2 施肥能改善植物-水分关系，提高植物根水势从而提高植株根系对水分的利用。Bencze 等（2011）经研究指出，CO_2 浓度增加到 1500μmol/mol 可显著提高总株植株水平上的水分利用效率，有效减少植株对水分的消耗。Mamatha 等（2014）认为，CO_2 施肥促进了花期与结果期番茄叶片的水势，而降低了叶片的渗透势。Pazzagli 等（2016）的研究表明，CO_2 施肥能够显著提高叶片水平的水分利用效率和整株水平的水分利用效率。以上研究结果表明，CO_2 施肥有利于促进植株对水分的充分利用，从而提高植株叶片水平及总株水平的水分利用效率，在一定程度上有效减缓了干旱对植株的伤害。然而，尽管 CO_2 施肥能显著降低气孔导度，降低单位叶面积水分蒸发量，但 CO_2 浓度提高的同时，植株叶片温度上升及叶面积的增加会抵消因气孔导度降低减少的水分蒸发，使总株水平的水分利用效率与自然状态下的水分利用效率无显著差异。

2. CO_2 施肥对作物养分利用的影响　　CO_2 浓度与养分含量对植株生长及养分利用具有显著的交互作用，共同促进植株对养分的吸收与利用（Singh and Reddy，2014）。研究表明，CO_2 施肥显著降低了小麦叶片中氮素浓度，可能是由于叶氮在 CO_2 施肥条件下被转移到光合器官中，用于合成光合作用所需的各种酶等，从而降低叶中的含氮量（Zhang et al.，2013）；也可能是增加的干物质对氮素吸收量进行了稀释，使其浓度反而低于自然 CO_2 浓度下的植株叶片含氮量。Li 等（2007）经研究发现，CO_2 施肥促进了作物对养分的需求，提高了对养分的利用效率。降低或消除根系生长对 CO_2 施肥的抑制，对于促进植物生长发育、提高作物品质、改良土壤、提高生长效益具有非常重要的意义。因此，今后应就 CO_2 浓度与养分浓度互作对植物生长发育及养分的吸收利用进行深入研究。综上可知，CO_2 施肥（短期）主要通过提高胞间 CO_2 浓度、光合酶活性、叶绿素含量和净光合速率等，同时抑制光呼吸、气孔导度与蒸腾速率，从而提高植株叶片对光能的利用及光合能力与水分利用效率，进而促进植株对结构物质如矿质元素及水分等的需求，促进生长与干物质积累，促进有机物的合成运输与产量提高，促进植株早开花，采收期提早，提高品质与水肥利用效率（图 5-2）。

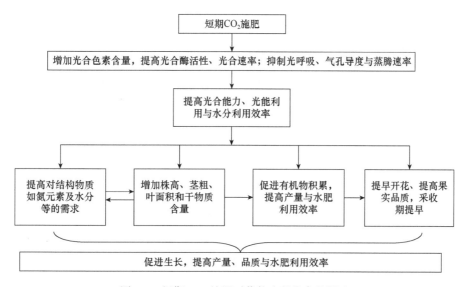

图 5-2　短期 CO_2 施肥对作物生长发育的影响

二、CO₂施肥对设施作物的逆境调控

CO₂施肥不仅能促进植物的生长，提高植物的净光合速率与产量，而且对逆境下的植物生长具有一定的改善作用。关于CO₂施肥对设施作物抗逆的影响，前人进行了大量研究，主要表现在干旱、高温、强光、盐胁迫和饱和水汽压差（VPD）等方面。研究CO₂施肥对设施作物的逆境调控作用，对于探究CO₂施肥在设施作物生产上的推广应用，以及预测未来大气CO₂浓度的提高对环境（温度、光照、湿度、水分、土壤盐浓度等）改变条件下植物生长的影响具有重要意义。

（一）CO₂施肥对作物抗干旱的影响

大气CO₂浓度提高伴随的以气候变暖为标志的全球变化将导致部分地区土壤水分有效性降低，干旱胁迫成为农业生产的主要限制因素（Wu et al.，2004）。CO₂施肥与干旱对植物生理生态及生态系统的影响引起了各国政府及科学家的广泛关注，土壤水分的可利用性将影响CO₂施肥对植物生长的效应。CO₂施肥有利于促进干旱逆境中叶片抗氧化酶活性的表达，降低活性氧的积累及膜脂过氧化程度、膜脂相对透性、丙二醛含量等，从而降低干旱对植株叶片的氧化伤害（李清明等，2010），其影响机制如图5-3所示。CO₂施肥有利于降低干旱胁迫下植物的气孔导度与蒸腾速率，促进植物叶片的净光合速率，显著提高植物的水分利用效率。CO₂施肥可提高叶片中蔗糖、淀粉、还原糖含量和蔗糖合成酶与硝酸还原酶的活性，从而促进植物在干旱逆境下的碳氮代谢，提高作物的生长量与产量，减缓干旱对植物生长的抑制作用（李曼等，2017）。此外，CO₂施肥还有利于促进干旱逆境下作物根系发育、影响气孔密度与分布、促进土壤蔗糖酶和过氧化氢酶活性以加速土壤有机质的降解，加快土壤碳库周转速率等。以上研究结果表明，CO₂施肥能够有效促进土壤酶活性、植物生长、光合特性、碳氮代谢及抗氧化能力的提高，从而增强植物对干旱的抗性。

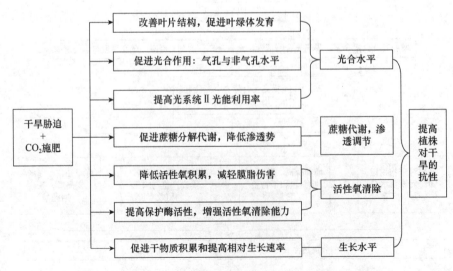

图 5-3　CO₂施肥对黄瓜幼苗抗干旱的影响（李清明，2008）

（二）CO_2 施肥对作物抗高温的影响

大量研究表明，CO_2 施肥可有效降低高温逆境下植物细胞中的渗透调节物质含量与膜透性、提高植物叶片的光合速率与细胞中抗氧化物酶活性，从而有效减弱高温对植物叶片的伤害，提高植物抵御高温的能力。张之为等（2017）的研究表明，CO_2 施肥上调了高温下黄瓜叶片中 *SOD*、*POD*、*CAT* 基因的相对表达量，提高了叶片中相应酶的活性，增强了番茄植株对高温的抗性与适应性，促进了番茄植株在高温下的生长。CO_2 施肥还能提高高温逆境下植物叶片中的可溶性糖与淀粉含量，促进可溶性糖向淀粉的转化（夏永恒等，2013）。CO_2 施肥改善逆境下植物叶片的显微结构，使栅栏组织排列更加整齐、紧密等，从而促进逆境下叶片的发育及其对光能的吸收利用。CO_2 施肥有利于提高高温下黄瓜叶片中羧化酶的活性，促进黄瓜的光合作用，进而促进黄瓜植株的生长。潘璐等（2014）的研究表明，高温与 CO_2 施肥能够提高 Rubisco 的活性和胞间 CO_2 浓度，从而提高光合速率，促进黄瓜植株的生长。前人对 CO_2 施肥与高温对植物的影响进行了大量研究，除上述方面外，还包括对植物根系、叶绿素荧光、水分利用、气孔特性及蛋白质组学（潘璐，2018）等各方面的研究。这些研究全面深入地阐述了 CO_2 富集对高温下作物生长发育的影响机理。综上，CO_2 施肥对植物抗高温的影响机制可总结为图 5-4。

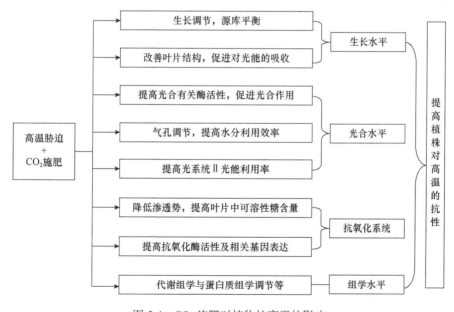

图 5-4　CO_2 施肥对植物抗高温的影响

（三）CO_2 施肥对作物抗弱光的影响

光与 CO_2 分别是植物进行光合作用的最初能量来源与物质来源，其强度（浓度）高低对植物的光合特性有深远的影响。冬季日光温室蔬菜生产面临较突出的问题是 CO_2 匮乏和弱光并存的现象。长期弱光胁迫会导致植株叶片变小、变薄，叶绿素含量降低，植株徒长，光补偿点降低，对强光的利用能力减弱，光能利用率降低。弱光下 CO_2 施肥提高了番茄初期的相对生长速率和净同化速率。Winter 和 Virgo（1998）研究了 CO_2 施肥对林下极度弱光条件下灯心草的影响，结果表明，CO_2 施肥有利于提高 CO_2 净吸收速率，降低弱光下 CO_2 损失速率，提高叶面积和干物质积累。在轻度弱光下通过增施 CO_2 可以弥补弱光对秧苗生长发育和物质分配造成的不良影响（赵瑞和陈俊琴，2006）。冬季弱光条件下，适当增施 CO_2 可以提高黄瓜叶片的光合效率，减少光照不足的影响。CO_2 施肥有利于提高弱光下黄瓜植株叶片表观量子效率、最大电子传递速率和跨膜电位，提高黄瓜植株对光能的利用率与抗氧化能力（张泽锦等，2018）。以上研究结果表明，CO_2 施肥能够在一定程度上减缓弱光对植物生长发育的影响，提高植物耐弱光的能力及光能利用率，从而促进植物生长与产量的提高。综上，CO_2 施肥有利于提高弱光下植株对光能与 CO_2 的利用率，提高其光合速率与抗氧化能力，缓解弱光对植株生长的抑制作用（图 5-5）。

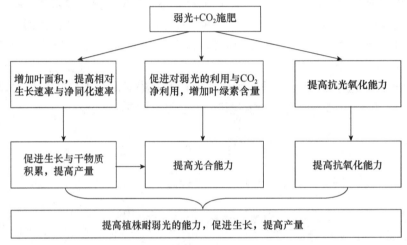

图 5-5　CO_2 施肥对植物弱光胁迫的影响

（四）CO_2 施肥对作物抗盐胁迫的影响

随着全球环境的恶化，土壤盐碱化问题已日益威胁到人类赖以生存的有限土地资源。土壤盐碱化会使土壤水势降低造成水分胁迫，同时某些离子浓度过高会造成对作物的毒害作用，特别是 Na^+ 和 Cl^- 在叶绿体内的积累会抑制光合作用。研究表明，CO_2 施肥有利于减缓环境盐胁迫对植物生长发育造成的伤害。张其德等（2000）经研究发现，CO_2 施肥能够提高盐胁迫下叶绿素含量、叶绿体对光能的吸收能力、Mg^{2+} 对 PS Ⅱ 和 PS Ⅰ 之间激发能分配的调节能力及荧光猝灭速率，从而减缓盐胁迫对小麦光合功能的损伤。张琴和朱祝军（2009）经研究发现，75mmol/L NaCl 胁迫下采用 CO_2 施肥能提高黄瓜的光合能力，促进黄瓜生长。CO_2 施肥还能降低盐胁迫下的渗透物质含量，提高黄瓜叶片中 SOD、APX 的活性，从而提高蔬菜的抗盐胁迫能力（张琴和朱祝军，2015）。袁会敏等（2008）研究了盐胁迫下 CO_2 施肥对黄瓜幼苗生长、光合特性及矿质养分吸收的影响，结果表明，CO_2 施肥可增加盐胁迫下黄瓜幼苗的生物量，使光合速率升高。李旭芬等（2019）的研究表明，CO_2 加富通过改善植株水分状况和提高渗透调节能力来增强番茄幼苗的盐胁迫耐受性。厉书豪等（2019）的研究表明，CO_2 加富通过提高幼苗叶片净光合速率、脯氨酸含量及抗氧化酶活性，降低蒸腾速率、减少丙二醛含量及活性氧的积累，从而缓解盐胁迫对黄瓜植株造成的伤害。CO_2 施肥还可以通过提高盐胁迫下花椰菜的净光合速率从而促进花椰菜的生长（Zaghdoud et al., 2016）。Pérez-López 等（2013）研究了 CO_2 施肥对盐胁迫下大麦生长与氮代谢的影响，结果表明，CO_2 施肥促进了中度盐胁迫下大麦植株的氮素吸收、转运与光合氮利用率，减少了对硝酸还原酶活性的抑制作用，从而有效维持了大麦的氮代谢，促进植株生长。综合前人研究可知，CO_2 加富通过提高盐胁迫下光合能力、PS Ⅱ 光化学活性、抗氧化能力、渗透调节、氮代谢、水分与离子吸收能力等，从而提高植株的耐盐能力（图 5-6）。

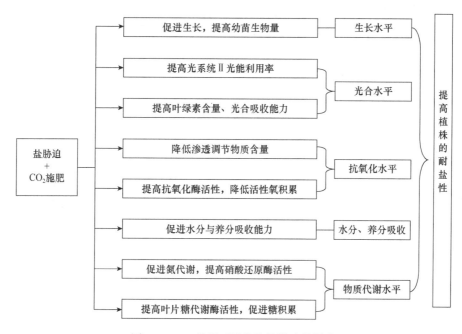

图 5-6　CO_2 施肥对植物抗盐胁迫的影响

（五）CO_2 施肥对作物抗高饱和水汽压差的影响

饱和水汽压差（VPD）是由空气温度和湿度综合计算出的一个代表大气干旱程度的值，它反映了水分亏缺的程度，表征大气的实际水汽压与饱和水汽压之间的差值。VPD 越大造成的空气负压越大，形成的大气拉力越大，进而影响水分平衡、植株光合作用和生长。在我国西北地区，夏季晴天 VPD 高达 8kPa，远高于植物生长的适宜 VPD 范围（Shamshiri et al., 2017），严重影响着植物的生长发育与水分代谢。CO_2 浓度和 VPD 及其交互作用通过它们对光合作用、蒸腾作用和气孔导度的综合影响，从而对植物叶片扩张和干物质积累等产生影响。研究表明，CO_2 浓度升高能够缓解高 VPD 对草原的抑制作用（Ding et al., 2018）。CO_2 富集条件下，相比低 VPD，高 VPD 提高了植物叶片中可溶性蛋白质含量和光合作用速率（Luis et al., 2010）。夏季和冬季 CO_2 富集条件下降低 VPD 均显著提高了植物的光合作用和水分利用效率，并使产量和生物量显著提高（焦晓聪，2018）。高 VPD 条件下，CO_2 施肥显著提高了植物的光合速率，而降低了其蒸腾速率与气孔导度。目前，国内外关于 CO_2 施肥缓解高 VPD 对植株伤害的研究较少，有待进一步深入研究。

（六）CO_2 施肥对作物抗其他逆境的影响

设施作物生长发育过程中可能会遭遇各种各样的生物与非生物胁迫，这些胁迫常常会对植物的光合器官（叶片）造成不可逆转的影响，从而抑制其生长与产量的提高。除了上面所列举的高温、干旱、强（弱）光与盐胁迫外，植物病虫害、重金属胁迫（如镉）、水淹、气害等都是严重威胁植物生长发育的因子。此外，CO_2 施肥还能显著降低温室番茄白粉虱发生数量，且数量多少与叶片 C/N 和 C 含量呈负相关，与叶片 N 含量呈正相关。可能是由于 CO_2 施肥改变了植株 C/N，从而减少了白粉虱的发生（Tripp et al., 1992）。CO_2 施肥能显著降低黄瓜霜霉病的发病率，这可能与 CO_2 施肥使植株长势增强提高了抗性，以及气孔部分关闭阻止了病原菌的侵染有关。然而，目前关于 CO_2 富集减缓此类胁迫的研究甚少，有的方面尚存在空白，有待今后深入研究。

第三节　温室 CO_2 研究中存在的问题及展望

一、存在的问题

在温室中，CO_2 浓度常常远低于适合植物生长发育的最佳 CO_2 浓度水平，因此 CO_2 施肥是设施作物提高产量的重要手段。关于 CO_2 施肥对作物的影响，国内外学者进行了大量研究。通过文献回顾，我们发现仍然存在以下一些问题。

（一）CO_2 施肥手段差异很大

研究 CO_2 施肥对作物影响的方法一直在不断改进，先后经历了密闭气室、半开放梯度系统、开顶式气室、开放式 CO_2 富集系统（free air CO_2 enrichment，FACE）及微型系统（mini FACE）等多种形式，这些方法各有利弊。许多 CO_2 施肥研究是在封闭的小环境下进行的，其气流、温度、水分和光照等与实际大气环境可能完全不一致。密闭气室多用于植株个体或幼苗的试验，但不能开展群体研究。半开放梯度系统可以控制 CO_2 浓度及温度等因子，模拟效果较好，但与自然环境差异较大，且因子控制精度有待提高。开顶式气室的空间较小，CO_2 扩散少，容易控制浓度，投资少，但试验空间有限且不易重复。FACE 的基本原理是在自然状态下，向目标作物全生育期增施 CO_2，并使之稳定在一定浓度水平，以此研究 CO_2 施肥及其与其他环境因子协作对作物个体生理性状和群体生态指标的影响。FACE 没有封闭设施，气体在田间自由流通，系统内部的通风、光照和温湿度等条件处在自然生态环境中，模拟精度较高，是研究大气 CO_2 施肥条件下作物生态系统响应最理想的方法，然而该方法难以模拟温度，并且仪器设备投入较大、仪器维护及 CO_2 消耗费用巨大，因此目前还主要集中在欧美等发达国家，发展中国家相对很少。mini FACE 与 FACE 的功能和原理相同，可以大幅度降低 CO_2 的消耗量，因而在一定范围内成为 FACE 的替代研究手段。试验手段的不同可能引起结果的千差万别，不利于相互之间进行对比分析。

（二）CO_2 施肥浓度、时间和时期差异很大

CO_2 施肥浓度差别很大，没有统一的标准。由于采用的 CO_2 补充方法不同，CO_2 浓

度处理差异很大。例如，在温室或生长室中，CO_2 施肥处理包含 550μmol/mol（Jin et al.，2014）、590μmol/mol（Ruiz-Vera et al.，2015）、700μmol/mol（Urban et al.，2014）、800μmol/mol（Wei et al.，2018）、900μmol/mol（Fierro et al.，1994）、1000μmol/mol（Bencze et al.，2011）、5000μmol/mol（Wu and Lin，2013）和其他不同浓度。而在开阔的 CO_2 施肥系统中，CO_2 富集一般为 550μmol/mol。研究表明，300～1200μmol/mol 时，CO_2 浓度每增加 100μmol/mol，黄瓜、番茄叶片的气孔导度分别减少 4% 和 3%，甜椒叶片的气孔导度减少 4%。由光合 CO_2 响应曲线结果可知，作物光合速率随 CO_2 浓度增加呈现出先递增后趋于稳定的变化趋势。此外，关于 CO_2 施肥的研究，大多数对 CO_2 施肥时段的环境调控方法交代得并不明确。大多数情况下，CO_2 施肥时植物生长环境处于封闭状态，其温度、湿度等必然发生变化，尤其正午温度过高时，如何协调好 CO_2 加富与温度的调控，是实现 CO_2 施肥效益的关键。CO_2 处理时如何调控室内温度、湿度和通风等并不清晰，给读者造成了很大的困扰。此外，处理时段丰富多样，如全天时段、有光时段或上下午间隔性 CO_2 施肥等，这些方法的不同可能对植物产生不同的短期或长期影响。最后，CO_2 处理时间长短不一，从几天、几星期到数月。植物对短期与长期 CO_2 加富处理的响应不同，如短期 CO_2 加富促进作物光合作用，而长期进行 CO_2 加富则可能发生光合适应现象，抑制光合作用的进行。植物光合作用对不同浓度 CO_2 及处理时间长短的响应不同，难以进行相互比较，具有很大的不确定性。

（三）与其他环境因子的综合研究欠缺

CO_2 与温度、水分、光照等环境因子是相互影响的，共同作用于植物的生长发育过程。尽管前人对 CO_2 加富与温度、VPD、光强及肥料互作对设施作物的影响进行了一系列研究，然而，由于试验条件的限制等，关于 CO_2 加富与其他环境因子（如温度、光强及降雨等）互作的深入研究仍然不够深入。CO_2 浓度上升伴随着气候温度的上升、全球降雨与气候变化等，研究 CO_2 互作与多环境因子的耦合对作物生理生态的影响，对于预测植物对未来环境变化的响应具有更重要的现实意义。以往关于这些方面的互作研究多集中于对植物生长、生理、养分吸收及产量品质等方面，而对植物分子水平及代谢组水平等的研究很少，难以揭示 CO_2 施肥和其他环境因子互作对植物生长发育影响的深层机理。此外，目前关于 CO_2 施肥的研究多集中于叶片水平和个体水平上，而关于群体尺度上的研究极少。在群体尺度上开展 CO_2 加富对植物生理生态的影响，对于了解植物与气候变化的关系具有更重要的意义。而且关于 CO_2 施肥与其他环境因子互作对植物生长发育的影响多集中于地上部分，而对根系形态与根系环境影响的研究较少，有待今后的进一步研究。

（四）研究深度与广度不够

关于 CO_2 施肥对作物影响的研究，目前绝大部分仍停留在植物生长发育、养分吸收、产量与品质等表观层次上，而缺乏对基因表达、蛋白质组学与物质代谢等方面深层次影响机理的挖掘。CO_2 加富如何影响 Rubisco 活化、蛋白质表达、大小亚基组装、活化酶相互作用？作物对 CO_2 的生理反应在细胞甚至是基因水平上如何表达？CO_2 加富具体通过哪条代谢通路去影响植物的光合作用？同时，不同区域、不同品种及不同生产水平的作物之间对 CO_2 施肥的响应是否存在差异？这些问题的解决有待从基因组学、蛋白质组学和代谢组学等水平深挖 CO_2 施肥影响植物光合作用的机理。此外，以往研究大多只考虑单一的 CO_2 因子，而忽略了其他多因素的影响，仅在理想条件下开展研究，这种研究往往夸大了 CO_2 施肥效果。由于植物响应 CO_2 施肥因植物种类与品种、试验处理手段与方法、气候环境等的不同而不同，因此，应当从更大范围内开展关于同一种类不同品种、不同气候环境与试验方法下的综合研究。最后，植物病虫害是影响其生长发育与产量、品质的重要因素，关于 CO_2 施肥对植物病虫害影响的研究极少，且这些研究仅仅就其现象进行了探索，因此，还有待深入开展研究，实现农业生产生态环保与增产增效的多重效应。

二、CO_2 施肥研究展望

CO_2 施肥是设施栽培中促进作物生长发育，提高设施作物产量、品质与经济效益的重要手段。然而，不论在生产实践中还是在科研试验中，CO_2 施肥方法粗糙，结果多样，且具有很大的不确定性，多数研究仅停留在表层，尚未揭示其影响的深层机理。针对目前 CO_2 施肥研究存在的问题，提出对今后的展望。

（一）制订科学、统一的研究手段与方法

开展不同 CO_2 施肥手段与方法的比较研究，探索适合特定植物生长发育的 CO_2 施肥浓度、时间与时期等，制订科学、统一的 CO_2 施肥手段与方法，实现科研方法共享。目前大多数关于 CO_2 施肥的研究多采用封闭或半封闭空间进行试验，所有其他参数都是基于理想环境条件，这种条件下 CO_2 富集研究可能会夸大 CO_2 施肥对植物光合作用和产量等的促进效果。其温度、光强、气流和降雨等与自然环境下的环境差异很大，难以用于预测未来 CO_2 浓度上升对植物生长与生理生态的影响。因此，关于 CO_2 施肥的研究，需要在更大尺度上和更近似真实自然环境的条件下进行。为正确评价未来 CO_2 浓度升高对作物的影响，还需要在研究方法和设施配置上有新的探索和考虑。且 CO_2 加富浓度与时间等应统一，以便反映 CO_2 加富对植物生长发育的影响，便于同一气候环境下相同作物研究结果之间的比较。此外，CO_2 施肥与其他环境因子的互作研究，其结果受植物品种或种类及多种环境因子的综合影响，具有很多的不确定性。因此，应加强利用综合分析法对已有的研究结果加以总结和归纳，从而总结出更普遍的规律。

（二）开展丰富、长期、系统的 CO_2 施肥研究

开展丰富、长期、系统的 CO_2 施肥研究，探索长期 CO_2 施肥对作物影响的动态变化。目前，关于 CO_2 施肥的研究，主要集中于短期 CO_2 施肥对植物生长发育的影响。短期的 CO_2 施肥有利于促进植物生长、提高植物光合作用，促进植物对养分的吸收，提高果实的产量与品质。然而，长期 CO_2 施肥条件下，植物生理生态的响应可能发生变化，如光合适应现象、产量不再增加等。研究长期 CO_2 加富对植物生长发育的影响，有利于更准确地预测未来环境变化条件下植株生长发育与产量的响应情况。

（三）多角度开展 CO_2 施肥对植物生长发育影响的研究

CO_2 施肥对光合作用的影响是一个多基因参与的复杂过程，有待从分子、蛋白质等水平上深入解析光合适应的机理。同时，还可以通过跨学科的合作和采用新的研究手段与方法，将不同时空尺度下复杂的生理和生态相互作用的分子机制联系起来（金奖铁等，2019）。此外，对作物在更大范围内（如研制可靠的开放式 CO_2 富集系统）开展不同类作物、不同品种与各种环境因子的互作影响研究；深入研究土壤、植物、CO_2 之间的相互影响、相互关系，探讨多个环境因子对植物的耦合作用。

（四）深入开展 CO_2 抗逆研究

CO_2 施肥有利于减缓植物遭受各种生物胁迫（如灰霉病、蚜虫等）或非生物胁迫（如高温、干旱和低温等）的伤害。然而，关于 CO_2 施肥缓解非生物胁迫的研究多集中于对植物形态及生理生化层面，而对其内在分子机理的研究较少。非生物胁迫逆境条件下，植物响应 CO_2 施肥是一个多基因参与的复杂过程，应该从分子水平与组学水平等多方面综合探讨。此外，相比非生物胁迫，关于 CO_2 施肥减缓生物胁迫的研究更少，且其机理尚不明确，大多只是简单描述其现象，未从酶学、细胞和分子水平去揭示其影响机理，CO_2 施肥如何抑制各种病菌与害虫的产生还有待进一步系统深入的研究。

第六章　设施土壤根际环境与营养

第一节　设施土壤根际环境与营养对作物生长发育的影响及作用

一、设施土壤环境的特点

土壤是园艺作物赖以生存的基础，作物根系发育的好坏取决于其所处的土壤环境；作物从土壤中获得生长发育所需要的养分和水分，土壤条件的优劣直接影响作物的产量和品质。

由于园艺设施半封闭性的独立生产模式，设施内土壤无雨水淋溶；同时，设施作物复种指数相对较高，加之施肥不合理等因素，设施内土壤环境与露天土壤存在很大差别。具体表现为土壤有机质含量高、速效氮磷钾含量高、土壤盐渍化和酸化、连作障碍、土壤微生物菌群紊乱、有害菌数量增加、土壤性状退化。

（一）设施土壤养分不平衡

设施内蔬菜复种指数高，精耕细作，施肥量大，造成设施内养分不平衡。

1. 设施土壤有机质含量高　杨凤军等（2016）报道黑龙江大庆地区日光温室种植年限分别为 2 年、3 年、5 年、7 年、10 年的温室 0～20cm 耕层土壤有机质含量分别是露地菜田的 2.1 倍、2.2 倍、2.43 倍、2.55 倍和 2.86 倍。

2. 设施土壤养分含量增加　随着种植土壤年限的增加，不同深度的设施栽培土壤中有效钾、有效磷、碱解氮的含量均逐渐增加。大庆地区 10 年老温室比 2 年新温室的土壤有效钾、有效磷、碱解氮分别增加 365.47mg/kg、78.55mg/kg、69.04mg/kg，增幅分别为 104.35%、52.36%、15.14%（杨凤军等，2016）。环渤海湾日光温室表层土壤养分累积明显，大部分日光温室有效磷和有效钾含量处于较高水平（陈之群，2016）。

3. 土壤盐类积聚　由于设施蔬菜栽培具有位置相对固定、生长期短、复种茬口多、土壤耕作频繁等特点，种植者为获得更高的产量及产值，不惜成本地大量施用化肥，导致盐分在表层土壤富集，造成土壤次生盐渍化。设施栽培作物一般为蔬菜，而蔬菜属于喜硝态氮作物，施肥合理时，施入的氮肥以硝态氮、亚硝态氮及铵离子形式存在，此时土壤中的铵化与硝化过程均受抑制，土壤溶液中 NO_3^-、NO_2^-、NH_4^+ 及原存在于土壤溶液或从土壤中溶解出来的 Cl^-、SO_4^{2-}、Ca^{2+}、Mg^{2+} 等积聚较多。露地栽培时，活性大的 NO_3^-、Cl^- 易随雨水淋失，难以在土壤中积累，而设施栽培时，NO_3^-、Cl^-、SO_4^{2-} 及相应的伴随离子 NH_4^+、Ca^{2+}、Mg^{2+} 则易积聚于土壤中并随地下水的向上运动逐渐向表层土壤集中，并在水分的不断蒸发过程中积累于表层土壤。杨思存等（2016）的研究表明，兰州市普通粮田改为日光温室种植后，0～100cm 土层含盐量普遍增加，增幅达到了 17.56%～29.77%，盐分表聚现象明显，耕层（0～20cm）土壤含盐量平均增加了 40% 以上；随着种植年限的延长，日光温室耕层土壤盐分含量持续增加，累积量最大的离子是 NO_3^-、SO_4^{2-}、Ca^{2+} 和 Na^+，阴离子的积累量显著高于阳离子，同时 K^+ 和 Na^+ 的含量大幅度增加。

（二）土壤酸化

土壤酸化主要是指土壤中的 H^+ 和 Al^{3+} 数量增加，导致阳离子库的耗竭，是土壤质量退化的重要形式之一。研究表明，设施土壤 pH 随种植年限的延长多数呈降低趋势，致使土壤酸化。连作 4 年和 25 年的大棚黄瓜土壤 pH 分别为 6.83 和 6.75，而露地土壤 pH 为 6.97，表明随种植年限的增加，土壤 pH 逐渐下降，但下降幅度较小。设施甜樱桃园土壤 pH 随着种植年限的延长呈下降的趋势，并且土层越浅下降越明显。大量施入生理酸性肥料、过量施入氮肥、施入未腐熟的有机肥、植株分泌的大量有机酸、灌水方式等都可能造成设施土壤酸化。

（三）连作障碍

同一种作物或近缘作物连作以后，即使在正常管理下，也会产生产量降低、品质变劣、病害严重、生育状况变差的现象，这一现象称为连作障碍。由于设施内作物栽培种类单一，为了获得较高的经济效益，往往会连续种植产值较高的作物，而忽视了轮作换茬。连作障碍的原因很多，但土传病害、土壤次生盐渍化和自毒作用是主要原因。

（四）土壤微环境和性状退化

由于设施栽培作物种类比较单一，形成了特殊的土壤环境，使硝化细菌、氨化细菌等有益微生物受到抑制，而对作物有害的微生物大量发生，土壤微生物区系发生了很大变化，而且由于设施内的环境比较温暖湿润，为一些病虫害提供了越冬场所；此外，连续种植同一作物或同源作物会使特定的病原菌繁殖，而使土传病害、虫害严重。

土壤微生物是生态系统的重要组成部分，承担着土壤中养分元素的循环和土壤矿物质分解的推动力作用，称为植物营养元素的活性库。设施土壤微生物数量与露地土壤有明显的变化，设施土壤真菌数量增加，其中腐霉菌占真菌的比例增加较多，木霉菌占真菌的比例减少，放线菌数量降低，氨化细菌、硝化细菌、反硝化细菌等均显著提高，其中硝化细菌增加最为显著。与露地土壤相比，设施土壤的酶活性也有明显的变化。土壤微生物生物量碳、氮及土壤脲酶、磷酸酶等各种土壤酶活性随着土壤盐分的升高而显著降低。设施条件下，一般随着连作年限的增加，土壤脲酶、中性磷酸酶、酸性磷酸酶和过氧化氢酶活性增加，而土壤转化酶活性显著下降。

多年培肥的设施土壤的水稳性团粒结构数量增加，总孔隙度增大，土壤容重变小，土壤毛细管孔隙发达，持水性变好，土壤物理结构有所改善；而很多设施土壤连续栽培后，土壤容重增大，土壤通气孔隙比例相对降低，耕作层变浅，土壤通气透水性变差，物理性状不良。

二、营养元素与植物生长发育的关系

植物正常生长发育所需要的营养元素有必需元素和有益元素之分；必需元素中又有大量元素和微量元素之分。必需元素是指植物正常生长发育所必需且不能用其他元素代替的植物营养元素。根据植物需要量的多少，必需元素又分为必需大量元素和必需微量元素。必需大量元素有碳（C）、氢（H）、氧（O）、氮（N）、磷（P）、硫（S）、钾（K）、镁（Mg）、钙（Ca）。必需微量元素有铁（Fe）、锰（Mn）、锌（Zn）、铜（Cu）、硼（B）、钼（Mo）、氯（Cl）。而硅（Si）和硒（Se）是对植物生长发育有益的微量元素。

（一）氮素

1. 氮素作用　氮为植物结构组分元素，主要构成蛋白质、核酸、叶绿素、酶、辅酶、辅基、维生素、生物碱、植物激素、酰脲。氮是蛋白质的主要成分，是植物细胞原生质组成中的基本物质，也是植物生命活动的基础。氮是叶绿素的组分，又是核酸的组分，植物体内各种生物酶也含有氮。此外，氮还是一些维生素（如维生素 B_1、维生素 B_2、维生素 B_6 等）和生物碱（如烟碱、茶碱）的成分。

2. 作物缺氮症状　作物缺氮的显著特征是植株下部老叶叶片从叶尖开始褪绿黄化，再逐渐向上部叶片扩展。缺氮会造成作物品质下降，蛋白质和必需氨基酸、生物碱及维生素的含量减少。整个植株生长受抑制，地上部受影响较地下部明显。叶片呈灰绿色或黄色，窄小，新叶发出慢，叶片数少，严重时下部老叶呈黄色，干枯死亡。茎秆矮短细小，多木质，分蘖分枝少。根受抑制较细小而短。花、果实发育迟缓，籽粒不饱满，严重时落果，不正常地早衰早熟，种子小，千粒重轻，产量低。叶菜类蔬菜缺氮，叶小而薄，色淡绿或黄绿，含水量减少，纤维素含量增加，丧失柔嫩多汁的特色，商品价值降低；结球类蔬菜缺氮，叶球不充实。番茄缺氮，植株生长停滞，植株矮小；也是淡绿或呈黄色，叶小而薄，叶脉由黄绿色变成深紫色；茎秆变硬，富含纤维素，并呈深黄色；果小，富含木质。黄瓜早期缺氮，生长停滞，植株细小，也是逐渐变绿或黄化；茎细长，变硬，富含纤维，果实色浅，在具有花瓣的一端呈淡黄色至褐色，变为尖削。莴苣缺氮，植株生长减慢，叶片黄绿色，严重时老叶变白、腐烂，幼叶不结球。

3. 作物过量施氮症状　氮素过多，常使作物生育期延迟，贪青晚熟，对某些生长期短的作物，会造成生长期延长，易遭到早霜的侵害。氮素过多使营养体徒长，细胞壁薄，叶面积增加，叶色浓绿，细胞多汁，植株柔软，易受机械伤和引起植株的真菌性病害。群体密度大，通风透光不良，易导致中下部叶片早衰，抗性差，易倒伏，结实率下降。芹菜叶柄变细，叶宽大易倒伏，叶的生育中后期延迟，收获期随之延迟。此外，氮素过多还会增加叶片中硝态氮、亚硝胺类、甜菜碱、草酸等的含量，影响植物油和其他物质的含量；造成作物品质下降、减产，甚至造成土壤理化性状变坏、地下水污染。特别是在设施栽培条件下，更应重视合理施用氮肥。

（二）磷素

1. 磷素作用　磷是植物体内许多有机化合物的组分，又以多种方式参与植物体内的各种代谢过程，在植物生长发育中起着重要的作用。磷是核酸的主要组成部分，核酸存在于细胞核和原生质中，在植物生长发育和代谢过程中都极为重要，是细胞分裂和根系生长不可缺少的。磷是磷脂的组成元素，是生物膜的重要组成部分。磷还是其他重要磷化合物的组分，如腺苷三磷酸（ATP），各种脱氢酶、氨基转移酶等。磷具有提高植物的抗逆性和适应外界环境条件的能力。

2. 作物缺磷症状　　缺磷的症状首先表现在老叶上，从下部叶子开始，叶缘逐渐变黄，然后死亡脱落，有些作物缺磷时，下部叶片和茎基部呈紫红色，在幼苗期较明显，中后期有所缓解，严重缺磷时，叶片枯死脱落。茎细小，多木质。根和根毛长度增加、根半径减少，次生根极少，有的作物缺磷时能分泌出有机酸，使根际土壤酸化，溶解更多的难溶性磷，提高土壤磷素的有效性，缺磷易引起根系相对生长速度加快，根冠比增加，从而提高根对磷素的吸收和利用。花少、果少，果实迟熟，种子小而不饱满，千粒重下降。缺磷也会引起作物体内硝酸盐的积累，造成品质下降。轻度缺磷，外表形态不易表现出来。苹果缺磷，叶色暗绿，形小，老叶深暗带紫。洋葱缺磷，移栽后幼苗发根不良，易发僵。番茄常作为缺磷指示性作物，早期叶背呈现红紫色，叶肉组织呈斑点状，后扩展到整个叶片，叶脉逐渐变成红紫色，叶簇最后呈紫色；茎细长，富含纤维；植株矮小，老叶黄化，有紫褐斑，后期出现卷叶，在果实成熟前脱落，结果延迟。黄瓜缺磷叶色暗绿，随叶龄增加，颜色更加暗淡，逐渐变褐干枯，植株矮小，细弱；叶柄间变褐坏死；雌花数量减少；果实畸形，呈暗铜绿色。莴苣缺磷叶色暗绿、红褐或紫色，老叶死亡，生长矮小，叶球形成不良，结球迟，茎顶端呈莲座叶状。芹菜缺磷叶色暗紫，叶柄细小，根系发育不良，植株停留在叶簇生长期。草莓缺磷叶色带青铜暗绿色，近叶缘的叶面上呈现紫褐色的斑点，植株生长不良，叶小。

3. 作物过量施磷症状　　给作物过多供给磷酸盐，会极大地促进作物呼吸，消耗大量的糖分和能量，往往会使禾谷类作物无效分蘖和瘪粒增加；叶肥厚而密集，叶色浓绿；生殖器官过早发育，因而茎叶生长受到抑制，引起植株早衰。叶类蔬菜纤维素含量增多，降低食用品质，整齐度差。作物果实着色不良，品质下降。因磷素过多而引起的病症，通常以缺锌、缺镁、缺铁等失绿症表现出来。

（三）钾素

1. 钾素作用　　钾是非植物结构组分元素。钾是多种酶的活化剂，在代谢过程中起着重要作用，不仅可以促进光合作用，还可以促进氮代谢，提高植物对氮的吸收和利用。钾可通过调控细胞的渗透压，调节植物生长和水分利用效率，增强植物抵御不良因素（旱、寒、病害、盐碱、倒伏）的能力。钾还可以改善农产品品质。

2. 作物缺钾症状　　作物缺钾症状一般在生长发育中后期才能看出来，表现出植株生长缓慢、矮化。典型症状为：植株下部老叶尖端沿叶缘逐渐失绿变黄，并出现褐色斑点或斑块状死亡组织，但叶脉两侧和中部仍保持原来的色泽，有时叶卷曲显皱纹，植株较柔弱，易感染病虫害。花椰菜缺钾易患黑心病，茎中部中空，严重时花球内部开裂，花球呈现褐色斑点并带苦味，有时叶卷曲显皱纹，植株较柔弱，易感染病虫害；严重缺钾时，幼叶上也会发生同样的症状，直到大部分叶片边缘枯萎、变褐，远看如火烧焦状；茎细小而柔弱，易倒伏；分蘖多，结穗少，种子瘦小；果肉不饱满，果实畸形。一般蔬菜缺钾时，体内硝酸盐含量增加，蛋白质含量下降，根系生长明显停滞，细根和根毛生长差，经常出现根腐病，常倒伏，高温、干旱季节，植株失水过多出现萎蔫。叶菜类作物一般在生育后期老叶外卷呈现黄白色斑，斑点扩大连成片后，叶子干枯脱落。芹菜缺钾叶色暗绿，老叶变黄，叶缘与叶脉间的组织呈褐色。茄子缺钾下部老叶叶缘变为黄褐色，逐渐枯死，抗病力降低。辣椒缺钾下部叶尖及叶缘变黄，有黄色小斑，以后向叶的中部扩展，叶尖及叶缘呈黄褐色，易引起病害，后期叶片变黄，严重时会枯死脱落。番茄缺钾时生长慢，发育受阻，幼叶轻度皱缩，老叶初为灰棕色，后在边缘处呈黄绿色，最后变褐死亡；茎秆变硬，富含木质，细长；根部发育不良，细长，常呈褐色；后期果实不圆而有棱角，果肉不饱满而显空隙，果实缺少红色素。黄瓜缺钾近叶脉处的叶肉变为蓝绿色，叶绿呈青铜色坏死，症状由基部向上发展，老叶受害最重，幼叶卷曲，果实发育不良，生长缓慢。莴苣缺钾时生育后期老叶外圈现黄白色斑，斑点扩大连成片后，叶子干枯脱落。草莓缺钾时在老叶的叶脉间产生褐色小斑点。

3. 作物过量施钾症状 过量施钾不仅会浪费资源，而且会造成作物对钙等阳离子的吸收量下降，造成叶菜腐心病；施用过量钾肥会破坏植株养分平衡而导致品质下降；过量施用钾肥会造成土壤环境污染及水体污染；过量施用钾肥，还易引起作物缺镁症和喜钠作物的缺钠症。

（四）钙素

1. 钙素作用 钙是植物维持正常生命活动所必需的营养元素之一，在植物体内执行多种生理功能。钙已不仅是一种参与构成植物各种器官、组织的营养物质，还作为信号物质调节细胞功能，为植物体内各种代谢活动的正常进行提供保障。钙能把生物膜表面的磷酸盐、磷酸酯与蛋白质的羧基桥接起来，从而稳定生物膜结构，保持细胞膜对离子选择性吸收的功能。钙能稳固细胞壁、促进细胞的伸长、参与信息传递、调节渗透作用。钙是某些酶的辅助因子或活化剂，如脂肪水解酶、卵磷脂水解酶、α-淀粉酶、腺苷三磷酸双磷酸酶、硝酸还原酶、琥珀酸脱氢酶等。Ca^{2+}对细胞膜上结合的酶（Ca-ATP 酶）非常重要。该酶的主要功能是参与离子和其他物质的跨膜运输。Ca^{2+}能抑制蛋白激酶和丙酮酸激酶的活性。

2. 作物缺钙症状 酸性土容易缺钙，缺钙主要是由于作物体内的生理失调，缺钙时，植株的顶芽、侧芽、根尖等分生组织首先出现缺素症，植株生长受阻，节间较短，植株矮小、柔软，幼叶卷曲畸形、脆弱，多缺刻状，叶缘发黄，逐渐枯死，叶尖有黏化现象，不结实或很少结实，或结畸形果等。

需钙量多的作物有紫花苜蓿、芦笋、菜豆、豌豆、大豆、向日葵、番茄、芹菜、大白菜、马铃薯、甜菜、葡萄等。大白菜缺钙时植株矮小，幼叶和茎、根的生长点首先出现症状，从结球初期到中期，在一些叶片的叶缘部发生缘腐病，内叶叶尖发黄，呈枯焦状，俗称干烧心，又名心腐病。番茄缺钙幼叶顶端发黄，植株瘦弱、萎蔫，叶柄卷缩，顶芽死亡，顶芽周围出现坏死组织，根系不发达，根短、分枝多、褐色；果实易发生心腐病、脐腐病或空洞果。黄瓜缺钙时叶缘、叶脉间呈白色透明腐烂斑点，严重时脉间失绿，植株矮化，嫩叶上卷，瓜小无味，花小呈黄白色。莴苣缺钙时生长受抑制，幼叶卷曲畸形，叶缘呈褐色到灰色，严重时幼叶从顶端向内部死亡，死亡组织呈灰绿色。芹菜缺钙时幼叶早期死亡，生长细弱，叶色灰绿，生长点死亡，小叶尖端叶缘扭曲、变黑。苹果缺钙时易出现苦痘病，梨缺钙时出现黑心病等。

3. 作物过量施钙症状　　一般土壤不易引起钙过剩，但大量施用石灰于某些高碳酸盐土壤可能引起其他元素（如磷、镁、锌、锰等）的失调症。田间条件下施钙肥过多会引起蔬菜植株的非正常生长和代谢，对蔬菜的产量和品质虽无明显影响，但易引起锌、铁、锰等微量元素有效度的降低。

（五）镁素

1. 镁素作用　　镁是一切绿色植物所不可缺少的元素，是叶绿素的组分。镁作为叶绿素 a 和叶绿素 b 卟啉环的中心原子，在叶绿素合成和光合作用中起重要作用。镁是许多酶的活化剂，能加强酶促反应，因此有利于促进碳水化合物的代谢和植物的呼吸作用。镁在磷酸盐代谢、植物呼吸和几种酶系统的活化中也有辅助作用。作为核糖体亚单位联结的桥接元素，镁可以稳定核糖体的结构，为蛋白质的合成提供场所，调节蛋白质的合成。

2. 作物缺镁症状　　缺镁时，植株变态发生在生长后期，突出的表现是叶绿素含量下降，并出现失绿症。常从下部老叶开始失绿，逐渐发展到新叶上。双子叶蔬菜的叶脉间叶肉变黄失绿，叶脉仍呈绿色，并逐渐从淡绿色转变为黄色或白色，出现大小不一的褐色或紫红色斑点或条纹。严重缺镁时，整个植株的叶片出现坏死现象，根冠比降低，开花受抑制，花的颜色苍白。

作物严重缺镁时才会出现缺镁的症状，一般轻微缺素（或潜在缺素）作物不表现缺镁症状，但产量已受到影响。这时，需配合植株、土壤的化学诊断，才能确定是否缺镁。一般作物含镁量为 0.1%～0.6%。番茄缺镁老叶叶脉组织失绿，并向叶缘发展，适度缺镁时茎叶生长正常，严重缺镁时扩展到小叶脉，仅主茎仍为绿色，最后全株变黄。辣椒缺镁果实膨大时，靠近果实的叶片叶脉间开始发黄；在生长后期，除叶脉残留绿色外，叶脉间均变黄，严重时，黄化部分变褐，落叶。钾、钙过多时，容易影响茄子对镁的吸收，易导致缺镁，叶子失绿，叶脉间表现更为显著，果实小，容易脱落。黄瓜缺镁时老叶脉组织失绿，并向叶缘发展，适度缺镁时茎叶生长正常；严重缺镁时扩展到小叶脉，仅主茎仍为绿色，最后全株变黄。芹菜缺镁时叶尖及叶缘失绿，逐渐发展至叶脉间出现坏死斑，以至全部叶子死亡。莴苣缺镁时老叶失绿有斑驳，严重时叶子全部发黄。

3. 作物过量施镁症状　　在田间条件下，一般不会出现镁素过多而造成植株生长不良的症状。但有些作物的根发育受阻，茎中木质部不发达，叶绿体组织细胞大而且数量少。

（六）硫素

1. 硫素作用　　硫是植物结构组分元素，主要由硫氨基酸、谷胱甘肽、硫胺素、生物素、铁氧还蛋白、辅酶 A 等组成。某些植物中带有难闻气味的挥发性物质也含硫，如萝卜和洋葱中的硫醇、洋葱中的二氧化硫、大蒜油和芥子油中的多硫化物和亚砜等。目前，土壤缺硫已经成为部分地区增加作物产量的限制因素或潜在限制因素。硫不是叶绿素的成分，但影响叶绿素的合成，这可能是叶绿体内的蛋白质含硫所致。硫是蛋白质和酶的组成元素，参与氧化还原反应，促进叶绿素合成，参与固氮作用，增强作物抗旱性、抗寒性和减轻或消除重金属元素对作物的危害。

2. 作物缺硫症状　　作物缺硫，症状类似缺氮，植株普遍失绿和黄化，但失绿出现的部位与缺氮不同，缺硫首先出现在顶部的新叶上，而缺氮是新叶、老叶同时褪绿。作物缺硫典型症状为：先在幼叶（芽）上开始黄化，叶脉先缺绿，后遍及全叶，严重时老叶变黄，甚至变白，但叶肉仍呈绿色，茎细弱，根系细长不分枝，开花结实推迟，空壳率高，果少。供氮充足时，缺硫症状主要发生在蔬菜植株的新叶，供氮不足时，缺硫症状则发生在蔬菜的老叶上。豆科和十字花科蔬菜容易发生缺硫症状。例如，油菜、苜蓿、三叶草、豌豆、芥菜、葱、蒜等都是需硫多、对硫反应敏感的作物。番茄缺硫时上部叶片黄化，茎和叶柄变红，节间短；老叶上的小叶叶尖和叶缘坏死，叶脉间出现紫色斑。

3. 作物过量施硫症状　田间条件下施硫肥过多会引起植株的非正常生长和代谢，叶色暗红或暗黄，叶片有水渍区，严重时发展成白色的坏死斑点。例如，南方冷浸田和其他低湿、还原物质多的土壤经常发生硫化氢毒害，水稻根系变黑，根毛腐烂，叶片有胡麻叶斑病的棕色斑点。

（七）铁素

1. 铁素作用　铁在植物中的含量不多，通常为干物质重的千分之几。铁不是叶绿素分子的组分，但铁对叶绿素的形成也是必需的。铁促进氮素代谢，铁还是固氮系统中铁氧还蛋白和钼铁氧还蛋白的重要组分，对于生物固氮具有重要作用。铁参加细胞的呼吸作用，在细胞呼吸过程中，它是一些酶的成分。铁为一些氧化酶或是非血红蛋白酶（如黄素蛋白酶）的重要组分，还能增强植株的抗病力。

2. 作物缺铁症状　作物缺铁，表现为缺绿症或失绿症，植株矮小、失绿，失绿症状首先表现在顶端幼嫩部分。典型症状为：在叶片的叶脉之间和细网组织中出现失绿症，在叶片上明显可见叶脉深绿、脉间黄化，黄绿相间很明显。严重时叶片上出现坏死斑点，并逐渐枯死。茎、根生长受阻，根尖直径增加，产生大量根毛等，或在根中积累一些有机酸。对于一年生作物来说，则多发生于高粱、蚕豆、花生、玉米、甜菜、菠菜、黄瓜、马铃薯、花椰菜、甘蓝、燕麦等上。番茄缺铁时幼叶呈黄色，叶片基部出现灰黄色斑点，沿叶脉向外扩展，有时脉间焦枯坏死，症状从顶部向茎叶发展。辣椒缺铁时幼叶和新叶呈黄白色，叶脉残留绿色，在土壤酸性、多肥、多湿的条件下，容易发生缺铁现象。结球甘蓝缺铁时幼叶叶脉间失绿呈淡黄色至黄白色，细小的网状叶脉仍保持绿色，严重缺铁时叶脉也会黄化。芹菜缺铁时嫩叶的叶脉间变黄白色，接着叶色变白色。

3. 作物过量施铁症状　铁素过多易导致植株中毒。植物铁中毒往往发生在通气不良的土壤上，所以铁中毒实际上是亚铁中毒。铁中毒常与缺锌相伴而生。

（八）锰素

1. 锰素作用　锰对植物的生理作用是多方面的，与许多酶的活性有关。它是多种酶的成分和活化剂，能促进碳水化合物的代谢和氮的代谢，与作物生长发育和产量有密切关系。锰与绿色植物的光合作用（光合放氧）、呼吸作用及硝酸还原作用都有密切的关系。锰直接参与光合作用、调节酶活性。锰素营养充足可以增强作物对某些病害的抗性。

2. 作物缺锰症状　植株矮小，呈缺绿病态。典型症状为：幼叶的叶肉黄白，叶脉保持绿色，显白条状，叶上常有斑点；茎生长势衰弱，黄绿色，多木质，花少，发育不良，果实重量减轻。缺锰的作物也比较容易受冻害袭击。番茄缺锰时下部叶片变为浅绿色，后发展到幼叶；叶脉间失绿，叶脉保持绿色，以后叶片出现褐色小斑点，后变黄出现花斑；严重时生长受阻，不开花结实。黄瓜缺锰时植株顶端及幼叶间失绿呈浅黄色斑纹，初期末梢仍保持绿色，呈现明显的网纹状并在脉间出现下陷坏死斑，老叶白化严重并最先死亡，芽生长严重受抑，新叶细小。芹菜缺锰时叶缘部的叶脉间呈淡绿色至黄白色。

3. 作物过量施锰症状　　施锰过多，可诱导植物出现缺铁症状。一般植物中含锰量超过 600mg/kg 时，就有可能发生锰中毒。老叶出现棕色斑块，斑点上有氧化锰的沉淀物。菜豆锰中毒还诱发植株缺钙，发生皱叶病。

（九）铜素

1. 铜素作用　　铜离子形成稳定性络合物的能力很强，它能和氨基酸、肽、蛋白质及其他有机物质形成络合物，如各种含铜的酶和多种含铜蛋白质。含铜的酶类主要有超氧化物歧化酶、细胞色素氧化酶、多酚氧化酶、抗坏血酸氧化酶、吲哚乙酸氧化酶等。铜参与体内氧化还原反应，构成铜蛋白并参与光合作用，参与氮素代谢，影响固氮作用，促进花器官的发育，促进木质素合成。

2. 作物缺铜症状　　作物缺铜时，植株矮小，出现失绿现象，易感染病害。典型症状为：幼嫩叶尖端是白色。蔬菜体内的含铜量小于 4mg/kg 时，就有可能缺铜，明显的特征是很多蔬菜花的颜色发生褪色现象。例如，蚕豆缺铜时，花朵颜色由原来的深红褐色褪成白色状。缺铜严重时，叶片或果实均褪色，顶梢发白枯死并向下蔓延。黄瓜缺铜时节间短，植株丛生，幼叶小，老叶叶脉间出现失绿，失绿从老叶向幼叶发展，后期叶片呈褐色，枯萎坏死。番茄缺铜时植株生长缓慢，叶片向内卷曲、失绿，茎叶丧失坚实性，不能形成花芽，枝条生长受抑制，根系发育不良。芹菜缺铜时叶色淡绿，在下部叶片上易发生黄褐色斑点。洋葱缺铜时生长缓慢，叶呈灰黄色，球茎松散，鳞片较薄、不紧实。莴苣缺铜时叶片失绿变白，从顶端叶和叶缘开始，叶片凹陷，生长停滞。豌豆缺铜时茎秆顶端萎缩，分枝伸长，花粉败育，不结实。草莓缺铜时新叶的叶脉间失绿，出现花白斑。

3. 作物过量施铜症状　　植物对铜元素的忍耐能力有限，当植株内的含铜量大于 20mg/kg 时，就可能发生铜中毒。铜中毒的外部特征与缺铁很相似，首先表现在根部，主根的伸长受阻，侧根变短，侧根和根毛数量减少，根的质膜结构遭到破坏，根内大量物质外溢。新叶失绿，老叶发生坏死，叶柄和叶背有紫红色斑块出现。

（十）锌素

1. 锌素作用　　锌是某些酶的成分或活化剂，锌通过酶的作用对植物碳、氮代谢产生广泛的影响并参与光合作用，参与生长素的合成，促进生殖器官发育和提高抗逆性。

2. 作物缺锌症状　　作物缺锌时，生长受阻，植株矮小，节间生长严重受阻，叶片脉间失绿或白化，新叶呈灰绿色或黄白色斑点。双子叶蔬菜缺锌时，典型症状是节间变短，植株生长矮化，叶片失绿，有的叶片不能够正常展开，根系生长差，果实少或变形。番茄缺锌时，植株中上部叶片呈微黄色或灰褐色，并有不规则的青铜色斑点；植株矮小，嫩枝前端叶片小，向上直立，失绿明显，俗称小叶病；老叶叶缘呈水渍状并向内扩张，而后干枯死亡；果实小，果皮厚，口味差。茄子缺锌时老叶失绿，叶片变小，类似病毒病症状；种子产量受到很大影响。芹菜缺锌时叶易向外侧卷，茎秆上可发现色素。

3. 作物过量施锌症状　植物锌中毒主要表现为根的伸长受阻，叶片黄化，进而出现褐色斑点。蔬菜的耐锌能力较强，田间条件下锌中毒的机会很少。如果植株体内的含锌量大于400mg/kg时，就会出现锌素的中毒。锌素过多时，叶色失绿，黄化，茎、叶柄、叶片下表皮呈现赤褐色。

（十一）硼素

1. 硼素作用　硼不是植物体内的结构成分，但它对植物的某些重要生理过程有着特殊的影响。硼能促进体内碳水化合物的运输和代谢，参与半纤维素及细胞壁物质的合成，促进生殖器官的形成和发育，以及细胞分裂和细胞伸长，调节酚的代谢和木质化作用，提高豆科植物的固氮能力，促进核酸和蛋白质的合成及生长素的运输，提高作物的抗旱、抗病能力，促进作物早熟。

2. 作物缺硼症状　作物严重缺硼时会影响作物的叶、花、果及根和茎的正常生长，使外部形态发生异常，根据这些异常，可以直观判断作物缺硼状况。不同种类的作物缺硼症状也不一样，但是有共同的特征，即生长点死亡，维管束受损，根系发育不良，有时只开花不结实，生育期推迟。

作物缺硼首先出现于幼嫩部分，新叶畸形、皱缩，叶脉间不规则褪绿，常呈烧焦状斑点。老叶叶片变厚、变脆、畸形，并变成深黄绿色或出现紫红色斑点，枝条节间短，出现木栓化现象。根的生长发育明显受阻，粗短，有褐色，根系不发达，生长点常死亡，如甜菜的心腐病、萝卜的溃疡病。蕾、花和子房发育受阻，脱落，果实、种子不充实，果实畸形，果肉有木栓化或干枯现象。番茄缺硼时幼苗子叶和真叶呈紫色，叶片硬而脆，茎生长点发黑、干枯；植株丛生状，顶部枝条内向卷曲、发黄而死亡；果实成熟期不齐、畸形，果皮有褐色侵蚀斑或黑疤。辣椒缺硼时顶端茎及叶柄折断，茎上有木栓状龟裂，对花器官发育有重要影响，花而不实、落花落蕾、花粉活力差；在叶柄上易出现肿胀环带，阻碍养分运输，叶片发黄，心叶生长慢，严重时老叶枯萎，心叶不长；根系生长差，严重时根腐烂变黑枯死。黄瓜缺硼时果实中心呈褐色，木栓化开裂。芹菜缺硼症状称为裂茎病。缺硼芹菜的幼叶沿边缘发生褐色斑点，同时茎也变脆；表皮内维管束组织发生褐色条纹，以后在叶柄的表面上发生横向的裂缝，同时组织由裂口处向外卷曲，裂开的组织很快地变成深褐色，茎叶都有些歪扭；幼叶往往变褐而死，根也变成褐色，很多侧根死亡，并在尖端形成小的球状附属物。芹菜缺硼与缺钙有相似症状，但缺钙时茎部不出现横向裂纹。

3. 作物过量施硼症状　施硼过多，可能导致植株中毒，症状多表现在成熟叶片的尖端和边缘，叶尖发黄，脉间失绿，最后坏死。双子叶植物叶片边缘焦枯如镶金边，单子叶植物叶片枯萎早脱。一般桃树、葡萄、无花果、菜豆和黄瓜等对硼中毒敏感，所以施用硼肥不能过量，以防受害。幼苗含硼过多时，可通过叶片吐水方式向体外排出一部分硼素。

（十二）钼素

1. 钼素作用　在必需营养元素中，植物对钼的需要量低于其他元素，其含量为

0.1～300mg/kg（干重），通常含量不到 1mg/kg。钼是固氮酶和硝酸还原酶的成分，氮代谢和豆科植物共生固氮都少不了钼，钼能促进植物体内有机含磷化合物的合成，还能促进光合作用，促进繁殖器官的建成，增强抗旱、抗寒、抗病能力。

2. 作物缺钼症状　作物缺钼时的症状主要有两种：一种是脉间叶色发黄，出现斑点，叶缘焦枯内卷呈萎蔫状，一般老叶先显症状，定型叶片尖端有褐色或坏死斑点，叶柄和叶脉干枯；另一种是十字花科植物常见的症状，即叶瘦长、畸形扭曲，老叶变厚、焦枯。蔬菜缺钼，植株矮小，易受病虫危害，生长缓慢，叶片失绿，有大小不等的黄色或橙黄色斑块，严重缺钼时叶缘萎蔫，有时叶片扭曲成杯状，老叶变厚、呈蜡质焦枯，最后整个死亡。蔬菜缺钼主要发生在酸性土壤上，故植株缺钼常伴随着锰中毒或铝中毒。

番茄缺钼时老叶明显黄化和出现杂色斑点，叶脉仍保持绿色，小叶叶缘向上卷曲，尖端皱缩和死亡，叶片逐渐枯落，新生叶片也逐渐失绿。黄瓜缺钼时叶片主脉间呈黄绿色至黄色，主脉周围有不规则的绿色斑点，叶基部及叶缘呈绿色花斑，叶尖向内卷曲。大白菜缺钼时叶片有浅黄色斑块，由脉间扩展至全叶，叶缘为水渍状，向内卷曲，严重时叶缘坏死脱落，只有主脉附近有残叶。花椰菜缺钼症状称为鞭尾病，症状是叶片出现浅黄色失绿叶斑，由叶脉间发展到全叶；叶缘为水渍状或膜状，部分透明，迅速枯萎，叶缘向内卷曲，有时在叶缘发病以前，叶柄先行枯萎，在全叶枯萎时仍不脱落，老叶呈深绿至蓝绿色，严重时叶缘全部坏死脱落，只余下主脉和靠近主脉处有少量叶肉，残余的叶肉使叶片呈狭长的畸形，并且起伏不平。

3. 作物过量施钼症状　蔬菜的耐钼能力很强，在钼含量大于100mg/kg的情况下，绝大多数蔬菜不会发生不良反应，有的长势还很好。番茄只有当植株中的钼浓度达到1000～2000mg/kg时，才会在叶片上表现出明显的中毒症状，表现为叶片呈鲜明的金黄色。花椰菜中毒症状表现为叶片呈深紫色。马铃薯中毒症状表现为小枝呈金黄或红黄色。

（十三）氯素

1. 氯素作用　氯参与植物的光合作用，调节气孔的开闭，激活 H^+-ATP 酶，增强作物对某些病害的抑制能力。氯对酶活性也有影响。氯化物能激活利用谷氨酰胺为底物的天冬酰胺合成酶，促进天冬酰胺和谷氨酸的合成。氯在氮素代谢过程中有重要作用。适量的氯有利于碳水化合物的合成和转化。

2. 作物缺氯症状　作物缺氯时根细短，侧根少，尖端凋萎，叶片失绿，叶面积减少，严重时组织坏死，坏死组织由局部遍及全叶，植株不能正常结实。幼叶失绿和全株萎蔫是缺氯的两个最常见的症状。

番茄缺氯时表现为下部叶的小叶尖端首先萎蔫，明显变窄，生长受阻；继续缺氯，萎蔫部分坏死，小叶不能恢复正常，有时叶片出现青铜色，细胞质凝结，并充满细胞间隙；根短缩变粗，侧根生长受抑；如及时加氯可使受损的基部叶片甚至恢复正常。莴苣、甘蓝和苜蓿缺氯时，叶片萎蔫，侧根粗短呈棒状，幼叶叶缘上卷成杯状，失绿，尖端进一步坏死。

3. 作物过量施氯症状　大多数作物对氯中毒有一定的敏感期。通常中毒发生在某一较短的时期内，而且有时症状仅发生在某一叶层的叶片上，敏感期后，症状趋于消失，生长也能基本恢复正常。例如，大白菜、小白菜和油菜4～6叶期为敏感期。

（十四）硅素

1. 硅素作用　　到目前为止，还没有足够的证据证明硅是高等植物生长发育的必需营养元素，但硅对高等植物生长的作用得到越来越多的证实，硅作为水稻、甘蔗、黄瓜等作物的必需营养元素也得到认可。硅参与细胞壁的组成，影响植物光合作用与蒸腾作用，可提高植物的抗逆性和作物对真菌病害的抵抗力。

2. 作物缺硅症状　　番茄和黄瓜等作物需硅较多，应注意硅肥的使用。番茄虽需硅但含硅量很低，番茄缺硅时也表现出症状，新叶出现畸形小叶，叶片黄化，下部叶片出现坏死部分，并逐渐向上部叶片发展，坏死区扩大，叶脉仍保持绿色，而叶肉变褐，下位叶片枯死；于第一花序开花期生长点停止生长，花药退化，花粉败育，开花而不受孕。黄瓜缺硅时，会长成葫芦状一头粗一头细，且表面粗糙，残次品多，产量降低。

（十五）硒素

1973 年，世界卫生组织（WHO）确认硒是人体所必需微量元素。硒还被科学家誉为"生命的火种""具有保健作用的神奇矿物"。硒具有抗氧化作用，其主要功能是催化过氧化物分解，阻断脂质过氧化连锁反应和清除某些有机氢过氧化物，保护膜结构和功能的完整性。硒参与植物新陈代谢，能促进碳素同化产物向根系运转，促进根系贮藏多糖、结构多糖、结构蛋白质等物质的合成与积累。硒还可以提高机体的抗逆性，如抗真菌病害、环境胁迫、重金属污染等。对于重金属元素，硒多表现为拮抗，如在生理浓度范围内，硒能减少植物对汞、镉的吸收。

第二节　设施土壤根际环境与营养对作物生长发育影响的研究进展

一、根际酸碱度对作物生长发育影响的研究进展

根际是指受植物根系生理活动的影响，在物理、化学和生物特性上不同于原土体的土壤微域，是植物、土壤、微生物三者相互作用的场所，也是各种养分、水分和有益或有害物质进入根系参与食物链物质循环的门户（张福锁等，2009）。作为连接土壤与植物的媒介，根际所含生物种类众多，被认为是地球上最复杂的生态系统之一（Raaijmakers et al.，2009）。根际的范围一般被认为在 4mm 以内。有人对根际范围进行了细分，把靠近根系 0～1mm 微区叫根面土，2～4mm 微区叫根际土，超出 4mm 范围的叫非根际土。但根际范围也因植物种类和营养元素的不同而异，有研究认为可被植物吸收利用的氮素主要分布在根系周围 40mm 的土层中，磷素则更多地富集在根系周围 1mm 的土层中。

（一）决定根际酸碱度的因素

根际酸碱度（pH）的变化主要是由与植物根系养分吸收相偶联的质子和有机酸的分泌作用引起的，其变化机制已经得到广泛研究（Hinsinger et al.，2003）。

不同氮肥形态、不同植物种类和品种、不同的营养状况及土壤理化性质等是决定根

系引起根际 pH 变化方向和强度的主要原因，而根际 pH 的改变又直接影响着根系的生长发育、根际养分动态及根际微生物群落的种类、数量和活性等，从而直接或间接地影响植物的生长。

植物在正常的生长发育过程中，一方面通过根系的呼吸作用释放 CO_2，另一方面在离子的主动吸收和根尖细胞伸长过程中分泌质子及有机酸，从而引起根际 pH 的变化。在胁迫条件下特别是在某些养分缺乏时，根系分泌质子和有机酸的强度增加，根际 pH 的变化幅度也增大。

阴阳离子吸收不平衡是造成根际 pH 变化的主要原因（Hinsinger et al.，2003），植物吸收阳离子大于阴离子时，根系为了维持电中性，从细胞质中释放 H^+，导致根际酸化；反之，释放 OH^-/HCO_3^- 导致根际碱化（Gregory，2006）。导致阴阳离子吸收不平衡的因素很多，主要包括氮素形态、营养供应、根系分泌物、根系呼吸、植物种类和品种的差异等。

1. 氮素形态 氮素形态（NH_4^+ 和 NO_3^-）在阴阳离子平衡中起重要作用。众多研究表明，在供应 NH_4^+ 时，植物根系以吸收 NH_4^+ 为主，植物为了维持细胞正常生长的 pH 和电荷平衡，根系分泌出 H^+，根际 pH 下降。当供应 NO_3^- 时，由于植物体内 NO_3^- 的还原过程需要消耗质子，为了维持电荷平衡，根际需要分泌 OH^-/HCO_3^-，引起根际 pH 升高。

2. 营养供应 营养供应情况也可影响根际 pH。缺 P、Zn 或 Fe 时，植物根系分泌质子，根际 pH 降低，这时 P 的有效性增加，特别是在钙质土壤中表现明显，钙质土壤 pH 较高，铵态氮引起的根际酸化可以降低 pH，可使营养吸收增加，如磷酸钙（Jing et al.，2010）。缺 P 会引起油菜、荞麦和白羽扇豆（Shen et al.，2005）对阳离子的吸收量大于阴离子，导致根际 pH 降低。100mmol/L NaCl、100mmol/L KCl 和 50mmol/L Na_2CO_3 处理玉米均能显著降低其根系质子分泌能力，从而抑制根系生长，KCl 处理的抑制作用强于 NaCl。

3. 根系分泌物 低分子质量有机酸是根系分泌物的一类重要物质，在养分活化与缓解重金属胁迫中发挥重要作用，如小麦分泌苹果酸、玉米和大豆分泌柠檬酸（严小龙，2007）。在缺 P 的石灰性土壤中生长的白羽扇豆会主动向根外分泌柠檬酸阴离子，使根际发生酸化，提高土壤酸度，增加根际土壤中养分的有效性。

4. 根系呼吸 土壤中微生物和根系呼吸活动会释放大量 CO_2 到根际微环境中（占每天光合作用的 12%～25%）（Gregory，2006），土壤空气中 CO_2 分压也是影响土壤溶液 pH 和离子有效性的因素之一。在植物生长期间，根际呼吸包括根系呼吸和根系分泌物进入土壤后诱发的微生物呼吸。

5. 植物种类和品种的差异 不同种类和品种的植物，其根际 pH 也会有巨大差异。耐受低营养的植物种类和品种，在其长期生态适应过程中，逐步进化形成一种主动改变其根际 pH 等微环境的机制。例如，生长在石灰性土壤的白羽扇豆会形成大量的促生根（protected root），并主动从促生根向根际分泌大量的柠檬酸，改变根际 pH，柠檬酸还能螯合根际微环境的 Al、Fe、Ca 等元素，提高其有效性。

（二）根际 pH 对植物的生长及生理代谢的影响效应

植物根系的生理活动会影响根际 pH 及根际微环境，相反，根际 pH 也会影响植物的生长发育及生理代谢过程。根际土壤中存在的酸性或碱性物质会改变土壤的物理、化学性质，影响土壤肥力，对植物的生长发育产生间接影响。根际 pH 可以直接影响植物根系细胞 pH 梯度、离子吸收，从而直接对植物造成影响。根际 pH 也可以通过影响根际微域养分的有效性、根际土壤的理化性质，间接对植物造成影响。

1. 根际 pH 对植物的生长及生理代谢过程的直接影响效应　　根际 pH 过高或过低都会直接影响根系细胞的 pH 梯度和阳离子的吸收，进而影响植物的正常生长发育及生理代谢。根际 pH 过低，植物根系正常生长和发育受到抑制（张福锁，1993），根系形态短粗、数量减少、颜色变为褐色或深灰色、根系活力显著降低、扎根深度减小，次生根生长严重受阻，以至根尖死亡，影响养分和水分的吸收；此外，根系细胞内 pH 降低，细胞器及各种酶活性受到抑制，细胞正常生理代谢被破坏，严重时造成细胞程序性死亡；根际 pH 过低还会直接导致植物根系对 Ca^{2+}、K^+ 的吸收受到抑制，对 Al^{3+} 和 Mn^{2+} 的吸收过量从而造成离子毒害。过量的 H^+ 明显影响根细胞质膜的稳定性。它们和其他阳离子竞争吸附位点、干扰其他阳离子的吸收和运输，导致细胞膜透性增加，溢泌作用增强。酸化土壤往往伴随着低磷和高矿物含量（如铝毒害）等特征（Haling et al.，2011）。根际 pH 低的环境中，Ca^{2+} 浓度较低，而 H^+ 和 Al^{3+} 的浓度过高，根系生长受到抑制，导致植物无法正常吸收水分和养分。此外，土壤 pH 的高低还影响重金属离子对植物的毒害作用。郭朝晖等（2003）模拟酸雨对红壤和黄红壤中重金属的释放过程并对其进行研究，发现随模拟酸雨的 pH 下降，污染土壤中重金属释放强度增大且明显。研究发现土壤酸化有可能导致土壤中铅的溶出释放，土壤 pH 为 5.0 时铅释放最多。

根际 pH 过高，抑制根系生长及根毛的正常发育。Rayle 在 20 世纪 70 年代提出经典的酸生长理论，指出根部敏感细胞响应生长素的信号，提高通过质膜向细胞间质分泌 H^+ 的速率，从而降低了细胞间质的 pH，降低的 pH 作为一种信号激活细胞壁疏松过程和细胞延伸过程，促进细胞生长。当植物生长于高 pH 的盐碱地条件下时，细胞间质的 pH 升高，阻碍细胞壁的疏松，进而阻碍细胞延伸，影响植物的生长，特别是植物根系的生长及根毛的形成。根毛是根表皮细胞特化而成的向外突出、顶端密闭的管状延伸，可以显著地增加根的有效吸收面积。过高的根际 pH 还会在一定程度上抑制根毛的发生，进而影响植物对水分和养分的吸收及植物的正常生长发育。

2. 根际 pH 对植物的生长及生理代谢过程的间接影响效应　　根际 pH 是根际微域土壤重要的基本性质之一，直接影响根系周围土壤的肥力状况、微生物活动及植物的生长发育。研究表明，根际 pH 对土壤肥力及养分有效性的影响很大，大多数土壤养分有效性最高值在土壤 pH 为 6.5～7.5 时。例如，在酸性或碱性土壤上中和土壤酸碱度并配合施用有机肥是提高磷肥肥效的重要措施。

（1）土壤过酸或过碱，都会降低植物所需养分的有效性，导致植株某些元素营养失调。研究表明，有效钾含量随着土壤 pH 的升高而降低，因为 pH 升高后土壤对 K^+ 的固定作用加强而降低了钾的有效性。微量元素 Fe、Zn、Cu、B 在酸性条件下有效性较高，因为在高 pH 情况下，这些微量元素的状态不易被吸收，而钼在碱性条件下有效性较高。

（2）土壤中微生物和土壤酶活性是衡量土壤肥力的一个重要指标。由于土壤中的微生物在酸性条件下活性低，有机质分解缓慢，其含量较高；反之，土壤 pH 升高，其含量会相对较低。土壤微生物最适宜的 pH 是 6.5～7.5 的中性范围。土壤过酸和过碱都严重地抑制固氮菌和硝化细菌的活动，从而影响土壤中氮素的转化和供应。土壤酶与土壤组分结合形成复合酶，具有与纯酶不一样的酶学特性。研究表明，土壤 pH 与土壤酶活性之间的关系较为密切，pH 可通过改变酶的空间构象而影响土壤酶的活性，抑或是通过土壤微生物的变化影响酶的来源（Turner and Haygarth，2005）。过氧化氢酶、酸性（或碱性）磷酸酶、多酚氧化酶、蛋白酶等的活性与土壤 pH 呈正相关，pH 升高酶活性增加；土壤 pH 对纤维素酶活性的影响则没有很强的规律性。

（3）当根际 pH<5.6 时，Ca、Mg、Mo、P 等营养元素会因过于活化而易于被雨水淋溶冲刷而丢失，造成微量及大量矿质营养元素氮、磷的淋溶严重，绝对含量过低，养分损失增加，导致植株矮小、根系短少，植物表现出各种缺素症状。根际 pH 过低还会造成磷和钼的可溶性降低，造成磷和钼缺乏；限制根系生长和对养分、水分的吸收，造成养分流失和干旱。

（4）根际 pH 较高时（土壤 pH>8.5），会使许多微量元素形成难溶性化合物而被固定，导致微量元素缺乏，影响植物的正常生长。根际微域酸性土壤中的 H^+ 和强碱性土壤中的 Na^+ 较多，缺少 Ca^{2+} 难以形成良好的土壤结构，不利于生长。土壤过酸会导致土壤龟裂密度增大，破坏微团聚体的结合，保水能力差，土壤耐旱性减弱；土壤过碱导致土壤有机质含量低、质地黏重、结构性差，土壤板结，土壤通气性、透水性差，易发生冲刷从而引起水土流失（许中坚等，2002）。土壤过酸或过碱都会导致其物理性质变差，土壤肥力降低，不利于耕作和植物的生长。

（5）高 pH 引起的碱胁迫，显著抑制番茄和甜瓜幼苗生长，表现为叶面积、叶片相对含水量和生物量显著降低，叶绿素 a（Chla）、叶绿素 b（Chlb）和总叶绿素（Chl）含量随胁迫时间的延长显著降低，净光合速率（Pn）也显著降低；番茄幼苗叶片 Chl 合成途径中，尿卟啉原Ⅲ（Uro Ⅲ）向原卟啉Ⅸ（Proto Ⅸ）的转化过程受阻，导致叶绿素的合成过程受到抑制。碱胁迫使番茄叶片叶绿体结构发生畸变，基粒片层（GL）模糊，基质片层（SL）断裂甚至变得模糊，叶绿体被膜和类囊体膜受损，质体小球数量增多且体积变大。胁迫使两番茄幼苗叶绿体中丙二醛（malondialdehyde，MDA）、O_2^- 大量积累，氧化伤害加重，抗坏血酸-谷胱甘肽（AsA-GSH）循环运转能力受阻（Hu et al.，2016）。

（6）高 pH 能够抑制甜瓜幼苗叶片 H^+-ATPase、H^+-PPiase、Mg^{2+}-ATPase 和 Ca^{2+}-ATPase 的活性，叶绿体超微结构变形，类囊体开始逐步瓦解；甜瓜幼苗快速叶绿素荧光诱导曲线变形，W_k（K 相占 J 相的比例）值升高，放氧复合物比例降低，V_J（J 点的相对可变荧光）和 M_o（Q_A 的初始还原速度）值上升，ψ_o（反应中心捕获的激发子中用来推动电子传递到电子传递链中超过 Q_A 的其他电子受体的激发子占用来推动 Q_A 还原激发子的比例）值下降，导致光合电子传递链的供体侧和受体侧均受到伤害的同时，显著降低了甜瓜幼苗的 φE_o（用于电子传递的量子产额）和 φP_o（最大光化学效率），增加 φD_o（用于热耗散的量子比率），提高 ABS/RC（单位面积吸收的光能）、DI_o/RC（单位反应中心热耗散）、TR_o/RC（单位反应中心捕获的光能）和 ET_o/RC（单位反应中心用于电子传递的光能）的值，改变 PS Ⅱ 的能量分配，导致 PI_{ABS}（以吸收光能为基础的光化学性能指数）和 DF_{ABS}（质子驱动力）的显著降低。

（7）根际 pH 的高低会影响根系周围重金属离子的有效性，过量的重金属离子会对植物造成毒害作用。研究表明，土壤 pH 升高有利于重金属离子 Cu^{2+} 的吸附，阻碍 Cu^{2+} 的生物毒性迁移。土壤过酸时，Mn、铬（Cr）、镉（Cd）等有毒金属离子的溶解度提高，其活性会增加。根际土壤 pH 过低会导致根际土壤铅的活性升高，使土壤中铅的淋溶、释放，过量的重金属离子 Pb^{3+} 对植物有毒害作用，研究表明土壤 pH 为 5.0 时铅释放最多。

综上所述，根际酸碱度会直接影响植物的生长发育及生理代谢过程；影响植物根系生长发育及根周围土壤中 Ca、Mg、P 等大量元素与 Fe、Mn、Cu、Zn、B、Mo 等微量元素的离子形态及有效度；根际酸碱度还会影响植物根系周围土壤微生物种类的分布及其活动，特别是与土壤有机质的分解、氮和硫等营养元素及其化合物的转化关系尤为密切。因此，在栽培过程中，我们依据植物种类和土壤理化形状的差异，严格监控根际酸碱度，减少不适宜的酸碱度对植物造成的不利影响。

二、根际营养对作物生长发育影响的研究进展

近年来针对设施作物根际营养研究的切入点多集中在不同矿质元素供应水平下作物的生长效应评价及相关机理解析等方面。

（一）氮、磷、钾营养对作物的影响

（1）氮素供应可促进作物的生长和产量的增加（Dai et al.，2011）。在氮素水平为 6mmol/L 时，生菜可获得最大产量；当氮素浓度为 9mmol/L 时，生菜中维生素 C 和可溶性蛋白质含量最高；高浓度氮素水平有利于生菜对氮、磷的吸收，较低氮素水平则有利于生菜对钾、钙、镁的吸收。朱晋宇等（2015）通过 ^{15}N 同位素示踪分析发现，高氮浓度促进幼苗的氮素吸收与分配，根际氮素转运对叶的贡献率最大，12mmol/L 氮肥处理下番茄幼苗的氮素转运量与利用率均为最大。适当比例的铵硝混合营养可提高作物可溶性糖、可溶性蛋白质、维生素 C 等的含量，同时显著降低了植株中的硝酸盐含量（Gojon et al.，2011）。设施栽培土壤中过量 NO_3^- 残留也影响蔬菜作物的生长发育，纯化腐殖酸可以通过影响 ATP 酶活性、促进活性氧和碳氮代谢、影响光合荧光特性、调控内源激素等生理机制来提高黄瓜对氮胁迫的耐受性（谷端银，2016）。Zhang 等（2016b）研究了氮缺乏条件下黄瓜幼苗抗坏血酸生物合成和循环途径中关键酶的转录水平和酶活性，结果表明氮胁迫诱导的基因参与抗坏血酸-谷胱甘肽循环途径。

（2）磷在植物能量代谢、糖代谢、酶活性调节、信号转导及光合作用中发挥着重要作用。磷作为叶绿素组成的重要物质，对叶绿素的合成和含量同样起着重要的作用。研究表明，无论是低磷胁迫还是高磷胁迫，都会使番茄叶片中叶绿素的总含量降低，叶绿素的合成分解受到破坏以后，影响有机物质的积累，从而影响番茄幼苗的生长。植物受到生理胁迫时，细胞膜的透性会发生相应的变化，造成有毒物质的积累。植物细胞外渗液的电导率会发生相应变化，无论是低磷胁迫还是高磷胁迫都会使番茄幼苗的电导率受到影响，番茄在胁迫条件下细胞膜的透性发生变化，细胞渗出液的电导率增加，幼苗的生长受到影响。低磷胁迫导致番茄根际土壤中可培养微生物（细菌、真菌和放线菌）数量、酶活性、微生物生物量及细菌的多样性指数、丰富度和均匀度指数等表征土壤肥力及健康状态的指标下降；导致部

分诸如甲基杆菌属等具有溶磷功能的菌群缺失；平衡施肥对番茄的正常生长和提升土壤肥力及维护土壤健康具有极其重要的作用。李荣坦等（2016）发现，番茄生长在低磷环境中时，CO_2加富能够显著提高其对磷的吸收及促进植株的生长，表现为：在低磷环境下，CO_2加富处理能够显著提高番茄光合速率、干物质重量、植株磷含量、根中活性氧含量及根中生长素合成量等。CO_2加富能够显著促进番茄根系菌根的生长。施加适量的磷有利于辣椒植株及叶片蔗糖、还原糖、可溶性总糖合成；降低磷含量则有利于蔗糖、还原糖、可溶性总糖向辣椒根系运输，降低磷含量还能促进叶片、根系淀粉的合成（姚凯骞，2016）。施加适量的磷能够促进辣椒根系蛋白质含量和硝酸还原酶活性的提高，使辣椒持续保持着较强的根系活力，过高或过低都不利于辣椒根系的生理代谢（胡华群，2009）。辣椒受低磷胁迫时分解体内更多的有机磷和根际酸化以缓解低磷胁迫。施加适量的磷能够促进辣椒植株对 N、P、K 的吸收，增加磷含量有利于营养液中钾向茎叶运输，而过量的磷则导致辣椒根系中磷的累积，降低营养液中矿质营养的有效性。缺磷时作物会形成较大的根系，或者分泌较多的酸性磷酸酶，提高根系对磷素的吸收。磷素缺乏会造成作物生长的逆境胁迫，产量与品质大幅下降，高磷会造成植物叶片中无机磷的大量积累，降低植物的光合效率。植物在缺磷情况下，生长受抑，同时影响 N、K、Ca、Mg 的吸收与分配。高磷主要影响番茄植株 K、Mg 向地上部运输，P 能够促进植物对 Ca^{2+} 的吸收，但是磷肥用量过高时，植物对 Ca^{2+} 的吸收和利用受到阻碍。在甘蓝型油菜上低磷胁迫显著降低含油量、蛋白质及水分含量，对品质性状的影响在品种间表现出不同的趋势。总体而言，含油量、水分含量、油酸含量和亚麻酸含量等受低磷胁迫影响的趋势不明显，75% 以上品种的亚油酸和棕榈酸含量下降，60% 以上品种的 20 碳烯酸和硬脂酸含量上升。研究表明，低磷胁迫下番茄植株地上部的光合作用受到影响，导致碳水化合物水平改变，进而影响了蔗糖转运蛋白的表达及蔗糖在植株的分配，最终影响了植株对低磷胁迫响应的不同。于新超等（2015）的研究表明，非生物胁迫不仅直接损伤作物根系，还降低了土壤中无机磷素的可移动性和有效性，导致作物生理性缺磷。施磷可有效减轻非生物胁迫对作物的伤害，促进作物对水分和养分的吸收，并在一定程度上提高作物的抗逆性。此外，不同作物种类或同一作物不同基因型对胁迫条件及磷素养分的响应存在显著差异，只有抗逆和磷高效结合才是提高非生物胁迫下作物磷素利用的最优途径。

（3）番茄在生长发育过程中需要大量的钾，同时果实形成也需要钾的参与，钾参与植物体许多重要生理生化过程，介导体内的能量转换和渗透调节。此外，钾除了参与蒸腾和光合作用的气孔调节，也参与光合磷酸化、同化物通过韧皮部从源组织运输到库组织、酶的活化、细胞膨压、抗逆性和细胞中基本的离子平衡。低钾胁迫使耐低钾型番茄具有较高的保护酶基因表达量，产生较高的保护酶活性，可降低活性氧的破坏作用，防止膜渗透性增加，使之对低钾的适应性较强，而钾敏感番茄品系则相反（安欣悦，2016）。李凯龙等（2013）报道，低钾胁迫抑制大白菜的生长，根系对低钾胁迫的敏感程度大于地上部。不同耐性大白菜根系形态对低钾胁迫的响应不一，低钾胁迫下耐低钾品种细根根长、表面积及细根表面积占根系总表面积的比例显著增加，而不耐低钾品种没有明显变化。这说明耐低钾能力强的主要原因是低钾胁迫下具有较好的根系形态参数，主要表现在细根根长和表面积较大，特别是细根表面积所占比例较高。磷钾肥配施对番茄果实含铁量与产量无显著影响，磷钾肥配施的情况下可提升根中 Fe、Mn、Cu 的含量，降低 Zn 含量，提高果实中的 Mn、Cu 含量和可溶性糖含量；提高基质中硫酸钾、硫酸镁的含量，番茄幼苗鲜重、株高显著增加，并且有利于干物质的积累，随 K、Mg 水平升高，番茄植株的根长呈现先减少后增加的趋势。研究表明，在同一生长期，随着钾浓度的增加，黄瓜根系超氧化物歧化酶（superoxide dismutase，SOD）、过氧化物酶（peroxidase，POD）、过氧化氢酶（catalase，CAT）活性先升高后下降，根系活力也先升后降，说明适量增施钾肥能提高黄瓜根系SOD、POD、CAT 的活性，提高黄瓜根系活力和叶片净光合速率。提高钾浓度能够减轻番茄青枯病发病率，钾能够促进番茄的生长及对钾的吸收利用，在接种青枯菌后，钾素还能促进番茄叶片 H_2O_2 的产生，并提高叶片 POD 和多酚氧化酶（polyphenol oxidase，PPO）活性，增强对番茄青枯病的抗性。高钾水平处理增加了番茄叶片和果实中各种糖分含量，提高了番茄叶片和果实中蔗糖代谢相关酶活性，显著提高番茄的产量和品质。施用适量钾肥可以提高蔬菜中维生素 C 的含量，但过多的钾肥会降低维生素 C 含量。钾在光合作用中起重要作用，能促进 CO_2 的同化，供应适量 K 可以增加植株体内碳水化合物的含量。过量的钾会影响植株体内各离子间的平衡，使植株体内能量代谢和生物合成受到影响，可溶性糖含量出现降低的趋势。钾肥的施用会显著影响蔬菜体内氮素的代谢，钾可促进根对硝酸盐的吸收和转运，从而降低生菜的硝酸盐含量，促进游离氨基酸的合成，增加蔬菜的氨基酸含量。较低的钾浓度有利于矿质元素利用效率的提高，但是过低的钾处理生菜有降低矿质元素利用效率的趋势。随着钾肥施用量的增加，黄瓜叶片光合作用呈现先升高后降低的过程，施钾肥能够提高叶片叶绿素含量；同时，施用钾肥对黄瓜的前期结瓜作用明显，前期施用钾肥，结瓜数量和产量增加显著，并延长了黄瓜的结果期（杨阳等，2010）。施用钾肥改善黄瓜品质，随着钾浓度的升高，黄瓜果实中可溶性糖含量、维生素 C 含量逐渐增加，硝酸盐含量降低；此外，在适量的钾存在时，植物体内的酶才能充分发挥其作用（杨阳等，2010）。钾能够促进光合作用。有资料表明，含钾多的叶片比含钾少的叶片多转化光能 50%～70%。因而在光照不好的条件下，钾肥的效果就更显著。此外，钾还能够促进碳水化合物的代谢，促进氮素的代谢，使作物经济、有效地利用水分和提高植株的抗逆性。

（二）硫、钙、镁营养对作物的影响

（1）硫在植物生长发育过程中发挥着不可替代的作用。硫能显著促进青蒜叶片生长，提高青蒜的营养品质，促进矿质元素的积累（孔灵君等，2013；刘中良等，2011）。研究发现施硫总体上提高了番茄果实的品质，而 Jiang 等（2017）经研究发现硫处理显著降低了番茄叶片鲜重、干重、Chl 和类胡萝卜素（Car）含量、净光合速率、气孔导度、蒸腾速率、光系统 II 光化学最大量子效率、光化学猝灭系数、电子输运率和 PS II 光化学的有效量子产率。水培条件下，增施硫肥有明显降低小白菜铬含量的作用，土壤中过多的硫酸根离子对土壤酸化和对小白菜产生的胁迫效应，有降低小白菜重金属铬的抗性而促进小白菜对铬的吸收作用。

（2）钙是植物正常生长发育所必需的矿质元素之一，细胞内游离的 Ca^{2+} 浓度的变化是植物对环境感知后最早发生的反应之一（Aldon et al., 2018）。外源钙的存在可改善植物叶片气孔开张程度，降低对气孔的限制，提高植株的光合性能。外源合理施用钙肥可提高辣椒叶片叶绿素和可溶性糖含量，增强 SOD、POD 活性，并促进蔬菜养分吸收、产量提高和品质改善（邓芳，2015）。在番茄幼苗的不同器官中，外源施用水杨酸（salicylic acid，SA）、表油菜素内酯（epicastasterone，EBL）和 Ca^{2+} 均减少了重金属的积累，尤其在 Ca＋SA＋EBL 处理下，可能是 Cd 和 Ca 争夺钙通道，抑制 Cd 的吸收（Guo et al.，2018）。通过在砷污染土壤中，比较添加 EDTA-Fe 和 CaO 在降低蔬菜对砷吸收的试验发现，CaO 对于保持土壤中生长的蔬菜的营养平衡效果更佳（Chou et al.，2016）。Ca 可以作为一种外源物质，通过缓解生长抑制，调节金属吸收和转运，改善光合作用，减轻氧化损伤和控制植物中的信号转导来保护植物免受 Cd 胁迫（Huang et al.，2017）。在低氧胁迫下，向营养液中适当添加 Ca^{2+}，可缓解黄瓜幼苗质膜和内质网膜 ATPase 活性的抑制程度，有利于黄瓜体内钙信号的形成和传递，增强了植株对矿质养分的吸收（王长义等，2010）。在 NO 提高黄瓜植株氧化胁迫耐性的作用中，Ca^{2+} 添加使 NO 对盐胁迫的缓解效果更加显著（樊怀福等，2010）。钙可从维持生物膜的稳定性、加强细胞间的黏结作用、有效抑制多聚半乳糖醛酸酶的活性、提高植物体内多种酶活性等方面降低植物病害的发生。SA 是重要的抗逆性物质，Ca^{2+} 在 SA 诱导番茄抗灰霉病中具有正调控作用，而且这种作用与苯丙氨酸解氨酶、几丁质酶、β-1,3-葡聚糖酶活性及其基因表达密切相关（李琳琳等，2012）。

（3）镁在植物体内较易移动，与叶绿素合成密切相关，向新生组织移动较多，因此，植物缺镁失绿，其症状从老叶向新叶蔓延。植物生长中，镁不足时，植物老化加速、产量和品质下降。同时，糖从叶到根的转运受阻，淀粉在叶中积累，光合作用降低，细胞 ROS 积累，抑制植物生长（Dai and Kirkby，2008）。缺镁作物土壤中钾素累积明显，影响到钾与镁的比例，导致了土壤中 K^+、Ca^{2+}、Mg^{2+} 之间比例的失衡，诱发作物出现缺镁症（Guo et al.，2016）。石灰性土壤日光温室栽培过程中，施用钾肥增加了植株对钾的吸收量，但降低了植株对镁的吸收，同时显著地降低了番茄产量；增施镁肥增加了土壤交换性镁和水溶性镁的含量（刘岩，2017）。低温下黄瓜叶片失绿、Mg^{2+} 运输受阻，叶片中 Mg^{2+} 含量显著降低，但在茎和根中含量明显增加。叶面喷施 0.1% Mg^{2+} 或根施 1～2kg/667m² $MgSO_4$ 可显著缓解低温对黄瓜光合机构的破坏（朱帅等，2015）。镁胁迫下黄瓜幼苗根冠比增加，尤其缺镁时比多镁处理壮苗指数降低幅度更大，这是由于叶片更易缺镁，地上部生长受阻。高钾和高钙导致植物根部镁的可利用性下降。亚适温下，黄瓜幼苗对钙和钾的吸收受阻，而硝酸盐胁迫促进了植株对钙和钾的吸收及向地上部的运输，但营养液中 Mg^{2+} 浓度的增加对黄瓜根、茎、叶中钙和钾含量的影响并不显著（杨全勇等，2015）。通过镁缺乏水培试验发现，叶片中钙、磷含量显著增加。不同氮源与镁肥配合施用对甘蓝的镁吸收量影响显著，且硝态氮比例增加可显著增加甘蓝的镁吸收量，而铵态氮中 NH_4^+ 却与 Mg^{2+} 形成拮抗作用。

（三）微量元素营养对作物的影响

微量元素参与植物生长发育中各种生化反应和代谢过程，是平衡植物营养所必需的。当土壤中微量元素不足或有效性低不能满足植物生长需求时，会对植物的生长发育和果实产量产生重大影响，造成植株矮小、生长缓慢、叶片黄化、光合能力下降、蛋白质合成受阻等一系列生理问题；过量的微量元素则会对植物造成毒害，影响植物的生长发育。微量元素的科学利用能够有效提高作物产量、改善作物品质。王小晶等（2011）经研究发现，增施锌可以显著提高缺锌土壤下茄子的产量，果实中游离氨基酸、硝酸盐含量下降，而可溶性糖、维生素 C、黄酮和芦丁及矿质元素 Zn、Fe、Ca 含量升高。Salem 等（2017）证实适当浓度的纳米硫化锌对黄瓜生长有良好的促进作用。适当的硼与钼可以明显增加茄子产量，植株田间表现叶色浓绿，生长健壮，抗病力增强。适宜的 Fe、Mo、Zn、Se 均能提高维生素 C 含量，且效果显著。刘达（2016）经研究发现，施用硼、钼、锌可以不同程度地增加辣椒果实内可溶性糖、维生素 C 和蛋白质含量。微量元素还影响设施作物的叶绿素含量及活性氧代谢。硼具有稳定叶绿素结构的功能，缺硼会造成作物体内叶绿素含量下降，破坏叶绿体结构，导致气孔关闭（张涛等，2012）。在干旱条件下，EDTA-Fe 可显著提高番茄植株的 Chla 和 Chlb、胡萝卜素含量。铜素供给充足能提高植物的光合作用强度，减轻晴天中午期间光合作用所受到的抑制。侯雷平等（2010）的研究表明无论缺锌还是多锌处理，番茄叶片叶绿素含量均显著下降，MDA 含量显著上升，POD 活性下降，缺锌处理的叶片 SOD 活性显著低于对照，而多锌处理稍高于对照。低浓度 Zn 处理提高了番茄根部 CAT 和 POD 活性，以适应不良环境胁迫，而高浓度 Zn 胁迫使细胞膜系统受到了伤害，导致 CAT 和 POD 活性降低。缺铁严重的番茄幼苗中脯氨酸、MDA 含量升高。有研究表明，缺铁胁迫下植物细胞器受损程度较重，如叶绿体、线粒体空泡化严重，叶绿体膜及类囊体片层模糊，质体小球明显增多，无淀粉粒；而缺锌处理时叶绿体变形、空室化，叶绿体膜解体，基粒片层排列松散、数目明显减少，质体小球明显增多，使作物净光合速率降低（肖家欣等，2010）。因此，在设施栽培中，保证适量的微量元素营养水平，有利于作物更好地生长，提高作物的产量和品质。

三、根际微生物对作物生长发育影响的研究进展

根际微生物是根际生态系统的重要组成部分，与作物根系相互影响、相互作用，对作物的生长发育至关重要。近年来，根际微生物及其生理功能已受到学者的极大重视，成为设施农业领域的研究热点之一。以下主要从根际微生态系统和根际微生物区系、根际微生物环境的影响因素、微生物菌剂在改善设施作物根际环境上的应用等三个方面进行介绍。

（一）根际微生态系统和根际微生物区系

根际微生态系统是指植物根系周围土壤微域各个因子相互作用的整体系统。根际微生物区系是指某一特定环境和生态条件下的根际所存在的微生物种类、数量及参与物质循环的代谢活动强度。其中，细菌、放线菌和真菌是微生物区系的主要成分（喻景权，2014）。根际微生物菌群结构组成及其变化可在一定程度上反映土壤的生产力和稳定性。

（二）根际微生物环境的影响因素

土壤是根际微生物主要的活动场所，土壤环境或相关因素的改变会对根际微生物环境产生一定的影响。例如，土壤 pH、栽培作物种类、种植制度、管理措施等都可通过改变土壤的通气性、水分状况和养分状况等从而直接或间接地影响根际微生物环境。研究发现，根际微生物的变化与连作障碍的产生密切相关，连作通常导致根际微生物的多样性减少，使根际细菌群落结构简单化（Zhou and Wu，2012）。马云华等（2004）的研究表明，温室黄瓜连作土壤根际微生物区系变化明显，根际微生物总量、细菌和放线菌数量呈倒"马鞍"

形变化，以连作 5 年的土壤中含量最多，而真菌数量一直呈线性增长，连作使黄瓜土壤由"细菌"型向"真菌"型转变，其中氨化细菌和尖孢镰刀菌分别是优势细菌和真菌生理群，随种植年限的增加，氨化细菌数量先升后降，呈现倒"马鞍"形变化，而硝化细菌数量直线上升。随着连作年限的增加，有害真菌、病原菌的种类和数量增加，而细菌的种类和数量随着连作年限的增加而减少。吴凤芝和王学征（2007）利用黄瓜与小麦和大豆轮作，发现轮作能够改善根际微生物环境，提高根际微生物多样性指数、丰富度指数和均匀度指数。周新刚（2011）基于不同茬次土壤营养状况与主要根际微生物菌群等的变化相关性分析发现，黄瓜在连作后的第 7 茬出现明显的生长障碍，到第 9 茬又有所好转。作物根系通过分泌物释放不同质量和数量的营养元素与化感物质、根系有机物质的脱落及残体的分解都能显著改变根际微生物区系（Larkin，2008）。作物根系分泌物中的化感物质对根际微生物区系的影响最为明显。例如，高剂量的肉桂酸能够降低微生物区系的基因丰度、Shannon-Weaver 指数和均匀度指数；根系分泌物中具有抗生作用的化感物质在土壤中累积，会导致根际微生物的活力降低与数量减少。

（三）微生物菌剂在改善设施作物根际环境上的应用

微生物菌剂是指在土壤内，由单一或多种特定功能菌株，采用特殊技术复合培养而成的微生物制剂，通过发酵工艺生产的能为作物提供有效养分或防治作物病虫害的微生物接种剂，又称菌肥，其核心是微生物（黄红艳，2012）。与化学肥料相比，微生物菌剂具有不破坏土壤结构、成本低廉、肥效持久、不污染环境的特点。施用微生物制剂明显修复了设施黄瓜土壤的连作障碍。土壤中添加微生物菌剂不仅能够克服作物间的连作障碍，还能够对发生盐渍化的土壤起到修复作用。

许多研究通过直接接种促生菌或添加有机肥来调控根际细菌群落结构和多样性。不同微生物菌剂的施用会形成代谢类型不同的根际微生物种群，导致根际微生物功能多样性发生变化（雷先德等，2012）。陈立华（2011）利用哈兹木霉 SQR-T037 处理黄瓜幼苗，显著降低了其连作地土传枯萎病发病率，增加了根际木霉菌、真菌和细菌数量及其区系多样性指数，使根际木霉菌和细菌区系组成趋向于非连作健康土壤。研究显示，施用放线菌制剂后，土壤中的放线菌数量/微生物总量，硝化细菌、亚硝化细菌、纤维素厌氧分解菌的数量升高，蔗糖酶、脲酶活性明显增加，速效磷、速效钾含量高于对照，真菌数量降低，表明放线菌制剂对大棚黄瓜连作土壤的微生物区系等有明显的改善效果。

目前，关于根际微生物对设施作物影响的研究主要集中在根际微生物数量及菌群的改变、土壤营养元素及根际微生态环境的变化等方面，其研究结果因种植地区、作物种类、生长发育阶段、栽培管理模式等不同而导致结论差异较大，需要具有综合性、系统性、差异性的评价分析。

四、连作障碍对作物生长发育影响的研究进展

（一）连作障碍发生的原因

连作障碍发生的原因较为复杂，一般研究认为产生连作障碍的原因有土壤板结酸化、

养分失衡、次生盐渍化、自毒物质积累、微生物区系失衡、根结线虫危害严重等6个方面。而在设施栽培中，大多学者认为设施作物连作土壤中积累的有机酚酸等自毒物质及线虫、枯萎病和青枯病等土传病害是设施作物连作障碍的主要内因，而设施的封闭环境和大肥大药盲目防控造成的盐渍化是外因（喻景权和周杰，2016）。

（二）连作障碍对作物的影响

可发生连作障碍的作物种类较多，小麦、水稻、玉米、大豆、棉花、甘蔗、烟草、中草药、蔬菜、瓜果、花卉等均会发生连作病害。目前，中国危害程度高的连作地块面积大于10%，其中规模化种植区发生面积一般超过20%；连作障碍导致当季作物损失巨大，占20%～80%，严重的几乎绝产，每年造成的经济损失可达数百亿元，同时还降低了农产品的安全性（李天来和杨丽娟，2016）。作物生长受限、光合速率下降、代谢紊乱、产量和品质下降等是作物对连作的负反馈。通常这种效应与作物连作年限相关，连作年限的增加会加剧上述危害（侯慧等，2016）。例如，辣椒生长量会随连作年限的增加而呈下降趋势（郭红伟，2011）；随着连作茬数的增加，番茄株高、茎粗、产量及对钾的吸收均受到显著影响，同时引起土壤酸化和盐碱化，最终降低产量和品质；随着连作年限的增加，土壤中营养元素代谢紊乱，最终影响了草莓植株的养分摄取（Li et al.，2016）。作物连作不仅抑制地上部的发育，而且阻碍作物地下部的生长。根系作为作物水分及土壤营养元素的吸收器官也影响着氨基酸和激素等重要代谢物质的合成；同时，作物根系能够对外界胁迫做出反应并反馈给地上部，直接影响作物的生长、营养状况及产量水平。例如，长时间连作条件下，马铃薯植株根系活力和总吸收面积显著下降，使根系对养分及水分的吸收能力减弱，减少了代谢物质的合成，进而影响块茎膨大和干物质填充，这共同影响了块茎产量的形成和地上部植株的正常生长发育。连作障碍对植物生长发育产生的影响主要是通过土壤自毒、土壤微生物区系的变化及土壤病原菌增加而引发的。

1. 土壤自毒对作物的影响　　植物（或微生物）通过挥发、根系分泌、地上部淋洗和植物残体分解等途径向环境中释放化感物质，从而对其他植物（微生物）产生直接（间接）的有利（有害）的作用称为化感作用（Rich，1984）。如果这种作用发生在同种或同科植物中，且产生抑制效应，则称为自毒作用。Song等（2016）从赤豆的植株残体和根际土壤中分离鉴定到肉桂酸、邻苯二甲酸二丁酯和对羟基苯甲酸，推测此3种酚酸有可能是导致赤豆自毒的化感物质。蚕豆连作土壤中会产生多种酚酸物质，导致植株瘦弱，出苗差，枯萎病发生严重，产量严重下降（陈玲等，2017）。西瓜长期连作会引发自毒作用，进而造成土壤盐渍化、酸化及病虫害泛滥等，在西瓜连作田里，一般病害发生率在30%以上，严重的甚至达到80%；随着西瓜连作年限的增加，其枯萎病发病率不断提高（Ling et al.，2014）。土壤自毒物质及有害微生物群的积累，使作物根际环境紊乱。大豆根系分泌物抑制自身生长，导致生物量减少、根系活力降低、幼苗超氧化物歧化酶和过氧化物酶活性升高（Li et al.，2011）。Yu等（2000）经研究发现，西瓜、甜瓜及黄瓜的根系分泌物有自毒作用，其分泌物对自身种子萌发及胚根伸长均表现出抑制作用。

2. 土壤微生物区系变化对作物的影响　　通过根系分泌物和凋落物、对病原菌和共生菌的敏感性等方式，植物可以改变土壤的物理、化学、生物学性状，从而进一步影响植物生长，这一过程称为植物—土壤反馈。农业生产中的连作障碍可以看作一种负向植物—土壤反馈，而多样性种植体系则可以产生正反馈作用。

连作障碍的发生与土壤微生物群落变化密切相关，同一种作物长期连续种植导致土壤某些特定微生物富集，病原菌数量增加，而有益细菌种类和数量减少（王敬国等，2011；Tan et al.，2017）。土壤生物群落结构的变化可作为土壤变化的早期预警生态指标（杨树泉，2010）。黄瓜连作根际土壤微生物区系发生明显改变，土壤微生物群落的多样性指数及丰富度也随着种植年限的增加而降低（Nayyar et al.，2009）。加工番茄连作栽培使土壤细菌与真菌的比例显著降低，土壤中微生物区系从细菌主导型转向真菌主导型（孙艳艳等，2010）。大豆连作 7 年的土壤中氨氧化细菌群落被明显改变，影响到土壤微生物多样性，最终影响到土壤养分的吸收利用和氮素循环（Chen et al.，2015）。例如，连作使大豆植株的地上部、根系和根瘤干重逐渐降低，除 Ca 外，植株组织的 P、K 等矿质元素单位含量和吸收总量下降，地上部分配的养分比例下降。西瓜根际土壤中真菌数量较多，细菌数量较少，而且主要是革兰氏阳性菌，枯萎病发病率为 66.7%，死亡率为 44.4%。土壤中真菌群落改变，病原菌数量增加，是引起作物减产、品质下降的主要因素，因为真菌对营养循环及碳循环是非常重要的。西瓜连作土壤中镰刀菌称为优势菌，可强烈抑制西瓜的生长发育，李凯（2015）通过对沙田连作西瓜土壤中微生物的调查研究发现，土壤中真菌数量大幅增加，尤以尖孢镰刀菌最为明显，微生物总生物量、细菌和放线菌数量却呈现下降趋势，同时土壤脲酶和蔗糖酶活性降低，严重威胁西瓜的品质和产量。土传病害是连作障碍产生的一个主要问题，植物对土传病害的抗性与根际微生物关系密切，植物根系微生物可作为防御地下病原菌侵染的第一道防线。植物根系促生菌除了可以直接促进植物生长外，还可以通过分泌抗生素、生物表面活性剂、胞外细胞壁分解酶等物质抑制病原菌的生长、存活和侵染能力。这些植物根系促生菌产生的抗生素类包括 2, 4-二乙酰基藤黄酚（2, 4-diacetylphloroglucinol）、硝吡咯菌素（pyrrolnitrin）、藤黄绿脓菌素（pyoluteorin）、吩嗪（phenazin）、脂肽类化合物等物质（Lugtenberg and Kamilova，2009）。

3. 土壤病原菌对作物的影响　　土传病害严重发生是连作种植最直接、最明显的障碍因子。很多研究表明，对连作土壤进行土壤灭菌是减轻连作病害的有效手段，说明连作条件下土壤中病原物激增是引起连作病害的重要因素之一（张树生等，2007）。同一作物连续种植时，因无病原微生物数量的自然衰减过程，在更短的种植时间内，土传病原微生物的数量即可达到使作物致病的临界水平（蔡祖聪和黄新琦，2016）。土壤中根系分泌物的化感物质种类与浓度能够决定镰刀菌、立枯丝核菌等土传病原真菌的数量和密度，是田间作物与病原菌之间的纽带。化感物质浓度对病原真菌生长的影响一般表现为低促高抑。接入连作番茄根结线虫病株根区病土不仅导致番茄遭受根结线虫侵染，而且会导致土壤线虫总量及植物寄生线虫所占比例大幅增加，并使番茄根系内有害细菌数量显著增加，对番茄生长造成显著抑制作用，同时影响番茄的生理生化特性，受线虫侵染的番茄防御性酶活性降低，使其更易被根结线虫及病原菌侵染，番茄根区土壤线虫、微生物及根系内优势细菌的种类与数量及其之间的作用也发生改变（马媛媛等，2017）。同种作物在不同生育时期往往也表现为不同的病害频发。花生连作条件下，根腐病在苗期多发，且发病率随连作年限的延长成倍增加；花果期多叶斑病，病株率近 100%；随连作年限的延长，结荚成熟期的青枯病、白绢病则逐渐出现（孙权等，2010）。茄子黄萎病、枯萎病和青枯病等土传病害随连作年限的增加而逐年加重。连作甜瓜根系分泌物对尖孢镰刀菌菌丝生长具有显著的促进作用（Yang et al.，2015）。此外，Yang 等（2015）和 Yu 等（2000）经研究发现，甜瓜根系分泌物中的酚酸（阿魏酸、肉桂酸、苯甲酸、没食子酸、邻苯二甲酸、丁香酸和水杨酸）可促进尖孢镰刀菌菌丝生长和孢子萌发，使植株感病。西洋参和人参连作后土传病害锈腐病、疫霉病和根腐病显著高于未连作的。兰州百合长期连作后导致由尖孢镰刀菌引起的兰州百合枯萎病严重发生，是兰州百合土传病害高发的重要因素（Wu et al.，2015）。

五、无土栽培基质与营养液对作物生长发育影响的研究进展

无土栽培基质通常是指固体栽培基质（水除外），即用以代替土壤来固定或支持植物，并为根系提供良好的水分和营养条件的基础物质。其包括无机基质（如沙、珍珠岩、蛭石、陶粒、岩棉等）和有机基质（如草炭、树皮、蔗渣等），种类繁多。基质理想与否与栽培方式有关，适合盆栽的无土基质，固体、空气、水分占比分别为30%、35%、35%；适合于槽培或袋培的无土基质，固体、空气、水分占比分别为40%、30%、30%。

（一）基质的发展历史

基质栽培的历史虽然古老，但真正的发展始于1970年丹麦 Grodan 公司开发的岩棉栽培技术。砂砾是最早被植物营养学家和植物生理学家用来栽培作物的，通过浇灌营养液来研究作物的养分吸收、生理代谢，以及植物必需营养元素和生理障碍等。因此，砂砾是最早的栽培基质。例如，在 Vanhelmont 著名的柳条试验的基础上，Boussingault、Salm 于1851～1856 年在涂蜡的玻璃器具或纯蜡的容器中用砂砾、石英或活性炭栽培燕麦，得到了植物需要 N、P、K、S、Ca、Mg、Si、Fe、Mn 的证据。随后 Salm-Horstmar 于 1871 年试验过石英、河沙、水晶、碎瓷、纯碳酸钙、硅酸及活性炭作为燕麦的生根基质。Hall 于1946 年用蛭石作为兰花的栽培基质等。随后可作为固体基质栽培的基质很快扩展到石砾、陶粒、珍珠岩、岩棉、海绵、硅胶、碱交换物（离子交换树脂，如斑脱土、沸石及合成的树脂材料等）、草炭、锯末、树皮、稻壳、泡沫塑料、炉渣及一些复合基质。在生产上运用较多的有美国康奈尔大学开发的 4 种复合基质，英国温室作物研究所开发的 GCR1[①] 混合物，以及荷兰的岩棉、草炭等。1940 年以后，稻壳、黏土、砂、珍珠岩、纤维素、岩棉、泡沫塑料成为基质的主要材料。

我国关于无土栽培基质方面的研究起步较晚，但发展较快，近年来，随着我国对园艺栽培基质开发的重视，我国园艺栽培基质开发进入了全新的发展阶段。政府大力提倡将城市污泥、禽畜粪便等一些废弃生物质用作基质原料。这一类废弃生物质能实现资源的循环利用，为园艺栽培基质的开发提供了极大的便利与帮助。鉴于此，目前我国园艺栽培基质开发主要是向生产多样化、无公害化及高效且经济的方向发展。国内开发的新型基质材料种类繁多，包括玉米、小麦、水稻等秸秆，稻壳、椰壳、松子壳、树皮、芦苇末、菇渣等

---

① GCR1. 为英国温室作物研究所开发的一种复合基质，具体配方尚未公开

农林副产物。另外，木糖渣、蔗渣、酒渣、沼渣、醋渣、药渣等工业废弃物经堆沤发酵，也可以代替部分草炭应用于无土栽培。

（二）基质研究的主要领域

基质的研究可概括为：理论上，进行不同原料基质材料的特性研究，如基质孔隙度、吸水性、保水性、吸附养分性、基质结构的保持，以及不同基质材料的复配营养、理化性质等；生产上，研究了基质的重复利用、模块化基质开发，以及不同的基质相配套的栽培管理方式和技术，最大化地发挥基质的作用。

1. 基质材料的研究　　美国是蔬菜生产上最早应用无土栽培的国家，常用的基质有蛭石、珍珠岩、草炭、岩棉、砂、树皮、木屑、聚丙烯泡沫塑料等。应用时往往采用混合的基质，如蛭石（或珍珠岩）：草炭＝1：1，或泥灰：蛭石：珍珠岩＝1：3：3。英国为有效缓解草炭开采问题而研发的新型无土栽培基质，是将煤和树皮两种不同的材料按照一定比例搭配在一起制成的混合基质。将树皮碎屑和颗粒细小的煤炭残渣以 7：3 的比例混合在一起形成的混合物也能作为栽培基质使用。

据奥黑尔介绍，目前园林设计师在栽培植物时，使用的土壤不外乎三种：自然表层土、废物循环利用基质和人造表层土。其中自然表层土的种类最丰富，从酸性土、沙土、腐殖土到草炭土、黏土，均取自自然界，各项指标变化较大；废物循环利用基质来源于各种工业农业废料；人造表层土是大田表层土、底层土、黏土，炼钢厂的下脚料，建筑废弃物砖块、水泥块，以及玻璃、金属、木头、塑料，通过各种途径被回收，然后加工成栽培基质。它们的盐碱度较高，缺乏有机物和营养元素，常与其他类型的土壤混合使用。可见能够作为栽培基质的物质材料很多，分布也很广泛，但是由于各种材料存在着这样或那样的问题，需要将两种或多种物质进行合理搭配才能满足生产基本需求。

根据基质的形态、成分、形状不同，目前国内外使用的基质可分为无机基质、有机基质和混合基质。无机基质一般很少含有营养，如岩棉、珍珠岩、蛭石、浮石、陶粒等。有机基质是一类天然或合成的有机材料，如草炭、秸秆、树皮、锯末、堆肥等。其优点在于具有团聚作用或成粒作用，能使不同的材料颗粒形成较大的孔隙，保持混合物的疏松，稳定混合物的容重；缺点是质量缺乏稳定性，各批量间质量不均匀一致。如草炭，要测定它的有机质含量、分解程度、含水量、持水量、pH、颗粒大小、颜色等。秸秆、树皮、锯末要测定碳氮比，一般要调整到 30：1 以下，否则在栽培过程中需要追施大量氮肥，并且分解迅速，容易板结。堆肥（垃圾堆肥）有可能释放出不明确的有毒有害物质，故在混合物中不能超过一定的比例。粗团聚体包括沙、砾、膨化矿物质如珍珠岩、炉渣、塑料颗粒等。其优点是耐分解、质量稳定、均匀、孔隙度大；缺点是阳离子交换量较小，缓冲性较弱。珍珠岩是火山岩高温加热后膨化而成的，含有一定量的 K、Mg、Ca、Fe，质地轻，透气性、吸收性都较好，但保水性较差，是目前国内外应用较多的基质材料。炉灰渣是锅炉燃煤的废弃物，强碱性，可能还有重金属问题，但物理性质好，经济方便，经处理后作为基质的原料之一是可行的。塑料颗粒是膨化的塑料纤维，如脲醛泡沫、聚苯乙烯，只在表面吸水，内部孔隙小，可用来改善基质的排水、通气性能，降低容重。岩棉是玄武岩经 1600℃高温熔融后在离心和吹管作用下形成的束状玻璃纤维，是很好的保温、隔热、隔音、防火材料。农用岩棉是岩棉经压制成网状结构的条状物，适合植物根系穿插生长，有很强的吸水性，由于孔隙度大小均一，其保水性也很好。

2. 基质分类的研究　基质可分为有机基质、无机基质和复合基质。复合基质有无机-无机混合、有机-有机混合、有机-无机混合基质。从国内外无土栽培研究和生产实践的历史与现状看，有机基质使用得较少。一方面，是由于植物的有机营养理论不清楚，有机成分在设施滴灌条件下的释放、吸收、代谢机理不明；另一方面，随着计算机技术、自动化控制技术和新材料在设施中的应用，设施园艺已进入全自动控制现代温室新阶段，有机基质的使用可能会给植物营养的精确调控和营养液的回收再利用带来困难。由于复合基质由结构性质不同的原料混合而成，可以扬长避短，在水、气、肥协调方面优于单一基质，低成本、环保型复合基质将是今后发展的方向。

3. 基质理化性状的研究　此类研究主要是园艺植物用基质的适宜理化性质参数研究。这不仅是基质标准化生产的技术基础，也是营养管理的依据和基质重复利用的前提。类似于土壤，结构决定了基质的理化性质，比如水分、养分吸附性能和空气的含量，从而影响水分、养分的供应、吸收甚至运输。同时基质的结构对根系的生长也有很大的影响。目前认为基质的颗粒大小、形状、容重、总孔隙度、大小孔隙比等是比较重要的物理性状。这方面的研究和报道较多，有的甚至涉及了水分、养分运移等，但尚没有针对特定植物的基质提出标准物理性状参数。因此，基质的使用还存在经验性甚至盲目性。这方面的系统研究将是一种创新和突破。

4. 基质水分、养分供应的研究　基质栽培的核心是用营养液通过基质来供应水分、养分，基质和营养液配合，完成固定和支持植物，调节供氧、供水和养分的任务。根据基质结构特点进行水分、养分供应研究是无土基质栽培技术的关键。这包括两方面内容：一是基质对水分、养分的吸附、保持、释放性能，以及植物根系对营养和水分的吸收过程（应不同于根系对土壤中营养和水分的吸收）。这方面的研究目前还不够深入，不能明确说明水分、养分的需求、运移机理等。二是营养液的组成、配制、灌溉制度。由于植物对水分、养分吸收、运输的相对性，加之基质的水分养分运移特点不清楚，营养液的灌溉和管理比较复杂。目前国外的现代化自控温室营养液的电脑管理基本上停留在依靠调控电导率（EC）的水平上。灌溉是根据温室内不同时间太阳辐射能的不同来调节供液间隔和灌溉量，并实行过量灌溉，是一种半精确的水分、养分供应方式，国内的塑料大棚也采用类似的经验灌溉。因此，养分、水分的精确供应尚待进一步深入研究。

5. 模制基质的研究　模制基质是把基质模制成固定形状，在上面预留栽培穴，种子或幼苗直接种在穴内，省去了栽培容器，便于消毒。目前，模制基质主要有网袋、压缩草炭块、农用岩棉等。网袋分扦插网袋和种植网袋。扦插网袋基质的主要成分是草炭、珍珠岩和蛭石。它比一般穴盘扦插的基质通气性、排气效果更好，不会对环境造成污染。成苗栽植时，网袋无须划破，便于苗木运输，保护根系，提高种植成活率，适用于植物的扦插育苗、种子点播、分苗。种植网袋的主要成分为草炭、珍珠岩、有机肥、砻糠灰、木屑，适用于造林苗木培育和蔬菜、花卉大苗种植，特别是芽苗移植，目前产品植株高度为30～50cm。

6. 基质重复利用的研究　基质结构在灌溉和植物根系作用下会有所改变，由于根系分泌物和盐分的积聚，以及可能存在病虫害等，基质要重复利用应该进行一些处理，如结构重组、淋洗、消毒等。消毒措施有蒸汽、溴甲烷、福尔马林、氯化苦消毒和重新发酵等，但尚没有经济可靠的大批量基质消毒的方法。

（三）栽培基质与营养液的研究现状

1. 栽培基质的研究现状　　从 20 世纪 80 年代中期开始，我国北京引进美国和欧洲共同体的穴盘育苗精量播种生产线，在京郊已投入工厂化、商品化生产。1991 年工厂化育苗被农业部（现农业农村部）列为"八五"重点项目；"九五"期间国家科委（现科技部）立项工厂化高效农业产业工程，其中育苗基质的研究就是一项重要内容。

我国目前现代化水平较低，配制无土育苗基质时必须因地制宜，选择资源丰富、价格便宜，能满足根系养分、水分及空气供应的原料为基质。近几年引进的工厂化育苗设施大都采用草炭、蛭石（2∶1）配制的复合基质，草炭虽然是一种优良的基质改良剂，但是国内草炭资源分布不均匀，受产地所限，长途运输无疑会增加育苗成本，再加上草炭为不可再生的自然资源，长期采用必然会造成资源枯竭。目前，许多国家已明令禁止对草炭进行开采，众多研究者开始寻求可替代草炭资源的栽培介质。有机固体废弃物因其来源广泛、产生量巨大，并且含有丰富的营养物质而备受研究者关注。有机固体废弃物（如城市污泥、牛粪、猪粪、蘑菇渣、椰糠、秸秆和厨余垃圾等）经过合理的好氧堆肥后，可部分或完全替代草炭作为栽培基质。近年来，中国城市绿化快速发展导致绿化废弃物产生量也急剧上升，进行好氧堆肥或蚯蚓堆肥处理后，产品用作栽培基质，不但可以实现绿化废弃物减量化、无害化、资源化处理，还可以减少栽培过程中草炭的使用量。绿化废弃物经堆肥处理后，其产品可替代 50% 草炭用于青苹果竹芋（*Calathea rotundifolia* 'Fasciata'）的栽培。绿化废弃物经堆肥处理后，其产品以 30%～50% 比例混配于素土，对大花马齿苋（*Purslane herb*）、矮牵牛（*Petunia hybrida*）和彩叶草（*Coleus blumei*）等 3 种草花的生长具有显著促进作用。以绿化废弃物为原料的栽培基质研究多集中于花卉栽培，而针对蔬菜栽培的研究相对较少，并且原料处理多局限于好氧堆肥技术。龚小强等（2016）经研究发现，好氧堆肥和蚯蚓堆肥均能提高基质的营养元素含量，但较高的 pH 和电导率是其应用的限制因子，生产中建议采用添加硫黄等弱酸性物质或天然有机酸物质来降低基质 pH，并采取淋洗措施降低基质电导率，蚯蚓堆肥与草炭按照体积比 1∶1 配制可用作甘蓝、莴苣和西葫芦育苗代用基质。

2. 栽培基质与营养液配合作用的研究现状　　无土栽培以人工配制的营养液或固体基质满足作物对养分与水分的需要，营养液管理是无土栽培技术的核心，它是将含有植物生长发育所必需的各种营养元素，按一定比例溶于水所配制而成的溶液。近年来，关于无土栽培中营养液管理对蔬菜产量和品质的影响已有大量研究报道。

营养液浓度对无土栽培蔬菜的生长发育有显著影响，过低的养分浓度会导致植株养分亏缺；过高的养分浓度会引起植株渗透压过大、离子毒害及养分不均衡等问题。温室水培黄瓜的研究结果显示，营养液浓度与黄瓜叶片的光合特性有密切关系，适当提高营养液浓度可以显著提高叶片最大光合速率和光能利用率。而对菠菜和大白菜的研究表明，营养液浓度过高会造成光合速率降低（Albericie et al.,2008）。营养液供应浓度对蔬菜叶绿素含量、光合作用及呼吸速率等都有影响，从而间接地影响蔬菜的产量及其他生理特性。所以，合理的营养液浓度有利于提高蔬菜叶绿素含量并提高其光合作用能力。

不同作物在不同的生育时期所需营养液浓度不同，所以无土栽培中营养液的浓度及其组成也各有差异。番茄等果菜类在生长发育过程中，营养生长期所需营养液浓度较低，而随着番茄的生长发育，需求浓度会逐渐提高，坐果期浓度较高，随着果实成熟采摘，番茄中无机养分被带出植株体外，此时则需要较高的营养液浓度来维持自身生长。生菜等绿叶类蔬菜随着植株生长，植株吸收的养分随之增多，相应于不同生育时期去提高营养液浓度不仅有利于生长，也能提高产量而增加经济收入。但若盲目提高营养液浓度也不利于作物的生长。

在无土栽培研究中，营养液浓度及用量在很多作物中已有相关的研究。有研究表明，营养液浓度过低不利于植株的生长发育，而过高则会导致植株营养过剩，不仅浪费肥料也会降低产量。通常以总离子浓度来表示营养液配方，通过对叶菜类水培营养液中的离子浓度进行分析，得出适合叶菜类生长的无土栽培配方。宋夏夏等（2015）通过三因素（N、K、Ca）五水平二次回归响应面设计方法，得出 20.67mmol/L N、1mmol/L P、10.58mmol/L K、4.54mmol/L Ca、2mmol/L Mg 的营养液配方可以保证水果型黄瓜植株开花结果期生长状况良好，各叶位的净光合速率和蒸腾速率较大，黄瓜可以获得较大的单株产量和较优的果实品质，是适宜黄瓜醋糟基质栽培的营养液管理方案。

营养液基质栽培技术在设施蔬菜栽培中的应用较多，国内外学者对于营养液基质栽培供液量及供液频率的影响也有研究。所用基质成分、配制的营养液浓度不同对不同作物的供应量存在差异。基质栽培樱桃番茄的生育期营养液供液量为 305.66mm。供液频率不仅与营养液浓度有关，还与栽培品种和栽培方式有关。研究发现每 2 天供液 1 次可提高菠菜产量，每 1 天供液 1 次有利于芹菜和茼蒿的生长发育。珍珠岩基质栽培番茄的营养液供液频率为 1 天 1 次时有利于番茄植株生长，每天供液 2 次时，番茄的产量与品质有所提高。

第三节 设施生产中土壤存在的问题与研究展望

一、设施生产中根际酸碱度存在的问题与研究展望

（一）根际酸碱度对土壤肥力及养分的有效性影响

根际 pH 对植物造成的不利影响在很大程度上是由于根际 pH 过高或过低，降低植物所需养分的有效性，导致植株某些元素营养失调。但目前的研究尚浅，少有深入的机理研究。研究不同根际 pH 下根系土壤养分的有效性，并通过改良现有的栽培施肥措施，能够极大地缓解由不适宜根际酸碱度造成的养分吸收限制对植物的胁迫作用，提高设施栽培作物的产量与品质。

（二）根际酸碱度导致的重金属离子胁迫对植物的影响

研究根际酸碱度不适宜造成的重金属离子胁迫，能够从根本上解释根际 pH 对植物生理的影响，但目前研究多集中于研究植物自身对于胁迫的响应机制，少有通过栽培措施改

良根际微环境从而改善不适宜的根际 pH 对植物造成的不良影响的研究。今后的研究可集中于通过改良栽培措施调控根际 pH，消除由不适宜根际 pH 造成的重金属离子胁迫。

（三）根际酸碱度对植物的直接影响

目前关于根际酸碱度对植物影响的研究较少，多数研究仍停留在 20 世纪初的研究成果，最新的研究进展很少。今后我们可以借助目前先进的研究技术，深入研究根际酸碱度对植物造成影响的分子机理；研究耐酸、耐盐碱植物的抗性机理并通过基因改良和遗传育种的手段提高设施栽培作物的抗性。

二、设施生产中根际营养问题与研究展望

近年来，我国设施农业发展迅猛，高产出、高回报诱导下的高投入往往具有不同程度的盲目性，由于化肥使用量过多，过氮栽培和高肥栽培普遍，肥料利用率低、土壤质量退化等问题日益突出，土壤质地、水分、通气和酸碱度状况等一直处于不适宜或亚适宜水平，作物生长发育与产品品质受到严重影响。尤其是不同的土壤水分条件下，作物对矿质营养元素的吸收和利用存在明显差异，土壤水分的多少直接决定土壤中养分的运移速度和转化率，因此，水肥耦合研究在设施作物养分管理中一直占据非常重要的地位。整体而言，目前针对设施作物根际营养研究的切入点多集中在水肥耦合效应、不同矿质元素供应水平下作物的生长响应及相关机理解析等方面。

尽管设施作物生产中，根际营养研究已在很多方面取得了不同的进展，但同样也存在着以下诸多问题有待于进一步研究和解决。第一，前人对设施作物开展了大量的根际营养效应评价研究，但大多单一集中在对作物产量的研究上，对作物产品品质及根际环境影响的研究还不够系统，应在这方面加深和加强研究。第二，根际营养效应在个别地区、个别设施作物种类上获得了突破性进展，由于地域、土壤、气候等条件的不同，其异地、异类适用性还有待进一步验证。第三，目前有关 N、P、K 等大量元素的根际富集或缺乏效应的研究较多，而中、微量元素的相应研究较少，有必要加强对设施作物根际微量元素富集或缺乏效应的相应研究。第四，有必要研究根际养分在不同土壤、水分、酸碱度条件下的吸收、分配和运转特征，以及亚适宜环境下根系吸收养分的机理对提高养分利用效率的现实和理论意义。第五，有必要把设施作物、根际营养、环境条件三者有机关联起来，基于作物生长模型、养分吸收模型、环境因子模型和专家系统等，建立设施作物根际养分高效管理信息系统。

三、设施生产中根际微生物问题与研究展望

近年来，随着我国设施蔬菜的专业化和规模化生产的发展，连作障碍问题也日益突出。设施土壤连作种植会造成蔬菜的生长发育障碍，特别以微生物群落失衡为代表的根际微生态环境恶化会逐年加重，已成为限制设施蔬菜高效可持续生产的瓶颈之一。

尽管围绕设施作物生产中根际微生物的研究已在很多方面取得了不同的进展，但还有许多不足及未解决的问题，还需要从以下几个方面进行探索和解决。第一，根际微生物在根际微生态环境中起着关键作用，受培养条件限制，其中绝大部分不可培养或培养难度大，

需要进一步加强设施作物不同根际微生物分离及培养的方法体系研究。第二，前人的研究多集中在对设施作物病健株分离获得的真菌拮抗性进行筛选，还需对其中的放线菌及细菌做进一步的比较研究，来更为系统地丰富关于设施作物根际微生态区系变化的内容。第三，许多已有研究中所获得的拮抗菌的防病促生作用是在水培或基质盆栽条件下进行的，与设施作物的实际生长条件及生长期存在较大差异，还需对其田间防病促生作用进一步研究验证。第四，有必要研究根际微生物在不同土壤、水分、酸碱度条件下的活性及生态安全性变化规律，以及亚适宜环境下外源施用根际微生物对调控作物生长的现实和理论意义。第五，有必要把设施作物、根际微生物、环境条件三者有机关联起来，基于作物生长模型、微生物群落分析、环境因子模型和专家系统等，建立设施作物根际微生物数字化信息检测与评价系统。

四、设施作物连作障碍研究中存在的问题及研究展望

（一）化感物质研究

设施栽培作物可通过不同途径向环境中释放有益或有害的化感物质。其中，自毒化感物质可加剧连作障碍的发生。目前关于作物根系分泌的自毒物质的研究较多，但缺乏对其他释放途径产生的自毒物质的研究。例如，设施土壤中农药、化肥等化学物质残留，作物残茬腐解等释放的自毒物质与根系分泌的自毒物质种类含量是否一致，根系分泌的自毒物质能否涵盖作物释放的所有自毒物质尚不明确，同时这些自毒物质对作物的自毒效应也不完全清楚。因此，加大对其他释放途径产生的自毒物质的研究必不可少（侯慧等，2016）。另外，土壤环境非常复杂，自毒物质在土壤中易受土壤微生物、土壤理化性状、质地等因素的影响，研究不同栽培作物及土壤环境下自毒物质的变化规律也是研究其自毒效应的关键。作物根际释放的有利化感物质则能够改善土壤微生物环境，促进周围作物的生长和抵御病虫害。因此，可加大作物根际分泌的有益化感物质的作用机理及其在病虫害防治上应用的研究。

（二）根际微生物群落研究

作物连作导致土壤中的根际微生物种类、数量等发生变化，从而影响了作物根系的正常生长发育，以及根系主导或参与的各种代谢和营养元素吸收等过程。众多研究表明连作导致有益微生物减少，但究竟是哪些有益微生物的减少引起病原菌增殖，有关根系分泌物-病原菌-有益微生物的互作关系及分子生物学机制尚不清楚。近年发展起来的高通量测序技术是深入研究连作对土壤微生物群落组成和功能变化较好的技术手段，该技术能够分析某些特定的菌群，如细菌、氨氧化细菌、真菌及一些植物病原菌（镰刀菌类、茄科劳尔氏菌）的变化情况，测定的微生物种类和数量更加多样、丰富，结果也会更加可靠（侯慧等，2016；薛超等，2011）。因此，采用该测定技术可明确连作土壤中发生变化的关键微生物种群，对进一步探明连作障碍成因及寻找有效的调控措施尤为重要。

（三）诱发连作障碍的因素研究

设施作物栽培中，引发土壤连作障碍的因素很多，如同一类或同种作物连茬种植、农

药化肥的过量施用等，但目前的研究大多仅以单一因素为切入点，最终并不能达到综合防治设施土壤连作障碍的效果，在生产应用中存在很大的局限性。因此，针对诱发设施连作障碍的综合因子，可加大有机基质栽培模式及功能型生物有机栽培基质产品的应用基础研究，从源头上避免设施土壤病害对作物的危害。研究有益微生物菌剂对土壤微生物菌群及营养环境的调控，开发适宜不同土壤环境的功能型有机肥产品，缓解设施土培中存在的连作障碍危害。同时，应加大生物源农药及其他生物防治方法的研究与产品开发，降低化学农药残留引发的有毒物质伤害。根据设施土壤的养分及不同作物对营养元素的吸收规律，仍需深入研究水肥耦合精准施肥技术，避免化学肥料滥用引发的土壤盐渍化和离子毒害。最终，从栽培介质、化学农药肥料施用等设施作物生产的各环节调节、改善，以达到综合治理连作障碍的效果。

（四）作物地上部挥发物质化感作用研究

众多研究表明，不同作物叶片中均可释放出挥发性有机气体，这类有机物质可被周围的植株吸收，从而诱导其体内钙信号增强，调控下游的信号通路及各种代谢，提高作物的抗逆性（Ameye et al.，2017；Cofer et al.，2018；Matsui and Koeduka，2016）。目前关于作物间作、伴生方式防治连作障碍的研究较多，但大多集中于地下部化感物质互作，而作物地上部分泌的挥发物质对作物生长发育的影响尚不清楚。设施栽培属于相对密闭的空间，且种植密度较大，因此研究间作（套种）、伴生等栽培方式下，作物释放的挥发性物质对主栽作物抗土传病及抗逆方面的机理，对防治连作障碍意义重大。

（五）抗病育种及嫁接防治连作障碍研究

近30年来，国内外在设施果菜抗病育种方面做了很多工作，研发出了很多较优品种。例如，1991年，西北农林科技大学西甜瓜研究室就率先育成了'西农八号'，成为西瓜抗枯萎病的典范，随后几年又研发出抗病性更优的'西农十号'等优良品种。近几年，随着分子育种技术的出现，各种抗土传病的果菜新品种更是不断涌现。随着基因编辑技术的不断更新、精准，采用CRISPR/Cas9等新型基因编辑技术修饰与抗病相关的基因，培育优良的抗病品种或是后期发展的重要方向。在嫁接提高作物抗土传病害方面，目前大多数研究集中在嫁接提高作物抗逆性的生理生化机制方面，而其分子机制尚不完全清楚。后期，可以加大研究嫁接苗抗土传病的分子机制，筛选抗性基因，为分子育种提供依据。

五、我国无土栽培技术研究与应用中存在的问题及研究展望

我国设施技术基础研究与开发应用薄弱，尤其水培面积小，营养液及水培研究与应用严重不足。目前大面积推广的基质培（有机生态型）无土栽培技术量化程度低，难以准确控制，难以实现标准化生产。大多经营无土栽培设备、设施的企业不懂无土栽培技术，导致装置结构不合理、成本高、栽培效果较差，影响无土栽培技术的推广应用。产品质量优势不明显，存在较大的误区，市场认可度较低，难以达到高投入、高产出、高效益的目的，直接影响无土栽培技术的推广应用。应用化程度低、范围小，难以实现规模化产业经营。

没有任何一种基质可以适应所有园艺植物，目前基质的发展趋势应该是以适应不同设

施档次、不同地域、不同园艺植物的多种并存，以低成本、效果好、管理方便为标准，开发商应该使基质和营养液管理配套，联合推广。有待从以下几个方面开展研究：第一，向适应工厂化、模式化、标准化栽培方向发展。园艺生产结构调整的主要方向是发展具有我国特色的园艺产业，而这些离不开工厂化生产技术。工厂化生产技术要求其生产的各个环节都要进行模式化、标准化，作为工厂化生产环节之一的基质研制与生产也要求进行模式化和标准化。因而，工厂化、模式化、标准化也将是其发展的方向之一。第二，基质的结构与生产工艺研究，主要园艺植物用基质的适宜理化性质参数进行研究，这不仅是基质标准化生产的技术基础，也是营养管理的依据和基质重复利用的前提。如何按标准参数控制基质结构的形成技术，这种技术要适应标准化、规模化、工厂化生产的需要。基质的结构应该是团聚体结构，团聚体结构有利于水分的吸收、排放、通气、根系的伸长和结构的稳定。基质中的结构主要还是受材料本身物理性状的影响。同时，这种影响的稳定性更大。半基质、改土或基质使用后的团聚化才是值得重视的问题，且意义重大。团聚体分为水稳定性和非水稳定性团聚体，对水稳定性团聚体的研究意义更大。基质的重复利用性能也取决于基质结构的稳定性。第三，基质的水肥管理技术。在设施栽培的气候环境和营养环境下，植物的营养生理也有其特点，特别是在高产管理和施用设施专用品种的情况下，植物的营养生理特征不同于露地栽培。因此，营养液的配制技术（包括配方）、灌溉技术（频率、灌溉量）、监测调整技术（植株、营养液回收液的监测调整）、设施营养诊断技术、适合滴灌的园艺用肥料（高浓、全溶复合肥）研制等将是基质研究和应用的重点。第四，关于有机基质营养释放及其与营养液的作用机理。有机基质是使用有机物料或以有机物料为主的基质。与目前普遍使用的无机基质的主要差别是其本身含有的营养、离子间的拮抗、对营养液中离子的吸附等问题仍未可知。虽然营养液的成分、浓度很精确，但植物可吸收的养分状况是不确定的，不利于养分、水分的精确调控。因此，系统地研究有机基质营养的释放规律，以及它对离子的吸附变化规律是十分必要的。

第七章 设施农业能源利用技术

设施农业是一项能耗产业。植物的一切生物化学反应，都需要在一定的热环境条件下进行，温度过高或者过低，植物都会停止生长或死亡。在过去较长的时间里，温室热环境的补充和维持往往是通过燃烧化石燃料的途径产生热风、热水、热蒸汽来实现的，这些传统的加温方式能耗高，燃料消耗量和园艺作物干物质增长量的比值高达 5：1～10：1，能量利用率仅为 40%～50%（朱文见，2005），化石燃料燃烧产生的温室气体和热气、热水等余热污染也对全球生态平衡产生了巨大的破坏作用（Perera，2017），传统的能源利用技术已不再适合现代农业的发展。因此，研究高效、因地制宜的温室能源利用技术，确保供热量既达到植物需求又清洁、不浪费，将有重要的应用价值。

第一节 设施农业能源利用研究的主要内容

一、能源概述

《能源词典》（第二版）对能源的解释是"能源是可以直接或通过转性提供人类所需的有用能的资源"。

能源按其生成方式，一般分为一次能源和二次能源（表7-1）。一次能源是能直接利用的自然界的能源；二次能源是将自然界提供的直接能源加工以后所得到的能源。一次能源又可分为可再生能源和非再生能源。此处非再生能源有两重含义：一重含义是指消耗后短期内不能再生的能源，如煤、石油和天然气等；另一重含义是除非用人工方法再生，否则消耗后就不能再生的能源，如核能。

按照其来源，能源也可分为 4 类（表7-1）：第一类是来自地球以外与太阳有关的能源；第二类是与地球内部的热能有关的能源；第三类是与核反应有关的能源；第四类是与地球-月球-太阳相互联系有关的能源。

表 7-1 能源分类表

能源类别		一	二	三	四
一次能源	可再生能源	太阳能、风能、水能、生物质能、海洋能	地热能	—	潮汐能
	非再生能源	煤炭、石油、天然气、油页岩	—	核能	—
二次能源		焦炭、煤气、电力、蒸汽、沼气、乙醇、汽油、柴油、重油、液化气、其他	—	—	—

1981 年 8 月，联合国在肯尼亚首都内罗毕召开的新能源和可再生能源会议上正式界定了可再生能源的基本含义，即采用先进的方法或技术对传统的能源进行开发利用、对环境和生态友好、可持续发展、资源丰富的能源。目前，联合国开发计划署（UNDP）将可再生能源分为三类：①大中型水电；②新的可再生能源，包括小水电、太阳能、风能、现代生物质能、地热能、海洋能；③传统的生物质能。可再生能源的主要特点如下。

（1）资源丰富，可以再生利用。

（2）能量密度低，并且高度分散。

（3）清洁干净，极少损害生态环境或有损害环境的污染物排放。

（4）太阳能、风能、潮汐能等资源具有间歇性和随机性。

（5）开发利用存在技术难度。

基于上述概念和特点界定，太阳能、地热能、生物质能、风能、核能和海洋能等都属于可再生能源的范畴。

二、设施农业新能源利用的主要类型

目前常见的传统型温室加温系统，不论是锅炉热水采暖、锅炉蒸汽采暖或热风炉采暖，都需要消耗煤炭、天然气或电能等传统能源。随着时代的发展，传统能源由于其不可再生性、污染大、成本高、效率低等问题，正一步一步地被淘汰。此外，地中热交换、围护结构蓄热放热等主动蓄热型温室加热技术，虽然能够提高投射入温室的太阳能的利用效率，但是在长期弱光条件下，如何维持温室内温度的问题尚未得到解决。因此，利用新型环保能源的主动加温系统正在被逐渐重视。设施农业能源利用研究的主要内容是如何利用太阳能、浅层地源热能、空气热能等新型可再生能源。

（一）太阳能

1. 太阳能的定义 太阳是一颗巨大的恒星，通过连续不断的核聚变反应向宇宙释放大量的能量，能到达地球的能量为太阳总辐射总量的 20 亿分之一，经过地球大气层的反射和吸收，能到达陆地的约为 $1.7×10^{13}kW$，是地球年发电量的几万倍。如果人类能够有效利用这些能源，那么未来世界就不会为能源问题而担忧了。

太阳能是指太阳的热辐射能，主要表现就是常说的太阳光线。太阳能是由太阳内部氢原子发生氢氦聚变释放出巨大核能而产生的，来自太阳的辐射能量。人类所需能量的绝大部分都直接或间接地来自太阳。地球轨道上的平均太阳辐射强度为 $1369W/m^2$。太阳每秒照射到地球上的能量就相当于 500 万 t 煤，每秒照射到地球的能量则为 $1.465×10^8MJ$。

2. 太阳能的利用与发展 中国是世界上利用太阳能最早的国家之一。根据古籍记载，太阳能的利用起源于公元前 9 世纪（西周时代），那时我们的祖先就开始利用铜制的凹面镜将阳光汇聚点燃艾绒进行取火，古书上称之为"阳燧取火"。这是一种原始的太阳能聚光器，比古希腊的阿基米德利用太阳能聚焦要早 900 多年。到了公元 7 世纪，人们开始使用凸透镜聚集太阳能进行取火。公元 1 世纪，意大利史学家普林尼修建了第一个保温隔热的被动式太阳能房来进行太阳能的热利用。公元 1~500 年，罗马人在浴室的南面修建了大窗户，用于太阳光直接吸热来提高浴室温度。14 世纪，居住在北美地区的印第安人的祖先，冬季时居住在悬崖的南侧以直接面对太阳方便取暖。

近代太阳能利用的历史，从 1615 年法国工程师所罗门·德·考克斯发明的世界上第一台太阳能抽水泵算起；1860 年，法国人穆肖研制出世界上第一台抛物镜太阳灶，供在非洲的法军使用；1878 年，法国人皮福森研制出了以太阳能为动力的印刷机；1883 年，美籍瑞典人埃里克森成功地用太阳能驱动了一台 1.6 马力（1176W）的往复式发动机。

在第二次世界大战结束之后的 20 年间，随着石油、天然气的大量开发和利用，其资源储备量在逐渐减少，为了呼吁人们重视这一问题，国际上成立了国际太阳能学会（ISES），兴起了太阳能的研究热潮，在这一阶段，加强了太阳能理论和材料基础的研究，取得了太阳能选择性吸收涂层关键技术的重大突破。这一阶段的主要成果有：1952 年，法国国家研究中心建成了一座太阳能炉；1954 年，在印度新德里成立了国际太阳能学会；1955 年，以色列科学家泰伯等研制了黑镍等选择性吸收涂层；1960 年，法勃在美国采用太阳能平板集热器建成了世界上首套氨-水吸收式太阳能空调系统。

1992 年至今，化石能源的大量消耗导致了全球性的环境污染和生态破坏，对人类的未来发展构成了严重的威胁。在这样的大背景下，联合国于 1992 年 6 月在巴西召开了"联合国环境与发展大会"，在这次会议之后，世界各国加强了对清洁能源技术的研发，把利用太阳能与环境保护紧密结合在一起，使太阳能开发利用工作再次得到重视和加强。

总体来说，世界太阳能利用从 1992 年以后进入了一个快速发展的新阶段。从以上发展历程来看，世界太阳能利用事业的发展并不是一帆风顺的，而是在克服各种障碍和困难中不断前进。由于太阳能是资源无限的可再生能源，是与生态环境友好和谐的清洁能源，因此发展前景较好，在将来会成为人类未来能源的重要组成部分。

3. 太阳能的主要优点

（1）普遍：太阳光普照大地，没有地域的限制，无论陆地或海洋，无论高山或岛屿，处处皆有，可直接开发和利用，便于采集，且无须开采和运输。

（2）无害：开发利用太阳能不会污染环境，它是最清洁的能源之一，在环境污染越来越严重的今天，这一点是极其宝贵的。

（3）巨大：每年到达地球表面上的太阳辐射能约相当于 130 万亿 t 煤，其总量属现今世界上可以开发的最大能源。

（4）长久：根据太阳产生的核能速率估算，氢的贮量足够维持上百亿年，而地球的寿命也约为几十亿年，从这个意义上讲，可以说太阳的能量是用之不竭的。

4. 太阳能利用主要存在的技术难点

（1）分散性：到达地球表面的太阳辐射的总量尽管很大，但是能流密度很低。平均来说，北回归线附近，夏季在天气较为晴朗的情况下，正午时太阳辐射的辐照度最大，在垂直于太阳光方向 $1m^2$ 面积上接收到的太阳能平均有 1kW 左右；若按全年日夜平均，则只有 0.2kW 左右。而在冬季大致只有一半，阴天一般只有 1/5 左右，这样的能流密度是很低的。因此，在利用太阳能时，想要得到一定的转换功率，往往需要面积相当大的一套收集和转换设备，造价较高。

（2）不稳定性：由于受到昼夜、季节、地理纬度和海拔等自然条件的限制，以及晴、阴、云、雨等随机因素的影响，到达某一地面的太阳辐照度既是间断的，又是极不稳定的，这给太阳能的大规模应用增加了难度。为了使太阳能成为连续、稳定的能源，从而最终成为能够与常规能源相竞争的替代能源，就必须很好地解决蓄能问题，即把晴朗白天的太阳辐射能尽量贮存起来，以供夜间或阴雨天使用，但蓄能也是太阳能利用中较为薄弱的环节之一。

（3）效率低和成本高：太阳能的利用，有些方面在理论上是可行的，技术上也是成熟的。但有的太阳能利用装置，因为效率偏低，成本较高，现在的实验室利用效率也不超过30%，总的来说，经济性还不能与常规能源相竞争。在今后相当一段时期内，太阳能利用的进一步发展，主要受到经济性的制约。

（4）环境污染：现阶段，太阳能板是有一定寿命的，一般 3~5 年就需要换一次太阳能板，而换下来的太阳能板则非常难被大自然分解，从而造成相当大的污染。

（5）分散、能量密度低：虽然一年内到达地面上的太阳能总量大于目前任何一种可以开发的能源，但是即使是在晴天中午，垂直投射于 $1m^2$ 面积上的太阳能最多为 1kW 左右，若按日夜平均则不超过 200W。作为一种能源，这样的能流密度是很低的，因此需要收集设备和转换装置。例如，1.0×10^4kW 光发电装置需受光面积达 10 万 m^2。

（6）间歇，不稳定：太阳能受纬度、气候、季节、昼夜等的影响而具有随机性和断续性，需配备贮存设备。

因此，目前太阳能利用装置一般成本高、效率低、占地广、储存难；开发费用高于矿物能源，尚难大规模利用。然而，经济效益是和技术水平相联系的，只要技术问题能解决，成本必然下降，经济上就会有竞争力。这是当今世界面临的新技术革命内容之一。

5. 太阳能转换的主要方式　来自太阳的能量为辐射能，当太阳辐射能和地球的各类物质相遇时，便会被吸收并发生各种能量形式的转换。它的基本转换方式有如下三种类型，对应的利用方式有以下三种基本形式。

（1）光电转换：是将太阳的光能直接转换为电能，太阳能电池就是利用光电效应原理的一种装置。这种利用方式称为太阳能的光电转换利用。

（2）光热转换：就是直接把太阳辐射能转换为物质的热能。其应用范围广阔，目前常用的有：利用集热器，供热水、采暖、制冷等；建造太阳房、温室、塑料大棚等；使用太阳灶、太阳炉、蒸馏（盐水淡化）装置等；太阳能热机，驱动热力机械作动力用；太阳池，通过水温利用太阳能等。这种利用方式称为太阳能的光热转换利用。

（3）光化转换：也称化学转换，有两种类型，常见的一种是绿色植物的光合作用，是指植物体的叶绿素吸收太阳辐射能将二氧化碳和水转化为具有一定能量的碳水化合物的过程；少见的一种为光化反应，是指一些物质，如三氧化硫气体分子，在阳光照射下吸热分解，在低温时又复合，释放出吸收的太阳能。这种利用方式称为太阳能的光化转换利用。

（二）风能

风是由太阳辐射引起的。从太阳到达地球的能量中，大约有 2% 的能量转变成为风能。地球上全部风能资源估计有 $2.74\times10^{13}kW$，其中可利用的资源约为 $2\times10^{10}kW$，大约为目前世界上能源消费量的两倍，比地球上可开发利用的水能总量还要大 10 倍。

风能资源的优点是可再生，分布广，清洁不污染环境，风能转换成机械能的办法比较简单，容易实现；缺点是密度低，不稳定，地区差异大，主要分布在沿海和山口。风能作为一次能源，须转换成电力、机械力或热能等利用。风能属于小型、分散性能源，适宜于小规模和分散利用，如提水、碾磨、烘干，以及海水淡化等没有连续供能的要求时。

风力机是把风的动能转换为机械能的装置，是利用风能的基本装置。根据风力机的容量大小，可分为微型（1kW 以下）、小型（1~10kW）、中型（10~100kW）、大型

（100～1000kW）和巨型（1000kW 以上）。

按风力机的用途分类，风能利用有如下三种常见的基本形式。

（1）风力发电：把风能转变为电能是目前风能利用最主要的方式。风力发电机一般由风轮、发电机（包括传动装置）、调向器（尾翼）、塔架、限速安全机构和储能装置等构件组成。风力发电机的工作原理比较简单，风轮在风力的作用下旋转，它把风的动能转变为风轮轴的机械能。风力发电机在风轮轴的带动下旋转发电。风力产生的电能可用来为农业设施提供加温、补光等环境调控所需的能量。

（2）风力提水：风力提水机是将风能转化为机械能，其经济效益高，已可以与以常规能源为动力者竞争，技术比较成熟，其优点为能用较小的机械装置收集到可观的能量。因此，该装置得到了广泛应用。全世界现约有 100 万台小型风力提水机，大型者千台，主要用于解决边远地区和广大牧区灌溉用水与人畜用水的抽汲作业，取得了显著的社会效益和经济效益。

（3）风力致热：风能转化为热能后，可用于设施农业热环境调控。我国有超过 2/3 的日光温室处于季风气候区，当遭遇寒潮、大风天气时，温室内温度会骤降，甚至会出现低于露地气温的温度。当风力强劲时，将风能转为热能并用于温室应急补温是抵御极端天气的一种思路。目前，英、美、日、荷及北欧等设施园艺发展成熟的国家和地区，风力致热技术已投入使用，其中日本在这一领域的研究最为广泛，英、美、荷和北欧国家对搅拌致热技术的应用研究较多。我国的风力致热研究则起步较晚，但也取得了诸多成果。

将风能转换成热能，一般有三种途径：①风能—机械能—电能—热能；②风能—机械能—空气压缩能—热能；③风能—机械能—热能。

（三）热泵技术

热泵技术是近年来在全世界备受关注的新能源技术，在设施农业环境调控中应用前景十分广阔。根据热力学第二定律，热可以自发地由高温物体传向低温物体，而由低温物体传向高温物体则必须做功。热泵系统是通过逆向热力循环即制冷循环使热量从温度低的介质流向温度高的介质的装置，它以花费一部分高质能（电能）为代价，从空气、水或土壤等自然环境中获取低品位热能，并连同所花费的高质能一起向用户提供高品位热能，实现了把能量由低温物体向高温物体的传递，其工作原理如图 7-1 所示。热泵的供热量大于所消耗的功量，是综合利用能源的一种很有价值的措施。热泵由压缩机、蒸发器、冷凝器、膨胀阀等主要部件组成。热泵技术按所需热源的不同大体可分为空气源热泵、地源热泵及水源热泵。

（四）生物质能

1. 生物质能的概念 生物质是指植物、动物或者微生物等生命体的合称，是可再生或是循环的有机物质的总称。其包括能源作物、农业废弃物、林业废弃物、

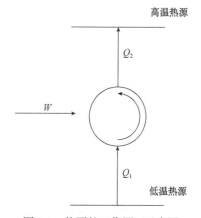

图 7-1 热泵的工作原理示意图
Q_1. 吸收热量；Q_2. 放出热量；W. 系统作功

动物粪便等。

生物质能就是通过微生物对生物质的缓慢氧化（分解代谢）缓慢释放出热能，达到充分利用自然界中的生物质、开发新能源的目的。生物质能在英文中为"bio-mass"一词，最早使用于 1934 年 [在《韦氏字根词典》（*Merriam Webster's Vocabulary Builder*）中指生物量]，从外文回溯数据库中看，1971 年，美国《植物与土壤》杂志中，首次将"bio-mass"一词定义为生物质，生物质是指生物体通过光合作用形成具有一定能量的有机物质，它包括所有动植物、微生物及其产生的代谢物等，比较有代表性的有农作物及其废弃物和林业的剩余物。

生物质能分为多种，其中包括固体生物质、木炭、城市固体废弃物、生物液态燃料和沼气等，这些物质在经过绿色植物的光合作用之后可以转变为一些燃料。根据这些燃料能否大规模替代常规化石能源，可以将生物质能分为两种，分别是传统生物质能和现代生物质能。传统生物质能主要来自农村，其基本都具有一个特点，就是都具有生活用途，主要是一些秸秆、稻草和畜禽粪便等。这种生物质能基本在发展中国家比较常见和常用。现代生物质能是可以大规模代替能源的一些矿物质的生物能，这些生物能在发达国家比较常见。

2. 生物质能最大的优点　　生物质能最大的优点是可再生，这也是其与传统的化石能源之间最大的区别，所以生物质能被越来越多的人所认可和重视。总结起来，生物质能的特点主要有以下几点。

（1）生物质能在燃烧的过程中，对环境的污染危害很小。生物质能在燃烧时虽然也会产生 CO_2，但是这些 CO_2 可以被植物光合作用所吸收，进而没有 CO_2 可以被排放到大气中，这就使得大气中 CO_2 含量得到控制，进而能够将温室效应带来的危害降到最低。同时生物质能中含有的硫量非常少，所以在燃烧后也不会产生很多的危害，对环境的危害程度降到最低。

（2）生物质能的含量十分巨大，而且属于可再生能源。只要有阳光和绿色植物同时存在，发生光合作用就会产生生物质能，所以生物质能是一种可再生的资源。多种树和草不仅能够净化空气，还能够为人们生活提供源源不断的生物质能材料。

（3）生物质能具有普遍性、易取性的特点。生物质能在世界的每一个角落都可以找到，其价格也比较便宜，并且很容易采撷，整个过程非常简单、便于操作，成本也比较低。生物质能可被储存和运输，虽然可再生能源有很多种，但是除生物质能以外，其他能源都不能被储存和运输，并且生物质能在加工和使用时也比较方便。

（4）生物质能挥发组分高，炭活性高，易燃生物质能在 400℃的温度下可以挥发的组分比较多，并且这些能源可以转化为一些气体燃料，方便储存。

3. 生物质能的利用技术　　生物质能被有效应用的途径主要有燃烧法、热化学法、生物化学法、物理化学法等，这些方法都可以将生物质能转变为二次能源，可以转变成热量及生物质燃气——沼气、氢气等燃料。

第二节　设施农业能源利用的研究进展

一、太阳能集热技术在温室中的应用研究

我国日光温室在冬季夜间主要依靠围护结构来向温室内被动地释放热量，这种方式虽

然能够维持温室内的温度，但是这种温度控制方式十分有限，导致夜间温室内的整体温度不高，尤其是温室后半夜的温度较低，对作物的生长和生产产生了严重的影响。因此，随着近几年来太阳能集热技术的不断发展和应用，人们对日光温室冬季加温技术的研究也随之增多。太阳能集热技术就是利用太阳能收集装置将白天的太阳能转换为热能进行收集并存储，在夜间或阴雨天等温度较低时将存储的热量释放，用于温室内温度的提升。

（一）温室太阳能集热器的构成

太阳能集热器是将吸收的太阳辐射转化为热能传递给传热介质的一种装置，包括平板集热器和真空管集热器，其原理为光热转换。其中平板集热器主要由透明盖板、吸热板、外壳、保温层等组成，当太阳辐射通过透明盖板投射到吸热板上时，涂有特殊选择性吸收涂层的吸热板对太阳辐射进行收集，同时将收集的太阳辐射转换成热能，然后通过传热介质热量输出，加以利用。真空管集热器的核心部件为真空集热管，真空集热管是由一端封闭、一端开口的两根玻璃管组成，其中一个为内管，另一个为外管，内管和外管之间充满真空层，以此来减少热量散失，内管的表面通过电镀附有一层选择性吸收涂层。真空集热管在实际的安装过程中有两种安装方式，一种为南北纵向安装，另一种为东西水平安装。比起南北纵向安装，东西水平安装具有较小的遮阴影响。真空管集热器的工作原理为：真空集热管内管的选择性吸收涂层对太阳辐射进行吸收，然后将吸收的热量与内管中的水进行热传导，从而使管内水温上升，由于热水和冷水之间存在密度差，密度较小的热水通过浮力上升到真空管上表面，而密度较大的冷水通过重力下沉到真空管的下表面，真空集热管中的水由于太阳辐射而被加热从而温度逐渐上升，真空集热管内的水温与集热水箱中的水温出现差异而产生虹吸现象，使得热水从真空集热管中不断流入集热水箱中，同时集热水箱中的冷水又不断地流入真空集热管中，如此循环往复，使集热水箱中的水最终被全部加热。目前市场上常用的真空集热管规格为直径 58mm，长 1.8m。真空管集热器相比平板集热器具有较大的优势，由于真空管具有一层真空层，其热损失相对平板集热器的较小，并且真空管集热器具有一定的防冻能力，可以在 -15℃的极端条件下使用，并且真空管具有低成本、高集热效率、低热损等优点，使其应用范围也越来越广泛。

在中低温集热范围内，目前太阳能集热采用较多的传热介质为水，因为相对于空气而言，水的比热容较大、来源广泛，并且价格低廉，集热效果较空气高，集热装置进出口热流温度变化范围大。张新桥和陈文（2011）的研究表明，温室中进行太阳能水体蓄热时，3～10月的节能效果较为显著，并且在6～8月，其节能效果基本能够达到100%。

（二）温室太阳能集热研究进展

1. 国外温室太阳能利用的研究概况　　国外最早将太阳能集热用于温室内温度提升的是日本的山本雄二郎（1984年），他利用太阳能集热器将加热后的水输送到温室地下1.5m埋深的铜管中，以此来提高温室内土壤温度。国外 Ntinas 等（2011，2014）设计了一种基于储热水箱的被动式太阳能集热系统，在该研究中，白天利用照射到储热水箱表面的太阳辐射，来将水箱内的水加热，夜间使用风机将储热水箱中的热量通过空气循环释放到温室内进行热量交换，达到加热温室的目的。日本的河野德義和我国毛军需（1986）以水为传热介质，在温室内外安装太阳能集热装置，同时用汽车散热器作为温室内的热交换机来进行集热管与蓄热水池中水的热量交换，最终达到加热温室内土壤及空气的目的，试验结果表明，该集热装置可以平均提升室内温度 6.4℃。Aiamri（1997）设计了一套由集热水管、蓄热水池、水泵和散热系统组成的太阳能水蓄热系统，白天利用水泵使水在集热水管与蓄热水池之间进行循环换热，以此来进行热量收集，夜间使用水泵将蓄热水池中的水在散热水管中循环流动，以此来达到提高温室内温度的目的。Kurklu 等（2003）在白天利用太阳能集热器将吸收的太阳能转换为热能，通过风机将收集的热空气输送到温室底部的岩石床进行热量交换，以此来提高岩石床的温度，夜间岩石床通过自然对流方式来加热温室内的空气，研究结果表明，该系统可以使温室内的气温比室外高 6～9℃。Benli 和 Durmus（2009a）将白天太阳能集热器收集的热量储存到相变材料中，夜间将温室内的冷空气通过相变材料来进行热量交换，以此来提升温室气温。Connellan（1989）设计和试验了由低温太阳能集热器组成的供暖装置，改善了温室的地温。Bargach 等（1999）分析了集热器加热系统对温室微气候环境和甜瓜栽培效益的影响，并利用太阳能辅助加温温室，进行甜瓜栽培试验，加温温室不仅收获期提前了 14d，甜瓜品质也有很大的改善，加温温室夜间温度平均提升 1.2℃，采用集热器加温的温室单株番茄产量增加 805g。Elbatawi（2000）通过试验研究了太阳能集热器在育苗中的应用，通过在夜间提高育苗温室气温，绿胡椒籽发芽率达到 100%，作为对照的不加温温室的绿胡椒籽发芽率为 80%，在室外的绿胡椒籽发芽率仅为 60%。在理论研究方面，Jain Dilip 和 Tiwari（2003）建立了用太阳能空气集热器加热温室的热性能数学模型并进行了试验验证。

2. 国内温室太阳能利用的研究概况　　国内学者在温室太阳能集热方面也进行了较多的研究，张义等（2012）设计了一种由水幕帘、蓄热水池、热泵等组成的太阳能水幕帘集热装置，白天利用水幕帘吸收的太阳辐射来进行水体加热并实现热量存储，夜间温室内温度较低时，利用蓄热水池中较高温度的水来与室内空气进行换热，实现温室内温度的提升，在该试验中，温室内夜间温度能够提高 5.4℃以上，经过实测，该系统可以使番茄提前 20d 上市，其带来的经济价值较高。戴巧利等（2009）设计了一种太阳能空气集热/土壤蓄热系统，白天利用风机将太阳能集热器收集的热空气抽入地下加热土壤，夜间再将室内的冷空气通入地下土壤，利用土壤的热量来加热室内空气，经测试，在该试验中夜间室内空气温度平均提升 3.8℃左右，地温提升 2.3℃左右。方慧（2011）基于太阳能集热器设计了一种温室土壤加温系统，白天利用放置在温室后墙的集热器进行水体的循环加热，然后用泵将吸收的太阳能通过管道不断转移到浅层土壤中，提高土壤的温度，实现热量存储，夜间再通过土壤的自然对流来提高温室内空气温度，相比未采取太阳能土壤加温系统的温室，采用了该系统的温室温度提高了 4℃。刘伯聪等（2012）分析了室外集热器对温室地温升温效果的影响，最终得出这种方式可以达到明显提升地温的效果，可以使夜间室内土壤温度提升 3～5℃。张海莲等（1997）在青海省西宁市的温室顶部安装了 60m² 的太阳能集热器，使其直接与室内地下 40cm 和 80cm 处各埋的一层散热钢管连接，以提高温室地温。虽然在室外−25℃严寒低温下，该系统能够使温室内番茄和甜椒安全越冬，有一定的加温效果，但是该系统消耗的电能较大。李德坚和郑瑞澄（2002）给大型四连栋蔬菜温室安装了全玻璃真空管太阳能集热器，用来辅助燃油锅炉进行冬季供暖，在室外温度较高且天气晴朗的条件下，太阳能主动供热率能达到40%，但是在温度较低且弱光条件下，主动太阳能的供热率仅为10%。刘圣勇等（2003）将太阳能地下热水加热系统与传统的煤炉加热方式进行比较后发现，采用太阳能地下热水加温系统的温室，平均地温可提高4.4℃、产量会提高21%，并且有效地减少了环境污染。毛罕平等（2004）针对温室冬季加温费用高的情况，设计了由集热、蓄热、供热和辅助热源4部分组成的温室太阳能加热系统，并与传统的锅炉加热和电加热进行经济性评价分析，得出采用太阳能加热系统的投资回收年限为5年，小于一般额定投资回收年限8年，具有一定的经济性。李文等（2013）设计了一种以黑膜为吸收层的太阳能集放热系统，该系统通过水循环吸收到达黑膜表面的太阳能，用于提升温室内温度，经过测试，该系统可以使温室夜间温度提升4.6℃。此外，也有人尝试以空气为热媒进行温室增温。

3. 太阳能集热在温室上的典型研究案例

1）一套直膨式太阳能热泵用于温室的研究　　中国农业科学院农业环境与可持续发展研究所设计了一套直膨式太阳能热泵（其系统布置图见图7-2）用于温室番茄根际-空气加温（和永康等，2019），结果表明不同天气试验区的根际温度在17.9℃以上，比对照区高1.5℃，空气温度在11.6℃以上，比对照区高3.6℃，相对湿度在90.8%以下，比对照区低3.2%。

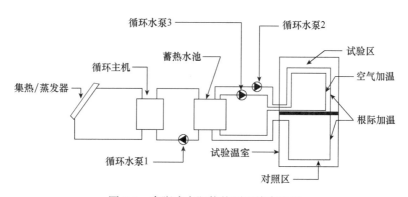

图7-2　直膨式太阳能热泵系统布置图

2）日光温室屋顶用多功能复合抛物面聚光器的研究　　中国农业科学院农业环境与可持续发展研究所开发了日光温室屋顶用多功能复合抛物面聚光器（其设计原理图见图7-3，图7-4为实际安装及测试图），用于温室中把多余的光转化为热（Wu et al.，2019）。结果表明，单个聚光器盖板的最大瞬时热效率和蓄热量分别为32.2%和353W/m²。这种新型的温室覆盖材料可以更好地调节温室的亮度，使温室内的照明更加均匀，从而改善温室内的热环境。热管把多余的光转化成热，从而实现太阳能光热的综合利用。

3）表冷器主动蓄放热系统在温室上的应用研究　　塔里木大学创新研发出了表冷器主动蓄放热系统，其系统示意图如图7-5所示，并将其应用于南疆日光温室中（王志伟等，2019）。结果表明，表冷器主动蓄放热系统的蓄热量和放热量分别为248.640 MJ、139.776MJ；午间蓄热阶段温室内平均气温比对照温室低3.5℃，夜间放热阶段温室内气温比对照温室高3℃。

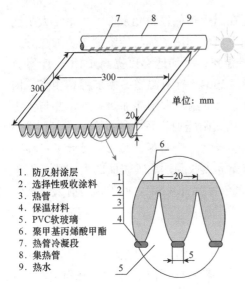

1. 防反射涂层
2. 选择性吸收涂料
3. 热管
4. 保温材料
5. PVC软玻璃
6. 聚甲基丙烯酸甲酯
7. 热管冷凝段
8. 集热管
9. 热水

图 7-3　多功能复合抛物面聚光器设计原理图

4）太阳能岩石床蓄热装置在温室上的应用研究　摩洛哥学者 Gourdo 等（2019a）设计出一种太阳能岩石床蓄热装置（图 7-6 为该装置的系统布置图，图 7-7 为试验过程的对比图）用于温室中。结果表明，安装了岩石床的温室内夜间平均气温比对照温室内高 3℃，白天平均气温低 1.9℃。试验温室番茄产量比对照温室提高了22%。同年他还研究使用黑色塑料套筒装满水进行被动蓄热用于温室番茄生产（Gourdo et al.，2019b），结果表明，试验温室夜间温度比对照温室提高了 3.1℃，相对湿度降低了 10%，番茄产量比对照温室增加了 35%。

伊朗学者 Mahdavi 等（2019）将土壤空气换热器和光伏热收集器（图 7-8 为温室及换热器

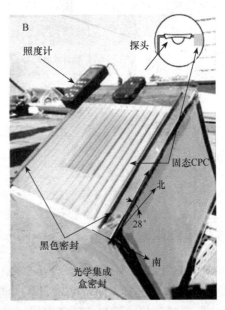

图 7-4　多功能复合抛物面聚光器实际安装及测试图（Wu et al.，2019）

A. 固态 CPC 在太阳能房屋屋顶上的安装；B. 室外测试仪器布置；CPC. 复合抛物面集热器（compound pavabolic collector）

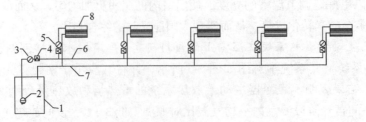

图 7-5　表冷器主动蓄放热系统（王志伟等，2019）

1. 营养液池；2. 水泵；3. 过滤器；4. 阀门；5. 水表；6. 进水管；7. 回水管；8. 表冷器

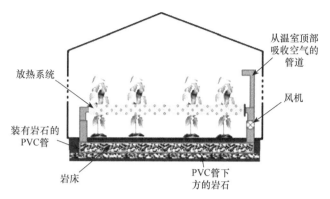

图 7-6　太阳能岩石床蓄热装置系统布置图（Courdo et al.，2019a）

图 7-7　试验温室（配有黑色塑料套筒被动蓄热）与对照温室的对比图（Gourdo et al.，2019b）

A. 装有被动蓄热水套的试验温室；B. 无被动蓄热水套的对照温室

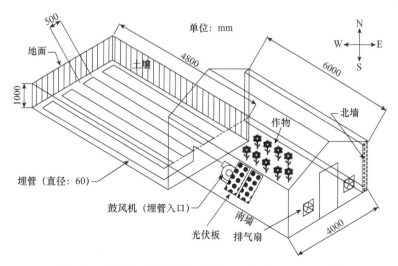

图 7-8　温室及换热器的参数图（Mahdavi et al.，2019）

的参数图）用于温室夏季降温和冬季升温，结果发现光伏热收集器无明显的加热能力，但具有良好的发电潜力，而土壤空气换热器可使温室气温的波动幅度减小 46%，有效降低温室冬季一天的热负荷水准 0.318，说明土壤空气换热器在夏季和冬季具有巨大的降温和加温潜力。

5）温室太阳能空气集热系统的研究及应用

（1）太阳能空气集热系统的构成：太阳能空气集热系统分成 3 部分，即太阳能平板空气集热器、加热管道和管道风机，如图 7-9 所示。其中送风管道采用 Φ110mm 的 PVC 管，加热管道采用 4 根水平 Φ50mm 的 PVC 管，每根管长 6m，管间距为 1m，布置在基质袋的下方，管道风机的功率为 30W，进风量最大值为 204m³/h。

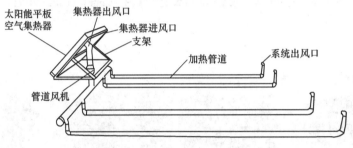

图 7-9　太阳能空气集热系统结构示意图

（2）太阳能空气集热系统的性能评价与生产使用效果：太阳能空气集热系统的运行时间设置为 9：00～16：00，当系统在白天 9：00 开始运行时，集热器对温室内富余的太阳能进行热量收集，此时管道风机同步开启，将经集热器加热后的空气同时抽入基质袋下方的加热管道中进行热量释放，实现基质的升温，16：00 停止运行。

（3）太阳能空气集热系统对番茄的株高和茎粗的生长具有促进作用，对番茄的产量也有提升作用，平均每株番茄产量能够提升 26%。

6）温室太阳能高效集热及蓄热一体化系统的设计与研究　　该系统是一种将外置太阳能集热器与水体蓄热器相结合的温室太阳能集热蓄热一体化系统，该系统可以将太阳能集热器收集的热量进行长时间的存储，解决温室外界长期阴雨天热源不足的问题。该系统可实现点对点的供热形式，很好地解决了连续极端天气下，温室内热量输入不足缺少热量补给等问题。

温室太阳能集热及蓄热一体化系统由太阳能集热部分、温室地下水体蓄热部分和水循环管道、散热管道及循环水泵等组成（图 7-10），其中太阳能集热部分由真空管太阳能集热器和供回水管路组成；储热器由蓄热装置和传输水箱构成。晴朗日间，通过温室外部的真空管太阳能集热器进行太阳辐射能的高效收集，并通过循环水泵将收集的热水持续注入温室内部地下蓄热器中进行存储，在温室需热时，通过循环水泵将蓄热器中储存热水通过传输水箱将热量释放到温室中，进行温室内温度的提升，实现高效集热，储热器长时间大量储热，定量缓释放热。

目前温室太阳能利用的研究大多数是利用集热器将白天收集的热量用于当晚的释放，以此来提升室内温度，太阳能跨季节利用的研究较少。

佟雪姣等（2016）开发了一种适用于日光温室的太阳能蓄热系统，将集热装置设置在

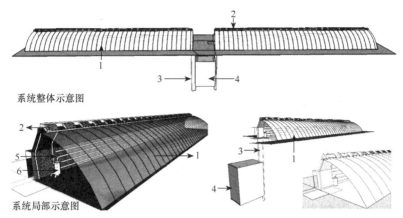

系统整体示意图

系统局部示意图

图 7-10 温室太阳能集热及蓄热一体化系统整体效果图

1. 温室；2. 集热器；3. 水循环管道；4. 地下水体储热水器；5. 散热管道；6. 传输水箱

日光温室北墙，集热板从里到外分别是银色反光膜、黑地膜、阳光板和黑地膜。集热板内部有空腔，水可在空腔内流动。在天气晴朗的白天，当温室内太阳辐射照度和温度升高时，启动水循环，使水箱中的水通过水泵流入阳光板的空腔，并吸收太阳辐射热量，然后返回蓄热水箱。经过不断循环，使蓄热水箱内的水温升高。夜间，温室内温度降到一定程度时，水循环系统启动放热。

张义等（2012）设计了一种主动水幕帘蓄放热装置。该装置与佟雪娇等（2016）的类似，其中集热板改进为水幕帘，水幕帘由薄膜组成，安装在日光温室后墙，水可在水幕帘内形成自上向下流动的水幕。白天，以水为介质在水幕帘及水池内进行循环，不断利用水幕帘吸收太阳辐射的热量，使蓄热水池内水温不断升高。在夜间，当室内气温降低时开启循环水泵，再次使介质水循环，通过水幕帘将水中的热量释放到室内，提高室内气温。经测试，可将温室内夜间温度提高 5.4～6.7℃及以上。

王顺生等（2007）开发了一种太阳能加热装置。该装置包括薄膜集热器、保温蓄热水箱、循环水泵等。薄膜集热器设在日光温室后墙处，由透光层、集热层和保温层组合而成。集热层内部设有管状空间，可用于介质水循环。在白天，介质水在集热器和蓄热水箱之间循环，并在流经薄膜集热器的时候可吸收太阳能并被加热，使得蓄热水箱内的水温不断升高。当夜晚室内温度较低时，则运行水泵，使蓄热水箱内的热水流经薄膜集热器并将其热量释放到温室内。据测试白昼集热可使水温升高 20℃以上，夜间用蓄积的热量加温，可以使室内气温平均升高 1.7℃以上。

针对现有主动式水蓄热技术投资运行成本高、安装复杂等问题，中国农业大学温室工程与装备团队开发了一种"屋架组合管网太阳能集热式日光温室"，即利用日光温室前屋面屋架作为太阳能集热器，通过水在骨架和储水箱之间的循环将屋架吸收的太阳能储存起来，在夜间室内气温较低的时候将热水导入屋架进行放热，以提高室内气温（马承伟等，2016）。该技术可充分利用温室自身屋架结构进行集热和放热，具有用材少、安装简单、成本低等优点。根据测试，该系统可将日光温室夜间最低气温提升 3～5℃。

刘伯聪等（2012）设计了一套太阳能储热系统，包括太阳能集热器、保温蓄热水池、地下散热管网、循环水泵、水阀等部件。太阳能集热器布置于室外靠近日光温室前屋面的地面；保温蓄热水池位于室内，地下散热管网埋放于温室内部地下 0.4m 处，由 2 根 Φ40mm 钢管和 5 根 Φ25mm 软管组成。在白天，开启蓄热池和集热器内的水循环，利用太阳能集热器将集热器内的水加温。夜间开启蓄热池和地下管网的水循环，加热土壤，并利用土壤的自然放热提高室内气温。根据测试，室内夜间平均气温可升高 4.4℃。

虽然以上研究采用"削峰填谷"的方式可以将温室白天收集的太阳能用于夜间进行温室内的加温，但是当面对连续阴雨的极端天气时，这类装置很难满足阴雨天气下温室内的供暖需求，因此，有学者对温室太阳能的跨季节利用进行了研究。

鲍玲玲等（2020）利用地源热泵空调系统将夏季温室接收的太阳能存储在地下深层土壤中，并转换成热能，冬季再将储存在土壤中的热量提取出来，用于满足温室内的加温需求，该研究实现了太阳能的跨季节利用，可以使温室内的温度维持在 20～25℃，使全年土壤温度提升 1.3℃，其效果还是十分显著的。徐静（2016）利用真空管太阳能集热器在夏季太阳辐射较强的季节进行热量收集，并将热量储存在地埋管中，在冬季需要对温室供暖时再将热量用于温室的加温，在冬季室外温度为－2℃时，该系统可以使温室内的温度维持在 10～13℃。常立存（2013）在陕西省铜川市的一栋花卉温室内设计了太阳能跨季节供暖系统，该系统由空气集热器、地下蓄热体、通风管道、连接管道和风机等组成，该系统在非供暖季节利用空气集热器将热量进行收集，并存储到以土壤和砂石组成的地下蓄热体中，在冬季将热量取出用于温室的加温。经研究表明，该系统可以有效地改善冬季温室内作物的生长环境，并提高作物产量。Bauer 等（2010）研究了热水热能存储器、砾石水热能存储器、钻孔热能存储器和地下蓄热层 4 种不同类型的季节性热能存储器，结果表明，储罐和矿井热能储存技术可行，但是建设成本和热损较高；钻孔和含水层热能存储运行良好，但是每年的存储利用率需要提高。

制约太阳能跨季节存储技术的因素有：一是造价成本，较高的成本投入限制了其在温室中的推广利用；二是在存储过程中的利用率问题及现有的技术限制。因此，低成本、高效的太阳能跨季节蓄热仍然是跨季节蓄热研究的重点。

二、光伏技术在温室中的应用研究

光合作用是植物对太阳光能的直接利用。在设施农业中，除了植物直接吸收外，还可通过光伏发电将太阳光能转变为电能进行利用。光伏发电需要一定的太阳电池面积来接收光能，光伏板既可以直接覆盖在透明屋面上，也可在其他温室结构上设支架安装，覆盖形式可分为条纹式和棋盘式，其中棋盘式透光均匀性最好，或者由整块的光伏板做屋面建造敞开式光伏大棚。Ezzaeri 等（2018）、Yano 和 Cossu（2019）、Cossu 等（2017，2018）研究了光伏温室光环境和其他微环境的分布特点及光伏温室内作物生长情况，发现光伏遮光能够降低 1～3℃室温，显著缓解了温室作物白天遭遇的高温逆境，光照量的减少对作物产量无明显影响。随着太阳电池技术的发展，出现了可以安装在温室顶部的薄膜透光式太阳电池，在光伏发电的同时又不影响太阳光线的透过。Hassanien 等（2018）研究了半透明光伏材料在温室中的应用，半透明光伏材料能够自由收放，透光更加均匀，且投资回收期短。2009 年，江西上饶、江苏武进等地分别建成薄膜式农业大棚，全国多地也正在建造此类大棚。薄膜太阳能大棚不仅可为设施农业提供充足的电力资源，还可以将剩余的电能上网销售，带来额外收益。

太阳能发电在设施农业中最基本的用途是照明，白天光伏发电给蓄电池充电，晚上作为电源为节能灯提供电能，不仅可为设施农业提供场地照明，光照在温室内还可延长植物进行光合作用的时间，提高作物产量。自2010年以来，太阳能光伏的成本已降低了73%［《BP世界能源展望（2019年版）》］，未来光伏技术在适用地区的温室农业中将更容易推广。

此外，太阳能驱虫灯也是在设施农业中光能利用的方式。其在白天将太阳能转换成电能储存，在夜间杀虫灯释放出特定波长的光源吸引害虫，光源外围的高压电网可将飞过的害虫杀死。使用有效的光波范围可诱杀1000多种害虫，在温室中具有很好的应用价值。目前国家对太阳能驱虫灯在农村大棚中的使用给予补贴，我国多省的农村中已经开始推广使用。

三、热泵技术在温室中的应用研究

热泵（heat pump）是一种将低位热源的热能转移到高位热源的装置。热泵通常是先从空气、水或土壤中获取品质较低的内能，通过电力做功提升能源品位，然后得到可以被利用的高品位内能。根据热源不同，热泵可分为水源热泵、地源热泵及空气源热泵。热泵技术是一种新能源技术，在人居环境中得到较为广泛的使用，由于该技术符合环保及可持续发展理念，近年来在农业建筑中受到关注，并进行了一些探索性的研究。

（一）地源热泵温室加温系统

地源热泵在欧美等国家已被广泛应用。地源热泵是提取地球表面浅层中的低品位内能，通过热泵系统热力学循环，能够实现供热或制冷的高效空气调节装置。随着我国对新能源利用理念的不断普及，地源热泵在各类型建筑中的应用得到了迅速发展，不少农业工程研究人员也将地源热泵技术尝试应用到玻璃温室、日光温室等不同类型的农业设施中。罗迎宾等（2007）对地源热泵结合地下蓄能装置在温室中的应用进行了研究，发现采用地下蓄热装置后，系统运行费用比传统供热方式降低了40%～50%。张晓慧等（2008）将地源热泵技术用于日光温室冬季供热中，采用风机加热空气的方式，热泵温室平均气温能达到21.5℃，比对照温室高13.7℃，比室外高23.9℃，系统能效比（COP）为4.16，供热和节能效果十分明显。同样针对日光温室，方慧等（2010）采用地面加热的方式进行供暖，冬季系统平均COP为2.63，冬季夜间平均温度为14.2℃。柴立龙（2007）、柴立龙等（2010）在日光温室中使用浅层地源热泵，采用双井抽灌技术提取浅层地热，冬季试验温室夜间温度有效维持在18℃以上，同时该系统COP达到3.83，具有较好的供热效果，运行费用略高于燃煤锅炉，但低于燃气锅炉和燃油锅炉。相比日光温室，北方地区连栋温室冬季保温性较差，采暖的需求更为迫切。方慧等（2008）提出了"地面－冠层"散热方式，采用单井抽灌的地源热泵和地板散热方式对Venlo型玻璃温室进行供暖，系统COP能达到3.14，与传统燃煤锅炉对比能节能36.3%。左睿等（2009）采用双井地源热泵联合地下蓄能系统在江苏常州对大型连栋温室进行了采暖试验，采暖系统的运行费用降低了40%～50%，直接能耗费用只有传统的10%～20%，经济性很高。柴立龙和马承伟（2012）采用地下水式地源热泵系统为连栋温室供暖，系统 COP 约为 3.91，单位供暖成本为 0.42 元 / (m² · d)，CO_2 排放比普通燃煤锅炉减少了 44.6%。

国外学者 Chiasson Andrew（2005）对浅层地源热能在温室中的利用进行了可行性和经济性分析，并提出浅层地能应用到设施园艺中需要有一定条件，当换热井工程成本较低或是传统能源价格较高时，浅层地能对温室进行加温或降温具有经济可行性；Benli 和 Durmus（2009b）对地源热泵联合相变蓄热系统在温室中的运行性能进行了研究，得出了地源热泵系统 COP 在 2~3.5 时，可提高温室室内温度 5~10℃ 的结论。

虽然国内外多项研究都证明地源热泵节能效果显著，但土壤导热系数小、土壤埋管面积相对较大，而且地下埋井技术较难掌握、初投资大等因素，使得地源热泵技术在温室环境调控中的应用受到诸多限制，目前在科研型温室和经济效益较高的生态餐厅、工厂化育苗项目中可以使用，较难用于蔬菜生产（Chai et al., 2012）。

（二）水源热泵温室加温系统

水源热泵是利用地下水或江河湖海等地表水为热源，通过热泵系统的循环，实现高效节能的供热和制冷，其系统 COP 可达 3.5~4.5（程希，2011）。在一些具有地下水或湖、塘等地表水资源的地区，水源热泵系统也较多地应用于各种用途的温室。王吉庆和张百良（2005）对比研究了水源热泵加温和燃煤锅炉热水加温的效果，虽然水源热泵加温节能 69.1%，但系统投资比燃煤锅炉高 1.5 倍。田丰果等（2008）通过试验研究了水源热泵在温室大棚的加温效果，冬季运行费用为 21.8 元 /m²，运行费用较低。陈教料等（2011）针对长江三角洲地区温室冬季供暖的问题，提出了一种开放式地表水源热泵温室供暖系统，并在连栋玻璃温室中进行了试验研究，研究表明该系统平均 COP 为 2.3，具有一定的可行性。刘明池等（2011）在观光连栋温室中也试验研究了水源热泵加温效果，在冬季夜间最低气温 14℃ 以上的时间可达 90%，夜间最低温度也可保持在 13℃，系统 COP 为 2.12，能够满足温室的生产需要。王浩宇等（2012）针对北方地区节能型日光温室的生产也设计研究了水源热泵系统，并且采用了地面供热方式，试验结果表明该系统具有节能环保的特性。国外学者对于水源热泵在温室中的应用也开展了大量的研究。Toyoki（1986）将地下水式热泵系统应用于日本的一栋温室中，研究发现此系统的 COP 为 2.16，能够比直接采用燃油节能 50%。韩国学者 Jongpil 等（2012）开发了利用河水中低品位热能的水源热泵系统，与蓄热装置配套使用，该系统的 COP 为 3.7~4.7，显示出良好的供热性能。

虽然水源热泵具有良好的节能环保的特性，但受到江河湖海等地表水源水域位置等地区的限制性及冬季气候条件的限制，无法大面积推广。

（三）空气源热泵温室加温系统

空气源热泵是通过工质吸收空气中的低品位内能，利用电能驱动系统逆卡诺循环，得到高品位的内能，再通过换热器将热量转移的装置。该系统运营成本低、热转化效率较高且属于清洁热源，但由于初期投资较大，因此在发达国家应用较多。Aye 等（2010）在南澳大利亚州设计了一套空气源热泵系统，用来替代燃气锅炉向温室供暖，热泵系统能降低

16%的能源成本并减少3%的温室气体排放。日本千叶大学的研究人员使用10组家用空气源热泵为温室供暖，并与燃油加热器的性能进行对照，当外界气温介于-5℃和6℃之间时，系统平均COP是4.0，最高时可达5.8（Tong et al.，2010）。韩国学者对比研究了空气源热泵系统和地下水源热泵系统作为温室加热装置的效果，空气源热泵系统的平均COP比水源热泵高14.%，表现出更好的制热效率（Yang et al.，2013）。

我国目前单独使用空气源热泵作为温室采暖的研究开展得非常少，陈冰（2011）设计了一套由空气源热泵系统、蓄热系统和温室供热系统三部分构成的温室的空气源热泵供热系统，该系统COP平均值为3.32，但在蓄热水箱温度较高时系统COP比较低。

虽然空气源热泵具有节能环保、不受地质条件限制等优点，但单独的空气源热泵难以在寒冷地区应用在温室加温中，主要是因为在外界气温过低的情况下，热泵系统会出现COP大幅度降低的问题（赵丽平等，2011）。

四、太阳能联合热泵技术在温室中的应用研究

热泵冷热源的选取至关重要，单一热源热泵技术存在着各自的缺点：水源热泵的使用受到水资源的区域差别等条件的限制，在干旱半干旱地区难以得到大面积推广；太阳能热泵的运行受到季节和昼夜影响，其系统的效果不稳定；空气源热泵在外界气温较低的情况下，运行效率不高，且供热量与供热季节的需热量无法同步；地源热泵的换热井投资较大，并且系统连续运行时，从土壤中取热会造成土壤温度持续降低，热泵性能系数逐渐降低（管巧丽，2009）。

太阳能联合热泵系统是将太阳能和低品位热源通过热泵联合利用的方式之一。空气能、浅层地源热能、水源热能等低品位能源的加入可以克服太阳能受天气影响严重的缺点，使运行更稳定，可以在一定程度上解决单一热源热泵的技术缺陷（Kaygusuz and Kamil，1995；Kaygusuz et al.，1993，1999；Onder and HepbasliArif，2007；郭长城等，2011）。早在20世纪50年代，就有科学家提出将太阳能与热泵联合运行的思想（Duffie and Beckman，1980；Ito et al.，1999b），并尝试在一些居民小区进行应用，取得了较好的效果（Kamil and Teoman，1999）。针对温室热环境调控，太阳能联合热泵系统也逐渐被关注，国内外农业工程领域的研究人员进行了一些探索性研究。

（一）太阳能联合地源热泵温室调温技术

土耳其Ege大学太阳能学院（Ozgener and Hepbasli，2005a，2005b，2007a，2007b，2007c；Ozgener et al.，2006；Ozgener，2010）对太阳能联合地源热泵用于温室建筑调温进行了系统的研究，得出了计算该系统平均能效比的经验公式，并通过能量分析和㶲分析方法，为系统的进一步优化设计提供了参考数据（Ozcan and Ozgener，2011）。

我国学者张运真和韩玉坤（2011）也对太阳能-地源热泵温室加温系统做了试验研究，该系统与Ozgener等所建的试验系统的原理一样，该系统初投资较大，结构复杂，有待进一步验证系统性能的可靠性和稳定性。柴立龙和马承伟（2012）在北京一栋日光温室中采用地下水式地源热泵系统进行了供暖试验研究，在整个供暖期地源热泵系统的供暖性能系数为3.83，与燃煤热水加热系统进行对比，可以发现其节约能耗约42%，有着明显的节能

减排效果。郑荣进等（2013）利用太阳能与地源热泵联合供暖系统对甲鱼温室进行了试验研究，并利用 Exergy 分析模型，通过可用能损失、可用能效率及可用能损失比等评价指标对系统的热力学性能进行分析和探讨，水源热泵机组的制热性能系数达到了 2.26。苏伟等（2015）也针对温室设计了太阳能与地源热泵联合供热系统及可编程逻辑控制（PLC）系统，并对该系统的技术、经济和环保性进行了分析，认为该系统具有一定的可行性。

（二）太阳能联合水源热泵温室调温技术

郭仁宁等（2012）对太阳能-水源热泵联合加温系统在温室中的应用进行了试验研究，该系统利用地下水作为低位热源。试验结果表明，采用太阳能联合水源热泵系统进行温室加温，通过系统调控，试验温室无论是晴天或阴天，其室内的温度均能够满足作物生长的需要。此外，通过对系统运行的经济性分析发现，太阳能联合水源热泵系统的运行费用虽然比燃煤锅炉的运行费用高，但没有环境污染是该系统的重要优势。

（三）太阳能联合空气源热泵温室调温技术

太阳能联合空气源热泵系统能够改善温室的环境条件，提升日光温室抗寒防病和增产增收的能力（Xu et al., 2006）。陈冰（2011）对太阳能结合空气源热泵供热系统在昆明地区的运行性能和温室加温效果进行了试验研究，结果表明：太阳能-空气源热泵系统的加温过程较稳定，不论晴天还是阴天均能够满足温室作物生长的需求，系统 COP 最高可达 3.94，节能性较好，但系统初投资较大，对于不同状况下的供热效果还需进行长期试验研究。邱仲华等（2014）建造了以太阳能联合空气源热泵为核心的组装式太阳能双效温室并进行试验，测试结果表明：内保温组装式太阳能双效温室室内最低气温都在 9℃以上，与对照温室相比，1月试验温室室内平均气温提高 3.4℃，1月室内平均最低气温提高 4.0℃；外保温太阳能双效温室 1月室内平均最低气温为 12.5℃，空气相对湿度控制在 80% 以下，比对照温室室内温度提高 3.8℃，蔬菜增产 19%～55%，但该系统集热部分位于温室室内，因此集热量有限，并且该系统的结构复杂，成本较高。

五、风能在温室中的应用研究

（一）风能研究的主要内容

风能是设施农业可以利用的可再生能源之一。我国风能资源非常丰富，早在中国古代农业中就已经开发利用风能，1700 多年前已经开始用帆式风车提水，西汉就出现了制造人造风进行谷物清洗的风扇车，然而近年来中国风能的利用却一直发展缓慢。风能利用的主要方式是提水和发电。

风力提水是风能利用的重要方式。风力提水分为传统的风力直接提水与新兴的风力发电提水两种方式。荷兰、丹麦、英国、美国、俄罗斯等风能资源相对丰富的国家都大批量生产各种型号的风力提水机，澳大利亚和新西兰的风力提水装置几乎遍及所有牧场。我国的风力提水机主要在东南沿海用于养殖、制盐，在江苏、宁夏、河北、吉林等地用于农田灌溉，在北方草原牧场地区提供饮水和牧场灌溉，主要针对边远和无电地区，未形成规模化。虽然我国的风力提水产业具有广阔的市场前景,然而风力提水技术的开发和推广步伐还比较缓慢,目前在设施农业中的应用基本仅限于设施养殖中。

风力发电在设施农业中主要应用在供电不便地区的设施畜牧、水产设施养殖中,小型风电特别是 1kW 以下的机组,可为设施生产提供必要的电能。从 2009 年起,农牧渔民购买 0.2~0.3kW 风力发电机的数量快速增长。

在水产设施养殖中,需要用到水车式增氧机械、水质处理机械等旋转动力机械,用风力机直接驱动这些机械,不需要任何中间转换装置,可有效降低养殖过程中的成本。我国从 20 世纪 80 年代开始已经在水产设施养殖中使用风力增氧。

风力致热是近年来才发展起来的一种风能转换形式,机械能直接转化为热能的过程,能量是由高品位向低品位转换的,转换率非常高(李华山等,2008)。通常风力机提水的效率只有 16%,风力发电的转换效率为 30%,而风力致热的转换效率可达 40%。风力致热主要有液体搅拌致热、液体挤压致热、固体摩擦致热和涡电流法致热 4 种方式,其中研究较多的是液体搅拌致热和液体挤压致热。日本早在 20 世纪 80 年代就开始使用风力致热技术进行温室加热和设施养殖。目前,风力致热技术在日本、美国、加拿大和丹麦等国家已进入示范试验阶段。我国风力致热技术的研究起步较晚,基本处于空白状态。风力致热系统设备简单、效率高,开发风能致热技术在设施农业中具有广阔的发展前景。

此外,随着风力发电技术的发展,开发由风力发电驱动的热泵系统成为可能。目前国内外已提出多种风力热泵系统,如由风轮通过变速机构单独或与交流电机并联驱动热泵压缩机的系统、完全由风力发电机发电驱动热泵压缩机的系统等。使用风力热泵供暖和制冷基本不需要消耗电力,相比于太阳能还可全天候工作。随着技术的发展和成本的降低,风力热泵在设施农业中也具有可行性。

(二)风能利用机械装备、制热工质的研究

以西北农林科技大学设施农业团队将风能应用在温室加温中的研究实例来说明。

1. 液体搅拌制热器研究 风能利用机械装备的风能制热技术可将不稳定、低品位的风能直接转化为热能,具有能量转化效率高、对风品质要求低、适应风速范围大的特点。高效搅拌风能制热转化器是风能利用的前提。孙先鹏等研究设计了一种液体搅拌制热器,如图 7-11 所示,研究了转子叶片数目 5、7、8 在不同转速下的搅拌升温效果、功率、扭矩变化。研究结果认为,在低转速时,转子叶片数目越多,制热效率越高;在高转速时,转子叶片数目越少,制热效率反而越高。随着转速的增加,不同数目转子叶片的最低制热效率会随之升高。功率及扭矩最大的是 8 叶片转子。

2. 制热工质研究 郭宇、孙先鹏等研究了 8 种不同类型搅拌介质及 9 种水油配比介质的热转化效果。8 种不同类型搅拌介质分别为水、46# 液压油、废弃机油、液体石蜡、淀粉悬浊液、沙子悬浊液、饱和 NaCl 溶液、9% $NaHCO_3$ 溶液;9 种水油配比分别为 46# 液压油:水=1:2,46# 液压油:水=1:1,46# 液压油:水=2:1,废弃机油:水=1:2,废弃机油:水=1:1,废弃机油:水=2:1,液体石蜡:水=1:2,液体石蜡:水=1:1,液体石蜡:水=2:1。研究结果表明:采用不同液体作为搅拌工质可以改变搅拌器的致热效果,并且可以根据不同地区的环境条件选择不同工质。其中饱和 NaCl 溶液的致热效率

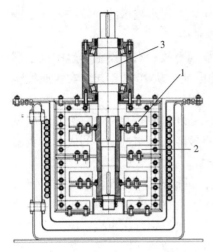

图 7-11　液体搅拌制热器结构示意图
1. 阻流板；2. 搅拌转子；3. 搅拌主轴

最高，达到了 41.56%，温升仅次于油类，是本试验中效果最好的搅拌介质。在试验转速范围（300～500 r/min）内，油类的温升较水类高，但致热效率较低。油类的比热容、密度较低，黏度较大，并且油类有润滑的作用，这可能使工质与搅拌器间的碰撞减少，使致热效率降低。而水类的比热容、密度较高，黏度较低，与搅拌器的碰撞更多，造成致热效率较高。在试验研究的工质和转速范围（300～500 r/min）内，液体石蜡和饱和 NaCl 溶液可分别用作风速较低地区和风速较高地区的搅拌工质。液体石蜡在较低转速时的致热效率与水相近，但是其在相同转速下的搅拌功率较低，更容易在低风速下启动；饱和 NaCl 溶液在不同转速下的搅拌功率较高，启动风速高，更适合高风速地区。配比混合工质温度上升速率大多介于油类工质和水之间，这可能是油类和水的比热容差异造成的。但在配比混合工质中，油类和水比例为 1∶1 时温度上升速率均大于其他比例配比混合工质，这表明在本试验配比比例中，油类和水比例为 1∶1 时的温度上升效果最好。液体石蜡在与水以不同比例配比后的搅拌效率大部分都超过了水，其中液体石蜡∶水＝1∶1 在 300 r/min、500 r/min 下的致热效率最高，分别比水高 6.42% 和 5.65%，液体石蜡∶水＝1∶2 在 400 r/min 下的致热效率最高，比水高 5.71%。46# 液压油∶废弃机油在与水配比后也出现了不同程度的搅拌效率升高的情况，其中 46# 液压油∶水＝1∶2 和废弃机油∶水＝1∶2 的增幅比较明显。这表明油类与水配比后可以改变致热效率。

六、地热能在设施农业中的应用研究

地热能按所处深度可分为浅层地热和中深层地热，浅层地热指的是地层深度 200m 以上的地热资源，中深层地热则包括 200m 以下的热水和干热岩。目前国内外设施农业利用地热能主要限于水热型地热。我国地质运动活跃，地热资源储量巨大，且地热不受季节的影响，运行稳定。我国地热能利用得较早，北魏郦道元的《水经注》中已有将地热能用于农业的记载。目前中国地热能年利用量居世界第一，然而地热资源的利用大多比较单一。长期以来，温泉疗养是我国地热资源的主要开发方式。近年来，地热资源的开发不断受到重视，地源热泵和中深层地热供暖所占比例已超过 7 成。作为一种极具竞争力的可再生能源，地热能将日益发挥重要作用。国内地热能主要用于供暖、温泉洗浴、水产养殖、温室种植、农业灌溉、工业利用等，种植养殖占地热总利用量的 9.1%。

地热主要被用于水稻育秧、农作物育苗、名贵药材和香料栽培、花卉栽培、食用菌培养、蔬菜瓜果种植等中。由于地热资源在我国使用广泛，很多省份都建设了地热温室。辽宁省凤城市东汤镇利用地热温泉种植油桃，福建省将地热能用于水稻育秧、培育红萍等。辽宁熊岳使用地热温室进行苹果育苗和葡萄栽培等。地热在设施养殖中主要用于名贵水产培养、水产品反季养殖等。湖南汝城利用地热水设施养殖乌龟、牛蛙、福寿螺等名贵水产；天津汉沽冬季利用地热大棚反季节养殖南美白对虾，取得了良好的经济效益；陕西合阳经过多年实践，利用地热水大棚养殖鲢鱼、鳙鱼、草鱼等，使其进行提早产卵繁殖；天津里自沽农场将石油井改为地热井用于地热养鸡，在此基础上形成了利用地热饲养种鸡、育雏、孵化、水产养殖、蔬菜种植的体系。北京市南宫村将阶梯使用后排放的 20℃ 的热水处理后用于浇灌温室公园。但需注意，地热水主要是含无机盐的水溶液，其中氟化物、氯化物、硼离子浓度都大大高于农田灌溉水质标准，长期食用高含氟和无机盐的粮食和蔬菜，必将在人体内富集，因此地热水在用于浇灌时必须进行处理。

值得一提的是，我国的地热能利用技术虽然起步不晚，但忽视了地质（贺泽群，2018）和土壤热物性方面的研究，导致发展滞后。地层岩性、厚度、含水层结构、富水性、水位埋深及补给径流等因素（周阳等，2017）都对地热的利用有重要影响。这些因素的不确定性让地热能利用技术进一步廉价、实用还有很长的路要走。

七、生物质能在设施农业中的应用研究

（一）概述

从全球范围来看，瑞典、挪威、丹麦等化石能源匮乏的北欧国家和巴西等南美林业生物质资源丰富的国家，生物质能的集中式发电、供暖和生物质燃料生产技术的发展走在世界前列（余智涵和苏世伟，2019）。我国具有丰富的生物质能资源。据测算，我国生物质能资源相当于 50 亿 t 标准煤，是目前我国总能耗的 4 倍左右。考虑到植物干物质来源于空气中的 CO_2，生物质燃料也被认为是碳中性的清洁能源。可利用的生物质能资源主要有农作物秸秆、薪柴、禽畜粪便、生活垃圾等。生物质能资源可直接作为燃料或材料使用（木屑、树皮、果壳等），也可经发酵工程产生沼气，或者提高能量密度，加工成生物质燃料。温室加温对生物质能的利用途径多种多样：小到有机覆盖物与酿热温床，既能够保温、增温，又能够调节土壤肥力和微环境；大到各种沼气工程、热电联产工程。

（二）秸秆生物反应堆的研究应用

温室"生物反应堆"工程技术是以秸秆为原料，在生物菌剂的作用下发生腐化分解等一系列反应，生成作物生长所需要的热量、CO_2、酶、有机和无机养料等有益物质，不仅大幅度提高了蔬果的产量和质量，还大大降低了化肥和农药的用量。研究结果表明，利用秸秆反应堆能有效改善日光温室内的气体环境，提高秋延后生产中日光温室内白天 CO_2 浓度，提高番茄光合潜能和产量。研究表明，内置式秸秆反应堆可提高日光温室内空气温度和土壤温度，室内气温最高达 21.55℃，比对照组高出 5.46℃；土壤温度最高可达 22.19℃，比对照高出 4.16℃。该技术自 2001 年起即在全国得到了大面积的推广应用，并起到了显著的温室提温补气、改良土壤结构的效果。

（三）温室内水控酿热系统的研究

西北农林科技大学李建明团队发明了一种非对称水控酿热大棚（图 7-12），研究证明，该大棚内置的酿热槽也是生物质发酵产热（图 7-13 和图 7-14）在温室供暖中的重要途径，

利用其发酵产生的热量可改善大棚中的环境条件。试验研究结果表明，农业废弃物发酵产热持续在 40℃ 以上的时间为 53d，在 50℃ 以上的时间为 42d，发酵过程中，堆体平均温度最高可达 67.6℃，局部最高温度可达 77.4℃。有害气体 CH_4 释放量随着发酵时间的延长逐渐降低。初期浓度均值最高可达 26 533ppm。持续时间为 7d，发酵末期浓度均值最低为 13.4ppm。局部最低为 11.8ppm。CO_2 释放量理论上随发酵时间的增加应呈逐渐减小的趋势。初期浓度均值最高为 74 900ppm，局部最高为 83 500ppm。浓度均值最低为 1966.7ppm，局部最低为 1180ppm。NH_3 释放量理论上随发酵时间增加应呈逐渐减小的趋势。初期 1 周内浓度均值最高为 195.6ppm。后期浓度均值最低为 3.6ppm，局部最低为 2.3ppm（图 7-15 为非对称水控酿热大棚的实际生产应用图）。

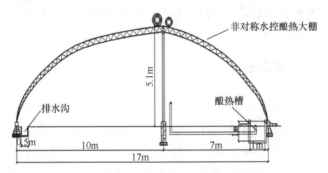

图 7-12　非对称水控酿热大棚整体图

图 7-13　温室内水控酿热槽局部图

（四）沼气在温室中的应用

沼气是生物质能最重要的应用方式之一，我国的沼气利用无论规模还是技术均处于世界领先水平。沼气在设施农业中同样具有重要地位，现代温室可以利用沼气进行加热、发电，沼液用于蔬菜追肥，沼渣用作温室蔬菜无土栽培基质与育苗基质，还可部分用作养鱼饲料。由于沼气是一种绿色能源，因此沼气用于设施农业的加热时，除了采用沼气锅炉供热外，还可以在温室内直接燃烧沼气进行加热。沼气点灯是目前温室中常用的一种方法，沼气点灯可以直接提供热能，燃烧产物可补充温室内的 CO_2，沼气点灯还可提供光源，为温室内的植物补光，延长光合作用的时间。沼液中富含各类氨基酸、维生素、蛋白质、赤霉素、生长素、糖类、核酸及抗生素等，可提高蔬菜种子的发芽率，也可增强蔬菜的抗旱、抗冻能力。沼渣由部分未分解的原料和新生的微生物菌体组成，含有大量的有机质和腐殖酸，对土壤具有改良作用。由于沼气具有多重优良特性，因此沼气也成为现代设施农业中的纽带，目前围绕沼气出现了江西赣州、广西恭城的"猪-沼-果"生

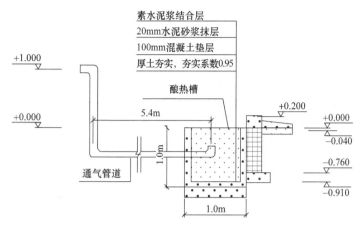

图 7-14　温室内水控酿热系统设计图（单位：m）

产模式，江苏赣榆的"猪-沼-鱼"生态水产养殖模式，广西百色的"猪-沼-菜-灯-鱼"等多种设施农业生态化复合生产模式，这些成功的生产模式在取得经济效益的同时，也起到了良好的示范效果。就我国的农业发展情况来说，分散式生物质（沼气）工程理应有更好的推广价值，但由于投资少、缺乏培训和对设备的养护、生物质来源不稳定等因素，分散式沼气工程不仅无法发挥其便利，还存在一定的安全隐患。丹麦在 20 世纪 70 年代发展农场沼气池的过程中也得到了类似的经验教训（Raven and Gregersen，2007），因此于 80 年代初首次提出了集中式工程（CAD）模式。CAD 模式的优

图 7-15　非对称水控酿热大棚的实际生产应用图

点在于：①生物质来源更加稳定和广泛；②采用安全、高效的发酵技术和设备成本更低；③有利于集约化、专业化运营、管理；④容易与其他产业进行联产对接，极大地提高了生物质能利用的经济性。我国可以合作社或地方政府牵头的形式，在乡镇上建设中型沼气工程，用于住宅和温室加温。

（五）生物质颗粒燃料替代煤炭的技术研究

生物质颗粒燃料在农业上多用于烟草、茶叶的烘烤，或者与煤炭混合燃烧发电、供暖。生物质颗粒破碎率小，含水量少，易燃，灰分、N、S、Cl 等元素含量少，且易于生产、运输、储藏，但也存在易结渣、吸潮、燃烧不充分等问题。另外，现有的生物质颗粒燃料的生产技术对原料要求专一，单个研究成果很难在大范围推广（焦其帅等，2019）。因此，生物质颗粒燃料的研究也是围绕着造粒技术和锅炉设计进行的。

热电联产技术是生物质能源高效利用的主要思路，其总效率高于 80%，我国李金平等（2019）也一直致力于农业生物质能的高效利用，以及与其他可再生能源的联产联供研究。

在工程技术上，他提出的沼气热电联产耦合吸收式热泵技术在不消耗额外能源的情况下，将少量沼气燃烧产生的高品位热能通过吸收式热泵转换为大量低品位热能，用于加热发酵设备，提高系统的发酵速率，使工程在任何季节的系统效率都可达到 0.8 以上。

由于生物质能资源非常丰富，相比于化石燃料具有可再生和环保的优势，近年来国际生物质能发电的发展非常迅速。目前国内沼气发电主要应用于设施养殖。2005 年，海宁市斜桥镇同仁村养殖园 200kW 沼气发电项目投入运行；2007 年，北京德青源农业科技股份有限公司健康养殖生态园 2×10^3kW 热电肥联产沼气工程投入运行；2008 年，蒙牛建成了全球最大的畜禽类沼气发电厂，年发电量可达 1×10^8kW·h。这些沼气发电项目不仅可以满足设施生产自身电耗，多余的电还并入国家电网，每年产生不菲的收益。作为沼气发电的副产品，大量的沼肥、沼液也具有重要的经济价值。

（六）生物质发酵产热在设施农业中的应用研究

对于生物质发酵产热对建筑物供暖与生活热水供应的可行性问题，研究者进行了理论分析。结果表明：玉米秸秆好氧分解产热时，在进风平均温度 31.6℃ 条件下，出风温度峰值达 57.9℃；平均产热速率为 3.0W/kg（以湿重计），折合单位容积反应器产热速率为 501.6W/m³，7d 可回收总热量为 342.7MJ（约合 95.2kW·h）；高温反应阶段（≥50℃）的平均产热速率为 3.7W/kg（以湿重计），可回收热量为 270.7MJ（约合 75.2kW·h），占总产热量的 79.0%。对典型四口之家，同时满足家庭每天热水供应和 120d 采暖期内每天建筑采暖热量需求，需要反应物料 37kg/d，可回收热量为 18.65kW·h/d。

黄显坤等设计了一个好氧发酵罐废热回收系统并结合废气-水换热器和空气源热泵对好氧发酵产生的余热进行回收和利用，其模拟结果表明该方案可行；与传统电加热方式相比，该废热回收系统能有效降低能耗，具有明显的节能和环保效益。

也有学者提出温差发电的构想，利用厌氧发酵过程中放热产生的高温端与人工设置的低温端温差进行发电。运用半导体温差发电片将使一端处于高温状态，另一端处于低温状态，那么在温度低的一端便会产生温差电动势，且温差电动势与温差的关系呈正比关系。温差发电模块一面应紧贴厌氧发酵容器，另一面与散热装置接触，由于紧密接触，并且材料有良好的导热性能，故而可以产生温差发电的可能，将热能转化为电能。

Liu 等的研究表明，添加生物炭后可延长猪粪稻壳混合好氧发酵的高温持续时间且提高最高温度，也可提高微生物反应热在输出热量中所占比例，并认为添加生物炭有利于相对低温环境下的猪粪好氧堆肥过程的进行。雷大鹏通过研究初始含水率对牛粪好氧堆肥产热的影响得出，在初始物料含水率为 41%~65% 时，发酵产热量与初始含水率呈正相关，且初始水率在 65% 时产热量最佳，为 2236kJ/kg，有机物降解率为 29.18%。王锦彪的研究结果表明，纯猪粪发酵产热温度高于室温的时间达到 60d，累积热量损失最多达 8.862×10^{-3}kJ/kg，是增温技术最为理想的配比，不同 C/N 物料释放的热量均来源于微生物对简单有机化合物的分解。

西北农林科技大学李建明团队的大跨度非对称水控酿热温室效果显著，其研究结果表明以猪粪为调理剂进行的番茄秸秆堆肥，在调整 EC 值后可作为理想的栽培基质，且利用其发酵产生的热量可改善大棚中的环境条件。基于生物质发酵产热增温的大跨度非对称酿热温室冬季温度、土地利用率和实际种植效益均优于传统日光温室，其适合在黄河中下游及淮河流域类似气候条件的地区推广应用。

第三节　设施农业能源利用目前面临的主要问题与研究内容

从可再生能源在国内设施农业的应用情况可以看出，环保、清洁的可再生能源在设施农业中已经逐步开始发挥重要的作用，各种新的利用方式也不断出现。太阳能、地热能、沼气、地源热泵等已经处于节能示范或推广使用阶段，多种可再生能源综合利用的绿色设施农业生产模式也备受关注。然而，在设施农业能源利用水平不断进步的同时，面临的主要问题是各种能源的利用技术还有待进一步完善，高校新能源转化装置和设备的研发还远远到不了可以应用的程度，可再生能源在设施农业中缺乏具有推广代表性的成功案例。此外，在使用可再生能源为设施农业服务的同时，还要尽可能防止其可能带来的环境问题，使设施农业真正成为绿色产业。

目前设施农业能源研究中亟待开展的研究内容包括：①可再生能源高效采集技术的研究与设备开发；②大储量蓄能技术的研究与设备开发；③设施农业低成本高效应急补温技术的研究与设备开发；④多种能源耦合利用技术的研究与控制系统开发。

针对现代设施农业中存在的能源问题，世界各国都制定了相应的能源政策。西方发达国家现代设施农业发展较早，因此其设施农业的能源战略发展较为成熟。荷兰的设施农业十分发达，玻璃连栋温室是主要的温室类型，荷兰玻璃温室的面积占全世界总面积的1/3，其中85%以上具有加温设备，大部分使用的是天然气，采暖设施的投资占温室总投资的25%左右。荷兰的农业通常把确定最适宜室温、选择耐低温作物、提高采暖系统的效率、降低温室结构热损失作为其设施农业能源战略。日本是世界上在农业中使用聚氯乙烯（PVC）薄膜最早的国家，目前塑料薄膜温室仍在日本占据主导地位。受能源危机的影响，为了加强温室的保温性，日本确立了多层覆盖的温室结构模式，并且把变温管理、双层保温幕、中空保温墙体、地中热交换系统等技术作为其设施农业能源战略。德国是一个工业化程度很高的国家，其农业的现代化程度也比较高。德国的温室以玻璃温室为主，近年来双层玻璃温室数量不断增加，德国政府把提高供暖设备效率、加强温室保温性能、提高温室利用效率作为该国设施农业能源战略。美国的农业大多是适宜地栽培，温室被美国人看作培育植物的一种特殊建筑物，美国的温室能源战略是采用双层覆盖材料、配置移动保温幕等措施加强温室的保温性能。英国的温室，90%以上需要消耗石油加温，因此英国的温室能源战略是确定适宜的温室内温度、提高加热设备效率，采用自动化控制系统和使用保温幕、提倡余热回收再利用（方慧，2011）。

虽然我国设施农业发展的速度很快，但是日光温室、塑料大棚等中低端温室结构仍然是我国农业设施的主要类型。这种被动调控型温室结构抵御自然灾害的能力较弱，无法实现现代化工业化生产。而大型连栋温室，因能源和管理技术问题，生产效果不理想而难以大面积发展，尤其是我国北方地区，冬季气温较低，需要一定程度的增温补温措施。由于增温能源成本较高，大多数设施农业企业亏损，甚至停止使用。对于运行中的大型温室，按平均每小时0.25t煤炭进行锅炉加温，年加温105d，日加温11h，则全国大型温室年耗煤需 40.4 万 t，冬季加温燃煤的 CO_2 排放量为 45.9 万 t，是我国农业主要 CO_2 排放源（王吉庆，2003）。因此，对于我国设施农业能源问题，一方面结合我国特有温室结构，采用双层覆盖、蓄热墙体等措施节能保温；另一方面积极探索新能源在温室中的利用和应用技术，探索如何高效利用能源，降低设备投入和运营成本，对于以后推广设施农业、提升设施农业盈利水平具有重要的现实意义。

第八章

设施农业机械化与智能化控制

第一节　设施农业机械化与智能化概述和研究内容

一、概述

加快发展农业机械化，是推进国家工业化、城镇化和现代化建设的迫切要求，是提高农业综合生产能力、保障粮食安全的重要措施。加快发展农业机械化，适应了广大农民需要享受现代文明成果、改善生产条件、减轻劳动强度的迫切要求。没有农业机械化，就谈不上农业的现代化，也不可能实现农村小康和社会的全面进步，实现农业机械化是建设现代农业不可逾越的发展阶段，是衡量农业现代化发展水平、反映农业现代化进程的重要标志。2000 年，美国工程院把农业机械化评为 20 世纪对人类社会生活影响最大的 20 项工程技术之一，居第 7 位，这一评价客观地反映了农业机械化在经济社会发展中的重要地位。实践证明，农业机械化发展是一项复杂的系统工程，技术与经济融合，装备与人文环境交织。

我国当前农业发展正经历着传统农业向自动化农业、智能化农业的转变。如何实现设施农业的低投入、高产出，提高劳动生产效率，设施农业的机械化与智能化正是解决上述问题的关键所在。机械装备是设施农业实现"三高"生产的重要硬件保障。农业机械化是农业现代化的重要内容和物质基础，是许多农业科学技术在农业领域中运用的载体，离开了农业机械化，许多先进的提高农业生产能力、节本增效、保护环境的技术就无法实现。农业机械化水平是衡量农业现代化水平的重要标志，实现农业机械化是农业现代化的必然选择。

设施农业机械化主要是指利用机械代替人工完成设施农业生产作业的一种作物生产模式。适合设施农业耕作、栽培和收获等农艺特点并主要在各类设施中工作的农业机械简称为设施农业机械。从相对可控的大棚设施，到完全可控的植物工厂，着眼于植物栽培过程，设施机械主要包括温室耕地整地机械与装备（多功能微型耕作机／园艺型拖拉机）、育苗机械与装备（穴盘育苗／潮汐育苗）、播种机械与装备（条播机／精量播种机）、灌溉机械与装备（水肥一体化系统）、收获机械与装备和采摘运输机械与装备；着眼于植物生长环境，设施机械主要包括供暖机械（卷帘机／水暖／风暖）、降温机械（湿帘风机／水汽循环系统）、温室气体调控机械（二氧化碳供施装置）、通风机械（顶窗／侧窗）、植保机械（臭氧空气消毒剂／植保机）和补光机械（LED 补光系统）。

2014 年全国设施农业机械化水平为 30.18%，其中：耕整地机械化水平为 70.90%，种植机械化水平为 11.73%，采运机械化水平为 5.87%，灌溉施肥机械化水平为 49.49%，环境调控机械化水平为 25.10%。从各省设施农业机械化水平情况来看，江苏设施农业机械化水平最高，为 40.86%；其次，新疆兵团为 37.75%；贵州设施农业机械化水平最低，为 19.63%。到 2016 年，我国主要农作物综合机械化率达 65%，其中：耕整地环节为 81%，种植环节为 53%，采运环节为 56%。而设施农业的机械化水平为 31.5%，其中：耕整地环节机械化水平为 70.6%，种植环节机械化水平为 15.2%，采运环节机械化水平为 7.7%，水肥环节机械化水平为 54.6%，环境控制环节机械化水平为 24.4%。

二、设施农业机械化的研究内容

　　相对于大农机，设施农业装备显得"小而精"。国外发达国家的设施农业机械和作业装备已经具有很高的发展水平，作业机具已经是非常成熟的产品，制造工艺讲究，性能质量稳定，因此具有很好的生产效果。荷兰、以色列、日本和美国等国家对温室中作业机具进行了系统的开发、研究、推广和应用，许多作业项目如耕整地、播种、间苗、中耕和除草都已实现了机械化。其中，荷兰、美国、加拿大设施农业的机械化水平很高，已经能够达到 100%。其开发的耕耘机可以在温室中进行耕整地、移栽、开沟、起垄、中耕、锄草、施肥、培土、喷药及短途运输等多种作业，大大提高了机械利用率和生产效率。

　　我国设施农业起步晚，设施农业机械发展较慢，应用较少，配套水平也不高；人均管理面积仅相当于荷兰的 1/4，而且作业质量差，平均单产为荷兰的 1/4～1/3，与发达国家相比存在很大差距，是综合设施技术中的薄弱环节，对设施技术的进一步发展形成制约；不仅与国外差距大，与我国主要农作物综合机械化水平也相距甚远。

　　虽然经过了多年的发展取得了显著的成效，但是与国外发达国家先进的设施农业机械相比较，无论是单项技术还是综合技术的研究水平、综合效益的发挥，都无法企及日本、韩国和荷兰等先进发达国家。众所周知，科技创新和经营机制的完善一直是我国农业发展的动力源，因此，我国与国外的设施农业机械存在显著的差距，也正充分显现了我国发展设施农业机械的巨大潜力和空间。发展我国高效设施农业机械，将是推进我国现代化农业装备高新技术大发展的重要途径。

三、设施农业智能化研究的主要内容

　　计算机、人工智能、遥感技术等信息技术在农业中的应用，是发展现代农业生产的重要手段。国际上充分利用智能化信息技术发展现代农业，在最近 20 年来取得了令人瞩目的成就。智能化农业信息技术（agricultural intelligent information technology）成为当今世界农业发展的热点之一。发达国家广泛应用现代信息技术已成为现代农业的重要标志。在全球社会、经济、技术发展竞争剧烈的情况下，积极开展以信息技术为核心的农业高新技术研究应用是历史发展的必然选择。

　　（1）无人机研究。无人机是航空领域的智能化产品，其因具有便捷、高效、智能等特征，而逐渐被应用于农业、快递运输、灾难救援等领域。无人机可节省大量的人力成本，还能解决环境问题。但目前无人机对技术的要求较高，成本投入也很高，还无法全面普及。

　　（2）农业机器人。农业机器人是农业机械智能化的发展趋势之一。农业机器人是机器人技术和自动控制技术在农业机械上的具体应用，属于特种机器人范畴。目前，农业机器人在育秧、移苗、嫁接及农产品收获等方面均有应用，用以解决农业生产中劳动力不足的问题和提高农业生产效率。农业作业具有环境复杂多变性和对象多样性，对农业机器人的要求较高。未来的农业机器人将集成更先进的互联网技术，具有更高的工作效率和精度，实现农业精准化和标准化生产。

（3）智能化农机。农业机械智能化管理主要由农机配置、机具状态及智能化实时调度组成。在一个农场、一片区域甚至全国形成高效的农业生产管理网络，采集农业地理、作业环境、农机作业参数、智能农机决策等信息，并进行传递、存储和分析；建立统一完善的信息管理系统，根据农作物生长情况和气候变化采取相应的调度措施；借助各种传感器和中央处理芯片实现多个农机的智能化互联，对协同作业的农机进行智能化管理，使农机作业效果达到最优化。当前，各种农业机械智能化系统不断涌现。这些系统根据不同地区的社会条件和经济条件，围绕节本增效和保护环境，采用不同的技术方式提高农作物生产管理的科学化和精细化水平。精细农业是农业可持续发展的必然要求，也是发展农业机械智能化的必然趋势。

（4）多因子综合控制系统研究。根据温室作物的要求和特点，对温室内的诸多环境因子进行调控。像园艺强国荷兰，以先进的鲜花生产技术著称于世，其玻璃温室全部由计算机操作。日本研制的蔬菜塑料大棚在播种、间苗、运苗、灌水、喷药等作业的自动化和无人化方面都有应用。日本利用计算机控制温室环境因素的方法，主要是将各种作物不同生长发育阶段所需要的环境条件输入计算机程序，当某一环境因素发生改变时，其余因素自动做相应修正或调整。一般以光照条件为始变因素，温度、湿度和 CO_2 浓度为随变因素，使这 4 个主要环境因素随时处于最佳配合状态。英国农业部在一些农业工程研究所里正进行温室环境（温室小气候、温、光、湿、通风、二氧化碳施肥等）与生理、温室环境因子的计算机优化和温室自动控制等课题的研究（图 8-1）。

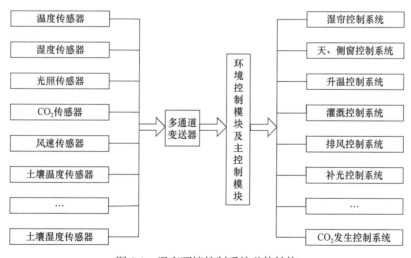

图 8-1　温室环境控制系统总体结构

近年来，在国产化技术不断取得进展的同时，也加快了引进国外大型现代化温室设备和综合控制系统的进程。这些现代温室的引进，对促进我国温室计算机的应用与发展，无疑起到了非常积极的推动作用。可以看出，我国温室设施计算机应用在总体上正从消化吸收、简单应用阶段向实用化、综合性应用阶段过渡和发展。但是，大部分不够理想。在技术上，以单片机控制的单参数单回路系统居多，尚无真正意义上的多参数综合控制系统，与欧美等发达国家相比，存在较大差距，尚需深入研究。

第二节　设施农业机械化与智能化研究进展

设施农业机械化是推进农业发展的必然阶段，也必然走向智能化。机械化是智能化的基础，智能化是机械化发展的高级阶段，且二者密不可分。

一、设施农业机械化研究进展

（一）耕整地机械

耕整地作业是设施农业生产过程中的重要环节，包括翻耕、旋耕、深松、起垄、做畦等。其目的是疏松土壤，恢复土壤团粒结构，以便积蓄水分和养分，覆盖杂草、肥料，防治病虫害。针对温室耕作的特殊环境，各种微耕机应运而生。这些机械一般具有三种功能，即整地、管理和收获。整地功能可以实现旋耕、犁耕、培土、开沟、做畦、起垄；作业管理功能可实现中耕、喷水、喷药、施肥、除虫除草等作业；部分旋耕机械还具备收获功能。它们多配套柴油机或汽油机，具有体积小、重量轻、能耗低、噪声小、行走灵便的特点。

早期的小型微耕机是由手扶拖拉机演变而来，并逐渐发展形成的，考虑到温室耕作面积的限制，这类微耕机一般具有较小的动力，因此耕深保持在 12～15cm，一天能作业3～3.5 亩地；在微耕机的基础上，对其动力和变速箱进行改进，就形成了新型耕作技术，作业深度可增加到 20cm 以上。目前国外已有许多生产小型耕耘机的公司，如专门生产小型拖拉机的美国吉尔森公司，其生产的自走式旋耕机直接由底盘驱动轴带动，机体重量全部压在旋耕刀片上，刀盘直径为 35.5cm，耕幅为 30.4～66cm，传动形式分为链传动和蜗轮蜗杆传动两种，不进行旋耕作业时可换上轮子配带其他农具翻转犁、除草铲、中耕铲、齿耙等作业机具。意大利 MB 公司生产了一种单轮驱动轴旋耕机，可一次完成旋耕、培土两项作业。

我国大规模研制微耕机是从 20 世纪 90 年代开始的，主要由各地的农机研究所牵头，还有一些原来生产耕整机、手扶拖拉机和发电机厂等企业参与研制，在引进韩国和我国台湾地区技术的基础上，到目前为止，北京研制的"多力"、天津研制的"禾丰"、山东研制的"TG 系列"等微耕机已经形成了较有影响力的品牌。随着集成技术的进一步增多，单一功能的机械利用率低，已经不能满足高效生产的需求。因此一些企业利用现代化技术，面向多元化和精准化目标，开始研制微型多功能作业机，配套机具主要包括播种、整地、开沟、施肥、起垄、喷药、中耕、除草、覆膜、收割、粉碎和运输等，主要机型为滨州市农业机械化科学研究所研制的 DZ-1 型多功能作业机、辽宁省农业技术学校研制的 1ZZJ 型自走式多功能作业机及沈阳市沈北新区农机化技术推广服务站研制的 2BZ-2 型综合农田作业机等。近年来部分棚户使用了微耕机，提高了生产效率，解放了生产力，为棚室生产实现机械化奠定了基础，但是微耕机配套机具的销售价格还偏高，棚户难以配齐各种机具，致使微耕机的起垄、做畦、覆膜、开沟、喷药、收获等多功能的发挥受到了限制。整体而言，耕整地环节的成熟度最高，明显高于其他各环节。原因之一是受大田耕整地机械发展较早、较为成熟的影响，设施农业耕整地装备起步早，市场份额大；此外，耕整地环节的劳动强度较大，急需机械装备。目前，我国生产的耕作机械配套动力大多在 2.2～5.9kW，其中以 4.4kW 较多，发动机有柴油机和汽油机之分，均采用强制风冷式。YFWG-F600 型万能耕作机采用小型风冷柴油机作动力，有双向转向离合器，操作方便，进退自如，适宜在棚室、坡地、作物行间等复杂环境中使用。

（二）种植环节机械

1. 穴盘播种机　　影响作物种植整体效益的关键因素是种苗的培育，种苗的培育分为播种与育苗两个过程。其中，播种作为整个种植的第一步，也是关键的一步，播种的质量直接影响到秧苗质量和后续的嫁接自动化作业。目前常规的播种方式主要有穴播和条播两种。设施农业发达国家研制的穴盘播种机播种精度高，能满足播种时行距和穴距可调的要求，且控制准确，能适应设施内的作业要求。与钵盘育苗播种成套设施配套的高效机械化制钵机可依次完成钵盘装土、刮平、压窝、播种、覆土和浇水等多道工序。穴盘苗生产是当今世界种苗领域的一项高新技术，采用计算机仿真控制技术，使种苗在最佳状态下正常或反季节生产，而且品质优良。目前国外蔬菜工厂化播种育苗作业普遍采用播种生产线来完成。播种生产线一般由穴盘供给装置、基质填充装置、基质镇压装置、精量播种装置、覆土装置及喷水装置等组成，其中精量播种是工厂化育苗中的关键环节。精量播种装置能够实现穴盘的精密播种，在国内外有着广泛的研究基础，欧美及日本等农业比较先进的国家已经建立了完备的工厂化育苗播种体系，开发了多系列播种机，精度和稳定性基本能满足生产需求：美国、澳大利亚、加拿大、德国等西方国家在 20 世纪 60 年代开始研制并推广气力式精量播种机械；荷兰根据蔬菜育苗生产的工艺特点，率先开发出了比较稳定的蔬菜精量播种自动化生产线，并配合使用电动车和人力液压搬运车等搬运工具，减少了育苗穴盘搬运作业中的人力消耗。本节重点综述自动化精量播种方法的研究现状。

自动化精量播种是指通过结合机械化装备和自动控制方法来实现播种过程的自动化与精量化。根据播种的工作原理，现有播种设备可分为机械式、气力式和磁吸式三种。

1）机械式　　机械式按照其工作方式主要有外槽轮式、窝眼轮式和指夹式三种。其中，外槽轮式利用凹槽存种；通过外槽轮的转动实现种子运送；依靠安装在排种器外壳的清种毛刷对多余种子进行清除；最终少量的种子被运送到达指定位置，利用种子自身重力掉落完成播种工作。窝眼轮式的工作方式与外槽轮式类似，区别在于取种时采用种子落入窝眼槽的方式来完成取种，可以根据种子大小调节窝眼来适应不同种类的种子，增加了播种设备的适用范围。指夹式的工作方式与前两种不同，指夹式的取种过程和运种过程是分离的，取种时利用指夹板模仿人体手指抓取动作进行取种；取种后运送至清种区，利用弹簧上下振动将不稳定的种子进行清理并进一步夹紧；夹紧后，指夹板运动到导种机构上方时，松开抓取，将种子投入中间的导种皮带内；在导种皮带的转动下，种子到达指定位置，依靠种子自身重力掉落完成播种。机械式播种设备因其抓取动作和对重力的依赖性，多应用于马铃薯类大粒径种子作物的播种。

2）气力式　　气力式是最常用的播种原理，相应的播种设备应用也较为广泛，主要分为气吹式与气吸式。其中，气吹式的整体结构与机械外槽轮式类似，主要区别在于清理多余种子时，由传统的毛刷清理改为气吹清理，将多余种子吹出轮槽，减少了毛刷与种子之间的刚性接触，降低了对种子的损伤程度。刘佳等就针对气吹式工作方式的工艺流程和特点，设计了一种气吹式排种器，并进行了玉米种子的田间作业试验。气吸式以气流为载体，通过控制气压产生负压实现对种子的吸附作用，气吸式在减少对种子损伤的同时，也便于对取种数量的控制，2013 年华南农业大学徐明等依据气吸原理，设计了一种一器四行针孔的气吸式播种设备；气吸式播种设备根据吸附种子气嘴的特点又可分为滚筒式、针式和板式三种。其中，滚筒式种子位于滚筒内部，通过负压将种子吸附在筒壁的小孔内，通过滚筒旋转来实现对种子的运送，使种子到达指定位置，当取消负压后，利用种子自身重力掉落完成播种；针式利用针形吸嘴来实现对种子的吸附作用，种子位于外部独立的种箱内，取种后借助机械运动，将种子运送到指定位置，利用自身重力掉落完成播种；板式是通过平板上的小孔来实现对种子的吸附作用，借助机械运动实现一次一板的多粒播种。气力式播种设备相较机械式，对种子径粒的要求较低，可以应用于蔬菜类小粒径种子的精量化播种。

3）磁吸式　　磁吸式播种设备首先是需要将种子利用磁粉进行包衣处理，取种时通过磁力针头产生磁力实现对种子的吸附，再通过旋转机构来完成运种过程，到达排种位置后，消除磁力针头的磁力，借助种子自身重力掉落完成播种任务。2005 年，江苏大学胡建平等专家对磁吸式精密播种方法进行了研究，并设计了一种磁吸式穴盘精密播种设备，通过对磁力的应用实现了精量播种，为精量播种提供了一个新的思路。磁吸式因为要对种子进行包衣处理，成本相对较高，但取种精确度得到了一定的提高。

总体而言，机械式播种设备主要用于大中粒径且形状较规则的种子，其结构与控制简单，在相对恶劣的工作环境中，颠簸震动时种子不容易脱落，抗干扰能力较强，但易出现伤种，无法实现对取种数量的精准控制；气力式播种设备适用于粒径较小、重量较轻的种子的播种，但气吸式结构较为复杂，运动过程较为烦琐，播种效率较低，对工作环境有一定的要求；磁吸式播种设备投入成本较高，虽然方法简单且播种稳定性较好，但具有前期需要对种子进行包裹磁粉预处理，过程复杂且导致种子价格昂贵，无法保证种子单粒率等缺陷。因此，机械式播种方法一般适用于大田类作物种植；气力式播种方法更适用于设施农业中作物种植；而磁吸式播种方法属于一种独立与特别的方法，目前使用的范围相对较小。北京农业智能装备技术研究中心比较了几种播种方法的利弊，在现有技术的基础上，优化了气力式播种方法，设计了一种针对无规则形状、粒径微小、重量轻等特点生菜种子的裸种精量播种装备，打破了目前精量播种领域的局限性，对播种智能化的发展提供了新的思路。

针对不同种子的播种过程已经基本实现了机械化，但智能化程度不够，目前还没有一套通用化设备，可以智能判别种子特征并选取不同吸种器来实现精量播种过程。这部分的可行性和必要性还需要进一步研究和论证。

2. 嫁接机　　嫁接技术就是把两种幼苗安插、结合到一起的技术。我国的蔬菜嫁接多采用人工嫁接方式，作业速度较慢，难以满足工厂化嫁接育苗的需求。另外，嫁接作业、嫁接苗愈合管理的技术性强，这对嫁接工作人员的技术水平是一个极大的挑战。但工作人员间存在技术差异，因此人工嫁接苗易出现成活率低下、苗株生长差异大等问题，这便制约了蔬菜嫁接育苗技术的推广与应用。而采用嫁接机对蔬菜进行机械化嫁接，可以极大地提高嫁接速率、增加嫁接苗的成活率、保证嫁接苗的长速相当，有利于生产管理和规模化生产。

　　嫁接机应用不仅可以提高嫁接作业的工作效率和嫁接苗成活率，而且可以提高生产水平、降低嫁接过程的难度、保证嫁接苗均匀生长，是工厂化嫁接育苗生产的关键设备。目前已有多家企业生产嫁接作业生产线产品，如荷兰的 Flier Systems 公司、意大利的 Techmek 公司和 Mosa 公司、日本的井关农机株式会社等。中国对蔬菜嫁接机的研究相对国外起步较晚，但随着农业生产对集约化需求的不断增加，蔬菜嫁接机也有了一定的发展，其研究主要集中在高校及科研院所（中国农业大学、华南农业大学、北京农业智能装备技术研究中心），从手动嫁接机发展到半自动嫁接机再发展到全自动嫁接机，嫁接过程已基本实现了机械化。智能化在嫁接过程中主要体现在控制和计算机视觉检测技术上。基于 PLC 和单片机的控制单元开始利用越来越多的传感手段和操控手段，控制系统的集成程度也在不断提高；图像识别技术在处理嫁接苗木子叶展开的自动定向、生长点高度的自动检测、蔬菜幼苗的特性检测、分级处理和育苗穴盘定位等问题上的应用，大大提高了嫁接技术的精度和装备智能化程度，但后期管理等操作过程的自动化尚待完善。蔬菜自动嫁接机全智能化的实现可以解决劳动力减少和蔬菜需求量增加的矛盾，以及满足嫁接机器人技术发展的内在需求。

　　3. 移栽机　　种苗生长到后期往往需要进行种苗筛选和移苗操作，传统的人工移苗法不仅费时费工，而且移苗质量不好把控。穴盘苗自动移栽是一种适合工厂穴盘苗生产的育苗移栽方式，早在20世纪70年代，欧美等农业发达国家就率先发展了穴盘育苗移栽技术。近几年，机器视觉和人工智能的发展，推动了种苗筛选的机械化和智能化发展。有学者利用机器视觉原理，训练机器人识别好的种苗和坏的种苗，在移栽时，将逐个挑选好的种苗移栽到预定位置，且可以保证移栽深度一致、间距均匀，有利于作物的生长和成活，提高产量。还有一些学者结合种苗特性，对优质种苗的选择和间苗方法进行了更进一步的研究。

　　移栽机大都是智能化移栽，将传感技术、图像识别及机械制造等技术应用到机械的研发中。移栽对位置的精准性要求较高，并且要考虑机械臂抓取幼苗时，降低或消除对幼苗的损伤，这也是提高嫁接苗成活率的关键技术之一。将现代化技术运用到传统技术中，做到学科互补，以期设计出高效的移栽机械。现在一些国内学者设计了一些自动识别、自动抓取的末端执行器样机，并做了一些试验，效果比较好。例如，南京农业大学孙国祥等于2010年设计并利用虚拟样机技术对穴盘苗进行了试验，该末端执行器由机器视觉系统、控制系统、传输系统和移栽系统4部分组成。样机试验表明，此末端执行器的移苗成功率为95.76%，平均伤苗率为3.06%，可以满足实际移栽作业的要求。

　　4. 地膜覆盖机　　地膜覆盖机自20世纪80年代从日本引进我国之后，黑龙江、北京、新疆、辽宁和天津等省（自治区、直辖市）先后研究并开发了一批适用于不同作物、不同地区的地膜覆盖机。使用地膜覆盖机覆盖地膜有诸多优点：使用机械化覆盖地膜质量高，在3～4级风力条件下也能正常作业，具有良好的抗风性；机械覆膜功效高，由人力牵引的覆盖机是手工覆膜效率的3～5倍，而由畜力牵引的覆盖机则是手工覆膜效率的5～15倍，若使用小型拖拉机或中型拖拉机牵引覆盖机则工作效率更高，能显著提高综合经济效益，每亩可节省 3~5 个工作日，节省 0.5~1kg 地膜；机械覆膜能够减少作业强度，实现省力化，不耽误农时季节，且实现标准化、规范化作业，有利于大规模的现代综合设施农业园区的大型作业。

（三）采运机械

输送机能够完成温室大棚内蔬菜、化肥、农药、秧苗等的输送作业，降秧机能够根据农艺要求自动完成秧苗的升降机械作业（图 8-2）。目前成型产品应用较少。

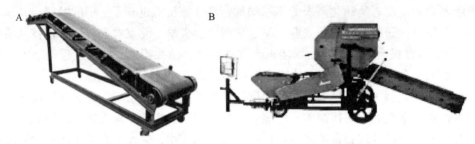

图 8-2　输送机（A）和降秧机（B）实物示意图

荷兰、日本、美国、比利时、西班牙、意大利均在果蔬收获机器人方面开展了探索性研究；双目视觉、高光谱及荧光成像技术与电子鼻技术的结合，提高了采摘果实的位置、尺寸、损伤、成熟度、品质等信息的获取准确度；法国、西班牙、意大利、荷兰等发达国家已经开始利用计算机进行果蔬分级，开发的设备已在逐步系列化和商业化。尤其是日本和荷兰采摘机器人的研发，给这一领域带来了新的思考和机遇，农业机器人也已经成为我国未来农业发展战略性的新兴产业。

（四）灌溉施肥机械

近几年推出的脉冲式微灌技术代表着一种新的灌水方式的应用，节水效果更好，但成本也相对较高。以色列的龙头企业耐特菲姆公司（NE-TAFIM）经过 40 余年的发展，已开发出 100 多种滴灌器和相关配件，从 1967 年到 2006 年，先后推出了 5 代滴灌系统和 12 套产品；其开发的水肥一体化系统，配套了泵站、过滤中心、施肥灌溉系统、阀门控制系统和田间滴灌管网，不仅可以使水肥均匀灌溉施肥，让植株获得等量的水分和养分，同时可以实现植物全生育期的定时定量自动管控，已经在国内大范围推广并出口到我国。荷兰普瑞瓦（Priva）公司生产的 NutriFlex 主路施肥机，作为水肥一体化系统的首部，可根据不同作物选择不同肥料配方；并根据植物不同生长阶段，配制不同营养液；同时借助光辐射量和蒸腾作用来确定灌溉量和灌溉时间，进行水肥灌溉控制，通过按需调整灌水量，在满足植物需求的同时，避免了水肥的浪费。美国更侧重于研究精准灌溉施肥方法，许多灌区使用热脉冲技术确定作物的需水程度，提出农田土壤水分变化趋势和需水总量，或应用红外线测温仪测定作物叶面积及环境温度，为农田灌溉提供准确预报；有的国外学者还利用光的反射和折射原理，利用机器视觉的方法测定植物需水量，从而进行灌溉控制。

近十年来，国内涌现出了一大批水肥一体化系统生产厂家。上海华维节水灌溉股份有限公司致力于研究高效灌溉产品，包括滴灌系列、管道管件、过滤系列、施肥系列、控制系列等，为国内水肥一体化系统关键环节的稳定运行奠定了基础；国家节水灌溉北京工程技术研究中心开发的田间闸管灌溉系统，北京农业信息技术研究中心基于 Green-AM 可编程控制器研发的肥能达施肥装备，中国农业机械化科学研究院研制的 2000 型温室自动灌溉施肥系统，以及天津市水利科学研究院研制的 FICS-1 和 FICS-2 型滴灌施肥智能化控制系统等均对我国水肥一体化设备的开发及推广发挥了积极的作用。尤其是在有机水肥一体化装备的开发和有机水肥供给方面的研究，在智能灌溉的基础上，集成有机液肥制备和肥料配比功能，充分利用了秸秆等作物生产废弃物，一方面提高了水肥管理的高效化和精细化，另一方面也验证了有机肥施用对口感和品质的正向影响作用，为可持续发展的绿色农业提供了可行性方案和技术支撑。

（五）环境调控机械

1. 温湿度调控机械化设施　　风机湿帘系统是由轴流风机和湿帘组成的，风机用以提供足够的气流来及时排除进入温室的太阳辐射热。风机一般设计成将温室内的空气源源不断地排往室外，这种通风系统也称为排气式通风系统（负压通风系统）。湿帘安装在温室的进风口，其材料一般为白杨刨花、棕丝、多孔混凝土板、塑料、棉麻或化纤纺织物等多孔疏松的材料，波纹纸质湿垫最为多用。其尺寸视温室的大小而定。当使用湿帘降温系统时，室外干热空气被风机抽吸穿过纸内，水膜上的水会吸收空气的热量进而蒸发成蒸汽，这样经过处理后的凉爽湿润的空气就进入室内了，此时的室内即能马上达到降 5～10℃甚至其以上的效果。

2. 光环境控制机械　　北京农业智能装备技术研究中心重点研究了不同光谱下典型蔬菜的生长机理，并开展了一系列试验，验证了特殊光谱对蔬菜产量、品质和特定元素影响的情况，尝试通过改变光环境调控方法来揭示光调控的本质和光环境与蔬菜生长的关系，成效明显。基于这些研究成果，开发了植物工厂专用的光源和光控制器，并在物联网实验室平台开展了"基于人工光环境的矮生番茄幼苗高效优质栽培技术研究"，面积有 100m²，探索了光配方多维光因子对矮生番茄苗生长发育的调控机理，为矮生番茄工厂化高效立体栽培、株型优化及口感改良提供理论基础和依据；在政协礼堂地下停车场建立了都市农业用的植物工厂，并面向不同种植作物进行全生育期光环境的自动调控；设计了集装箱植物工厂光环境调控方法，可通过人机界面的交互，自由设置光策略，提高了光调控的普适性。

3. CO₂ 气体环境调控的机械化　　关于温室气体的调控，主要介绍机械通风法（顶窗／侧窗）和补充二氧化碳（CO_2）气肥法。机械通风法的原理是通过电机及曲柄连杆机构，将力传送至顶风口或者侧风口，以达到有效调控温室内温湿度及换气补气的目的，已经普遍应用在日光温室及连栋温室中。国外于 20 世纪 60 年代末开始进行 CO_2 气肥增施的研究试验，肯定了其在增产方面的效果；20 世纪 70 年代后期，设施栽培中二氧化碳施肥方面的研究和应用达到高潮，荷兰 65% 的温室都在施用二氧化碳气肥，其他一些国家如日本、英国、挪威、美国也在温室生产过程中普遍施用二氧化碳气肥。将二氧化碳气体作为肥料在温室内施用的研究和应用在我国起步比较晚。到 20 世纪 90 年代，北京玉渊潭公社试验站首次验证了在温室内对黄瓜、芹菜等作物施用二氧化碳气肥，使产量得到了显著提高，之后该领域的研究工作才逐步展开，二氧化碳气肥在我国也逐渐被推广应用。最早的二氧化碳制备方法是燃烧法，在欧美国家使用较多，即利用点燃煤油或天然气等可燃气体来制取二氧化碳，美国 Johnson 生产的小型二氧化碳施肥器 P41 就是用燃烧原理制取 CO_2 的，每小时的燃气量大约为 $1.6m^3$；荷兰 Priva 公司生产了 DA8 大型燃气式二氧化碳施肥器，每小时的燃气量为 $7.7m^3$。国内燃气法制取二氧化碳的装置主要有以下几种：李漠军于 2005 年设计的强排燃气式二氧化碳施肥器，可利用风机吹散燃烧后的气体，来达到向温室内供应二氧化碳的目的；李琳等于 2013 年设计了新型燃气式二氧化碳施肥器，其内部采用伞形喷嘴技术，燃烧率接近 100%；沈阳农业大学的马健等于 2009 年设计了双向排风燃气式二氧化碳施肥器，其双向排风的方式比较适合我国长条式温室的特点；江苏南通 2006 年应用的温室大棚专用二氧化碳施肥器组合套装，可充分燃烧甲烷、丙烷、天然气多种气体，并设计了防倾倒装置，减少了使用过程中侧翻的概率。

4. 卷帘机械化设施　　在温室大棚的管理过程中，劳动量较大的环节就是每日的卷帘和放帘，不仅劳动强度大，而且影响采光时间。现在大部分温室大棚都安装了卷帘机，主要分为手动卷帘机和电动卷帘机（图 8-3）两种。

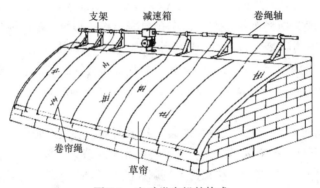

图 8-3　电动卷帘机的构成

（六）农事操作机器人

近年来，随着集成传感技术、图像识别技术、计算机技术、智能控制技术、智能算法和惯性导航等相关技术的飞速发展和多学科技术的融合，学者开始研究农事操作的机械化装备，在喷药、收获、采摘、分选方面取得了一定进展：荷兰、日本、美国、比利时、西班牙、意大利均在果蔬收获方面开展了探索性研究；双目视觉、高光谱及荧光成像技术与电子鼻技术的结合，提高了采摘果实的位置、尺寸、损伤程度、成熟度、品质等信息的获取准确度；法国、西班牙、意大利、荷兰等发达国家已经开始利用计算机进行果蔬分级，开发的设备已在逐步系列化和商业化。尤其是日本和荷兰采摘机器人的研发，带给了这一领域新的思考和机遇，农业机器人也已经成为我国未来农业发展战略性的新兴产业。下面详细讲述农事操作机械化与智能化的关键技术研究进展。

机器人要想在田间进行农事操作，最基本的是导航系统的建立，即在存在障碍物的环境中，为机器人搜索出一条从起点到目标点的指标最优的无冲突路径，称为路径规划；最关键的步骤是有效识别和分析作业目标，比如准确识别已经转色的果实并定位、判断目标物是否有缺陷并逐级分选等；最基础的是机械臂自主规划与控制，当已识别出作业目标并有效定位到作物植株后，机械臂开始发挥作用；最高级的发展阶段为多机协作和智能交互。

针对自动导航与路径规划问题，在别的领域广泛使用的遗传算法最先应用到农业中，但农业操作环境复杂，尤其是多机器人联合作业时，为了简化数据量，提高避障和规划能力，蚁群算法的优势逐渐凸显，研究人员针对这两种算法进行了大量研究和优化。高峰等采用基于遗传算法的面-带模型匹配视觉辨识方法直接对未经任何预处理的田间作物图像进行识别，并进行了实际田间作物图像辨识试验，验证了该方法在实时控制中的有效性和鲁棒性；熊琼着眼于采摘机器人与外界交互的准确快速性，结合射频识别（radio frequency identification，RFID）与无线传感网络（wireless sensor network，WSN）技术的优势，将信息融合后应用于采摘机器人的自主定位与导航中，解决了单一技术的局限性问题；张璐和王慧建立了基于蚁群算法的路径规划和导航系统，实现了路径的实时动态规划和自主导航，并成功解决了多采摘机器人联合作业路径冲突和碰撞问题；刘建华等提出一种以栅格地图为环境模型，在蚁群算法搜索过程中加入针对具体问题的人工势场局部搜索寻优算法，减少了搜索的盲目性，提高了蚁群对障碍物的预避障能力，试验效果较好。

针对目标有效识别和分析问题，孙承庭等设计了双目视觉控制系统，采用两个摄像机从不同的角度去对目标果实拍摄成像，由计算机根据两者的角度差异绘制目标果实的三维图像，进行下发采摘命令；李寒等针对在可见光条件下绿番茄识别中的阴影和遮挡问题，通过对区域的分类和滤除，结合颜色分析法分割图像来进行绿色番茄的检测，解决了绿色番茄与叶子、茎秆等背景颜色接近等难题，突破了农业果实识别的瓶颈问题；黄辰等基于机器视觉，提出了一种判别苹果的果径、缺陷面积、色泽等特征的方法，并采用粒子群参数优化的支持向量机构建分级模型，利用决策融合实现了苹果的精确分级。

二、设施农业智能化研究进展

（一）温室环境控制技术的发展

从国内外温室控制技术的发展状况来看，温室环境控制技术从机械化到智能化大致经历了以下几个发展阶段。

1. 机械控制　第二次世界大战以后，手动控制系统被机械设备所替代，首先被引入使用的是自动调温仪。因为种植者需要将一些数据输入自动调温仪中，哪些适宜的温度应该被输入就成为种植者面临的首要问题，他们以前的知识和经验已经很难达到这个要求了。因此，这些问题被直接交给了研究和技术推广机构。为了能给种植者一个满意的答复，环境控制的研究工作也从此展开了。与环境控制和作物生长相关的研究成果相继问世，这些新的观点同时也导致了新型的环境控制设备的诞生。

2. 分散电子控制　"环境控制盒"的开发又取代了自动调温仪。在所有的温室中几乎都开始安装这种环境控制盒。随着相关知识的不断更新，这些环境控制盒也做得越来越复杂，到最后一个这样的环境控制盒上会达到30多个按钮。另外，种植者如果要对光照、顶部喷淋、遮阳网系统等进行控制的话，每一个系统还相应地需要有其独立的控制系统。

3. 计算机控制　在20世纪70年代，计算机系统取代了环境控制盒系统。环境控制盒中固定的通过电缆与测量设备（如探头）及调节设备（如马达、泵系统）所连接的电子元件被一些可修改的程序所替代。现在的一台计算机相当于以前多个环境控制盒的作用。种植者也可根据计算机中所显示的图表或表格更直接地了解温室内的环境情况。例如，他们可根据图线直接对所设定值和温室内实际达到的值进行比较。于是利用计算机技术及现代控制理论对温室内的各种环境因子包括温度、光照、湿度、CO_2浓度和施肥等进行自动控制和调节，成为温室控制的主要方式。根据温室作物的生长习性和市场的需要，部分甚至完全摆脱自然环境的约束，使人为创造适宜作物生长最佳环境的自动控制技术与手段成为主流。此时的温室有比较完整的控制系统，有各种传感器采集温室环境数据，监控系统实时监测环境变化及控制执行机构的动作，良好的人机界面使种植者的操作过程形象且简便。这种控制系统需要种植者输入温室作物生长所需环境的目标参数，计算机根据传感器的实际测量值与事先设定的目标值进行比较，以决定温室环境因子的控制过程，控制相应机构进行加热、降温和通风等动作。计算机自动控制的温室控制技术实现了生产自动化，适合规模化生产，劳动生产率得到提高。通过改变温室环境设定目标值，可以自动地进行温室内环境气候调节，但是这种控制方式对作物生长状况的改变难以及时做出反应，难以介入作物生长的内在规律。目前我国绝大部分自主开发的大型现代化温室及引进的国外设备都属于这种控制方式。

4. 智能化控制　　在现阶段，随着计算机系统控制的不断发展，除不断地完善和改进计算机硬件设备之外，智能化控制方法逐步走向了现代温室管理的实际应用中。这是在温室自动控制技术和生产实践的基础上，通过总结、收集农业领域知识、技术和各种试验数据构建专家系统，以建立植物生长的数学模型为理论依据，研究开发出的一种适合不同作物生长的温室专家控制系统技术。这种智能化的控制技术将农业专家系统与温室自动控制技术有机结合，以温室综合环境因子作为采集与分析对象，通过专家系统的咨询与决策，给出不同时期作物生长所需要的最佳环境参数，并且依据此最佳参数对实时测得的数据进行模糊处理，自动选择合理、优化的调整方案，控制执行机构的相应动作，实现温室的智能化管理与生产。农业专家系统为我们提供了一种全新的处理复杂农业问题的思想方法和技术手段。它能够根据温室环境条件和作物生长状况，应用适当的知识表达和规则化，推理决策出最适合作物生长的温室环境。将农业专家系统应用于温室的实时监控与自动调控是温室发展的新亮点。这种控制方式既能体现作物生长的内在规律，发挥农业专家在农业生产中的指导作用，又可充分利用计算机技术的优势，使系统的调控非常方便和有效，实现温室的完全智能化控制。因此，温室专家控制系统技术是一种比较理想、比较有发展前途的控制方式。

但是，建立一个完善的、科学的温室专家控制系统是非常困难的。首先，需要获取专家的知识作为知识库；其次，在实际的温室生产中，会面临大量的未知问题，这需要通过大量的试验探究、总结一般性经验规律等科学方法来对这些问题进行推理与决策，这使得建立起专家控制系统需要耗费大量的时间和资源。因此，近年来，人工神经网络（artificial neural network，ANN）、遗传算法（genetic algorithm，GA）、模糊理论（fuzzy theory）等诸多智能算法在温室环境控制中得到较快的发展。

1）人工神经网络　　被应用得较广，是20世纪80年代以来人工智能领域兴起的研究热点。它从信息处理角度对人脑神经元网络进行抽象化，建立某种简单模型，按不同的连接方式组成不同的网络，称为神经网络或类神经网络。神经网络是一种运算模型，由大量的神经元相互连接构成，其中每个神经元代表一种特定的输出函数，称为激励函数（activation function）。每两个神经元间的连接都代表一个对于通过该连接信号的加权值，称为权重（weight），这相当于人工神经网络的记忆。网络的输出则依网络的连接方式、权重值和激励函数的不同而不同。而网络自身通常都是对自然界某种算法或者函数的逼近，也可能是对一种逻辑策略的表达。但是人工神经网络还存在许多缺陷。例如，应用的面不够宽阔、结果不够精确；现有模型算法的训练速度不够高；算法的集成度不够高；需要大量的历史资料来增加推理和演绎的可靠性（图8-4）。

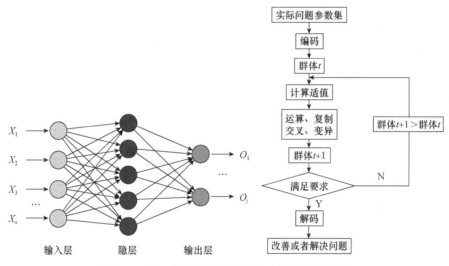

图8-4 人工神经网络模型图和遗传算法流程图

2）遗传算法 是一类借鉴生物界的进化规律（适者生存，优胜劣汰遗传机制）演化而来的随机化搜索方法。它是由美国的 J. Holland 教授于1975年首先提出的，其主要特点是直接对结构对象进行操作，不存在求导和函数连续性的限定；具有内在的隐并行性和更好的全局寻优能力；采用概率化的寻优方法，能自动获取和指导优化的搜索空间，自适应地调整搜索方向，不需要确定的规则。遗传算法的这些性质已被人们广泛地应用于组合优化、机器学习、信号处理、自适应控制和现代农业等领域。它是现代有关智能计算中的关键技术。

3）模糊理论 是在美国加州大学伯克利分校电气工程系的 L. A. Zadeh 教授于1965年创立的模糊集合理论的数学基础上发展起来的，主要包括模糊集合理论、模糊逻辑、模糊推理和模糊控制等方面的内容。模糊控制是模糊理论在工业控制领域应用的成功范例，它把人的经验形式化，而后运用比较严密的数学处理过程，实现模糊推理，进行判断决策，最终得到令人满意的效果。模糊控制方法的应用优势，适应于温室环境智能控制的特点，是现阶段温室环境智能控制技术发展的主要趋势之一。

（1）控制系统的软硬件设计方面：温室的执行机构通过配套的硬件设备，可控制其运行状态，调节环境参数。目前常用的温室控制器仍然以结构通用、价格便宜的单片机为主，单片机负责接收数据采集系统采集的数据并上传到上位机。可编程控制器（PLC）、紫蜂（Zigbee）、全球移动通信系统（GSM）、通用分组无线服务技术（GPRS）、全球广域网技术（WEB）、Internet 等无线传输和远程监控技术广泛应用于温室控制系统的设计中。

（2）控制算法的优化组合方面：温室的硬件系统和控制算法都能够影响到系统的性能。控制算法是否合理，影响到温室综合环境因子的控制效果，有利于温室的控制系统智能化。

比例积分微分（PID）控制由于具有好的鲁棒性并且算法简单，在过程控制中的应用比较广泛，但是其参数整定的方法比较复杂，如果参数整定不良，则会影响系统的性能。传统的模糊控制器的主观性和随意性对其控制品质有一定的制约。将模糊控制和 PID、神经网络等结合起来设计温室控制器，比单独使用其中一种算法将会取得更好的效果。

粒子群算法、遗传算法、模拟退火算法和 BP（back propagation）神经网络所采用的梯度下降算法等均有其优缺点，大量的研究者将各种智能算法进行优化组合、优势互补，从而提高系统的控制性能。

（3）温室环境的建模与仿真：对温室进行结构设计和对环境进行预测都可以进行建模仿真，能够了解温室的结构特征，能够促进我国设施农业的定性管理，可以使温室的粗放经营向自动化、智能化管理转变。

（4）节能环保方面：温室消耗的能量主要包括光、电、热、水和肥料等。温室节能是指降低温室作物生产中能源消耗的各种措施。对温室采取硬件设施方面的节能，对温室的运行管理方面也要注意加强节能的意识。

由此可见，未来的温室智能控制的发展方向将是融合各种控制算法，其中专家系统、遗传算法与模糊神经网络的结合，将成为温室智能控制发展的大方向。并且随着计算机技术、网络技术的不断发展，温室环境的智能控制将沿着多因子、综合性、开放式、多层次的复杂网络化的方向发展。

（二）物联网技术的研究与应用现状

物联网（internet of things，IoT）是通过各种信息传感设备，按约定的协议，将任何物品与互联网相连接，进行信息交换和通信，以实现智能化识别、定位、追踪、监控和管理的一种网络技术。在信息技术快速发展的时代背景下，随着"智慧地球"概念的提出，物联网作为一种技术手段迅速与相关的领域结合，形成了以物联网为核心、具有行业特色的众多应用，"智慧农业"正是在这种前提下提出的一种基于物联网的面向农业领域的应用。智慧农业是物联网时代现代农业的具体实现，解决了当前技术条件下农业生产、流通等领域的技术问题。其在设施农业有广阔的应用空间，温室大棚、畜禽饲养的自动化监控系统已经投入使用，系统已能够进行智能化的监测、控制、分析及决策。融合"智慧农业"的设施农业系统具有网络互联、智能管理、自动控制等特点，智慧农业的广泛应用将极大地促进设施农业的发展。

物联网是一个具有时代特征的技术形式，是在网络技术、嵌入式技术、传感器技术、云计算技术等相关技术达到一定水平后必然产生的一种综合技术形式，是大数据时代里一种必不可少的数据获取、传输及处理模式。物联网作为一种通用的技术手段，已经有了广泛的研究，但是物联网与具体的领域相结合还需要对该技术进行重新优化与设计。农业物联网就是物联网与农业场景相结合，针对物联网在农业领域应用过程中出现的相关问题进行的优化设计。农业物联网是智慧农业系统的核心技术，智慧农业系统是由多种系统相融合而形成的复杂系统。

随着互联网技术的高速发展，信息服务已深入人们的日常生活，提升了使用者的生活质量，但农业信息服务相对滞后，已成为农村经济社会发展的主要障碍之一。我国科研学者充分意识到了这一问题，已经在着手开发多样化的农业服务软件。国家《物联网"十二五"发展规划》中将智能农业作为大重点应用领域，其中"农业生产精细化管理、生产养殖环境监控"被作为一项重要内容。山东老刀网络科技有限公司研发了高度智能的农业技术信息服务平台——农管家，从数据库的共享、信息源的建立、农事操作的规范、种植参与人员的经验分享等方面，实现了农业信息服务从产前、产中、产后的全程服务与指导，有效解决了农业信息互通交流问题，推进了农业信息化和智能化的发展进程。北京农业信息技术研究中心研发了基于农业全生产流程的农保姆系统，并配合各省农业技术推广站，向重点设施农业大省进行了推广，已经发展成为农业圈的"微信"，应用效果显著。北京市农业农村局为了突破设施蔬菜种植的瓶颈，研究开展了北京市设施蔬菜种植规范的智能化建设，着重以生产规范体系建设和信息化管理系统建设两个方面作为切入点，设计开发了设施蔬菜园区种植规范智能化管控系统。山东农业大学在对日光温室生长环境与水肥需求进行研究的基础上，利用互联网、窄带物联网（NB-IoT）等关键技术，研发了日光温室番茄生长环境智能测控系统。该温室测控系统的整体构架如图8-5所示。设施农业物联网技术主要是利用传感器实现设施农业生产环境信息的实时感知，利用自组织智能物联网对感知数据进行远程实时监控。通过物联网技术监控环境参数，为设施作物生产提供科学依据，优化作物生长环境，不仅可获得作物生长的最佳条件，提高产量和品质，实现设施农业的精准化管理，同时可提高水资源、化肥等农业投入品的利用率和产出率。因此，研究面向物联网的温室环境智能管理系统对温室的高产高效生产和精细化管理具有重要的现实意义和应用前景。

我国"感知中国"的提出大约比西方国家相关概念的提出滞后10年。在此之前，我国农业的发展经历了三个阶段，即传统人工种植管理、计算机辅助管理、高度集成的计算机自动化控制管理。高度集成的计算机自动化控制管理使得农业自动化程度虽有提高，但测控精度差，可靠性低，大多是人工手动控制或者就地控制，管理粗放。

近年来，随着信息技术的发展，温室环境监控系统也不断地采用新技术。在这种条件下，产生了智能温室环境监控系统，它是实现温室智能化、网络化管理的有效手段，有助于提升温室管理的效率、降低农业工人的劳动强度。智慧农业系统是典型的复杂系统，系统设计的不合理会直接导致数据的不确定及数据不可用。农业物联网是智慧农业的核心技术，当前的智能温室环境监控系统也多采用农业物联网作为其核心技术手段，设计成智能温室环境监控物联网系统（图8-6）。

温室是设施农业中的主体设施，温室环境的智能化控制对提高我国设施农业生产过程的节约化、精准化管理水平具有重要的应用价值。《中国至2050年农业科技发展路线图》在"农业生产过程管理精准化"中提出，到2050年完成动植物生产过程的信息采集系统、模拟模型、管理决策系统建设，并与智能化装备相结合，实现农业生产过程的精准化管理。

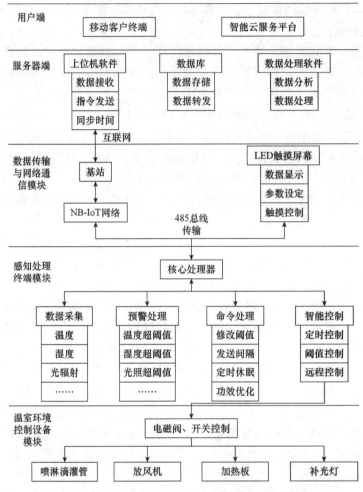

图8-5 日光温室番茄生长环境智能测控系统的整体构架

信息技术正日益深刻地改变着世界经济格局、社会形态和人类生活方式，同时也被广泛应用于农业各个领域。智能农业或信息化农业是现代科学技术革命对农业产生巨大影响下逐步形成的一个新农业形态，其显著特征是在农业产业链的各个关键环节，充分应用现代信息技术手段，用信息流调控农业生产与经营活动的全过程。智能农业是现代农业发展的高级阶段和必然趋势。

第三节　设施农业机械化与智能化研究面临的主要问题与研究任务

一、设施农业机械化研究面临的主要问题与研究任务

（一）主要问题

目前设施农业机械化研究面临的问题主要集中在以下几个方面。

（1）针对棚室的特殊环境，国内研制的多功能微耕机外形尺寸大，操作不灵活，边角

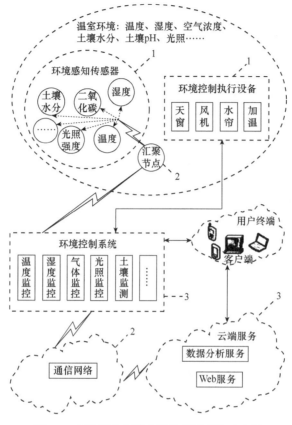

图 8-6 智能温室环境监控物联网系统示意图
1. 感知层；2. 网络层；3. 应用层

地带无法作业，漏耕严重，适应性较低，旋耕、深耕作业达不到要求，当土壤含水率超过 20% 时，其碎土性能变差，耕作阻力变大。

（2）种植机械中，播种机械虽然可以与田园管理机配套使用，但其播种精度不高，适应性较差。

（3）栽植机械虽然已经研制成功 4 行自动钵苗移栽机、2 行半自动钵苗移栽机，但不是明确针对设施农业而设计的，无法进入温室或大棚中作业。

（4）农业机械化的推广鼓励政策不够完善。农村、农民、农业这三大问题始终关乎中国发展的命脉，只有妥善解决"三农"问题，国家才可能始终保持长期稳定发展。然而在实际工作中可以发现，很多地区的农业机械化推广鼓励政策都不够完善，政府部门虽然已经做出了巨大的努力，但是政策和实际推广还是存在一定的落差，这使得农业机械化的推广十分困难。另外，农业机械化推广资金投入不足也是一个不容忽视的问题。政府部门在农业机械化推广中能做的基本上就是政策倾斜和资金扶持，单从资金扶持这一方面来看，资金投入虽然很多，但是很少能用到刀刃上，在很多不必要的地方出现了浪费现象，这一问题如果得不到妥善处理，那么农业机械化在现代农业发展中的推广及应用将会举步维艰。

现阶段，阻碍我国农业机械化发展最主要的原因就是农业机械化水平存在明显的区域性差异。由于我国地域面积比较大，南北和东西跨度比较广，各个地方的地形和气候及人口分布极为不均等。例如，部分地区土地极为缺乏，而有的地域劳动力过剩，就会导致经济发展落后进而制约农业机械化发展水平。和西部相比，东部地区的农耕面积在全国总农耕面积中所占比例不算太多，但是由于东部地区经济发展较为发达，拥有强大的经济基础，农用机械的占有量占农机总量的一半以上，而西部地区，由于受地形的影响，经济发展比较落后，农耕面积占全国农耕面积的比例虽然不多，但是农机拥有量和农耕面积相比还是相差甚远，农耕面积和农机占有量的不均等导致东、西部地区农业发展存在巨大差异。

我国在对不同农机的研发和生产中存在"瘸腿"现象，对于某一类农用机械在研发和设计上较为先进，但是对于另一类机械的研发和生产就相对落后，如此一来，就会导致某一农用机械生产供不应求，而另一类农用机械的研发和生产受阻。例如，由于棉花机械化水平较为落后，我国棉花的种植面积也越来越少。另外，部分地区的玉米种植机械化水平也处在一个起步阶段。总而言之，各类农用机械发展不均衡极大地影响了农机产品的使用效率，阻碍了我国农业的整体发展。

农机产品的使用在解放劳动力的同时也增加了农民的经济收入。但是在实际工作中农机在使用中还存在一定的问题。现阶段，农机使用过程中存在的问题大致可分为三个方面：买不起、不会用及效益差。部分地区经济发展相对落后，农民由于经济条件的限制买不起农机产品，部分地区还使用传统的耕作方式进行农业作业，和其他行业相比，农民的文化水平相对较低，当农机在使用过程中出现故障时，不会弄、弄不好，又没有相对完善的农机修理市场，甚至还需要到指定地点进行维修，维修过程比较麻烦，进而出现购买的农机闲置、没有发挥应有的作用等现象。

由于农机与农艺的联合研发机制不完善，适合不同区域机械化的田间管理技术缺乏，机械化与规模化结合不紧密，影响了农业转变发展方式。例如，在农田耕作方面，无论是土壤类型、水田旱田还是丘陵平原，目前国内大部分地区都采用了旋耕、深松、免耕等方式，没有优化组合；在农田种植方面，水稻移栽和直播、油菜移栽和直播、玉米平作种植和垄作种植等方面，不同地区宜采取何种种植方式，缺乏科学论证；丘陵山区机械化发展路径不明确等。

面对现代农业建设中"调整结构、转变模式"的新要求，同时也受到土地划分和经营、技术水平低、科研投入低等因素的制约问题，目前我国农业机械设备结构仍不合理，高端农机过度依赖进口、低端产品过剩和模仿过多，且由于农业机械行业利润低、研发人员少，许多农业机械企业在科技创新上投入少，缺乏原始创新，导致企业自主研发能力弱，制约了农业机械产业整体技术水平的提升，直接影响到现代农业的发展。

随着工业化和城镇化的快速发展，农村劳动力，特别是中青年劳动力，转移到非农业产业，农村劳动力结构短缺越来越严重。农户兼业化、农村空心化、农民老龄化"三化"特征明显，从事农业生产的人口减少和老龄化，信息化、标准化建设滞后阻碍了机械化的推行。

（二）研究任务

加强农业机械化科技创新。农业机械的科学研究是农业机械化发展的基础和平台，农机具的科技含量、性能和质量直接影响着农业机械化发展。我国具有较强的机械制造业和农业机械科研能力，完全可以选择农业机械化的重点、难点问题实施联合攻关，建立以企业、大学、科研单位的有机结合为基础，以企业为主体、项目为载体，与农业科技创新体系相衔接的产学研联合制造和技术创新体系，提高农机化科技创新的可持续发展能力，在农机生产和科研方面实行强强联合。

设施农业机械的发展方向主要有：一是开发日光温室内专用微耕机。合理选择配套动力，要求机械外形尺寸小，操作方便，以减轻劳动强度。二是开发小型多功能工具机，增强作业功能及种类，提高配套比。要求性能稳定、工作可靠、操作方便。三是针对育苗和移栽工作量大的特点，开发穴盘育苗播种、可与微耕机配套的小型移栽成套设备等。四是根据花卉和蔬菜种子价格较高的特点，研制小型精量、精密播种机，要求行距、株距及播深控制准确且可调。五是研制安全、低污染的微灌、喷灌及施肥设备。另外，环境检测设备及自动卷帘机械也是研究开发的重点。

农业机械化要发展，首要工作是突出示范引导作用。一是在加强农机新机具研制开发的基础上做好成果转化工作，走科研单位与生产联合的路子，将人才资源与资金、市场有机结合。二是认真实施农机科技创新示范工程，加大农机科技投入，加快农机科技成果向现实生产力的转化。三是积极开展科技下乡活动，尽快改变农村缺技术、缺信息、缺人才的现状，改变农村技术相对落后的现状，建立科技示范户。四是搞好试验示范工作，在不同的农业区建立农业机械化示范基地，鼓励农业机械生产者、经营者等建立农业机械示范点，解决技术推广机构试验示范基地等问题。

同时，搞好技术推广工作。一是加强农机推广网络建设，发展推广示范户和重点户，将农机专业大户纳入农机推广体系建设的范畴。二是改进农机推广方式、方法，借助农机生产企业的商业性开展推广工作。三是多渠道解决资金不足问题，建立农机化发展基金，创办集科、工、贸、农于一体的有偿服务实体。

二、设施农业智能化研究面临的主要问题与研究任务

（一）主要问题

在设施农业智能化控制方面，综合国内外研究现状，通过十几年的发展，无线传感器网络技术在温室环境测控技术方面的应用取得了一定的成绩，但是针对大型温室群，需要采用多传感器实现信息的监测，同时温室内的环境之间具有耦合性，因此在构建温室无线网络时应考虑如何实现多传感器的信息融合，以提高监测的准确性。

在控制策略方面，经过多年的研究，在基于模型的温室环境调控决策支持系统研究方面取得了一定的成绩，但是目前所开发的决策支持系统大多是根据所控制的温室进行软件开发。随着现代物联网技术的发展，如何针对不同类型的温室、不同类型环境测控系统，建立具有通用接口标准、可重用的温室环境调控分布式决策支持系统，以提高决策系统的通用性。物联网技术在农业中的应用，尤其是在设施农业中的应用得到了广泛关注，也取得了一些成果，但是目前的相关研究主要集中在感知、传输及应用系统的研究工作上，即主要集中在硬件系统的开发和集成方面。而物联网中的服务层是物联网技术应用的一个重要内容，对感知信息的处理与决策服务的研究较少。设施农业物联网系统的研发、普及、

推广及精度和可靠性与国外还有较大差距；系统造价高，不利于推广；抗干扰能力差。因此，提高系统测控精度和抗干扰能力、降低成本、实现生产过程网络化是我国设施农业物联网未来的发展方向。

在设施农业智能化装备方面，我国虽有了长足的进步，但与发达国家相比，还有较大的差距，主要表现在：①专业化生产规模小，总体科技含量较低；②我国自产的部分设施装备抵抗自然灾害能力差，使用寿命短；③温室环境管理大部分还是依靠人力，智能控制管理普及率较低；④盲目引进国外先进装备，但缺乏规范化操作、标准化管理。

（二）研究任务

促使智能化农机研发更具中国特色。立足于我国农业发展的实际，注重产学结合，加强智能化农机关键技术的研发，促使农机自动化水平得到有效提升，使得智能化农机操作更加简便。加强中小型、安全高效智能农机的研发，提升智能化农机的适应能力，使其能够满足不同地形的耕作需求。积极学习并引进国外先进的智能化农机技术，并结合国内农业发展实际，力求实现智能化农机本土化、国产化，降低智能化农机的制造成本与使用成本，促进我国现代化农业的发展。

我国设施农业智能化装备的发展，是要在基本满足社会生产需求总量的前提下协调发展，要紧紧围绕推进农业产业结构的调整，促进农业高产、优质、高效的战略需求，解决设施园艺的关键技术与装备，重点研究基于设施作物模型的数据采集与智能化控制装备，设施栽培节能与资源高效利用装备，连作障碍防控等设施园艺产品安全生产装备，设施栽培定苗、定植、移栽、管理、收货、产后处理等低成本、高效率配套装备。着重增加品种数量，提高设施园艺产品质量，逐步实现规范化、标准化、系列化，最终形成具有中国特色的设施农业智能装备。

未来智能农业的研究重点是进行多传感器测量信息集成，采用机械、光学与机器视觉、传统计算和人工智能等的结合，实现农业生产各个环节的高度智能化，同时充分利用大数据和云计算技术，拓展农业机器人的作业工种，提高其与实际栽培的契合度，是目前农业智能化面临的主要挑战。

参 考 文 献

安福全，于龙凤，李富恒. 2011. 低温弱光对西葫芦叶片光合特性及显微结构的影响［J］. 作物杂志，（5）：45-47.

安瑞丽. 2017. 冷胁迫下哈密瓜生理指标及差异蛋白表达研究［D］. 石河子：石河子大学硕士学位论文.

安欣悦. 2016. miRNA介导番茄低钾胁迫响应的调控机理［D］. 沈阳：沈阳农业大学硕士学位论文.

安雪，余泳昌，付广超，等. 2017. 电控窝眼轮式大豆排种器的设计与试验［J］. 河南农业大学学报，51（6）：828-833.

安玉艳，郝文芳，龚春梅，等. 2010. 干旱-复水处理对杠柳幼苗光合作用及活性氧代谢的影响［J］. 应用生态学报，（12）：3047-3055.

白义奎，须晖. 2016. "十三五"辽宁省设施农业（日光温室）行业科技发展任务［J］. 农业工程技术，36（1）：36-39.

鲍玲玲，朱淑静，耿杰雯. 2020. 地源热泵空调系统在温室中跨季节蓄热运行的性能［J］. 浙江农业学报，32（3）：534-542.

毕力格图. 2003. 浅析光照对草地生产的影响［J］. 内蒙古气象，（4）：59-60.

蔡瑞国. 2008. 小麦籽粒淀粉组分、品质特性及其对光照的响应［D］. 泰安：山东农业大学博士学位论文.

蔡银杰，周小林，杨献娟，等. 2007. 大棚番茄灰霉病发生的影响因子初步研究［J］. 中国植保导刊，27（10）：21-23.

蔡祖聪，黄新琦. 2016. 土壤学不应忽视对作物土传病原微生物的研究［J］. 土壤学报，53（2）：305-310.

曹辰兴. 2009. 低温锻炼对黄瓜幼苗抗冷效应的影响及转录因子CBF1的克隆与转化［D］. 泰安：山东农业大学博士学位论文.

曹文龙，程希. 2010. 水源热泵系统在日光温室中的应用效益分析［J］. 农业科技与装备，4：38-42.

曹燕燕. 2014. 低温下蔗糖对黄瓜DNA甲基化的影响及几个甲基化差异基因的表达研究［D］. 泰安：山东农业大学硕士学位论文.

曹玉杰. 2014. 外源多胺对低温胁迫下黄瓜幼苗生理生化指标的影响［D］. 南京：南京农业大学硕士学位论文.

岑幻霞. 1997. 太阳能热利用［M］. 北京：清华大学出版社.

柴立龙. 2007. 地源热泵技术在中国温室设施中的应用探讨［J］. 中国农学通报，23（10）：150-153.

柴立龙，马承伟. 2012. 玻璃温室地源热泵供暖性能与碳排放分析［J］. 农业机械学报，42（1）：185-189.

柴立龙，马承伟，张义，等. 2010. 北京地区温室地源热泵供暖能耗及经济性分析［J］. 农业工程学报，26（3）：249-254.

常立存. 2013. 跨季节太阳能供暖系统设计［D］. 西安：西安建筑科技大学硕士学位论文.

常燕. 2014. 油菜*ICE1*基因的克隆及功能分析［D］. 兰州：西北师范大学硕士学位论文.

常义军，徐明喜，孙婷，等. 2015. CO_2施肥对菜薹需肥量和产量的影响［J］. 农业开发与装备，（11）：71，73.

陈冰. 2011. 温室空气源热泵供热系统研究［J］. 昆明：昆明理工大学硕士学位论文.

陈禅友，张凤银，李春芳，等. 2008. 温度与水分双重胁迫下豇豆种子萌发的生理变化［J］. 种子，27（9）：51-56.

陈行，李俭，刘晓文，等. 2019. 浅析设施农业中的农业机械［J］. 广西农业机械化，（3）：9，11.

陈教料, 胥芳, 张立彬, 等. 2011. 基于热平衡模型的温室地表水源热泵系统供暖设计与试验 [J]. 农业工程学报, 27 (11): 227-231.

陈立华. 2011. 哈兹木霉及其微生物有机肥对黄瓜土传枯萎病的生物防治及其机理 [D]. 南京: 南京农业大学博士学位论文.

陈琳. 2011. 切花菊转 *DdICE1* 基因研究 [D]. 南京: 南京农业大学硕士学位论文.

陈玲, 董坤, 杨智仙, 等. 2017. 苯甲酸胁迫下间作对蚕豆自毒效应的缓解机制 [J]. 中国生态农业学报, 25 (1): 95-103.

陈敏氢, 王彬, 朱海生, 等. 2018. 丝瓜多聚泛素基因 (*LcUBQ*) 的克隆及表达分析 [J]. 中国细胞生物学学报, 40 (1): 89-98.

陈年来, 黄海霞, 高慧娟, 等. 2009. 甜瓜叶片气体交换特性和幼苗生长对土壤水分和大气湿度的响应 [J]. 兰州大学学报 (自然科学版), 45 (4): 73-78.

陈秋明, 尹慧, 李晓艳, 等. 2008. 高温胁迫下外源水杨酸对百合抗氧化系统的影响 [J]. 中国农业大学学报, 13 (2): 44-48.

陈卫星. 2004. 双热源太阳能热泵模式研究 [D]. 南京: 南京理工大学硕士学位论文.

陈小凤, 黄如葵, 冯诚诚, 等. 2017a. 苦瓜芽期耐冷性鉴定与评价 [J]. 种子, 36 (1): 36-39.

陈小凤, 黄如葵, 黄玉辉, 等. 2017b. 低温胁迫下苦瓜苗期生理变化与耐冷性评价的关系分析 [J]. 南方农业学报, 48 (7): 1237-1241.

陈修斌, 杨彬, 闫芳, 等. 2009. 不同土壤含水量对日光温室茄子生长及生理特性影响 [J]. 土壤通报, 40 (2): 231-234.

陈亚飞, 杜国坚, 岳春雷, 等. 2009. 水分胁迫对普陀樟幼苗生长及生理特性的影响 [J]. 浙江林业科技, (3): 24-29.

陈之群. 2016. 环渤海湾日光温室蔬菜土壤质量现状分析 [D]. 北京: 中国农业大学博士学位论文.

程希. 2011. 地下水源热泵温室利用系统回灌模拟试验研究 [D]. 长春: 吉林农业大学硕士学位论文.

程亚娇, 谌俊旭, 王仲林, 等. 2018. 光强和光质对大豆幼苗形态及光合特性的影响 [D]. 中国农业科学, 51 (14): 2655-2663.

池丹丹, 杜雄, 赵晓顺, 等. 2018. 基于计算机仿真的气吹式谷子精量排种器设计 [J]. 江苏农业科学, 46 (11): 183-187.

褚佳, 张铁中. 2014. 葫芦科营养钵苗单人操作嫁接机器人设计与试验 [J]. 农业机械学报, 45 (S1): 259-264, 295.

崔玉萍, 徐生龙. 2019. 基于物联网的日光温室终端控制系统的应用 [J]. 电子技术与软件工程, (18): 131-132.

戴巧利, 左然, 李平, 等. 2009. 主动式太阳能集热/土壤蓄热塑料大棚增温系统及效果 [J]. 农业工程学报, 25 (7): 164-168.

戴志中. 2000. 我国设施农业机械的现状及发展趋势分析 [J]. 中国农机化, (4): 10-11.

邓芳. 2015. 不同钙肥对几种蔬菜生长和品质效应的影响 [D]. 武汉: 华中农业大学硕士学位论文.

邓仁菊, 范建新, 王永清, 等. 2014. 火龙果幼苗对低温胁迫的生理响应及其抗寒性综合评价 [J]. 植物生理学报, 50 (10): 1529-1534.

丁长庆. 2016. 西瓜交替氧化酶 ClAOX 及其相关基因 *ClCASPL* 在低温胁迫下的功能研究 [D]. 杭州: 浙江大学博士学位论文.

丁丽雪. 2016. 番茄耐热鉴定体系的建立及种质资源筛选和耐热分子机制研究 [D]. 广州: 暨南大学硕士学位论文.

丁日升, 康绍忠, 张彦群, 等. 2014. 干旱内陆区玉米田水热通量多层模型研究 [J]. 水利学报, 45 (1): 27-35.

丁维军, 陶林海, 吴林, 等. 2013. 新型缓释尿素对削减温室气体、NH_3 排放和淋溶作用的研究 [J]. 环境科学学报, 33 (10): 2840-2847.

董春娟，曹宁，尚庆茂. 2017. 外源水杨酸对低温胁迫下黄瓜幼苗根系脂肪酸不饱和度的影响［J］. 园艺学报，44（7）：1319-1326.

董梅，贺康宁，张益源，等. 2010. 黄土高寒区不同土壤水分条件下银水牛果幼苗光响应研究［J］. 中国农学通报，26（18）：165-169.

董乔，宋阳，孙潜，等. 2015. 不同光强和 CO_2 浓度对温室嫁接黄瓜光合作用及叶绿素荧光参数的影响［J］. 北方园艺，（22）：1-6.

杜洪涛. 2005. 光质对彩色甜椒幼苗生长发育特性的影响［D］. 泰安：山东农业大学硕士学位论文.

杜尧东，段世萍，陈新光，等. 2010. 低温胁迫对番茄种子萌发的影响［J］. 生态学杂志，29（6）：1109-1113.

杜卓涛，商桑，朱白婢，等. 2016. 外源 NO 对低温胁迫下苦瓜幼苗生长和几个生理指标的影响［J］. 热带作物学报，37（3）：482-487.

樊桂菊，李汝莘，杜辉. 2003. 国外设施农业机械的发展［J］. 农业装备技术，（2）：47-48.

樊怀福，杜长霞，郭世荣，等. 2010. 钙和 NO 对 NaCl 胁迫下黄瓜幼苗生长和活性氧代谢的影响［J］. 植物营养与肥料学报，16（5）：1224-1231.

樊怀福，杜长霞，朱祝军. 2011. 外源 NO 对低温胁迫下黄瓜幼苗生长、叶片膜脂过氧化和光合作用的影响［J］. 浙江农业学报，23（3）：538-542.

范桂枝，詹亚光，王博，等. 2009. 光质、光周期对白桦愈伤组织生长和三萜质量分数的影响［J］. 东北林业大学学报，37（1）：1-3.

方慧. 2011. 日光温室浅层土壤水媒蓄放热系统及其与热泵结合的试验研究［D］. 北京：中国农业科学院硕士学位论文.

方慧，杨其长，孙骥. 2008. 地源热泵-地板散热系统在温室冬季供暖中的应用［J］. 农业工程学报，24（12）：145-149.

方慧，杨其长，孙骥. 2010. 地源热泵在日光温室中的应用［J］. 西北农业学报，19（4）：196-200.

方建军. 2004. 移动式采摘机器人研究现状与进展［J］. 农业工程学报，（2）：273-278.

冯海龙. 2013. 番茄 *ICE1a* 基因的分离与功能分析［D］. 泰安：山东农业大学博士学位论文.

冯嘉玥，邹志荣，陈修斌. 2005. 土壤水分对温室春黄瓜苗期生长与生理特性的影响［J］. 西北植物学报，25（6）：1242-1245.

冯前前，肉孜·阿木提，雪合来提·木塔力甫. 2011. 太阳能提高温室地温装置研究［J］. 新疆农业科学，48（8）：1560-1565.

付晨熙，肖自华，高飞，等. 2016. 植物应答非生物胁迫的蛋白质组学研究进展［J］. 基因组学与应用生物学，35（12）：3569-3582.

付杰. 2011. 2BZ-2 型综合农田作业机的研制［J］. 现代农业装备，（4）：54-55.

高春娟，夏晓剑，师恺，等. 2012. 植物气孔对全球环境变化的响应及其调控防御机制［J］. 植物生理学报，48（1）：19-28.

高方胜，徐坤，王磊，等. 2007. 土壤水分对不同季节番茄叶片水和二氧化碳交换特性的影响［J］. 应用生态学报，（2）：371-375.

高峰，李艳，见浪護，等. 2008. 基于遗传算法的农业移动机器人视觉导航方法［J］. 农业机械学报，（6）：127-131.

高敏. 2016. 水杨酸在西瓜幼苗响应低温胁迫中的作用研究［D］. 武汉：华中农业大学硕士学位论文.

高鹏，简红忠，魏样，等. 2012. 水肥一体化技术的应用现状与发展前景［J］. 现代农业科技，（8）：250，257.

高荣孚，张鸿明. 2002. 植物光调控的研究进展［J］. 北京林业大学学报，24（5-6）：235-243.

高山，许端祥，陈中钐，等. 2016. 苦瓜 *McAPX2* 基因及其启动子的克隆与表达分析［J］. 热带作物学报，37（12）：2384-2391.

高山，许端祥，杜文丽，等. 2017. 苦瓜Ⅲ型过氧化物酶 *Prxs* 基因及其启动子的克隆与表达分析［J］.

核农学报，31（7）：1272-1281.

高祥照，杜森，钟永红，等. 2015. 水肥一体化发展现状与展望 [J]. 中国农业信息，（4）：14-19，63.

高旭东，韩喜春，张正苏，等. 2016. 智能果蔬分拣机器人系统设计 [J]. 交通科技与经济，18（6）：61-64，74.

葛体达，隋方功，白莉萍，等. 2005. 水分胁迫下夏玉米根叶保护酶活性变化及其对膜脂过氧化作用的影响 [J]. 中国农业科学，（5）：922-928.

耿杰雯，李仁星，董珊珊. 2018. 季节性太阳能热利用技术在设施农业中的应用研究 [J]. 建设科技，21：63-67.

龚小强，李素艳，李燕，等. 2016. 绿化废弃物好氧堆肥和蚯蚓堆肥作为蔬菜育苗基质研究 [J]. 浙江农林大学学报，33（2）：280-287.

贡治华. 2003. 基于图像处理技术的蔬菜嫁接机砧木自动定位系统研究 [D]. 北京：中国农业大学硕士学位论文.

辜松. 2012. 蔬菜嫁接机的发展现状 [J]. 农业工程技术（温室园艺），（5）：26，28，30.

辜松，李恺，初麒，等. 2012. 2JX-M 系列蔬菜嫁接切削器作业试验 [J]. 农业工程学报，28（10）：27-32.

辜松，杨艳丽，张跃峰，等. 2013. 荷兰蔬菜种苗生产装备系统发展现状及对中国的启示 [J]. 农业工程学报，29（14）：185-194.

谷端银. 2016. 腐植酸对氮胁迫下黄瓜生长及生理代谢的影响 [D]. 泰安：山东农业大学博士学位论文.

管巧丽. 2009. 太阳能-蓄热与地源热泵供热水系统的 TRNSYS 模拟与研究 [D]. 天津：天津大学硕士学位论文.

郭长城，石惠娴，朱洪光，等. 2011. 太阳能-地源热泵联合供能系统研究现状 [J]. 农业工程学报，27（增刊2）：356-362.

郭朝晖，黄昌勇，廖柏寒. 2003. 模拟酸雨对污染土壤中 Cd、Cu 和 Zn 释放及其形态转化的影响 [J]. 应用生态学报，14（9）：1547-1550.

郭红伟. 2011. 连作对土壤性状和辣椒生育、生理代谢的影响 [D]. 南京：南京农业大学硕士学位论文.

郭君丽，李明军，张嘉宝. 2003. 光质和 NAA 组合对怀山药叶片脱分化的效应 [J]. 浙江万里学院学报，15（1）：58-60.

郭仁宁，朱德滨，赵龙广. 2012. 太阳能-水源热泵联合加热温室系统研究 [J]. 黑龙江农业科学，（5）：139-141.

郭世荣，孙锦，束胜，等. 2012. 我国设施园艺概况及发展趋势 [J]. 中国蔬菜，（18）：1-14.

郭延景. 2017. 温室大棚有害气体的发生与防治 [J]. 农民致富之友，（22）：48.

郭盈添，范琨，白果，等. 2014. 金露梅幼苗对高温胁迫的生理生化响应 [J]. 西北植物学报，34（9）：1815-1820.

郭永清，李建明，邹志荣. 2010. 不同补充灌溉量对番茄幼苗生长的影响 [J]. 西北农业学报，19（4）：169-172.

韩冬芳，李雪萍，李军，等. 2010. 甜菜碱提高植物抗寒性的机理及其应用 [J]. 热带亚热带植物学报，18（2）：210-216.

韩刚，赵忠. 2010. 不同土壤水分下4种沙生灌木的光合光响应特性 [J]. 生态学报，（15）：4019-4026.

韩宏宇，徐俊，杨华，等. 2017. 马铃薯播种机机械式取种技术研究 [J]. 农机化研究，39（10）：104-107，118.

韩婧，吴益，赵琳，等. 2015. 光周期对促成栽培芍药生长开花和叶绿素荧光动力学影响 [J]. 北京林业大学学报，37（9）：62-69.

韩兰兰. 2016. 西瓜对低温、弱光及其双重胁迫的响应分析 [D]. 武汉：华中农业大学硕士学位论文.

韩霜，陈发棣. 2013. 植物对弱光的响应研究进展 [J]. 植物生理学报，49：309-316.

韩雪. 2012. CO_2 浓度升高对冬小麦生长和产量影响的生理基础 [D]. 北京：中国农业科学院博士学位

论文.

韩瑜. 2015. FaSnRK2.6/FaMPK3 信号系统在草莓果实发育和成熟中的作用及机理分析 [D]. 北京：中国农业大学博士学位论文.

郝树荣, 郭相平, 王为木, 等. 2005. 胁迫后复水对水稻叶面积的补偿效应 [J]. 灌溉排水学报, (4): 19-21, 32.

郝兴宇, 韩雪, 居辉, 等. 2010. 气候变化对大豆影响的研究进展 [J]. 应用生态学报, 21: 2697-2706.

郝召君, 周春华, 刘定, 等. 2017. 高温胁迫对芍药光合作用、叶绿素荧光特性及超微结构的影响 [J]. 分子植物育种, 15 (6): 2359-2367.

何春玫. 2010. 影响番茄果实中番茄红素含量的因素研究 [D]. 南宁：广西大学硕士学位论文.

何洁, 顾秀容, 魏春华, 等. 2016. 西瓜 bHLH 转录因子家族基因的鉴定及其在非生物胁迫下的表达分析 [J]. 园艺学报, 43 (2): 281-294.

何维明, 钟章成. 2000. 攀援植物绞股蓝幼苗对光照强度的形态和生长反应 [J]. 植物生态学报, 24: 375-378.

河野德义, 毛军需. 1986. 水蓄热型太阳能温室的热特性 [J]. 豫西农专学报, 1986 (2): 61-67.

和永康, 杨其长, 张义, 等. 2019. 直膨式太阳能热泵用于温室番茄根际-空气加温的试验研究 [J]. 中国农业大学学报, 24 (4): 124-135.

贺康宁, 田阳, 张光灿. 2003. 刺槐日蒸腾过程的 Penman-Monteith 方程模拟 [J]. 生态学报, (2): 251-258.

贺磊盈, 蔡丽苑, 武传宇. 2013. 基于机器视觉的幼苗自动嫁接参数提取 [J]. 农业工程学报, 29 (24): 190-195.

贺泽群. 2018. 浅层地热能发展现状及趋势 [C] // 中国市政工程华北设计研究总院有限公司. 供热工程建设与高效运行研讨会论文集. 天津：《煤气与热力》杂志社有限公司: 480-483.

贺忠群, 邹志荣, 陈小红, 等. 2003. 温室黄瓜节水灌溉指标的研究 [J]. 西北农林科技大学学报（自然科学版）, (3): 77-80.

侯慧, 董坤, 杨智仙, 等. 2016. 连作障碍发生机理研究进展 [J]. 土壤, 4806: 1068-1076.

侯雷平, 吴俊华, 李梅兰, 等. 2010. 供锌水平对番茄果实抗氧化性及风味品质的影响 [J]. 植物营养与肥料学报, 16 (3): 763-767.

侯颖. 2013. CO$_2$ 浓度和气温升高对植物形态结构影响的研究进展 [J]. 生态科学, 32 (2): 253-258.

胡国华, 宁海龙, 王寒冬, 等. 2004. 光照强度对大豆产量及品质的影响 I. 全生育期光照强度变化对大豆脂肪和蛋白质含量的影响 [J]. 中国油料作物学报, 26: 86-88.

胡华群. 2009. 磷对辣椒根系生长发育及生理代谢的影响 [D]. 贵阳：贵州大学硕士学位论文.

胡建平, 柳召芹, 左志宇. 2008. 磁吸滚筒式穴盘播种器自动控制系统的设计 [J]. 机械设计与制造, (1): 177-178.

胡建平, 毛罕平, 陆黎. 2005. 磁吸式穴盘精密播种器排种机构的设计 [J]. 农机化研究, (2): 133-135, 138.

胡洁, 唐茜, 尤军, 等. 2013. 棚室多功能作业机研究 [J]. 农业工程, 3 (6): 17-19, 23.

胡文海, 喻景权. 2001. 低温弱光对番茄叶片光合作用和叶绿素荧光参数的影响 [J]. 园艺学报, 28 (1): 41-46.

黄红艳. 2012. 次生盐渍化土壤的微生物多样性及微生物改良效应研究 [D]. 上海：上海交通大学硕士学位论文.

黄辉, 于贵瑞, 孙晓敏, 等. 2007. 华北平原冬小麦冠层导度的环境响应及模拟 [J]. 生态学报, (12): 5209-5221.

黄莹, 徐志胜, 王枫, 等. 2015. 胡萝卜低温胁迫转录因子 DcICE1 基因克隆与非生物逆境响应分析 [J]. 西北植物学报, 35 (1): 30-36.

黄玉辉, 梁家作, 黄熊娟, 等. 2017. 低温胁迫下苦瓜幼苗差异蛋白的表达与分析 [J]. 南方农业学报,

48（4）：594-600.

霍丽娜. 2019. 互联网温室环境自动控制系统［J］. 农业工程，9（4）：32-35.

贾冬冬. 2014. 种苗负压气吸夹设计与试验研究［D］. 哈尔滨：东北农业大学硕士学位论文.

贾东坡，李庆伟，冯林剑，等. 2007. 锥花福禄考根段的组织培养［J］. 中国农学通报，23（3）：94-96.

贾志银. 2010. 辣椒耐热生理生化特性及谷胱甘肽处理效应研究［D］. 杨凌：西北农林科技大学硕士学位论文.

姜凯，郑文刚，张骞，等. 2012. 蔬菜嫁接机器人研制与试验［J］. 农业工程学报，28（4）：8-14.

姜帅，居辉，刘勤. 2013. CO_2浓度升高对作物生理影响研究进展［J］. 中国农学通报，29（18）：11-15.

姜籽竹，朱恒光，张倩，等. 2015. 低温胁迫下植物光合作用的研究进展［J］. 作物杂志，（3）：23-28.

蒋景龙，沈季雪，徐卫平，等. 2016. 外源H_2O_2对低温胁迫下大红柑生长及叶片生理指标的影响［J］. 浙江农业学报，28（7）：1164-1170.

蒋卫杰，邓杰，余宏军. 2015. 设施园艺发展概况、存在问题与产业发展建议［J］. 中国农业科学，48（17）：3515-3523.

焦其帅，黄永茂，张志华，等. 2019. 生物质颗粒燃料理化特性研究［J］. 煤炭与化工，42（2）：143-146.

焦晓聪. 2018. 饱和水汽压差（VPD）与CO_2耦合对温室番茄光合作用和生产力的调控［D］. 杨凌：西北农林科技大学硕士学位论文.

接玉玲，杨洪强，崔明刚，等. 2001. 土壤含水量与苹果叶片水分利用效率的关系［J］. 应用生态学报，（3）：387-390.

颉建明，郁继华，颉敏华，等. 2009. 低温弱光下辣椒3种渗透调节物质含量变化及其与品种耐性的关系［J］. 西北植物学报，29（1）：105-110.

金奖铁，李扬，李荣俊，等. 2019. 大气二氧化碳浓度升高影响植物生长发育的研究进展［J］. 植物生理学报，55（5）：558-568.

金亦富，奚小波，沈函孝，等. 2016. 外槽轮电动排种器设计与播种试验［J］. 中国农机化学报，37（10）：14-16.

孔海民，陆若辉. 2017. 番茄水肥一体化技术的应用效果［J］. 浙江农业科学，58（1）：69-71.

孔灵君，徐坤，张永征，等. 2013. 硫对大葱生长及氮硫同化关键酶活性的影响［J］. 园艺学报，40（12）：2505-2512.

孔新宇，王雯雯，张松影，等. 2015. 水杨酸对西瓜幼苗耐低温性的影响［J］. 中国瓜菜，28（5）：14-16.

来艳华，赵亚中. 2019. 国内外节水高效农业发展经验对黑龙江省农业节水技术启示［J］. 农业科技通讯，（10）：4-10.

雷江丽，杜永臣，朱德蔚，等. 2000. 低温胁迫下不同耐冷性番茄品种幼叶细胞Ca^{2+}分布变化的差异［J］. 园艺学报，27（4）：269-275.

雷先德，李金文，徐秀玲，等. 2012. 微生物菌剂对菠菜生长特性及土壤微生物多样性的影响［J］. 中国农业生态学报，20（4）：488-494.

李炳海，须晖，李天来，等. 2009. 日光温室太阳能地热加温系统应用效果研究［J］. 沈阳农业大学学报，40（2）：152-155.

李博，王刚卫，田晓莉，等. 2008. 不同干旱方式和干旱程度对玉米苗期根系生长的影响［J］. 干旱地区农业研究，（5）：148-152.

李潮海，赵亚丽，王群，等. 2005. 遮光对不同基因型玉米叶片衰老和产量的影响［J］. 玉米科学，13：70-73.

李传哲，许仙菊，马洪波，等. 2017. 水肥一体化技术提高水肥利用效率研究进展［J］. 江苏农业学报，33（2）：469-475.

李德坚，郑瑞澄. 2002. 温室太阳能供暖［J］. 太阳能学报，23（5）：557-563.

李合生. 2000. 植物生理生化实验原理和技术［M］. 北京：高等教育出版社.

李贺，刘月学，马跃，等. 2016. 设施草莓栽培技术［M］. 沈阳：辽宁科学技术出版社.

李宏益，吴素萍，张亚红. 2010. 基于冬季能耗的连栋温室经济效益预测系统［J］. 农机化研究，32（11）：232-236.

李华山，冯晓东，刘通. 2008. 我国风力致热技术研究进展［J］. 太阳能，（9）：37-40.

李建明. 2020. 陕西蔬菜［M］. 北京：中国科学技术出版社.

李建明，王平，李江. 2010. 灌溉量对亚低温下温室番茄生理生化与品质的影响［J］. 农业工程学报，26（2）：129-133.

李建勇，沈海斌，朱恩，等. 2016. 上海市蔬菜水肥一体化技术应用现状及发展对策［J］. 中国蔬菜，（8）：10-13.

李金平，冯琛，曹岗林，等. 2019. 沼气热电联产耦合吸收式热泵的系统性能［J］. 兰州理工大学学报，45（1）：62-66.

李靖，孙胜，邢国明. 2018. 不同浓度 CO_2 施肥对温室番茄果实品质的影响［J］. 山西农业大学学报（自然科学版），38（6）：43-48，70.

李军，刘凤军，刘虎. 2017. 不同亚低温对番茄幼苗叶绿素荧光及产生畸形果的影响［J］. 江苏农业科学，45（17）：102-105.

李凯. 2015. 连作与轮作对砂田西瓜土壤微生物学性状及化学性状的影响［D］. 银川：宁夏大学硕士学位论文.

李凯龙，王艺潼，韩晓雪，等. 2013. 低钾胁迫对番茄叶片活性氧及抗氧化酶系的影响［J］. 西北植物学报，33（1）：66-73.

李莉，李佳，高青，等. 2015. 昼夜温差对番茄生长发育、产量及果实品质的影响［J］. 应用生态学报，26（9）：2700-2706.

李亮. 2013. 水杨酸在黄瓜（Cucumis sativus L.）幼苗应答低温胁迫中的作用机制［D］. 北京：中国农业科学院硕士学位论文.

李亮，董春娟，尚庆茂. 2013. 内源水杨酸参与黄瓜叶片光合系统对低温胁迫的响应［J］. 园艺学报，40（3）：487-497.

李琳琳，李天来，余朝阁，等. 2012. 钙素对 SA 诱导番茄幼苗抗灰霉病的调控作用［J］. 园艺学报，39（2）：273-280.

李曼，董彦红，崔青青，等. 2017. CO_2 浓度加倍下水氮耦合对黄瓜叶片碳氮代谢及其关键酶活性的影响［J］. 植物生理学报，（9）：1717-1727.

李清明. 2008. 温室黄瓜（Cucumis sativus L.）对干旱胁迫与 CO_2 浓度升高的响应与适应机理研究［D］. 杨凌：西北农林科技大学博士学位论文.

李清明，刘彬彬，艾希珍. 2010. CO_2 浓度倍增对干旱胁迫下黄瓜幼苗膜脂过氧化及抗氧化系统的影响［J］. 生态学报，30（22）：6063-6071.

李清明，邹志荣，郭晓冬，等. 2005. 不同灌溉上限对温室黄瓜初花期生长动态、产量及品质的影响［J］. 西北农林科技大学学报（自然科学版），（4）：47-51，56.

李荣坦，姚华开，刘岳飞，等. 2016. 低磷胁迫对番茄根系生长及根际土壤细菌多样性的影响［J］. 园艺学报，43（3）：473-484.

李荣堂. 1982. 农作物种子的发芽生理［J］. 农业科学实验，（2）：11-13.

李式军，郭世荣. 2011. 设施园艺学. 2版. 北京：中国农业出版社.

李天来. 2011. 设施蔬菜栽培学［M］. 北京：中国农业出版社.

李天来. 2014. 日光温室蔬菜栽培理论与实践［M］. 北京：中国农业出版社.

李天来. 2016. 我国设施蔬菜科技与产业发展现状及趋势［J］. 中国农村科技，5：75-77.

李天来，杨丽娟. 2016. 作物连作障碍的克服——难解的问题［J］. 中国农业科学，49（5）：916-918.

李天来，张艳玲，赵康龙. 2011. 钙处理对夜间亚低温胁迫下薄皮甜瓜生长的影响［J］. 沈阳农业大学学报，42（2）：152-156.

李文，杨其长，张义，等. 2013. 日光温室主动蓄放热系统应用效果研究 [J]. 中国农业气象, 34（5）: 557-562.

李旭芬，石玉，李斌，等. 2019. CO_2 加富对盐胁迫下番茄幼苗生长和渗透调节特性的影响 [J]. 西北农业学报, 28（8）: 1309-1312.

李岩. 2015. 芹菜对高温胁迫的分子响应机制分析 [D]. 南京: 南京农业大学硕士学位论文.

李阳. 2015. 甜菜碱对黄瓜幼苗叶片渗透作用及抗冷性的影响 [D]. 哈尔滨: 东北农业大学硕士学位论文.

李杨. 2019. 基于物联网的温室番茄生长环境智能测控系统 [D]. 泰安: 山东农业大学硕士学位论文.

李源俸，陈毅培，苏芸. 2006. 微耕机在我国设施农业中的应用与发展建议 [J]. 农业机械, （8）: 128-129.

李振华，王建华. 2015. 种子活力与萌发的生理与分子机制研究进展 [J]. 中国农业科学, 48（4）: 646-660.

李植良，孙保娟，罗少波. 2009. 高温胁迫下华南茄子的耐热性表现及其鉴定指标的筛选 [J]. 植物遗传资源学报, 10（2）: 244-248.

李中华，孙少磊，丁小明，等. 2014. 我国设施园艺机械化水平现状与评价研究 [J]. 新疆农业科学, 51（6）: 1143-1148.

厉书豪，李曼，张文东，等. 2019. CO_2 加富对盐胁迫下黄瓜幼苗叶片光合特性及活性氧代谢的影响 [J]. 生态学报, 39（6）: 2122-2130.

梁钾贤，陈彪. 2006. 光质对甘蔗愈伤组织分化出苗的影响 [J]. 中国糖料, （3）: 9-11.

廖望，辜松. 2009. 触摸屏控制技术在全自动瓜科嫁接机上的应用 [J]. 农机化研究, 31（12）: 181-182, 192.

林善枝，张志毅，林元震. 2004. 植物抗冻蛋白及抗冻性分子改良 [J]. 植物生理与分子生物学学报, 30（3）: 251-260.

林伟，张薇，李玉中，等. 2016. 有机肥与无机肥配施对菜地土壤 N_2O 排放及其来源的影响 [J]. 农业工程学报, 32（19）: 148-153.

林莹，韩玉辉，熊思嘉，等. 2017. 森林草莓组蛋白去乙酰化酶基因的鉴定和分析 [J]. 南京农业大学学报, 40（2）: 225-233.

令凡，焦健，杨北胜，等. 2016. 6个品种油橄榄幼苗抗寒性及其与抗寒指标的灰色关联度分析 [J]. 四川农业大学学报, 34（2）: 167-172.

刘伯聪，曲梅，苗妍秀，等. 2012. 太阳能蓄热系统在日光温室中的应用效果 [J]. 北方园艺, （10）: 48-53.

刘次桃，王威，毛毕刚，等. 2018. 水稻耐低温逆境研究: 分子生理机制及育种展望 [J]. 遗传, 40（3）: 171-185.

刘达. 2016. 硼、锌、钼和两种有机物对辣椒生长及产量、品质的影响 [D]. 武汉: 华中农业大学硕士学位论文.

刘海卿，孙万仓，刘自刚，等. 2015. 北方寒旱区白菜型冬油菜抗寒性与抗旱性评价及其关系 [J]. 中国农业科学, 48（18）: 3743-3756.

刘浩，段爱旺，孙景生，等. 2011. 基于 Penman-Monteith 方程的日光温室番茄蒸腾量估算模型 [J]. 农业工程学报, 27（9）: 208-213.

刘浩，孙景生，段爱旺，等. 2010. 温室滴灌条件下番茄植株茎流变化规律试验 [J]. 农业工程学报, 26（10）: 77-82.

刘辉，李德军，邓治. 2014. 植物应答低温胁迫的转录调控网络研究进展 [J]. 中国农业科学, 47（18）: 3523-3533.

刘继展. 2017. 温室采摘机器人技术研究进展分析 [J]. 农业机械学报, 48（12）: 1-18.

刘佳，崔涛，张东兴，等. 2011. 气吹式精密排种器工作压力试验研究 [J]. 农业工程学报, 27（12）: 18-22.

刘建华，杨建国，刘华平，等. 2015. 基于势场蚁群算法的移动机器人全局路径规划方法 [J]. 农业机械学报，46（9）：18-27.

刘军铭，赵琪，尹赜鹏，等．2015．利用蛋白质组学技术揭示的植物高温胁迫响应机制［J］．应用生态学报，26（8）：2561-2570.

刘磊，张西森，潘云平，等．2017．农业技术信息服务平台——农管家的创建及推广应用［J］．中国农技推广，33（2）：14-17，39.

刘明池，许勇，徐刚毅，等．2011．连栋温室水源热泵热水供暖系统［J］．中国农学通报，27（17）：192-199.

刘圣勇，张杰，张百良，等．2003．太阳能蓄热系统提高温室地温的试验研究［J］．太阳能学报，24（4）：461-465.

刘世旺，王宝林，陶佳喜，等．2007．温度、光照和接种时间对花生生长和结瘤的影响［J］．湖北农业科学，46（1）：49-51.

刘书仁，郭世荣，程玉静，等．2010a．外源脯氨酸对高温胁迫下黄瓜幼苗叶片AsA-GSH循环和光合荧光特性的影响［J］．西北植物学报，30（2）：309-316.

刘书仁，郭世荣，孙锦，等．2010b．脯氨酸对高温胁迫下黄瓜幼苗活性氧代谢和渗调物质含量的影响［J］．西北农业学报，19（4）：127-131.

刘淑云，董树亭，胡昌浩，等．2005．玉米产量和品质与生态环境的关系［J］．作物学报，31：571-576.

刘双平，周青．2009．种子萌发过程中呼吸代谢对环境变化的响应［J］．中国生态农业学报，17（5）：1035-1038.

刘涛．2019．5-氨基乙酰丙酸调控番茄耐冷性的作用机制［D］．杨凌：西北农林科技大学博士学位论文.

刘文海，高东升，束怀瑞．2006．不同光强处理对设施桃树光合及荧光特性的影响［J］．中国农业科学，39（10）：2069-2075.

刘文合，徐占洋．2014．生态温室太阳能辅助加温系统试验［J］．北方园艺，（24）：43-48.

刘晓辉．2014．外源物质对西瓜幼苗耐冷性的影响［D］．杨凌：西北农林科技大学硕士学位论文.

刘雪静，王艳，刘童光，等．2015．低温对番茄果实转色关键酶的影响［J］．中国瓜菜，（1）：19-22.

刘训言．2006．番茄叶绿体ω-3脂肪酸去饱和酶基因（LeFAD7）的克隆及其在温度逆境下的功能分析［D］．泰安：山东农业大学博士学位论文.

刘岩．2017．日光温室栽培下石灰性土壤镁素供应状况研究［D］．杨凌：西北农林科技大学硕士学位论文.

刘洋，孙胜，邢国明，等．2018．不同浓度CO_2施肥对温室黄瓜生长与产量的影响［J］．山西农业大学学报（自然科学版），38（2）：53-58.

刘玉凤，李天来，高晓倩．2011．夜间低温胁迫对番茄叶片活性氧代谢及AsA-GSH循环的影响［J］．西北植物学报，31（4）：707-714.

刘玉清，霍仲芳，成跃乐．2000．DZ-1小型多功能作业机的开发研制［J］．山东农机，（3）：13-14.

刘云强，刘立晶，赵郑斌，等．2018．蔬菜育苗播种机清种装置设计与试验［J］．农业机械学报，49（S1）：83-91.

刘志民，杨甲定，刘新民．2000．青藏高原几个主要环境因子对植物的生理效应［J］．中国沙漠，20（3）：309-313.

刘中良，刘世琦，张自坤．2011．硫对青蒜生长及品质的影响［J］．植物营养与肥料学报，17（5）：1288-1292.

刘自刚，袁金海，孙万仓，等．2016．低温胁迫下白菜型冬油菜差异蛋白质组学及光合特性分析［J］．作物学报，42（10）：1541-1550.

隆春艳，古洪辉，汪正香，等．2017．外源脱落酸对高温胁迫下菠菜光合与叶绿素荧光参数的影响［J］．四川农业大学学报，35（1）：24-30.

卢文曦．2013．杨凌现代设施农业项目综合效益分析［D］．杨凌：西北农林科技大学硕士学位论文.

逯明辉，李晓明，钱春桃，等．2005．低温对黄瓜种子发芽期水解酶活性的影响［J］．华北农学报，

20（6）：8-10.

罗娅，汤浩茹，张勇. 2007. 低温胁迫对草莓叶片 SOD 和 AsA-GSH 循环酶系统的影响［J］. 园艺学报，34（6）：1405-1410.

罗一鸣，李国学，Schuchardt F，等. 2012. 过磷酸钙添加剂对猪粪堆肥温室气体和氨气减排的作用［J］. 农业工程学报，28（22）：235-242.

罗迎宾，蒋绿林，徐丽. 2007. 地源热泵温室系统的应用研究［J］. 农机化研究，（4）：59-61.

吕建国. 2017. 抑制黄瓜水苏糖合成酶基因 CsSTS 降低韧皮部装载和低温胁迫耐受性［D］. 北京：中国农业大学博士学位论文.

吕星光，周梦迪，李敏. 2016. 低温胁迫对甜瓜嫁接苗及自根苗光合及叶绿素荧光特性的影响［J］. 植物生理学报，（3）：334-342.

马斌，孙骏威，李素芳. 2010. 植物低温诱导蛋白的研究进展［J］. 安徽农业科学，38（12）：6085-6086，6094.

马承伟，姜宜琛，程杰宇，等. 2016. 日光温室钢管屋架管网水循环集放热系统的性能分析与试验［J］. 农业工程学报，32（21）：209-216.

马春生. 2003. 主动式温室太阳能地下蓄热系统的研究［D］. 太谷：山西农业大学硕士学位论文.

马福生，康绍忠，王密侠，等. 2006. 调亏灌溉对温室梨枣树水分利用效率与枣品质的影响［J］. 农业工程学报，（1）：37-43.

马腾飞，危常州，王娟，等. 2010. 不同灌溉方式下土壤中氨挥发损失及动态变化［J］. 石河子大学学报（自然科学版），28（3）：294-298.

马旭凤，于涛，汪李宏，等. 2010. 苗期水分亏缺对玉米根系发育及解剖结构的影响［J］. 应用生态学报，7：1731-1736.

马媛媛，李玉龙，来航线，等. 2017. 连作番茄根区病土对番茄生长及土壤线虫与微生物的影响［J］. 中国生态农业学报，2505：730-739.

马云华，魏瑕，王秀峰. 2004. 日光温室连作黄瓜根区土壤微生物区系及酶活性的变化［J］. 应用生态学报，15（6）：1005-1008.

毛罕平，晋春，陈勇. 2018. 温室环境控制方法研究进展分析与展望［J］. 农业机械学报，49（2）：1-13.

毛罕平，王晓宁，王多辉. 2004. 温室太阳能加热系统的设计与试验研究［J］. 太阳能学报，25（3）：305-309.

毛丽萍，李亚灵，温祥珍. 2012. 苗期昼夜温差对番茄产量形成因子的影响分析［J］. 农业工程学报，28（16）：172-177.

毛炜光，吴震，黄俊，等. 2007. 水分和光照对厚皮甜瓜苗期植株生理生态特性的影响［J］. 应用生态学报，11（18）：2475-2479.

苗永美，王万洋，杨海林，等. 2013. 外源 Ca^{2+}、SA 和 ABA 缓解甜瓜低温胁迫伤害的生理作用［J］. 南京农业大学学报，36（4）：25-29.

明萌，何静雯，卢丹，等. 2017. 低温胁迫对"繁景"杜鹃生理特性及叶片超微结构的影响［J］. 广西植物，37（8）：969-978.

牟雪姣，刘理想，孟鹏鹏，等. 2015. 外源 NO 缓解蝴蝶兰低温胁迫伤害的生理机制研究［J］. 西北植物学报，35（5）：978-984.

聂书明，杜中平，王丽慧，等. 2016. 低温弱光对辣椒叶片光合特性和生理特性的影响［J］. 西南农业学报，29（10）：2319-2323.

宁宇. 2013. 黄瓜转录因子 CsCBF3 的克隆及其转化黄瓜的研究［D］. 南京：南京农业大学硕士学位论文.

潘会堂，刘秀丽，张启翔. 2003. CO_2 施肥对设施花卉生产的影响［J］. 北京林业大学学报，（1）：93-99.

潘璐. 2018. 高温、CO_2 耦合条件下温室黄瓜光合作用调节机制及蛋白质组学研究［J］. 呼和浩特：内蒙古农业大学博士学位论文.

潘璐，刘杰才，李晓静，等．2014．高温和加富 CO_2 温室中黄瓜 Rubisco 活化酶与光合作用的关系 [J]．园艺学报，41（8）：1591-1600．

彭伟秀，王文全，梁海永，等．2003．水分胁迫对甘草营养器官解剖构造的影响 [J]．河北农业大学学报，（3）：46-48．

蒲高斌，刘世琦，刘磊．2005．不同光质对番茄幼苗生长和生理特性的影响 [J]．园艺学报，32（3）：420-425．

齐飞，李恺，李邵，等．2019．世界设施园艺智能化装备发展对中国的启示研究 [J]．农业工程学报，35（2）：183-195．

齐飞，魏晓明，张跃峰．2017．中国设施园艺装备技术发展现状与未来研究方向 [J]．农业工程学报，33（24）：1-9．

齐飞，周新群，丁小明，等．2012．设施农业工程技术分类方法探讨 [J]．农业工程学报，28（10）：1-7．

齐红岩，华利静，赵乐，等．2011．夜间低温对不同基因型番茄叶绿素荧光参数的影响 [J]．华北农学报，26（4）：222-227．

齐红岩，姜岩岩，华利静．2012．短期夜间低温对栽培番茄和野生番茄果实蔗糖代谢的影响 [J]．园艺学报，39（2）：281-288．

齐健，宋凤斌，刘胜群．2006．苗期玉米根叶对干旱胁迫的生理响应 [J]．生态环境，（6）：1264-1268．

齐尚红，王冰洁，武作书．2007．农业生产与温度的关系 [J]．河南科技学院学报（自然科学版），35（4）：20-23．

乔志霞．2004．番茄内源激素含量与其耐温度胁迫的关系 [D]．北京：中国农业大学硕士学位论文．

秦文斌，山溪，张振超，等．2018．低温胁迫对甘蓝幼苗抗逆生理指标的影响 [J]．核农学报，32（3）：576-581．

邱翠花，计玮玮，郭延平．2011．高温强光对温州蜜柑叶绿素荧光、D1 蛋白和 Deg1 蛋白酶的影响及 SA 效应 [J]．生态学报，31（13）：3802-3810．

邱仲华，宋明军，王吉庆，等．2014．组装式太阳能双效温室应用效果试验 [J]．农业工程学报，30（19）：232-239．

任海霞．2012．太阳能联合双热源热泵温室调温系统设计及模拟分析 [D]．西安：西安交通大学硕士学位论文．

沙春艳．2012．浅谈草莓低温障碍的发生及防止措施 [J]．现代园艺，（5）：55．

山楠，韩圣慧，刘继培，等．2018．不同肥料施用对设施菠菜地 NH_3 挥发和 N_2O 排放的影响 [J]．环境科学，39（10）：4705-4716．

邵国庆，李增嘉，苏诗杰，等．2008．氮水耦合对玉米产量和品质及氮肥利用率的影响 [J]．山东农业科学，（9）：29-32．

邵璐，汪承刚，宋江华，等．2014．乌塌菜主要形态特征与品种低温耐受性的关系 [J]．中国农业大学学报，19（4）：95-102．

申惠翡，赵冰．2018．杜鹃花品种耐热性评价及其生理机制研究 [J]．植物生理学报，54（2）：335-345．

盛伟，王艳芳，于茜，等．2016．引发对高温胁迫下莴苣种子萌发及生理生化特性的影响 [J]．种子，35（4）：44-47．

石玫莉，陆兴伦，宾士友，等．2012．马铃薯水肥一体化技术应用试验研究 [J]．广西农学报，27（2）：11-14．

时亚文，李宙炜，阳剑，等．2011．农田系统氨挥发与温室气体排放研究进展 [J]．作物研究，25（4）：621-625．

矢吹万寿，今津正．1965．ガラス室の炭酸ガス濃度について [J]．農業気象，20（4）：125-129．

史宏志，韩锦峰．1998．单色蓝光和红光对烟苗叶片生长和碳氮代谢的影响 [J]．河南农业大学学报，（3）：258-262．

史宇亮．2015．日光温室太阳能辅助地热采暖系统设计 [J]．宁夏农林科技，56（1）：63-64．

水德聚. 2012. 外源水杨酸预处理对高温胁迫下青梗菜幼苗耐热性及光合特性的影响 [D]. 杭州：浙江大学硕士学位论文.

宋健, 张铁中, 徐丽明, 等. 2006. 果蔬采摘机器人研究进展与展望 [J]. 农业机械学报, (5): 158-162.

宋文, 张玉龙, 韩巍, 等. 2010. 渗灌灌水定额对温室黄瓜产量和水分利用效率的影响 [J]. 农业工程学报, (8): 61-66.

宋夏夏, 束胜, 郭世荣, 等. 2015. 黄瓜基质栽培营养液配方的优化 [J]. 南京农业大学学报, 38 (2): 197-204.

宋樱. 2014. 日光温室太阳能地温加热系统设计 [J]. 农业工程, 10 (4): 38-41.

宋永骏. 2014. 多胺在番茄幼苗耐低温胁迫中的调控作用 [D]. 沈阳：沈阳农业大学博士学位论文.

宋永骏, 刁倩楠, 齐红岩. 2012. 多胺代谢与植物抗逆性研究进展 [J]. 中国蔬菜, 1 (9x): 36-42.

苏伟, 穆青, 董继先, 等. 2015. 太阳能与地源热泵联合温室大棚系统的设计 [J]. 浙江农业学报, 27 (2): 290-294.

苏晓琼. 2014. 亚精胺缓解番茄幼苗高温胁迫伤害的光合机理 [D]. 南京：南京农业大学硕士学位论文.

孙虹. 2019. 智能温室大棚控制系统设计 [D]. 抚顺：辽宁石油化工大学硕士学位论文.

孙军利, 赵宝龙, 郁松林. 2014. 外源水杨酸 (SA) 对高温胁迫下葡萄幼苗耐热性诱导研究 [J]. 水土保持学报, 28 (3): 290-294.

孙军利, 赵宝龙, 郁松林. 2015. SA 对高温胁迫下葡萄幼苗 AsA-GSH 循环的影响 [J]. 核农学报, 29 (4): 799-804.

孙克香, 杨莎, 郭峰, 等. 2015. 高温强光胁迫下外源钙对甜椒 (*Capsicum fructescens* L.) 幼苗光合生理特性的影响 [J]. 植物生理学报, (3): 280-286.

孙梦遥, 付炳堃, 刘天丽, 等. 2017. 引发处理对高温胁迫下芹菜种子萌发与激素的影响 [J]. 种子, 36 (12): 25-29.

孙权, 陈茹, 宋乃平, 等. 2010. 宁南黄土丘陵区马铃薯连作土壤养分、酶活性和微生物区系的演变 [J]. 水土保持学报, 24 (6): 208-212.

孙胜楠, 王强, 孙晨晨, 等. 2017. 黄瓜幼苗光合作用对高温胁迫的响应与适应 [J]. 应用生态学报, 28 (5): 1603-1610.

孙霞, 柴仲平, 蒋平安, 等. 2010. 水氮耦合对苹果光合特性和果实品质的影响 [J]. 水土保持研究, 17 (6): 271-274.

孙宪芝, 郭先锋, 郑成淑, 等. 2008. 高温胁迫下外源钙对菊花叶片光合机构与活性氧清除酶系统的影响 [J]. 应用生态学报, 19 (9): 1983-1988.

孙艳艳, 蒋桂英, 刘建国, 等. 2010. 加工番茄连作对农田土壤酶活性及微生物区系的影响 [J]. 生态学报, 30 (13): 3599-3607.

孙涌栋, 焦涛, 姚连芳, 等. 2008. 水分胁迫对黄瓜幼苗生理指标的影响 [J]. 河北农业大学学报, 31 (5): 34-37.

孙振. 2009. 设施农业是现代农业的重要标志 [J]. 山西农业科学, 37 (9): 84-87.

汤修映, 张铁中. 2005. 果蔬收获机器人研究综述 [J]. 机器人, (1): 90-96.

陶汉之, 王新长. 1989. 茶树光合作用与光质的关系 [J]. 植物生理学通讯, 25 (1): 19-23.

陶俊, 陈鹏, 佘旭东. 1999. 银杏光合特性的研究 [J]. 园艺学报, 26 (3): 157-160.

田丹青, 葛亚英, 潘刚敏, 等. 2011. 低温胁迫对 3 个红掌品种叶片形态和生理特性的影响 [J]. 园艺学报, 38 (6): 1173-1179.

田丰果, 贺莹, 孙铁弓, 等. 2008. 水源热泵在温室大棚温度调节中的应用 [J]. 北方园艺, (12): 91-93.

田景花, 王红霞, 张志华, 等. 2013. 低温逆境下两个抗寒性不同的核桃幼叶 Ca^{2+} 的亚细胞定位的变化 [J]. 园艺学报, 40 (3): 441-448.

田婧. 2012. 外源亚精胺缓解黄瓜幼苗高温胁迫伤害的生理调节机制和蛋白质组学研究 [D]. 南京：南

京农业大学博士学位论文.

田婧, 郭世荣. 2012. 黄瓜的高温胁迫伤害及其耐热性研究进展 [J]. 中国蔬菜,(18): 43-52.

佟健美. 2009. 五种榆科植物解剖结构与抗旱性相关研究 [D]. 长春: 东北师范大学硕士学位论文.

佟雪姣, 孙周平, 李天来, 等. 2016. 日光温室太阳能水循环系统冬季与夏季试验效果 [J]. 太阳能学报, 37(9): 2306-2313.

汪炳良, 徐敏, 史庆华, 等. 2004. 高温胁迫对早熟花椰菜叶片抗氧化系统和叶绿素及其荧光参数的影响 [J]. 中国农业科学, 37(8): 1245-1250.

汪小旵, 罗卫红, 丁为民, 等. 2002. 南方现代化温室黄瓜夏季蒸腾研究 [J]. 中国农业科学,(11): 1390-1395.

王宝海. 2012. 番茄穴盘育苗关键技术及规范性操作研究 [D]. 南京: 南京农业大学硕士学位论文.

王晨健, 王琨琦, 赵倩, 等. 2019. 生菜精量播种方法研究与装备开发 [J]. 中国农机化学报, 40(10): 82-87.

王长义, 郭世荣, 程玉静, 等. 2010. 外源钙对根际低氧胁迫下黄瓜植株钾、钙、镁离子含量和 ATPase 活性的影响 [J]. 园艺学报, 37(5): 731-740.

王川泰. 2016. 腐胺和水杨酸在缓解番茄和拟南芥幼苗低温胁迫中的作用 [D]. 沈阳: 沈阳农业大学硕士学位论文.

王传印, 樊庆军, 张胜男, 等. 2008. 干旱胁迫对草莓苗期生理生化指标的影响 [J]. 落叶果树, 4: 18-21.

王丹, 骆建霞, 史燕山, 等. 2005. 两种地被植物解剖结构与抗旱性关系的研究 [J]. 天津农学院学报, 12(2): 15-18.

王奉钦. 2004. 太阳能集热器辅助提高日光温室地温的应用研究 [D]. 北京: 中国农业大学硕士学位论文.

王浩宇, 姜萍萍, 许光明, 等. 2012. 水源热泵在日光温室中的应用研究 [J]. 农业与技术, 32(11): 197-202.

王红彬, 崔世茂, 王明喜, 等. 2007. CO_2 施肥条件下高温对温室黄瓜光合性能的影响 [J]. 内蒙古农业大学学报(自然科学版),(2): 114-118.

王红飞, 李锡香, 董洪霞, 等. 2016. 黄瓜核心种质芽期低温耐受性鉴定评价 [J]. 植物遗传资源学报, 17(1): 6-12.

王宏辉, 顾俊杰, 房伟民, 等. 2016. 高温胁迫对 4 个红掌盆栽品种生理特性的影响 [J]. 华北农学报, 31(2): 139-145.

王华丽, 王占梅. 2018. 智能机器人在农业自动化领域的主要应用 [J]. 农业开发与装备,(9): 69.

王吉庆. 2003. 水源热泵调温温室研制及试验研究 [D]. 郑州: 河南农业大学博士学位论文.

王吉庆, 张百良. 2005. 水源热泵在温室加温中的应用研究 [J]. 中国农学通报,(6): 415-419, 442.

王剑, 张华, 芦天罡, 等. 2019. 设施蔬菜园区种植规范智能化管控系统建设与展望 [J]. 农业展望, 15(10): 99-103.

王健. 2013. 番茄自噬在高温抗性中的功能、作用机制和调控 [D]. 杭州: 浙江大学硕士学位论文.

王进, 陈叶, 肖占文, 等. 2006. 光照、温度和土壤水分对孜然芹种子萌发和幼苗生长的影响 [J]. 植物生理学报, 42(6): 1106-1108.

王静, 王艇. 2007. 高等植物光敏色素的分子结构、生理功能和进化特征 [J]. 植物学报, 24: 649-658.

王敬国, 陈清, 林杉. 2011. 设施菜田退化土壤修复与资源高效利用 [M]. 北京: 中国农业大学出版社.

王克勤, 王斌瑞. 2002. 土壤水分对金矮生苹果光合速率的影响 [J]. 生态学报,(2): 206-214.

王丽娟, 李天来. 2011. 夜间亚低温对番茄果实糖含量和糖代谢酶活性的影响 [J]. 安徽农业科学, 39(20): 12021-12023.

王宁. 2011. 山葡萄两个 *ICE1* 同源基因的克隆与表达特性研究 [D]. 吉林: 延边大学硕士学位论文.

王秋菊. 2009. 分蘖期水分胁迫对水稻生长发育的影响 [J]. 中国稻米,(5): 29-31.

王蕊, 李新国, 李绍鹏, 等. 2010. 干旱胁迫下香蕉幼苗光合生理特性变化 [J]. 西南林学院学报, (4): 44-49.

王绍辉, 孔云, 陈青君, 等. 2006. 不同光质补光对日光温室黄瓜产量与品质的影响 [J]. 中国生态农业学报, 14 (4): 119-121.

王顺生, 马承伟, 柴力龙, 等. 2007. 日光温室内置式太阳能集热调温装置试验研究 [J]. 农机化研究, 3: 130-133.

王腾月, 刁彦华, 赵耀华, 等. 2017. 微热管阵列式太阳能空气集热-蓄热系统性能试验 [J]. 农业工程学报, 33 (18): 148-156.

王为. 2008. 光质对铁皮石斛体细胞胚胎发生的影响 [D]. 成都: 西南交通大学硕士学位论文.

王文军, 朱克保, 叶寅, 等. 2018. 水肥一体肥料减量对大棚番茄产量、品质和氮肥利用率的影响 [J]. 中国农学通报, 34 (28): 38-42.

王小晶, 王慧敏, 王菲, 等. 2011. 锌对两个品种茄子果实品质的效应 [J]. 生态学报, 31 (20): 6125-6133.

王晓英, 贺明荣, 李飞, 等. 2007. 水氮耦合对强筋冬小麦子粒蛋白质和淀粉品质的影响 [J]. 植物营养与肥料学报, (3): 361-367.

王孝宣, 李树德, 东惠茹, 等. 1996. 低温胁迫对番茄苗期和花期若干性状的影响 [J]. 园艺学报, 23 (4): 349-354.

王学文, 付秋实, 王玉珏, 等. 2010. 水分胁迫对番茄生长及光合系统结构性能的影响 [J]. 农业大学学报, 15 (1): 7-13.

王亚丽, 王晓东, 赵兵, 等. 2007. 光质对玛咖愈伤组织生长、分化的影响 [J]. 过程工程学报, 7 (4): 782-785.

王意程, 王楠, 许海峰, 等. 2018. 红肉苹果冷信号基因 *MdICE1* 的表达及其蛋白与 MdMYB 的互作 [J]. 园艺学报, 45 (5): 817-826.

王永维, 苗香雯, 崔绍荣, 等. 2005. 温室地下蓄热系统蓄热和加温性能 [J]. 农业机械学报, 36 (1): 75-78.

王月. 2008. CO_2 浓度升高对不同供磷番茄根系生长和根系分泌物的影响 [J]. 杭州: 浙江大学博士学位论文.

王志伟, 杨佳佳, 刘义飞, 等. 2019. 南疆日光温室表冷器主动蓄放热系统设计与应用效果 [J]. 北方园艺, (12): 47-54.

王周锋, 张岁岐, 刘小芳. 2005. 玉米根系水流导度差异及其与解剖结构的关系 [J]. 应用生态学报, 16 (12): 2349-2352.

韦莉莉, 张小全, 侯振宏, 等. 2005. 杉木苗木光合作用及其产物分配对水分胁迫的响应 [J]. 植物生态学报, (3): 294-302.

卫丹丹. 2016. 低温胁迫下甜菜碱对番茄叶片光合作用的保护机制 [D]. 泰安: 山东农业大学博士学位论文.

魏灵芝, 贾美茹, 杜平, 等. 2016. 草莓冷响应转录因子 *FaICE1* 克隆及其互作蛋白分析 [EB/OL]. 北京: 中国科技论文在线.

魏珉, 邢禹贤, 于贤昌, 等. 2001. CO_2 施肥对黄瓜幼苗抗冷性及后期生育的作用 [J]. 山东农业大学学报 (自然科学版), (2): 157-161.

魏强, 祁亚卓, 相姝楠. 2015. 国内外精量播种机的发展现状简介 [J]. 农机质量与监督, (10): 18.

魏仕伟, 王飞, 张前荣, 等. 2017. 莴苣发芽期耐高温种质资源的筛选 [J]. 园艺学报, 44 (S1): 2559.

魏小春, 姚秋菊, 原玉香, 等. 2016. 辣椒 *CaWRKY13* 基因克隆及非生物胁迫下表达分析 [J]. 分子植物育种, (10): 2582-2588.

魏新光, 陈滇豫, 汪星, 等. 2014. 山地枣林蒸腾主要影响因子的时间尺度效应 [J]. 农业工程学报, 30 (17): 149-156.

吴凤芝，王学征. 2007. 黄瓜与小麦和大豆轮作对土壤微生物群落物种多样性的影响 [J]. 园艺学报，34（6）：1543-1546.

吴攀建，袁波，陈清华，等. 2015. 黄瓜耐热性研究进展 [J]. 中国瓜菜，28（1）：5-9.

吴鹏，郭茜茜. 2017. 冷害胁迫对西瓜幼苗生理和结构的影响 [J]. 中国瓜菜，30（9）：8-12.

吴思政，梁文斌，聂东伶，等. 2017. 高温胁迫对不同蓝莓品种光合作用的影响 [J]. 中南林业科技大学学报，37（11）：1-8.

武军艳，刘海卿，方彦，等. 2017. 白菜型冬油菜品种抗寒性与内源 ABA 含量的关系 [J]. 中国油料作物学报，39（2）：185-189.

武维华. 2018. 植物生理学. 3 版. 北京：科学出版社

武雁军. 2007. 厚皮甜瓜抗寒生理生化特性及其外源物质处理效应研究 [D]. 杨凌：西北农林科技大学硕士学位论文.

奚如春，马履一，樊敏，等. 2007. 油松枝干水容特征及其对蒸腾耗水的影响 [J]. 北京林业大学学报，（1）：160-165.

夏江宝，张光灿，刘刚，等. 2007. 不同土壤水分条件下紫藤叶片生理参数的光响应 [J]. 应用生态学报，（1）：30-34.

夏永恒，崔世茂，刘杰才，等. 2013. CO_2 加富条件下高温对温室黄瓜可溶性糖和淀粉含量的影响 [J]. 内蒙古农业大学学报（自然科学版），（4）：16-20.

向殿军，殷奎德，满丽莉，等. 2011a. 生菜低温胁迫转录因子 *LsICE1* 的克隆、特征分析及其转化水稻 [J]. 中国农业科学，44（21）：4340-4349.

向殿军，殷奎德，满丽莉，等. 2011b. 大白菜低温胁迫转录因子 *BcICE1* 的克隆及表达分析 [J]. 分子植物育种，9（3）：364-369.

肖春燕，邢潇晨，刘会芳，等. 2014. 低温下 NO 对黄瓜光合荧光及抗氧化特性的影响 [J]. 核农学报，28（6）：1083-1091.

肖家欣，齐笑笑，张绍铃. 2010. 锌和铁缺乏对枳生理指标、矿物质含量及叶片超微结构的影响 [J]. 应用生态学报，21（8）：1974-1980.

肖文静，孙建磊，王绍辉，等. 2010. 适度水分胁迫提高黄瓜幼苗光合作用弱光适应性 [J]. 园艺学报，37（9）：1439-1448.

熊琼. 2017. 果蔬采摘机器人自主定位与导航设计——基于 RFID 和 WSN 信息融合 [J]. 农机化研究，39（10）：223-227.

熊永红. 2019. 基于 LoRa 无线传感网络的温室控制系统构建 [D]. 南昌：东华理工大学硕士学位论文.

徐恒恒，黎妮，刘树君，等. 2014. 种子萌发及其调控的研究进展 [J]. 作物学报，40（7）：1141-1156.

徐洪伟，周晓馥. 2009. 玉米毛状根再生植株对水分胁迫的响应 [J]. 农业工程学报，25（11）：80-85.

徐佳宁，刘钢，张利云，等. 2016. 高温胁迫对不同番茄品种叶片抗氧化系统的影响 [J]. 山东农业科学，48（10）：27-31.

徐静. 2016. 跨季节太阳能蓄热温室的热环境调控与运行特性研究 [D]. 上海：上海交通大学博士学位论文.

徐克生，王琦，王述洋，等. 2004. 日光温室的热平衡计算 [J]. 林业机械与木工设备，32（7）：24-27.

徐明，邱秀丽，贺珩，等. 2013. 一器四行针孔气力式蔬菜播种机的设计 [J]. 农机化研究，35（10）：122-124，145.

徐强，郝玉金，黄三文. 2016. 果实品质研究进展 [J]. 中国基础科学，18（1）：55-62.

徐伟慧，周兰娟，王志刚. 2013. 外源水杨酸缓解西葫芦幼苗低温胁迫的效应 [J]. 浙江农业学报，25（4）：764-767.

徐伟君. 2007. 高温胁迫对黄瓜幼苗抗坏血酸代谢影响的研究 [D]. 杨凌：西北农林科技大学硕士学位论文.

徐小军，张桂兰，周亚峰，等. 2015. 甜瓜幼苗耐冷性相关生理指标的综合评价 [J]. 果树学报，32（6）：

1187-1194.

徐晓昀，郁继华，颉建明，等．2016．水杨酸和油菜素内酯对低温胁迫下黄瓜幼苗光合作用的影响［J］．应用生态学报，27（9）：3009-3015.

徐志刚，崔瑾，邱秀茹．2009．不同光谱能量分布对文心兰组织培养的影响［J］．北京林业大学学报，31（4）：45-50.

许大全．2002．植物光合机构的光破坏防御［J］．科学，54（1）：16-20.

许莉，刘世琦，齐连东，等．2007．不同光质对叶用莴苣光合作用及叶绿素荧光的影响［J］．中国农学通报，23（1）：96-100.

许中坚，刘广深，俞佳栋．2002．氮循环的人为干扰与土壤酸化［J］．地质地球化学，（2）：74-78.

薛超，黄启为，凌宁，等．2011．连作土壤微生物区系分析、调控及高通量研究方法［J］．土壤学报，48（3）：612-618.

薛国希，高辉远，李鹏民，等．2004．低温下壳聚糖处理对黄瓜幼苗生理生化特性的影响［J］．植物生理与分子生物学学报，30（4）：441-448.

薛思嘉，杨再强，李军．2017．高温对小白菜品质的影响及模拟研究［J］．中国生态农业学报，25（7）：1042-1051.

闫春娟，韩晓增，宋书宏，等．2009．水钾耦合对大豆产量及品质的影响［J］．中国油料作物学报，31（3）：359-364.

严小龙．2007．根系生物学——原理与应用［M］．北京：科学出版社：125-146.

彦启森．2006．制冷技术及其应用［M］．北京：中国建筑工业出版社．

杨迪，甘林叶，李文亭，等．2016．光周期与植物生长调节剂对春石斛生长发育的影响［J］．湖北农业科学，55（4）：935-938.

杨恩琼，袁玲，何腾兵，等．2009．干旱胁迫对高油玉米根系生长发育和籽粒产量与品质的影响［J］．土壤通报，（1）：85-88.

杨凤军，安子靖，杨薇薇．2016．番茄连作对日光温室土壤微生物及土壤理化性状的影响［J］．中国土壤与肥料，1：42-46.

杨刚，史鹏辉，孙万仓，等．2016．白菜型冬油菜质外体抗冻蛋白研究［J］．中国生态农业学报，24（2）：210-217.

杨惠敏，王根轩．2001．干旱和CO_2浓度升高对干旱区春小麦气孔密度及分布的影响［J］．植物生态学报，（3）：312-316.

杨金楼，奚振邦，计中孚，等．2001．不同施肥量对甘蓝吸收水分与养分的影响［J］．上海农业学报，17（2）：69-73.

杨楠，刘培培，白小梅，等．2012．脱落酸、水杨酸和钙对黄瓜幼苗抗冷性的诱导效应［J］．西北农业学报，21（8）：164-170.

杨启良，张富仓，刘小刚，等．2011．植物水分传输过程中的调控机制研究进展［J］．生态学报，31（15）：4427-4436.

杨全勇，王秀峰，韩宇睿，等．2015．硝普钠对黄瓜幼苗缺镁和硝酸盐胁迫的缓解效应［J］．植物营养与肥料学报，21（5）：1269-1278.

杨世琼，杨再强，王琳，等．2018．高温高湿交互对设施番茄叶片光合特性的影响［J］．生态学杂志，37（1）：57-63.

杨树泉，沈向，毛志泉，等．2010．环渤海湾苹果产区老果园与连作果园土壤线虫群落特征［J］．生态学报，30（16）：4445-4451.

杨斯，黄铝文，张馨．2019．机器视觉在设施育苗作物生长监测中的研究与应用［J］．江苏农业科学，47（6）：179-187.

杨思存，霍琳，王成宝，等．2016．兰州市日光温室土壤盐分积累及离子组成变化特征［J］．农业环境科学学报，35（8）：1541-1549.

杨艳丽，李恺，初麒，等．2014．斜插式嫁接机砧木子叶气吸夹结构及作业参数优化试验［J］．农业工程学报，30（4）：25-31.

杨阳，徐福利，陈志杰．2010．施用钾肥对温室黄瓜光合特性及产量的影响［J］．植物营养与肥料学报，16（5）：1232-1237.

杨再强，王学林，彭晓丹，等．2014．人工环境昼夜温差对番茄营养物质和干物质分配的影响［J］．农业工程学报，30（5）：138-147.

杨再强，张波，张继波，等．2012a．低温胁迫对番茄光合特性及抗氧化酶活性的影响［J］．自然灾害学报，（4）：168-174.

杨再强，张静，江晓东，等．2012b．不同 R∶FR 值对菊花叶片气孔特征和气孔导度的影响［J］．生态学报，32（7）：2135-2141.

姚金保，朱耕如．1990．遮光整枝对油菜籽粒形成的影响［J］．中国油料作物学报，（1）：22-26.

姚凯骞．2016．独脚金内酯在 CO_2 加富及菌根真菌促进磷吸收中的作用研究［D］．杭州：浙江大学硕士学位论文．

姚亮，马俊贵，吕全贵，等．2015．平板型太阳能集热器在新疆日光温室中的应用效果研究［J］．安徽农业科学，43（19）：365-367.

姚勇哲，李建明，张荣，等．2012．温室番茄蒸腾量与其影响因子的相关分析及模型模拟［J］．应用生态学报，7：1869-1874.

易克，徐向丽，卢向阳，等．2013．光对烟草生长发育、生理代谢活动及品质形成影响的研究进展［J］．化学与生物工程，30：11-16.

易勇兵．2009．太阳能水源热泵复合系统运行特性研究［D］．长沙：湖南大学硕士学位论文．

殷德峰．2017．气力窝眼轮式小粒径种子排种器设计与试验研究［D］．武汉：华中农业大学硕士学位论文．

尹松松，赵婷婷，李景富，等．2016．外源 ABA 对番茄幼苗抗冷性差异的研究［J］．东北农业科学，（4）：94-99.

尹盈，张玥，胡靖妍，等．2013．茶树低温胁迫转录因子 *CsICE* 的亚细胞定位及表达分析［J］．园艺学报，40（10）：1961-1969.

于贵瑞．2006．中国陆地生态系统通量观测研究网络（ChinaFLUX）的建设和发展［J］．高科技与产业化，（Z2）：180-181.

于贵瑞，李轩然，王秋凤，等．2010．中国陆地生态系统的碳储量及其空间格局［J］．资源与生态学报，1（2）：97-109.

于贵瑞，王秋凤．2010．植物光合、蒸腾与水分利用的生理生态学［M］．北京：科学出版社．

于海秋，王晓磊，蒋春姬．2008．土壤干旱下玉米幼苗解剖结构的伤害进程［J］．干旱地区农业研究，26（5）：143-147.

俞锞．2014．蔗糖转化酶基因调控番茄果实耐热性的初步分析［D］．金华：浙江师范大学硕士学位论文．

于新超，王晶，朱美玉，等．2015．碳水化合物代谢参与番茄响应低磷胁迫的分子机制［J］．分子植物育种，13（12）：2833-2842.

于亚波，伍萍辉，冯青春，等．2017．我国蔬菜育苗装备研究应用现状及发展对策［J］．农机化研究，39（6）：1-6.

余智涵，苏世伟．2019．生物质能源产业发展研究动态与展望［J］．中国林业经济，（3）：5-7，12.

虞娜，张玉龙，邹洪涛，等．2006．温室内膜下滴灌不同水肥处理对番茄产量和品质的影响［J］．干旱地区农业研究，（1）：60-64.

郁继华，吕军芬，舒英杰．2004．外源 H_2O_2 对西瓜幼苗抗冷性的影响［J］．中国蔬菜，5：25-26.

喻景权．2014．蔬菜生长发育与品质调控——理论与实践［M］．北京：科学出版社．

喻景权，松井佳久．1999．豌豆根系分泌物自毒作用的研究［J］．园艺学报，（3）：37-41.

喻景权，周杰．2016．"十二五"我国设施蔬菜生产和科技进展及其展望［J］．中国蔬菜，（9）：18-30.

袁会敏，周健民，段增强，等. 2008. 盐胁迫下大气 CO_2 浓度升高对黄瓜幼苗生长、光合特性及矿质养分吸收的影响 [J]. 土壤，（5）：797-801.

袁丽萍，米国全，赵灵芝，等. 2008. 水氮耦合供应对日光温室番茄产量和品质的影响 [J]. 中国土壤与肥料，（2）：69-73.

曾菲. 2010. 江水源热泵系统运行控制的优化研究 [D]. 重庆：重庆大学硕士学位论文.

战吉成，王利军，黄卫东. 2002. 弱光环境下葡萄叶片的生长及其在强光下的光合特性 [J]. 中国农业大学学报，7：75-78.

张宝莹. 1997. 低夜温对番茄（ *Lycopersicum esculentum* Mill.）花芽分化和生长发育的影响 [D]. 杨凌：西北农林科技大学硕士学位论文.

张宝忠，刘钰，许迪，等. 2011. 基于夏玉米叶片气孔导度提升的冠层导度估算模型 [J]. 农业工程学报，27（5）：80-86.

张宝忠，许迪，刘钰，等. 2015. 多尺度蒸散发估测与时空尺度拓展方法研究进展 [J]. 农业工程学报，31（6）：8-16.

张大龙，常毅博，李建明，等. 2014. 大棚甜瓜蒸腾规律及其影响因子 [J]. 生态学报，4：953-962.

张大龙，李建明，吴普特，等. 2013. 温室甜瓜营养生长期日蒸腾量估算模型 [J]. 应用生态学报，24（7）：1938-1944.

张福娥. 2012. 保护地 CO_2 施肥技术及增产效果 [J]. 农业技术与装备，（17）：31-32.

张福锁. 1993. 植物根引起的根际 pH 值改变的原因及效应 [J]. 土壤通报，24（1）：43-45.

张福锁，申建波，冯固，等. 2009. 根际生态学过程与调控 [M]. 北京：中国农业大学出版社.

张海莲，熊培桂，赵利敏，等. 1997. 温室地下蓄集太阳热能的效果研究 [J]. 西北农业学报，6（1）：54-57.

张洁，李天来. 2005. 日光温室亚高温对番茄光合作用及叶绿体超微结构的影响 [J]. 园艺学报，32（4）：614-619.

张洁，李天来. 2008. 不同阶段亚高温处理对日光温室番茄产量及品质的影响 [J]. 江苏农业科学，（1）：131-133.

张洁，李天来，徐晶，等. 2007. 不同天数亚高温处理对日光温室番茄果实生长发育、产量及品质的影响 [J]. 沈阳农业大学学报，38（4）：488-491.

张静，朱为民. 2012. 低温胁迫下番茄细胞超微结构的变化 [J]. 河南农业科学，41（2）：108-110，114.

张俊环，黄卫东. 2007. 葡萄幼苗在温度胁迫交叉适应过程中对水杨酸的应答 [J]. 植物生理学报，43（4）：643-648.

张凯良，褚佳，张铁中，等. 2017. 蔬菜自动嫁接技术研究现状与发展分析 [J]. 农业机械学报，48（3）：1-13.

张兰勤，唐新莲，黎晓峰，等. 2015. 水肥一体化减量施肥对樱桃番茄产质量的影响 [J]. 南方农业学报，46（7）：1270-1274.

张乐平，文键，张早校，等. 2002. R410a 变频空调系统的计算机模拟分析 [C]. 合肥：第十届全国冷（热）水机组与热泵技术研讨会.

张雷，贺虎，武传宇. 2015. 蔬菜嫁接机器人嫁接苗特征参数的视觉测量方法 [J]. 农业工程学报，31（9）：32-38.

张立荣，牛海山，汪诗平，等. 2010. 增温与放牧对矮嵩草草甸4种植物气孔密度和气孔长度的影响 [J]. 生态学报，30（24）：6961-6969.

张璐，王慧. 2018. 基于蚁群算法的多采摘机器人路径规划与导航系统 [J]. 农机化研究，40（11）：227-231.

张其德，温晓刚，卢从明，等. 2000. 盐胁迫下 CO_2 加倍对春小麦一些光合功能的影响 [J]. 植物生态学报，（3）：308-311.

张琴，朱祝军. 2009. CO_2 加富对盐胁迫下黄瓜生长及光合特性的影响 [J]. 浙江农业科学，（1）：45-47.

张琴, 朱祝军. 2015. 盐胁迫下 CO_2 加富对黄瓜幼苗生理特性的影响 [J]. 耕作与栽培, (3): 31-32, 34.

张石平, 陈进, 李耀明. 2008. 振动气吸式穴盘精量播种装置种子群 "沸腾" 运动分析 [J]. 农业工程学报, (7): 20-24.

张树生, 杨兴明, 茆泽圣, 等. 2007. 连作土灭菌对黄瓜 (Cucumis sativus) 生长和土壤微生物系的影响 [J]. 生态学报, 27 (5): 1809-1817.

张涛, 刘世琦, 孙齐, 等. 2012. 水培条件下硼对青蒜苗光合特性及品质的影响 [J]. 植物营养与肥料学报, 18 (1): 154-161.

张田田. 2016. 番茄 SlHY5 基因在低温胁迫中的作用 [D]. 杨凌: 西北农林科技大学硕士学位论文.

张婷, 车凤斌, 潘俨, 等. 2015. 哈密瓜果实耐冷性与细胞膜脂肪酸的关系 [J]. 园艺学报, 42 (12): 2421-2428.

张晓慧, 陈青云, 曲梅, 等. 2008. 地源热泵空调系统在日光温室中的加温效果 [J]. 上海交通大学学报 (农业科学版), 26 (5): 436-439.

张晓梅, 崔世茂, 苏敏莉, 等. 2010. 高温增施 CO_2 条件下温室黄瓜叶片显微结构的观察 [J]. 西北农业学报, 19 (8): 157-160.

张新桥, 陈文. 2011. 温室太阳能蓄热水池的节能分析 [J]. 农机化研究, 33 (8): 46-50.

张扬. 2014. 华维: 打造属于中国的高品质灌溉品牌 [J]. 农经, (11): 64-65.

张义, 杨其长, 方慧. 2012. 日光温室水幕帘蓄放热系统增温效应试验研究 [J]. 农业工程学报, 28 (4): 188-193.

张莹. 2018. 我国设施园艺机械的应用现状浅析 [J]. 时代农机, 45 (8): 65, 67.

张莹, 刘文合, 于威, 等. 2010. 东北型日光温室太阳能辅助加温系统试验研究 [J]. 水电能源科学, 28 (3): 158-162.

张颖. 2012. 黄瓜低温胁迫应答转录因子 CsWRKY46 和 CsWRKY21 的表达特征与功能分析 [D]. 北京: 中国农业科学院博士学位论文.

张颖, 刘朋宇, 白雪, 等. 2017. 黄瓜 CsWRKY23 基因的生物信息学及表达分析 [J]. 作物杂志, (5): 38-42.

张永平, 许爽, 杨少军, 等. 2017. 外源亚精胺对低温胁迫下甜瓜幼苗生长和抗氧化系统的影响 [J]. 植物生理学报, (6): 1087-1096.

张运真, 韩玉坤. 2011. 太阳能-地源热泵的温室加热系统试验研究 [J]. 水电能源科学, 29 (2): 126-128.

张泽锦, 唐丽, 李跃建, 等. 2018. CO_2 增施对四川弱光区设施黄瓜叶片光系统功能及其产量的影响 [J]. 西南农业学报, 31 (8): 1599-1605.

张占军, 赵晓玲. 2009. 果树设施栽培学 [M]. 杨凌: 西北农林科技大学出版社.

张真, 李胜, 李唯, 等. 2008. 不同光质光对葡萄愈伤组织增殖和白黎芦醇含量的影响 [J]. 植物生理学通讯, 44 (1): 106-108.

张真和. 2014. 我国发展现代蔬菜产业面临的突出问题与对策 [J]. 中国蔬菜, (8): 1-6.

张振国, 曹卫彬, 王侨, 等. 2013. 穴盘苗自动移栽机的发展现状与展望 [J]. 农机化研究, 35 (5): 237-241.

张振华, 蔡焕杰, 杨润亚. 2005. 基于 CWSI 和土壤水分修正系数的冬小麦田土壤含水量估算 [J]. 土壤学报, (3): 373-378.

张振贤, 艾希珍, 邹琦. 2000. 生姜光合效率日变化的研究 [J]. 园艺学报, 27 (2): 107-111.

张振贤, 程智慧. 2008. 高级蔬菜生理学 [M]. 北京: 中国农业大学出版社: 315-318.

张之为, 李晓静, 白金瑞, 等. 2017. 高温条件下 CO_2 对黄瓜 SOD、POD 和 CAT 活性及其基因表达的影响 [J]. 华北农学报, 32 (4): 67-72.

张志刚, 尚庆茂. 2010. 低温、弱光及盐胁迫下辣椒叶片的光合特性 [J]. 中国农业科学, 43 (1): 123-131.

张志亮, 张富仓, 郑彩霞, 等. 2008. 局部根区灌水和施氮对玉米导水率的影响 [J]. 中国农业科学,

（7）：2033-2039.

赵晨阳，李洪枚，魏源送，等．2014．翻堆频率对猪粪条垛堆肥过程温室气体和氨气排放的影响［J］．环境科学，35（2）：533-540.

赵春江，郭文忠．2017．中国水肥一体化装备的分类及发展方向［J］．农业工程技术，37（7）：10-15.

赵春梅，金荣荣，郭旭欣．2014．低温胁迫下薄皮甜瓜 ABA 含量及活性氧清除酶活性研究［J］．安徽农业科学，42（36）：12816-12817，12824.

赵笃乐．1995．光对种子休眠与萌发的影响（下）［J］．生物学通报，8：27-28.

赵国兴．2011．1ZZJ-2 型自走式多功能作业机的研究［J］．农业科技与装备，（4）：54-55.

赵金梅，周禾，孙启忠，等．2009．植物脂肪酸不饱和性对植物抗寒性影响的研究［J］．草业科学，26（9）：129-134.

赵丽平，刘春旭，张连萍，等．2011．寒冷地区现代温室加温系统［J］．农机化研究，33（10）：245-248.

赵瑞，陈俊琴．2006．弱光下番茄穴盘育苗增施 CO_2 的效应研究［J］．沈阳农业大学学报，（3）：485-487.

赵爽．2014．西瓜非生物胁迫响应 R2R3MYB 转录因子基因鉴定［D］．武汉：华中农业大学硕士学位论文.

赵旭，刘艳芝，李天来，等．2015．根际 CO_2 浓度富集对番茄光合生理的影响［J］．应用生态学报，26（7）：2069-2073.

赵英，张斌，赵华春，等．2005．农林复合系统中南酸枣蒸腾特征及影响因子［J］．应用生态学报，（11）：31-36.

赵玉萍．2010．不同温度光照对温室番茄生长、光合作用及产量品质的影响［D］．杨凌：西北农林科技大学硕士学位论文.

赵志军，程福厚，高彦魁，等．2007．灌溉方式和灌水量对梨产量和水分利用效率的影响［J］．果树学报，（1）：98-101.

郑福，李珍珍，牛庆良，等．2010．硝酸钙处理对甜瓜幼苗抗冷性的影响［J］．长江蔬菜，（12）：43-47.

郑国华，张贺英，钟秀容．2009．低温胁迫下枇杷叶片细胞超微结构及膜透性和保护酶活性的变化［J］．中国生态农业学报，17（4）：739-745.

郑荣进，庄麟，池清，等．2013．温室太阳能与地源热泵联合供暖系统热力学分析［J］．农业机械学报，4（44）：233-238.

郑瑞澄．2011．民用建筑太阳能热水系统工程技术手册［M］．2 版．北京：化学工业出版社.

郑耀盛．2007．中外设施农业机械及作业装备的比较研究［D］．泰安：山东农业大学硕士学位论文.

中国农业科学院郑州果树研究所．2000．中国西瓜甜瓜［M］．北京：中国农业出版社.

钟秀丽，王道龙，饶敏杰，等．2005．草莓开花期发生霜害的温度［J］．植物学通报，（5）：50-55.

周波，李玉花．2006．植物的光敏色素与光信号转导［J］．植物生理学通讯，1：134-140.

周峰．2017．种子萌发的激素信号互作［J］．北方园艺，（6）：195-198.

周珩．2016．外源亚精胺缓解高温胁迫下黄瓜幼苗叶绿素代谢的作用机理研究［D］．南京：南京农业大学硕士学位论文.

周鹏，赵满全，刘飞，等．2019．指夹式玉米精密排种器试验优化研究［J］．农机化研究，41（8）：153-157.

周新刚．2011．连作黄瓜土壤生态环境特征及对黄瓜生长的影响［D］．哈尔滨：东北农业大学博士学位论文.

周亚峰，许彦宾，王艳玲，等．2017．基于主成分-聚类分析构建甜瓜幼苗耐冷性综合评价体系［J］．植物学报，52（4）：520-529.

周阳，穆根胥，张卉，等．2017．关中盆地地地温场划分及其地质影响因素［J］．中国地质，44（5）：1017-1026.

朱斌．2019．基于物联网的智能温室系统设计与实现［D］．武汉：武汉轻工大学硕士学位论文.

朱晨曦，马艳青，杨博智，等．2015．不同辣椒品种种子萌发期耐低温性的研究［J］．中国蔬菜，1（8）：

34-38.

朱晋宇, 惠放, 李苗, 等. 2015. 氮水平对盆栽沙培番茄苗期根系三维构型与氮素利用的影响 [J]. 农业工程学报, 31 (23): 131.

朱静, 杨再强, 李永秀, 等. 2012. 高温胁迫对设施番茄和黄瓜光合特性及抗氧化酶活性的影响 [J]. 北方园艺, (1): 63-68.

朱凯. 2014. 昼夜温差对设施番茄光合特性及抗氧化酶活性的影响 [D]. 南京: 南京信息工程大学硕士学位论文.

朱瑞祥, 葛世强, 翟长远, 等. 2014. 大籽粒作物漏播自补种装置设计与试验 [J]. 农业工程学报, 30 (21): 1-8.

朱帅, 吴帼秀, 蔡欢, 等. 2015. 低镁胁迫对低温下黄瓜幼苗光合特性和抗氧化系统的影响 [J]. 应用生态学报, 26 (5): 1351-1358.

朱维琴, 吴良欢, 陶勤南. 2002. 作物根系对干旱胁迫逆境的适应性研究进展 [J]. 土壤与环境, (4): 430-433.

朱文见. 2005. 冬季供暖条件下连栋温室夜间热环境的 CFD 模拟 [D]. 北京: 中国农业大学硕士学位论文.

朱晓红. 2014. 高温胁迫下番茄 SlMPK1 的作用机理研究 [D]. 扬州: 扬州大学硕士学位论文.

朱艳艳, 贺康宁, 唐道锋, 等. 2007. 不同土壤水分条件下白榆的光响应研究 [J]. 水土保持研究, (2): 92-94.

邹明倩. 2016. 高温胁迫对乌菜幼苗光合特性及抗氧化能力的影响 [D]. 合肥: 安徽农业大学硕士学位论文.

邹平. 2014. 新疆戈壁日光温室结构设计与优化 [J]. 农机化研究, (12): 151-157.

邹志荣. 2002. 园艺设施学 [M]. 北京: 中国农业出版社.

左睿, 蒋绿林, 高伟. 2009. 地热技术在温室供暖中的应用 [J]. 安徽农业科学, 37 (13): 6139-6140.

Aasamaa K, Niinemets U, Sober A. 2005. Leaf hydraulic conductance in relation to anatomical and functional traits during *Populus tremula* leaf ontogeny[J]. Tree Physiology, 25(11): 1409-1418.

Adams S R, Langton F A. 2005. Photoperiod and plant growth: A review[J]. Journal of Horticultural Science & Biotechnology, 80(1): 2-10.

Agyeman V K, Kyereh B, Swaine M D, et al. 2010. Species differences in seedling growth and leaf water response to light quality[J]. Ghana Journal of Forestry, 26(1): 101-123.

Aiamri A M S. 1997. Solar energy utilization in greenhouse tomato production[J]. King Saud University, 9(1): 21-38.

Aldon D, Mbengue M, Mazars C, et al. 2018. Calcium signalling in plant biotic interactions[J]. International Journal of Molecular Sciences, 19(3): 665.

Ameye M, Allmann S, Verwaeren J, et al. 2017. Green leaf volatile production by plants: a meta-analysis[J]. The New Phytologist, 220(3): 666-683.

An J P, Wang X F, Zhang X W, et al. 2019. An apple MYB transcription factor regulates cold tolerance and anthocyanin accumulation and undergoes MIEL1-mediated degradation[J]. Plant Biotechnology Journal, 18(2): 337-353.

An J P, Yao J F, Wang X N, et al. 2017. MdHY5 positively regulates cold tolerance via CBF-dependent and CBF-independent pathways in apple[J]. Journal of Plant Physiology, 218: 275-281.

Andrs F, Coupland G. 2012. The genetic basis of flowering responses to seasonal cues[J]. Nature Reviews Genetics, 13(9): 627-639.

Arif H. 2011. A comparative investigation of various greenhouse heating options using exergy analysis method[J]. Applied Energy, 88(12): 4411-4423.

Austin E E, Castro H F, Sides K E, et al. 2009. Assessment of 10 years of CO_2 fumigation on soil microbial communities and function in a sweetgum plantation[J]. Soil Biology and Biochemistry, 41: 514-520.

Aye L, Fuller R J, Canal A. 2010. Evaluation of a heat pump system for greenhouse heating[J]. International Journal of Thermal Sciences, 49(1): 202-208.

Bargach M N, Dahman A S, Boukallouch M. 1999. A heating system using flat plate collectors to improve the inside greenhouse microclimate in Morocco[J]. Renewable Energy, 18(3): 367-381.

Bauer D, Marx R, Nussbicker-Lux J, et al. 2010. German central solar heating plants with seasonal heat storage [J]. Solar Energy, 84(4): 612-623.

Becker B, Holtgrefe S, Jung S, et al. 2006. Influence of the photoperiod on redox regulation and stress responses in *Arabidopsis thaliana* L.(Heynh.)plants under long- and short-day conditions[J]. Planta, 224(2): 380-393.

Bencze S, Keresztényi I, Varga B, et al. 2011. Effect of CO_2 enrichment on canopy photosynthesis, water use efficiency and early development of tomato and pepper hybrids[J]. Acta Agronomica Hungarica, 59(3): 275-284.

Benli H, Durmus A. 2009a. Evaluation of ground-source heat pump combined latent heat storage system performance in greenhouse heating[J]. Energy and Buildings, 41(2): 220-228.

Benli H, Durmus A. 2009b. Performance analysis of a latentheat storage system with phase change material for new designed solar collectors in greenhouse heating[J]. Solar Energy, 83(12): 2109-2119.

Borthwick H A, Hendricks S B, Parker M W, et al. 1952. A reversible photoreaction controlling seed germination[J]. Proceedings of the National Academy of Sciences of the United States of America, 38(8): 662-666.

Britz S J, Galston A W. 1983. Physiology of movements in the stems of seedling *Pisum sativum* L. cv. Alaska: III. Phototropism in relation to gravitropism, nutation, and growth[J]. Plant Physiology, 71: 313-318.

Bruggink G T. 1984. Effects of CO_2 concentration on growth and photosynthesis of young tomato and carnation plants[J]. Symposium on CO_2 Enrichment, 162: 279-280.

Cameron R W F, Harrisonmurray R S, Judd H L, et al. 2005. The effects of photoperiod and light spectrum on stock plant growth and rooting of cuttings of 'Royal Purple'[J]. Journal of Horticultural Science & Biotechnology, 80(2): 245-253.

Chai L L, Ma C W, Ni J Q. 2012. Performance evaluation of ground source heat pump system for greenhouse heating in northern China[J]. Biosystems Engineering, 111(1): 107-117.

Chartzoulakis K, Patakas A, Kofidis G. 2002. Water stress affects leaf anatomy, gas exchange, water relations and growth of two avocado cultivars[J]. Seientia Hort, 95: 39-50.

Chen C C, Huang M Y, Lin K H, et al. 2014a. Effects of light quality on the growth, development and metabolism of rice seedlings(*Oryza sativa* L.)[J]. Research Journal of Biotechnology, 9(4): 15-24.

Chen X L, Wang Y F, Li W Q, et al. 2015. Impact of long-term continuous soybean cropping on ammonia oxidizing bacteria communities in the rhizosphere of soybean in Northeast China[J]. Acta Agriculturae Scandinavica, Section B — Soil & Plant Science, 65(5): 470-478.

Chen Y P, Liu Q, Liu Y J, et al. 2014b. Responses of soil microbial activity to cadmium pollution and elevated CO_2[J]. Scientific Reports, 4: 4287.

Cheng F, Lu J Y, Gao M, et al. 2016. Redox signaling and CBF-responsive pathway are involved in salicylic acid-improved photosynthesis and growth under chilling stress in watermelon. Frontiers in Plant Science, 7: 01519.

Chiasson A P E. 2005. Design and installation of a new down hole heat exchanger for direct use space heating[J]. CHC Bulletin, 200s: 20-24.

Chinnusamy V, Ohta M, Kanrar S, et al. 2003. ICE1: A regulator of cold-induced transcriptome and freezing tolerance in *Arabidopsis*[J]. Genes Dev, 17(8): 1043-1054.

Chou M L, Jean J S, Yang C M, et al. 2016. Inhibition of ethylenediaminetetraacetic acid ferric sodium salt(EDTA-Fe)and calcium peroxide (CaO_2) on arsenic uptake by vegetables in arsenic-rich agricultural soil[J]. Journal of Geochemical Exploration, 163: 19-27.

Clarkson T B. 2000. Soy phytoestrogens: What will be their role in postmenopausal hormone replacement therapy[J]. Menopause, 7(2): 71-75.

Clausnitzer F K, Stner B, Schw R K, et al. 2011. Relationships between canopy transpiration, atmospheric conditions and soil water availability—Analyses of long-term sap-flow measurements in an old Norway spruce forest at the Ore Mountains/Germany[J]. Agricultural & Forest Meteorology, 151(8): 1023-1034.

Cockshull K E, Graves C J, Cave C R J. 1992. The influence of shading on yield of glasshouse tomatoes[J]. Journal of Pomology & Horticultural Science, 67: 11-24.

Cofer T M, Engelberth M, Engelberth J. 2018. Green leaf volatiles protect maize(*Zea mays*)seedlings against damage from cold stress[J]. Plant, Cell & Environment, 41(7): 1673-1682.

Connellan G J. 1989. Performance aspects of a solar water heated greenhouse[J]. ACTA Horticulture, 257: 127-136.

Corbesier L, Vincent C, Jang S, et al. 2007. FT protein movement contributes to long-distance signaling in floral induction of *Arabidopsis*[J]. Science, 316: 1030-1033.

Cossu M, Cossu A, Deligios P A, et al. 2018. Assessment and comparison of the solar radiation distribution inside the main commercial photovoltaic greenhouse types in Europe[J]. Renewable and Sustainable Energy Reviews, 94: 822-834.

Cossu M, Ledda L, Urracci G, et al. 2017. An algorithm for the calculation of the light distribution in photovoltaic greenhouses[J]. Solar Energy, 141: 38-48.

Dai J F, Liu S S, Zhang W R, et al. 2011. Quantifying the effects of nitrogen on fruit growth and yield of cucumber crop in greenhouses[J]. Scientia Horticulturae, 130(3): 551-561.

de Wit M, Spoel S H, Sanchez-Perez G F, et al. 2013. Perception of low red: Far-red ratio compromises both salicylic acid and jasmonic acid-dependent pathogen defences in *Arabidopsis*[J]. Cell and Molecular Biology, 75(1): 90-103.

Diao Q N, Song Y J, Shi D M, et al. 2017. Interaction of polyamines, abscisic acid, nitric oxide, and hydrogen peroxide under chilling stress in tomato (*Lycopersicon esculentum* Mill.) seedlings[J]. Frontiers in Plant Science, 8: 203.

Dilip J, Tiwari G N. 2003. Modeling and optimal design of ground air collector for heating in controlled environment greenhouse[J]. Energy Conversion and Management, 44: 1357-1372.

Ding J, Yang T, Zhao Y, et al. 2018. Increasingly important role of atmospheric aridity on Tibetan alpine grasslands[J]. Geophysical Research Letters, 45(6): 2852-2859.

Ding Y, Li H, Zhang X, et al. 2015. OST1 kinase modulates freezing tolerance by enhancing ICE1 stability in *Arabidopsis*[J]. Developmental Cell, 32(3): 278-289.

Do T H, Nguyen H C, Lin K H. 2018. The responses of antioxidant system in bitter melon, sponge gourd, and winter squash under flooding and chilling stresses[J]. American Institute of Physics, 1954: 02001.

Doi M, Kitaga W A Y, Shimazaki K. 2015. Stomatal blue light response is present in early vascular plants[J]. Plant Physiology, 169(2): 1205-1213.

Dong C J, Cao N, Li L, et al. 2016c. Quantitative proteomic profiling of early and late responses to salicylic acid in cucumber leaves[J]. PLoS ONE, 11(8): e0161395.

Dong C J, Cao N, Zhang Z G, et al. 2016b. Characterization of the fatty acid desaturase genes in cucumber: structure, phylogeny, and expression patterns. PLoS ONE, 11(3): e0149917.

Dong J, Li X, Duan Z Q. 2016d. Biomass allocation and organs growth of cucumber(*Cucumis sativus* L.)under elevated CO_2 and different N supply[J]. Archives of Agronomy and Soil Science, 62(2): 12.

Dong W X, Zhang Y Y, Zhang Y L, et al. 2016a. Short-day photoperiod effects on plant growth, flower bud differentiation, and yield formation in adzuki bean (*Vigna angularis*) [J]. International Journal of Agriculture and Biology, (18): 337-345.

Duan Q, Jiang W, Ding M, et al. 2014. Light affects the chloroplast ultrastructure and post-storage photosynthetic performance of watermelon (*Citrullus lanatus*) plug seedlings[J]. PLoS ONE, 9: e111-e165.

Duffie J A, Beckman W A. 1980. Solar Engineering of Thermal Process[M]. New York: John Wiley & Sons: 10-13.

Elbatawi I E. 2000. The shiny side of gold solar power in Sydney[J]. Renewable Energy World, 100(4): 76-87.

Eremina M, Rozhon W, Poppenberger B. 2016. Hormonal control of cold stress responses in plants[J]. Cellular and Molecular Life Sciences, 73: 797-810.

Ernstsen J, Woodrow I E, Mott K A. 1999. Effects of growth-light quantity, growth-light quality and CO_2 concentration on Rubisco deactivation during low PFD or darkness[J]. Photosynthesis Research, 61: 65-75.

Ezzaeri K, Fatnassi H, Bouharroud R, et al. 2018. The effect of photovoltaic panels on the microclimate and on the tomato production under photovoltaic canarian greenhouses[J]. Solar Energy, 173: 1126-1134.

Farquhar G D, Caemmerer S, Berry J A. 1980. A biochemical model of photosynthetic CO_2 assimilation in leaves of C_3 species[J]. Planta, 149(1): 78-90.

Farquhar G D, Sharkey T D. 1982. Stomatal conductance and photosynthesis[J]. Ann Res Plant Physiol, 33(6): 317-342.

Fedotova M V, Dmitrieva O A. 2016. Proline hydration at low temperatures: Its role in the protection of cell from freeze-induced stress[J]. Amino Acids, 48(7): 1685-1694.

Feng X M, Zhao Q, Zhao L L, et al. 2012. The cold-induced basic helix-loop-helix transcription factor gene *MdCIbHLH1* encodes an ICE-like protein in apple[J]. BMC Plant Biology, 12: 22.

Fierro A, Gosselin A, Tremblay N. 1994. Supplemental carbon dioxide and light improved tomato and pepper seedling growth and yield[J]. HortScience, 29(3): 152-154.

Foyer C H, Noctor G. 2016. Stress-triggered redox signalling: What's in pROSpect? Plant Cell and Environment, 39(5): 951-964.

Franklin A C. 2004. Changes in the perception of stop consonants through enhanced cue training as reflected by categorical boundaries and late auditory evoked potentials[D]. Knoxville: Doctor of Philosophy Degree The University of Tennessee.

Fursova O V, Pogorelko G V, Tarasov V A. 2009. Identification of ICE2, a gene involved in cold acclimation which determines freezing tolerance in *Arabidopsis thaliana*[J]. Gene, 429: 98-103.

Gautier H, Diakouverdin V, Bénard C, et al. 2008. How does tomato quality(sugar, acid, and nutritional quality) vary with ripening stage, temperature, and irradiance[J]. Journal of Agricultural and Food Chemistry, 56: 1241.

Gautier H, Massot C, Stevens R, et al. 2009. Regulation of tomato fruit ascorbate content is more highly dependent on fruit irradiance than leaf irradiance[J]. Annals of Botany, 103: 495.

Ge Y, Chen C R, Xu Z H, et al. 2010. The spatial factor, rather than elevated CO_2, controls the soil bacterial community in a temperate forest ecosystem[J]. Applied and Environmental Microbiology, 76: 7429-7436.

Gitz D C, Kim S, Baker J T, et al. 2004. Effects of light history and temperature on corn quantum yield [R]. Washington, D.C.: Agronomy Abstracts, ASA-CSSA-SSSA Annual Meeting.

Gödde M, Conrad R. 2000. Influence of soil properties on the turnover of nitric oxide and nitrous oxide by nitrification and denitrification at constant temperature and moisture[J]. Biology and Fertility of Soils, 32(2): 120-128.

Gojon A, Krouk G, Perrine-Walker F, et al. 2011. Nitrate transceptor(s) in plants[J]. Journal of Experimental Botany, 62: 2299-2308.

Gonzlez C V, Ibarra S E, Piccoli P N, et al. 2012. Phytochrome B increases drought tolerance by enhancing ABA sensitivity in *Arabidopsis thaliana*[J]. Plant Cell and Environment, 35(11): 1958-1968.

Goudriaan J, Wageningen L. 1977. Crop micrometeorology: a simulation study[J]. Bibliography, 683: 237-241.

Gourdo L, Fatnassi H, Bouharroud R, et al. 2019b. Heating canarian greenhouse with a passive solar water-sleeve system: Effect on microclimate and tomato crop yield[J]. Solar Energy, 188: 1349-1359.

Gourdo L, Fatnassi H, Tiskatine R, et al. 2019a. Solar energy storing rock-bed to heat an agricultural greenhouse[J]. Solar Energy, 169: 206-212.

Grams T E E, Thiel S. 2002. High light-induced switch from C3-photosynthesis to crassulacean acid metabolism is mediated by UV-A/blue light[J]. Journal of Experimental Botany, 53: 1475-1483.

Gregory P J. 2006. Plant Roots: Growth, Activity and Interaction with Soils[M]. London: Blackwell Publishing Ltd: 227-238.

Grubisic D, Konjevic R. 1990. Light and nitrate interaction in phytochrome-controlled germination of *Paulownia tomentosa* seeds[J]. Planta, 181(2): 239-243.

Guo J K, Zhou R, Ren X H, et al. 2018. Effects of salicylic acid, epi-brassinolide and calcium on stress alleviation and Cd accumulation in tomato plants[J]. Ecotoxicology and Environmental Safety, 157: 491-496.

Guo W L, Nazim H, Liang Z S, et al. 2016. Magnesium deficiency in plants: An urgent problem[J]. The Crop Journal, 4(2): 83-91.

Guo W, Li B, Zhang X. 2007. Architectural plasticity and growth responses of *Hippophae thamnoides* and *Caragana intermedia* seedlings to simulated waters[J]. Arid Environ, 69(3): 385-399.

Gupta S M, Pandey P, Grover A, et al. 2013. Cloning and characterization of GPAT gene from *Lepidium latifolium* L.: A step towards translational research in agri-genomics for food and fuel[J]. Molecular Biology Reports, 40(7): 4235-4240.

Hadi F, Gilpin M, Fuller M P. 2011. Identification and expression analysis of *CBF/DREB1* and *COR15* genes in mutants of *Brassica oleracea* var. *botrytis* with enhanced proline production and frost resistance[J]. Plant Physiology and Biochemistry, 49(11): 1323-1332.

Haling R E, Simpson R J, Culvenor R A, et al. 2011. Effect of acidity soil strength and macropores on root growth and morphology of perennial grass species differing in acid-soil resistance[J]. Plant Cell and Environment, 34: 444-456.

Hamdani S, Gauthier A, Msilini N, et al. 2011. Positive charges of polyamines protect PS II in isolated thylakoid membranes during photoinhibitory conditions[J]. Plant and Cell Physiology, 52: 866-873.

Hassanien R H E, Li M, Yin F. 2018. The integration of semi-transparent photovoltaics on greenhouse roof for energy and plant production[J]. Renewable Energy, 121: 377-388.

He Z L, Piceno Y, Deng Y, et al. 2012. The phylogenetic composition and structure of soil microbial communities shifts in response to elevated carbon dioxide[J]. ISME Journal, 6: 259-272.

Helyes L, Lugasi A, Péli E, et al. 2015. Effect of elevated CO_2 on lycopene content of tomato(*Lycopersicon lycopersicum* L. Karsten) fruits[J]. Acta Alimentaria, 40(1): 80-86.

Higashide T, Yasuba K, Kuroyanagi T, et al. 2015. Decreasing or non-decreasing allocation of dry matter to fruit in Japanese tomato cultivars in spite of the increase in total dry matter of plants by CO_2 elevation and fogging[J]. The Horticulture Journal, 84(2): 111-121.

Hinsinger P, Plassard C, Tang C X, et al. 2003. Origins of root-mediated pH changes in the rhizosphere and their responses to environmental constraints: a review[J]. Plant and Soil, 248(1-2): 43-59.

Hu L P, Xiang L X, Li S T, et al. 2016. Beneficial role of spermidine in chlorophyll metabolism and D1 protein content in tomato seedlings under salinity-alkalinity stress[J]. Physiologia Plantarum, 156: 468-477.

Huang D L, Gong X M, Liu Y G, et al. 2017. Effects of calcium at toxic concentrations of cadmium in plants[J]. Planta, 245(5): 1-11.

Hurd R G. 1968. Effects of CO_2-enrichment on the growth of young tomato plants in low light[J]. Annals of Botany, 32(3): 531-542.

Iacona C, Muleo R. 2010. Light quality affects *in vitro* adventitious rooting and *ex vitro* performance of cherry rootstock colt[J]. Scientia Horticulturae, 125(4): 630-636.

Ieperen W V, Savvides A. 2012. Red and blue light effects during growth on hydraulic and stomatal conductance in leaves of young cucumber plants[J]. Chinese Journal of Analytical Chemistry, 956(2): 223-230.

Islam S Z, Babadoost M, Bekal S, et al. 2008. Red light-induced systemic disease resistance against root-knot nematode *Meloidogyne javanica* and *Pseudomonas syringae* pv. tomato DC 3000[J]. Journal of

Phytopathology, 156(11-12): 708-714.

Islam S, Babadoost M, Honda Y. 2002. Effect of red light treatment of seedlings of pepper, pumpkin, and tomato on the occurrence of phytophthora damping-off[J]. HortScience, 37(4): 678-681.

Ito J, Hasegawa S, Fujita K, et al. 1999a. Effect of CO_2 enrichment on fruit growth and quality in Japanese pear(*Pyrus serotina* Reheder cv. Kosui)[J]. Soil Science and Plant Nutrition, 45(2): 385-393.

Ito S, Miura N, Wang K. 1999b. Performance of a heat pump using direct expansion solar collectors[J]. Solar Energy, 65(3): 189-196.

Ivanov A, Sane P, Krol M, et al. 2006. Acclimation to temperature and irradiance modulates PS II charge recombination[J]. Febs Letters, 580: 2797-2802.

Izaguirre M M, Mazza C A, Biondini M, et al. 2006. Remote sensing of future competitors: Impacts on plant defenses[J]. Proceedings of the National Academy of Sciences of United States of America, 103(18): 7170-7174.

Jiang Y P, Ding X T, Zhang D, et al. 2017. Soil salinity increases the tolerance of excessive sulfur fumigation stress in tomato plants[J]. Environmental Experimental Botany, 133: 70-77.

Jin J, Lauricella D, Armstrong R, et al. 2014. Phosphorus application and elevated CO_2 enhance drought tolerance in field pea grown in a phosphorus-deficient vertisol[J]. Annals of Botany, 116(6): 975-985.

Jin X Q, Liu T, Xu J J, et al. 2019. Exogenous GABA enhances muskmelon tolerance to salinity-alkalinity stress by regulating redox balance and chlorophyll biosynthesis[J]. BMC Plant Biology, 19: 48.

Johkan M, Shoji K, Goto F, et al. 2010. Blue light-emitting diode light irradiation of seedlings improves seedling quality and growth after transplanting in red leaf lettuce[J]. HortScience, 45(12): 1809-1814.

Jongpil M, Sunghyoun L, Jin-Kyung K, et al. 2011. Development of ground filtration water source heat pump for greenhouse heating system[C]. Kansas: American Society of Agricultural and Biological Engineers Annual International Meeting 2011: 591-604.

Kaiser E, Kromdijk G, Heuvelink E, et al. 2012. Photosynthetic gas exchange of tomato(*Solanum lycopersicum*) in fluctuating light intensity[R]. Wageningen: Proceedings of the 7th International Symposium on Light in Horticultural Systems: 122.

Kaiser E, Zhou D, Heuvelink E, et al. 2017. Elevated CO_2 increases photosynthesis in fluctuating irradiance regardless of photosynthetic induction state[J]. Journal of Experimental Botany, 68(20): 5629-5640.

Kamil K. 1995. Performance of solar-assisted heat-pump systems[J]. Applied Energy, 51(2): 93-109.

Kamil K, Nurbay G, Teoman A. 1993. Solar-assisted heat pump and energy storage for domestic heating in Turkey[J]. Energy Conversion and Management, 34(5): 335-346.

Kamil K, Teoman A. 1999. Experimental and theoretical investigation of combined solar heat pump system for residential heating[J]. Energy Conversion and Management, 40(13): 1377-1396.

Katerji N, Rana G. 2006. Modelling evapotranspiration of six irrigated crops under Mediterranean climate conditions[J]. Agricultural and Forest Meteorology, 138(1-4): 142-155.

Katie W. 2001. Designing the city: towards a more sustainable urban form[J]. Urban Design International, 6(2): 116-117.

Keiko O K, Takase M, Kon N, et al. 2007. Effect of light quality on growth and vegetable quality in leaf lettuce, spinach and komatsuna[J]. Environmental Control in Biology, 45(3): 189-198.

Khoshbakht D, Asghari M R, Haghighi M, et al. 2017. Influence of foliar application of polyamines on growth, gas exchange characteristics, and chlorophyll fluorescence in Bakraii citrus under saline conditions[J]. Photosynthetica, 56(2): 1-13.

Kim H H, Goins G D, Wheeler R M, et al. 2004a. Stomatal conductance of lettuce grown under or exposed to different light qualities[J]. Annals of Botany, 94: 691-697.

Kim S J, Hahn E J, Heo J W, et al. 2004b. Effects of LEDs on netphotosynthetic rate, growth and leaf stomata of chrysanthemum plantlets *in vitro*[J]. Scientia Horticulturae, 101: 143-151.

Kim Y H, Choi K I, Khan A L, et al. 2016. Exogenous application of abscisic acid regulates endogenous gibberellins homeostasis and enhances resistance of oriental melon(*Cucumis melo* var. L.) against low temperature[J]. Scientia Horticulturae, 207: 41-47.

Ksiksi T, Youssef T. 2010. Effects of CO_2 enrichment on growth partitioning of *Chloris gayana* in the arid environment of the UAE[J]. Grassland Science, 56(3): 183-187.

Kurepin L V, Joo S H, Kim S K, et al. 2012. Interaction of brassinosteroids with light quality and plant hormones in regulating shoot growth of young sunflower and *Arabidopsis* seedlings[J]. Journal of Plant Growth Regulation, 31(2): 156-164.

Kurklu A, Bilgin S, Oezkan B. 2003. A study on the solar energy storing rock-bed to heat a polyethylene tunnel type greenhouse[J]. Renewable Energy, 28(5): 683-697.

Larkin R P. 2008. Relative effects of biological amendments and crop rotations on soil microbial communities and soil borne diseases of potato[J]. Soil Biology and Biochemistry, 40: 1341-1351.

Le Van T H, Tanaka M. 2004. Effects of red and blue light-emitting diodes on callus induction, callus proliferation, and protocorm-like body formation from callus in *Cymbidium* Orchid[J]. Environment Control in Biology, 42(1): 57-64.

Lecina S, Martínez-Cob A, Pérez P J, et al. 2003. Fixed versus variable bulk canopy resistance for reference evapotranspiration estimation using the Penman-Monteith equation under semiarid conditions[J]. Agricultural Water Management, 60(3): 181-198.

Lee S H, Kim S Y, Ding W X, et al. 2015. Impact of elevated CO_2 and N addition on bacteria, fungi, and archaea in a marsh ecosystem with various types of plants[J]. Applied Microbiology and Biotechnology, 99(12): 5295-5305.

Lemmon E, Huber M, McLinden M. 2010. NIST Reference Fluid Thermodynamic and Transport Properties-REFPROP Version 9.0[M]. Boulder: Physical and Chemical Properties Division, National Institute of Standards and Technology.

Letts M G, Phelan C A, Johnson D R, et al. 2008. Seasonal photosynthetic gas exchange and leaf reflectance characteristics of male and female cottonwoods in a riparian woodland[J]. Tree Physiology, 28: 1037-1048.

Li H, DingY L, Shi Y T, et al. 2017. MPK3- and MPK6-mediated ICE1 phosphorylation negatively regulates ICE1 stability and freezing tolerance in *Arabidopsis*[J]. Developmental Cell, 43(5): 1-13.

Li J, Zhou J M, Duan Z Q, et al. 2007. Effect of CO_2 enrichment on the growth and nutrient uptake of tomato seedlings[J]. Pedosphere, 17(3): 343-351.

Li J G, Chi H W, Zhang M. 1998. The relationship between low temperature germination and chilling tolerance in cucumber[J]. Report Cueurbit Genetics Cooperative, 21: 11-13.

Li M Y, Liu J X, Hao J N, et al. 2019. Genomic identification of AP2/ERF transcription factors and functional characterization of two cold resistance-related *AP2/ERF* genes in celery(*Apium graveolens* L.)[J]. Planta, 250(4): 1265-1280.

Li X, Lewis E E, Liu H, et al. 2016. Effects of long-term continuous cropping on soil nematode community and soil condition associated with replant problem in strawberry habitat[J]. Scientific Reports, 6: 30466.

Li Y, Huang X F, Ding W L. 2011. Autotoxicity of panax ginseng rhizosphere and non-rhizosphere soil extracts on early seedlings growth and identification of chemicals[J]. Allelopathy Journal, 28: 145-154.

Li Z, Palmer W M, Martin A P, et al. 2012. High invertase activity in tomato reproductive organs correlates with enhanced sucrose import into, and heat tolerance of young fruit[J]. Journal of Experimental Botany, 63(3): 1155-1166.

Lichtenthaler H K, Buschmann C, Döll M, et al. 1981. Photosynthetic activity, chloroplast ultrastructure, and leaf characteristics of high-light and low-light plants and of sun and shade leaves[J]. Photosynthesis Research, 2: 115-141.

Lin C. 2002. Blue light receptors and signal transduction[J]. The Plant Cell, 14(suppl 1): S207-S225.

Ling N, Deng K Y, Song Y, et al. 2014. Variation of rhizosphere bacterial community in watermelon continuous mono-cropping soil by long-term application of a novel bioorganic fertilizer[J]. Microbiological Research, 169: 570-578.

Liu L Y, Duan L S, Zhang J C, et al. 2010. Cucumber(*Cucumis sativus* L.) over-expressing cold-induced transcription regulator *ICE1* exhibits changed morphological characters and enhances chilling tolerance[J]. Scientia Horticulturae, 124(1): 29-33.

Liu T J, Cheng Z H, Meng H W, et al. 2014. Growth, yield and quality of spring tomato and physicochemical properties of medium in a tomato/garlic intercropping system under plastic tunnel organic medium cultivation[J]. Scientia Horticulturae, 170: 159-168.

Liu T, Hu X H, Zhang J, et al. 2018b. H_2O_2 mediates ALA-induced glutathione and ascorbate accumulation in the perception and resistance to oxidative stress in *Solanum lycopersicum* at low temperatures[J]. BMC Plant Biol, 18: 34.

Liu T, Xu J J, Li J M, et al. 2019. NO is involved in JA- and H_2O_2-mediated ALA-induced oxidative stress tolerance at low temperatures in tomato[J]. Environment and Experimental Botany, 161: 334-343.

Liu X M, Zhou Y L, Xiao J W, et al. 2018a. Effects of chilling on the structure, function and development of chloroplasts[J]. Frontiers in Plant Science, 9: 1715.

Liu X W, Liu B, Xue S D, et al. 2016. Cucumber(*Cucumis sativus* L.) nitric oxide synthase associated gene1(*CsNOA1*) plays a role in chilling stress[J]. Frontiers in Plant Science, 7: 1652.

Liu Y, Li M, Zheng J W, et al. 2014. Short-term responses of microbial community and functioning to experimental CO_2 enrichment and warming in a Chinese paddy field[J]. Soil Biology and Biochemistry, 77: 58-68.

Long S P, Bernacchi C J. 2003. Gas exchange measurements, what can they tell us about the underlying limitations to photosynthesis? Procedures and sources of error[J]. Journal of Experimental Botany, 54(392): 2393-2401.

Lu Y, Zhang M, Meng X, et al. 2015. Photoperiod and shading regulate coloration and anthocyanin accumulation in the leaves of malus crabapples[J]. Plant Cell, Tissue and Organ Culture, 121(3): 619-632.

Lugtenberg B, Kamilova F. 2009. Plant-growth-promoting rhizobacteria[J]. Annual Review of Microbiology, 63: 541-556.

Luis I D, Irigoyen J J, Sánchez-Díaz M. 2010. Low vapour pressure deficit reduces the beneficial effect of elevated CO_2 on growth of N_2-fixing alfalfa plants[J]. Physiologia Plantarum, 116(4): 497-502.

Luomala E M, Laitinen K, Sutinen S, et al. 2005. Stomatal density, anatomy and nutrient concentrations of scots pine needles are affected by elevated CO_2 and temperature[J]. Plant Cell & Environment, 28(6): 733-749.

Lv X Z, Ge S B, Jalal A G, et al. 2017. Crosstalk between nitric oxide and mpk1/2 mediates cold acclimation-induced chilling tolerance in tomato[J]. Plant and Cell Physiology, 58(11): 1963-1975.

Lv X Z, Li H Z, Chen X X, et al. 2018. The role of calcium-dependent protein kinase in hydrogen peroxide, nitric oxide and ABA-dependent cold acclimation[J]. Journal of Experimental Botany, 69: 4127-4139.

Mahdavi S, Sarhaddi F, Hedayatizadeh M. 2019. Energy/exergy based-evaluation of heating/cooling potential of PV/T and earth-air heat exchanger integration into a solar greenhouse[J]. Applied Thermal Engineering, 149: 996-1007.

Mamatha H, Srinivasa N K, Laxman R H, et al. 2014. Impact of elevated CO_2 on growth, physiology, yield, and quality of tomato(*Lycopersicon esculentum* Mill) cv. Arka Ashish[J]. Photosynthetica, 52(4): 519-528.

Marcelis L, Heuvelink E, Hofman-Eijer L B, et al. 2004. Flower and fruit abortion in sweet pepper in relation to source and sink strength[J]. Journal of Experimental Botany, 55: 2261-2268.

Maryam K, Ali E, Amir M S, et al. 2015. Comparison of *CBF1, CBF2, CBF3* and *CBF4* expression in some grapevine cultivars and species under cold stress[J]. Scientia Horticulturae, 197: 521-526.

Masinde P W, Agong S G. 2006. Plant growth, water relations and transpiration of two species of African nightshade under water limited conditions[J]. Sci Hort, 110: 7-15.

Massacci A, Pietrini F, Centritto M, et al. 2000. Microclimate effects on transpiration and photosynthesis of cherry saplings growing under a shading net[J]. Acta Horticulturae, 537: 287-291.

Matsui K, Koeduka T. 2016. Green leaf volatiles in plant signaling and response[J]. Sub-Cellular Biochemistry, 86: 427-443.

McElwain E F, Bohnert H J, Thomas J C. 1992. Light moderates the induction of phosphoenolpyruvate carboxylase by NaCl and abscisic acid in *Mesembryanthemum crystallinum*[J]. Plant Physiology, 99(3): 1261-1264.

McGuire R, Agrawal A. 2005. Trade-offs between the shade-avoidance response and plant resistance to herbivores? Tests with mutant *Cucumis sativus*[J]. Functional Ecology, 19(6): 1025-1031.

McKenzie J, Weiser C, Burke M. 1974. Effects of red and far red light on the initiation of cold acclimation in *Cornus stolonifera* Michx[J]. Plant Physiology, 53(6): 783-789.

Megha S, Basu U, Kav N N V. 2018. Regulation of low temperature stress in plants by microRNAs[J]. Plant Cell and Environment, 41: 1-15.

Meng L, Song W, Liu S, et al. 2015. Light quality regulates lateral root development in tobacco seedlings by shifting auxin distributions[J]. Journal of Plant Growth Regulation, 34(3): 574-583.

Michler C H, Lineberger R D. 1987. Effects of light on somatic embryo development and abscisic levels in carrot suspension cultures[J]. Plant Cell Tissue Organ Culture, 11(3): 189-207.

Milberg P, Andersson L, Noronha A. 1996. Seed germination after short-duration light exposure: Implications for the photo control of weeds[J]. Journal of Applied Ecology, 33(6): 1469-1478.

Moula G. 2009. Effect of shade on yield of rice crops[J]. Pakistan Journal of Agricultural Science, 22: 24-27.

Nagarajah S. 2010. The effects of increased illumination and shading on the low-light-induced decline in photosynthesis in cotton leaves. Physiologia Plantarum, 36: 338-342.

Nayyar A, Hamel C, Lafond G, et al. 2009. Soil microbial quality associated with yield reduction in continuous-pea[J]. Applied Soil Ecology, 43: 115-121.

Nilsen S, Hovland K, Dons C, et al. 1983. Effect of CO_2 enrichment on photosynthesis, growth and yield of tomato[J]. Scientia Horticulturae, 20(1): 1-14.

Ntinas G K, Fragos V P, Nikita-Martzopoulou C. 2014. Thermal analysis of a hybrid solar energy saving system inside a greenhouse[J]. Energy Conversion & Management, 81(3): 428-439.

Ntinas G K, Kougias P G, Nikita-Martzopoulou C. 2011. Experimental performance of a hybrid solar energy saving system in greenhouses[J]. International Agrophysics, 25(3): 257-264.

Ouedraogo M, Hubac C. 1982. Effect of far red light on drought resistance of cotton[J]. Plant and Cell Physiology, 23(7): 1297-1303.

Ozcan O, Ozgener O. 2011. Energetic and exergetic performance analysis of Bethe-Zeldovich-Thompson(BZT) fluids in geothermal heat pumps[J]. International Journal of Refrigeration, 34(8): 1943-1952.

Ozgener L. 2010. Use of solar assisted geothermal heat pump and small wind turbine systems for heating agricultural and residential buildings[J]. Energy, 35(1): 262-268.

Ozgener L, Hepbasli A. 2005b. Exergoeconomic analysis of a solar assisted ground-source heat pump greenhouse heating system[J]. Applied Thermal Engineering, 25(10): 1459-1471.

Ozgener L, Hepbasli A. 2007a. A parametrical study on the energetic and exergetic assessment of a solar-assisted vertical ground-source heat pump system used for heating a greenhouse[J]. Building and Environment, 42(1): 11-24.

Ozgener L, Hepbasli A. 2007b. A review on the energy and exergy analysis of solar assisted heat pump systems[J]. Renewable and Sustainable Energy Reviews, 11(3): 482-496.

Ozgener L, Hepbasli A. 2007c. Modeling and performance evaluation of ground source(geothermal) heat pump systems[J]. Energy and Buildings, 39(1): 66-75.

Ozgener L, Hepbasli A. 2005a. Experimental investigation of the performance of a solar-assisted ground-source heat pump system for greenhouse heating[J]. International Journal of Energy Research, 29(3): 217-231.

Ozgener L, Hepbasli A, Dincer I. 2006. Effect of reference state on the performance of energy and exergy evaluation of geothermal district heating systems: Balcova example[J]. Building and Environment, 41(6): 699-709.

Ozgener L, Hepbasli A, Dincer I. 2005. Energy and exergy analysis of the Gonen geothermal district heating system, Turkey[J]. Geothermics, 34(5): 632-645.

Ozgener L, Hepbasli A, Ozgener L. 2007. A parametric study on the exergoeconomic assessment of a vertical ground-coupled(geothermal) heat pump system[J]. Building and Environment, 42(3): 1503-1509.

Pazzagli P T, Weiner J, Liu F. 2016. Effects of CO_2, elevation and irrigation regimes on leaf gas exchange, plant water relations, and water use efficiency of two tomato cultivars[J]. Agricultural Water Management, 169: 26-33.

Perera F P. 2017. Multiple threats to child health from fossil fuel combustion: impacts of air pollution and climate change[J]. Environ Health Perspect, 125: 141-148.

Pérez-López U, Robredo A, Miranda-Apodaca J, et al. 2013. Carbon dioxide enrichment moderates salinity-induced effects on nitrogen acquisition and assimilation and their impact on growth in barley plants[J]. Environmental and Experimental Botany, 87: 148-158.

Petridis A, Therios I, Samouris G, et al. 2012. Effect of water deficit on leaf phenolic composition, gas exchange, oxidative damage and antioxidant activity of four Greek olive(*Olea europaea* L.) cultivars[J]. Plant Physiology and Biochemistry, 60: 1-11.

Pin P A, Nilsson O. 2012. The multifaceted roles of flowering LOCUS T in plant development[J]. Plant Cell and Environment, 35(10): 1742-1755.

Pottosin I, Shabala S. 2014. Polyamines control of cation transport across plant membranes: implications for ion homeostasis and abiotic stress signaling[J]. Frontiers in Plant Science, 5(3): 154.

Puyaubert J, Baudouin E. 2014. New clues for a cold case: Nitric oxide response to low temperature[J]. Plant Cell and Environment, 37: 2623-2630.

Qadir M, Boers T M, Schubert S, et al. 2003. Agricultural water management in water-starved countries: Challenges and opportunities[J]. Agricultural Water Management, 62(3): 165-185.

Qin X C, Suga M, Kuang T Y, et al. 2015. Structural basis for energy transfer pathways in the plant PSI-LHCI supercomplex[J]. Science, 348(6238): 989-995.

Qiu Q S, Hardin S C, Mace J, et al. 2007. Light and metabolic signals control the selective degradation of sucrose synthase in maize leaves during deetiolation[J]. Plant Physiology, 144: 468-478.

Quail P. 2002. Phytochrome photosensory signaling networks[J]. Nature Reviews Molecular Cell Biology, 3: 85-93.

Raaijmakers J M, Paulitz T C, Steinberg C, et al. 2009. The rhizosphere: A playground and battlefield for soil borne pathogens and beneficial microorganisms[J]. Plant and Soil, 321: 341-361.

Rahman M Z, Khanam H, Ueno M, et al. 2010. Suppression by red light irradiation of *Corynespora* leaf spot of cucumbercaused by *Corynespora cassiicola*[J]. Journal of Phytopathology, 158(5): 378-381.

Ramalho J C, Marques N C, Semedo J N, et al. 2002. Photosynthetic performance and pigment composition of leaves from two tropical species is determined by light quality[J]. Plant Biology, 4: 112-120.

Rana G, Katerji N. 2009. Operational model for direct determination of evapotranspiration for well watered crops in Mediterranean region[J]. Theoretical and Applied Climatology, 97(3-4): 243-253.

Raven R, Gregersen K. 2007. Biogas plants in Denmark: Successes and setbacks[J]. Renewable and Sustainable Energy Reviews, 11: 116-132.

Rich E L. 1984. Allelopathy[M]. 2nd ed. New York: Academic Press Inc: 309-315.

Rivkin R B. 1989. Influence of irradiance and spectral quality on the carbon metabolism of phytoplankton. I. Photosynthesis, chemical composition and growth[J]. Marine Ecology Progress Series, 55: 291-304.

Ruiz-Vera U M, Siebers M H, Drag D W, et al. 2015. Canopy warming caused photosynthetic acclimation and reduced seed yield in maize grown at ambient and elevated [CO_2] [J]. Global Change Biology, 21(11): 4237-4249.

Rylski I, Spigelman M. 2013. Use of shading to control the time of harvest of red-ripe pepper fruits during the winter season in a high-radiation desert climate[J]. Scientia Horticulturae, 29: 37-45.

Sager J C, Smith W O, Edwards J L, et al. 1988. Photosynthetic efficiency and phytochrome photoequilibria determination using spectral data[J]. Transactions of the Asae, 31: 1882-1889.

Salem N M, Albanna L S, Awwad A M. 2017. Nano-structured zinc sulfide to enhance cucumissativus(cucumber) plant growth[J]. Journal of Agricultural and Biological Science, 12: 167-173.

Santos B M D, Balbuena T S. 2017. Carbon assimilation in *Eucalyptus urophylla* grown under high atmospheric CO_2 concentrations: A proteomics perspective[J]. Journal of Proteomics, 150: 252-257.

Scaife A, Schloemer S. 1994. The diurnal pattern of nitrate uptake and reduction by Spinach(*Spinacia oleracea* L.)[J]. Annals of Botany, 73(3): 337-343.

Schettini E, Salvador F R D, Scarasciamugnozza G, et al. 2015. Radiometric properties of photoselective and photoluminescent greenhouse plastic films and their effects on peach and cherry tree growth[J]. Journal of Horticultural Science & Biotechnology, 86: 79-83.

Schuerger A C, Brown C S, Stryjewski E C. 1997. Anatomical features of pepper plants(*Capsicum annuum* L.) grown under red light-emitting diodes supplemented with blue or far-red light[J]. Annals of Botany, 79(3): 273-282.

Scoffoni C, Alícia P, Aasamaa K, et al. 2008. The rapid light response of leaf hydraulic conductance: new evidence from two experimental methods[J]. Plant Cell & Environment, 31(12): 1803-1812.

Sekhar K M, Sreeharsha R V, Reddy A R. 2015. Differential responses in photosynthesis, growth and biomass yields in two mulberry genotypes grown under elevated CO_2 atmosphere[J]. Journal of Photochemistry & Photobiology B Biology, 151: 172-179.

Shamshiri R, Man H C, Zakaria A B, et al. 2017. Membership function model for defining optimality of vapor pressure deficit in closed-field cultivation of tomato[J]. Acta Horticulturae, (1152): 281-290.

Sharkey T D, Bernacchi C J, Farquhar G D, et al. 2007. Fitting photosynthetic carbon dioxide response curves for C_3 leaves[J]. Plant, Cell and Environment, 30: 1035-1040.

Shen J B, Li H, Neumann G, et al. 2005. Nutrient uptake, cluster root formation and exudation of protons and citrate in *Lupinus albus* as affected by localized supply of phosphorus in a split-root system[J]. Plant Science, 168(3): 837-845.

Shen Y Z, Guo S S, Ai W D, et al. 2014. Effects of illuminants and illumination time on lettuce growth, yield and nutritional quality in a controlled environment[J]. Life Sciences in Space Research, (2): 38-42.

Shi Y, Ding Y, Yang S. 2018. Molecular regulation of CBF signaling in cold acclimation[J]. Trends in Plant Science, 23(7): 623-637.

Siddiqua M, Nassuth A. 2011. Vitis CBF1, and vitis CBF4, differ in their effect on *Arabidopsis*, abiotic stress tolerance, development and gene expression[J]. Plant Cell and Environment, 34(8): 1345-1359.

Singh S K, Reddy V R. 2014. Combined effects of phosphorus nutrition and elevated carbon dioxide concentration on chlorophyll fluorescence, photosynthesis, and nutrient efficiency of cotton[J]. Journal of Plant Nutrition and Soil Science, 177(6): 892-902.

Slocombe S, Whitelam G, Cockburn W. 1993. Investigation of phosphoeno/pyruvate carboxylase(PEPCase) in *Mesembryanthemum crystallinum* L. in C_3 and CAM photosynthetic states[J]. Plant, Cell & Environment, 16(4): 403-411.

Smeets L, Garretsen F. 1986. Growth analyses of tomato genotypes grown under low night temperatures and low light intensity[J]. Euphytica, 35: 701-715.

Song H, Zhang P P, Gao X L, et al. 2016. Identification and bioassay of allelopathic substances from plant and rhizosphere soil extracts of adzuki bean(*Vigna angularis* [Willd.] Ohwi & Ohashi.)[J]. Journal of Agricultural Science, 8(11): 30-37.

Sperry J L. 2003. Wall tension is a potent negative regulator of *in vivo* thrombomodulin expression[J]. Circulation Research, 92(1): 41-47.

Stewart J D, Elabidine A Z, Bernier P Y. 1995. Stomatal and mesophyll limitations of photosynthesis in black spruce seedlings during multiple cycles of drought[J]. Tree Physiology, 15(1): 57-64.

Sumitomo K, Douzono M, Hisamatsu T, et al. 2007. Extension of day length under natural short-day conditions in winter promotes growth and flowering of chrysanthemum(*Chrysanthemum morifolium*) cv. 'Jimba' [J]. Bulletin of the National Institute of Floricultural Science, 12(7): 1-7.

Sun C X, Qi H, Hao J J, et al. 2009. Single leaves photosynthetic characteristics of two insect-resistant transgenic cotton(*Gossypium hirsutum* L.) varieties in response to light[J]. Photosynthetica, 47: 399-408.

Taiz L, Zeiger E, Moller I M, et al. 2015. Plant Physiology and Development. 6th ed. Sunderland, Massachusetts: Sinauer Associates Inc. Publishers.

Tan Y, Cui Y, Li H, et al. 2017. Rhizospheric soil and root endogenous fungal diversity and composition in response to continuous panax notoginseng cropping practices[J]. Microbiology Research, 194: 10-19.

Tanaka M, Takamura T, Watanabe H, et al. 2015. Growth of plantlets cultured under superbright red and blue light-emitting diodes(LEDs)[J]. Journal of Horticultural Science and Biotechnology, 73(1): 39-44.

Tanaka M, Watanabe T, Dam T G, et al. 2001. Morphogenes is in the PLB segments of *Phalaenopsis* cultured under LED irradiation system(Abstract)[J]. Journal of Japan Society Horticultural Science, 70(S1): 306.

Theocharis A, Clément C, Barka E A. 2012. Physiological and molecular changes in plants grown at low temperatures[J]. Planta, 235(6): 1091-1105.

Todde G, Hovmöller S E, Laaksonen A. 2015. Influence of antifreeze proteins on the ice/water interface[J]. J Physical Chem, 119: 2407-3413.

Tong Y, Kozai T, Nishioka N, et al. 2010. Green house heating using heat pumps with a high coefficient of performance(COP)[J]. Biosystems Engineering, 106(4): 405-411.

Toyoki K. 1986. Thermal performance of an oil engine driven heat pump for greenhouse heating[J]. Journal of Agricultural Engineering Research, 35(1): 25-37.

Tripp K E, Kroen W K, Peet M M, et al. 1992. Fewer whiteflies found on CO_2-enriched greenhouse tomatoes with high C∶N ratios[J]. HortScience, 27(10): 1079-1080.

Turner B L, Haygarth P M. 2005. Phosphatase activity in temperate pasture soils: Potential regulation of labile organic phosphorus turnover by phosphodiesterase activity[J]. Science of the Total Environment, 344(1-3): 27-36.

Urban O, Klem K, Holisová P, et al. 2014. Impact of elevated CO_2 concentration on dynamics of leaf photosynthesis in *Fagus sylvatica* is modulated by sky conditions[J]. Environmental Pollution, 185: 271-280.

Vieiral D N, Fraga H P D F, Anjos K G D, et al. 2015. Light-emitting diodes(LED) increase the stomata formation and chlorophyll content in *Musa acuminata* vitro plantlets[J]. Theoretical and Experimental Plant Physiology, 27(2): 1-8.

Walker T, Bailey J. 1968. Two spectrally different forms of the phytochrome chromophore extracted from etiolated oat seedlings[J]. Biochemical Journal, 107: 603-605.

Wang C Z, Jian H L, Guo Y X, et al. 2007b. Effect of photoperiod on SOD and POD activities in alfalfa varieties with different fall dormancy[J]. Acta Agrestia Sinica, 15(5): 407-411.

Wang C Z, Ma B L, Han J F, et al. 2007a. Photoperiod effect on phytochrome and abscisic acid in alfalfa varieties differing in fall dormancy[J]. Journal of Plant Nutrition, 31(7): 1257-1269.

Wang D Z, Jin Y N, Ding X H, et al. 2017. Gene regulation and signal transduction in the ICE-CBF-COR signaling pathway during cold stress in plants[J]. Biochemistry Biokhimiia, 82(10): 1103-1117.

Wang F, Zhang L Y, Chen X X, et al. 2019. SlHY5 integrates temperature, light, and hormone signaling to balance plant growth and cold tolerance. Plant Physiology, 179(2): 749-760.

Wang H, Jiang Y P, Yu H J, et al. 2010a. Light quality affects incidence of powdery mildew, expression of defence-related genes and associated metabolism in cucumber plants[J]. European Journal of Plant Pathology, 127(1): 125-135.

Wang N, Fang W, Han H, et al. 2008. Overexpression of zeaxanthin epoxidase gene enhances the sensitivity of tomato PS II photo inhibition to high light and chilling stress[J]. Physiologia Plantarum, 132: 384-396.

Wang N, Li B, Feng H L, et al. 2010b. Anti-sense mediated suppression of tomato zeaxanthin epoxidase alleviates photo inhibition of PS II and PS I during chilling stress under low irradiance[J]. Photosynthetica, 48: 409-416.

Wang S Y, Camp M J. 2000. Temperatures after bloom affect plant growth and fruit quality of strawberry[J]. Scientia Horticulturae, 85(3): 183-199.

Wang W, Vinocur B, Shoseyov O, et al. 2004. Role of plant heatshock proteins and molecular chaperones in the abiotic stress response[J]. Trends in Plant Science, 9: 244-252.

Wang X Y, Xu X M, Cui J. 2015. The importance of blue light for leaf area expansion, development of photosynthetic apparatus, and chloroplast ultrastructure of *Cucumis sativus* grown under weak light[J]. Photosynthetica, 53: 213-222.

Wang Y P, Leuning R. 1998. A two-leaf model for canopy conductance, photosynthesis and partitioning of available energy I : Model description and comparison with a multi-layered model[J]. Agricultural & Forest Meteorology, 91(1-2): 89-111.

Ward H B, Vance B D. 1968. Effects of monochromatic radiations on growth of *Pelargonium* callus tissue[J]. Journal of Experimental Botany, 19(1): 119-124.

Weatherwax S, Cong M S, Degenhardt J, et al. 1996. The interaction of light and abscisic acid in the regulation of plant gene expression[J]. Plant Physiology, 111(2): 363-370.

Weaver J E. 1919. The ecological relations of root[J]. Carnegie Institution of Washington Publications, 286: 1-22.

Wei Z, Du T, Li X, et al. 2018. Interactive effects of CO_2 concentration elevation and nitrogen fertilization on water and nitrogen use efficiency of tomato grown under reduced irrigation regimes[J]. Agricultural Water Management, 202: 174-182.

Winter K, Virgo A. 1998. Elevated CO_2 enhances growth in the rain forest understory plant, piper cordulatum, at extremely low light intensities[J]. Flora, 193(3): 323-326.

Wu D, Wang G, Bai Y, et al. 2004. Effects of elevated CO_2 concentration on growth, water use, yield and grain quality of wheat under two soil water levels[J]. Agriculture, Ecosystems & Environment, 104(3): 493-507.

Wu G, Yang Q C, Fang H, et al. 2019. Photothermal/day lighting performance analysis of a multifunctional solid compound parabolic concentrator for an active solar greenhouse roof[J]. Solar Energy, 180: 92-103.

Wu H C, Lin C C. 2013. Carbon dioxide enrichment during photoautotrophic micropropagation of *Protea cynaroides* L. plantlets improves *in vitro* growth, net photosynthetic rate, and acclimatization[J]. HortScience, 48(10): 1293-1297.

Wu Z J, Yang L, Wang R Y, et al. 2015. *In vitro* study of the growth, development and pathogenicity responses of *Fusarium oxysporum* to phthalic acid, an autotoxin from Lanzhou lily[J]. World Journal of Microbiology and Biotechnology, 31: 1227-1234.

Xia X J, Fang P P, Guo X, et al. 2018. Brassinosteroid-mediated apoplastic H_2O_2-glutaredoxin 12/14 cascade regulates antioxidant capacity in response to chilling in tomato[J]. Plant Cell and Environment, 41: 1052-1064.

Xie Y P, Chen P X, Yan Y, et al. 2018. An atypical R2R3 MYB transcription factor increases cold hardiness by CBF-dependent and CBF-independent pathways in apple[J]. New Phytologist, 218(1): 201-218.

Xu G Y, Zhang X S, Deng S M. 2006. A simulation study on the operating performance of a solar–air source heat pump water heater[J]. Applied Thermal Engineering, 26(11): 1257-1265.

Xu Z, Wang Q M, Guo Y P, et al. 2008. Stem-swelling and photosynthate partitioning in stem mustard are regulated by photoperiod and plant hormones[J]. Environmental and Experimental Botany, 62(2): 160-167.

Yamori W, Shikanai T. 2016. Physiological functions of cyclic electron transport around photosystem I in sustaining photosynthesis and plant growth[J]. Annual Review of Plant Biology, 67: 1-26.

Yang R X, Gao Z G, Liu X, et al. 2015. Effects of phenolic compounds of muskmelon root exudates on growth and pathogenic gene expression of *Fusarium oxysporum* f. sp. *melonis*[J]. Allelopathy Journal, 35: 175-186.

Yang S H, Lee S D, Kim Y J, et al. 2013. Greenhouse heating and cooling with a heat pump system using surplus air and underground water thermal energy[J]. Engineering in Agriculture Environment and Food, 6(3): 86-91.

Yano A, Cossu M. 2019. Energy sustainable greenhouse crop cultivation using photovoltaic technologies[J]. Renewable and Sustainable Energy Reviews, 109: 116-137.

Yelle S, Beeson R C, Trudel M J, et al. 1990. Duration of CO_2 enrichment influences growth, yield, and gas exchange of two tomato species[J]. Journal of the American Society for Horticultural Science, 115: 52-57.

Yermiyahu U, Tal A, Ben-Gal A, et al. 2007. Environmental sciences: Rethinking desalinated water quality and agriculture[J]. Science, 318(5852): 920-921.

Younis E B, Abdel A, Ziz H M M. 2010. An enhancing effect of visible light and UV radiation on phenolic compounds and various antioxidants in broad bean seedlings[J]. Plant Signaling and Behavior, 5(10): 1197-1203.

Yu J Q, Shou S Y, Qian Y R, et al. 2000. Autotoxic potential in cucurbit crops[J]. Plant and Soil, 223: 147-151.

Zaghdoud C, Carvajal M, Ferchichi A. 2016. Water balance and n-metabolism in broccoli(*Brassica oleracea* L. var. *italica*) plants depending on nitrogen source under salt stress and elevated CO_2[J]. Science of the Total Environment, 571: 763-771.

Zhang T, Zhang Q, Pan Y, et al. 2017. Changes of polyamines and *CBFs* expressions of two Hami melon(*Cucumis melo* L.) cultivars during low temperature storage[J]. Scientia Horticulturae, 224: 8-16.

Zhang X C, Yu X F, Ma Y F. 2013. Effect of nitrogen application and elevated CO_2 on photosynthetic gas exchange and electron transport in wheat leaves[J]. Photosynthetica, 51(4): 593-602.

Zhang X, Fowler S G, Cheng H, et al. 2004. Freezing-sensitive tomato has a functional CBF cold response pathway, but a CBF regulon that differs from that of freezing-tolerant *Arabidopsis*[J]. The Plant Journal, 39(6): 905-919.

Zhang X, Yu H J, Zhang X M, et al. 2016a. Effect of nitrogen deficiency on ascorbic acid biosynthesis and recycling pathway in cucumber seedlings[J]. Plant Physiology and Biochemistry, 108: 222-230.

Zhang Y, Yu H J, Yang X Y, et al. 2016b. CsWRKY46, a WRKY transcription factor from cucumber, confers cold resistance in transgenic-plant by regulating a set of cold-stress responsive genes in an ABA-dependent manner [J]. Plant Physiology and Biochemistry, 108: 478-487.

Zhao C Z, Wang P C, Si T, et al. 2017. MAP Kinase cascades regulate the cold response by modulating ICE1 protein stability[J]. Developmental Cell, 43(5): 618-629.

Zhao R R, Sheng J P, Lv S N, et al. 2011. Nitric oxide participates in the regulation of *LeCBF1* gene expression and improves cold tolerance in harvested tomato fruit[J]. Postharvest Biology and Technology, 62: 121-126.

Zhou J, Wang J, Shi K, et al. 2012. Hydrogen peroxide is involved in the cold acclimation-induced chilling tolerance of tomato plants[J]. Plant Physiology and Biochemistry, 60: 141-149.

Zhou J, Xia X J, Zhou Y H, et al. 2014. *RBOH1*-dependent H_2O_2 production and subsequent activation of MPK1/2 play an important role in acclimation-induced cross-tolerance in tomato[J]. Journal of Experimental Botany, 65(2): 595-607.

Zhou W L, Liu W K, Yang Q C. 2013. Reducing nitrate content in lettuce by pre-harvest continuous light delivered by red and blue light-emitting diodes[J]. Journal of Plant Nutrition, 36(3): 481-490.

Zhou X G, Wu F Z. 2012. Dynamics of the diversity of fungal and Fusarium communities during continuous cropping of cucumber in the greenhouse[J]. FEMS Microbiology Ecology, 80(2): 469-478.

Zhuang K Y, Kong F Y, Zhang S, et al. 2019. Whirly1 enhances tolerance to chilling stress in tomato via protection of photosystem II and regulation of starch degradation[J]. New Phytologist, 221(4): 1998-2012.